互换性与测量技术基础

○ 主　编　周宏根　李国超　刘　勇

中国教育出版传媒集团
高等教育出版社·北京

内容提要

本书以最新国家标准为依据，全面介绍了互换性与标准化的概念；孔轴接合的极限与配合的定义、标准、选用、标准化概念，以及孔和轴常用的测量方法、测量原理、误差及数据处理，通用测量器具的选择与极限量规；几何公差的有关术语、定义、几何特征、标注方法和几何误差的检测；表面粗糙度的有关术语、定义、标注及参数测量方法；并详细介绍了滚动轴承、键、圆锥、螺纹和渐开线圆柱齿轮五种典型零件或配合的类型、特点、结构参数或精度指标的检测方法。各章均配备了对应的实训习题与思考题，并在部分章节后凝练了有关“思政元素”的拓展阅读内容。

本书内容丰富、重点突出，力求反映本学科的最新进展，可作为高等学校机械类、近机械类相关专业的教材，也可供机械制造行业的工程技术人员学习与参考。

图书在版编目（CIP）数据

互换性与测量技术基础/周宏根，李国超，刘勇主编. --北京：高等教育出版社，2023.3

ISBN 978-7-04-059626-7

Ⅰ. ①互… Ⅱ. ①周…②李…③刘… Ⅲ. ①零部件-互换性-高等学校-教材②零部件-测量技术-高等学校-教材 Ⅳ. ①TG801

中国国家版本馆 CIP 数据核字（2023）第 011059 号

Huhuanxing yu Celiang Jishu Jichu

策划编辑 薛立华　责任编辑 薛立华　封面设计 张申申　版式设计 杨 树
责任绘图 黄云燕　责任校对 刘丽娴　责任印制 存 怡

出版发行 高等教育出版社
社　　址 北京市西城区德外大街 4 号
邮政编码 100120
印　　刷 三河市潮河印业有限公司
开　　本 787mm×1092mm 1/16
印　　张 18.75
字　　数 460 千字
购书热线 010-58581118
咨询电话 400-810-0598
网　　址 http://www.hep.edu.cn
　　　　 http://www.hep.com.cn
网上订购 http://www.hepmall.com.cn
　　　　 http://www.hepmall.com
　　　　 http://www.hepmall.cn
版　　次 2023 年 3 月第 1 版
印　　次 2023 年 3 月第 1 次印刷
定　　价 36.20 元

物 料 号 59626-00

前　言

“互换性与测量技术基础”是工科类专业的一门重要专业基础课,涉及产品设计与制造、生产计划与管理、质量保证与服务等方面。本课程主要介绍机械产品的几何精度设计,其内容不仅涉及标准化领域,也涉及计量学领域。本书主要介绍互换性、标准化、测量技术质量工程的基本知识,通过本课程的学习,使学生掌握机械产品几何精度设计的要求,理解和掌握各公差标准及其应用,初步掌握企业常用测量器具的应用范围和操作技能,并了解测量数据的处理方法。

本书通过挖掘提炼中国历史文化资源,弘扬传统工匠精神、科学家精神、乐于奉献精神、家国情怀和社会责任等,将“思政元素”融入教材中,以“拓展阅读”的形式将课程思政和专业知识相结合;研究国内同类教材,吸收优秀思想;将零部件几何误差三维图以及轴类、孔类等典型零部件实际设计要求融入教材内容。

本书是编者结合多年的教学实践经验,依据全国互换性与测量技术基础教材编审小组审核的教学大纲编写而成的,力求体现以下特点:

1. 内容新颖齐全,表述简明扼要、通俗易懂。为了帮助学生正确理解和标注各种精度要求,本书采用了大量图例对有关标准进行解释说明。

2. 强化工程应用,注重培养实际技能。着眼于生产实践,注意理论联系实际,体现“以实用为主,以够用为度,学以致用”的原则。

3. 设计了基础知识和应用实践并重的实训习题与思考题。通过给出的应用实例,帮助学生掌握知识点。

4. 采用最新国家标准。本书所引用的国家标准全部为最新国家标准,加强了理论知识和工程实际之间的紧密联系。

本书可作为机械类专业或电子、仪表等近机械类专业教材,也可作为机械制造行业工程技术人员的参考资料。

本书由江苏科技大学周宏根、李国超、刘勇主编。参加本书编写工作的有:周宏根(绪论)、冯晓明(第1、8章)、刘勇(第2、4章)、胡秋实(第3章)、李国超(第5、6、7章)、陈建志(第9章)。

本书在编写过程中参考了一些兄弟院校的教材和资料,在此向相关文献作者谨表谢意。湖南工程学院胡凤兰教授认真审阅了本书并提出了很多宝贵的修改意见和建议,在此表示衷心感谢。

限于编者水平与时间,书中难免存在错漏和不当之处,敬请读者不吝指正。

编　者

2022年8月

目　录

绪　　论

0.1　概述

不论多么复杂的机械产品,都是由大量的通用件、标准件和少数专用零部件所组成的,这些通用与标准零部件可以由不同的专业化厂家来制造,这样产品生产厂家只需生产少量的专用零部件,其他零部件则由专门的标准件生产厂家来制造和提供。因此,产品生产厂家不仅可以大大减少生产费用,还可以缩短生产周期,及时满足市场与用户的需要。

既然现代化生产是按专业化、协作化组织的,这就提出了一个如何保证互换性的问题。在人们的日常生活中,有大量的现象涉及互换性。例如:机器或仪器上丢了一个螺钉,按相同的规格装上一个,机器就能正常工作;灯管坏了,换个同规格的灯管,灯就能照明了;手机的外壳、主板等零部件更换后,并不影响手机的正常功能;自行车的零部件磨损了,换个相同规格的零部件,即能满足使用要求。这些都是互换性现象。

0.1.1　互换性的定义

所谓互换性(interchangeability),是某一产品(包括零件、部件、构件等)与另一产品在尺寸、功能上彼此相互替换的性能。换言之,互换性是指机械产品中同一规格的一批零件或部件,任取其一,不需作任何选择、修配或调整,就能装到机器上去,并能保证满足其使用性能要求的特性。互换性是机械产品设计、制造及检验必须遵守和执行的重要原则。

0.1.2　互换性的种类

广义上讲,零部件的互换性应包括几何参数、力学性能和理化性能等多方面的互换性。本书仅讨论零部件的几何参数互换性。

1. 按实现方法及互换程度分类

按实现方法及互换程度的不同,互换性分为完全互换性和不完全互换性两类。

完全互换性(completely interchangeable)简称为互换性,它是以零部件在装配或更换时不需要挑选或修配为条件,也就是零部件百分之百互换。

它的优点是生产率高,有利于生产组织和维修。完全互换性通常用于厂际协作与批量生产,螺母、螺钉、销等标准件大都属于完全互换。但是如果产品使用要求很高,即精度很高,若按完全互换性进行生产,就要求零部件的制造精度很高,给加工带来困难,也不经济,有时甚至无法加工,此时在生产中往往采用不完全互换组织生产,即零部件加工按经济精度组织生产,装配时通过一定的工艺措施来保证产品的精度要求。

不完全互换性(incompletely interchangeable)也称为有限互换,在零部件装配时允许有附加的挑选、修配或者调整。不完全互换可采用分组互换法、调整法和修配法等方法来实现。

不完全互换性一般用于中小批量生产的高精度产品,通常用于厂内生产的零部件装配。

2. 按应用部位或使用范围分类

对标准部件或机构来讲,互换性分为内互换性和外互换性。

内互换性是指部件或机构内部组成零件间的互换性。例如:滚动轴承内、外圈滚道直径与滚动体(滚珠或滚柱)直径间的配合为内互换性。

外互换性是指部件或机构与其相配合零件间的互换性。例如:滚动轴承内圈内径与传动轴的配合、滚动轴承外圈外径与壳体孔的配合为外互换性。

实际生产组织中究竟采用何种形式的互换性,主要由产品的精度要求、复杂程度、生产规模、生产设备及技术水平等一系列因素来决定。

0.1.3 互换性的作用

互换性已经成为提高制造水平、促进技术进步的有力手段之一,在产品设计、制造、使用和维修等方面有着极其重要的作用。

1. 在设计方面

零部件具有互换性可以最大限度地利用标准件、通用件,从而可以简化制图,减少计算工作,缩短设计周期,便于设计人员集中精力解决关键问题,对提高设计质量、改善产品性能都有重大作用。

2. 在加工和装配方面

在加工和装配方面,按互换性进行生产可以分散加工、集中装配,有利于组织跨地域的专业化厂际协作;有利于采用先进工艺和高效率装备或先进制造系统,实现生产过程的自动化、机械化;有利于保证装配过程连续进行,减轻劳动强度,缩短装配周期,保证装配质量。

3. 在使用和维修方面

零部件具有互换性可以及时更换那些已经磨损或损坏了的零部件,减少机器的维修时间和费用,保证机器正常运转,从而提高机器的寿命和使用价值。

总之,互换性在提高产品质量和可靠性、提高经济效益等方面具有重要的意义。它已成为现代化机械制造业中一个普遍遵守的原则,对我国的现代化建设起着重要的作用。但应当注意,互换性原则不是在任何情况下都适用的,当只要采取单个配制才符合经济原则时,零件就不能互换。

0.1.4 本课程的特点与要求

"互换性与测量技术基础"是一门理论与实践联系十分紧密的课程。本课程的内容是在"机械设计"课程之后,产品及零件结构确定的基础上,完成精度设计,包括产品装配图中的零件配合精度和装配精度的确定,以及零件图中尺寸精度、几何精度和表面粗糙度的确定,如图 0-1 所示。此项工作直接影响产品的使用性能和零件加工的成本。因此,本课程既是一门技术基础课,同时又是一门应用性很强的技能课和工具课。

本课程的学习也是了解和贯彻相关国家标准的过程。课程涉及的标准很多,必然带来众多的术语定义、符号、代号、规定、图形、表格等,导致内容多且逻辑推理少。因此,初学时往往感到内容枯燥、繁杂、不会应用等,需要在学习过程中注重基本概念的理解和具体应用。

学习本课程时,首先要记住以下四句话:

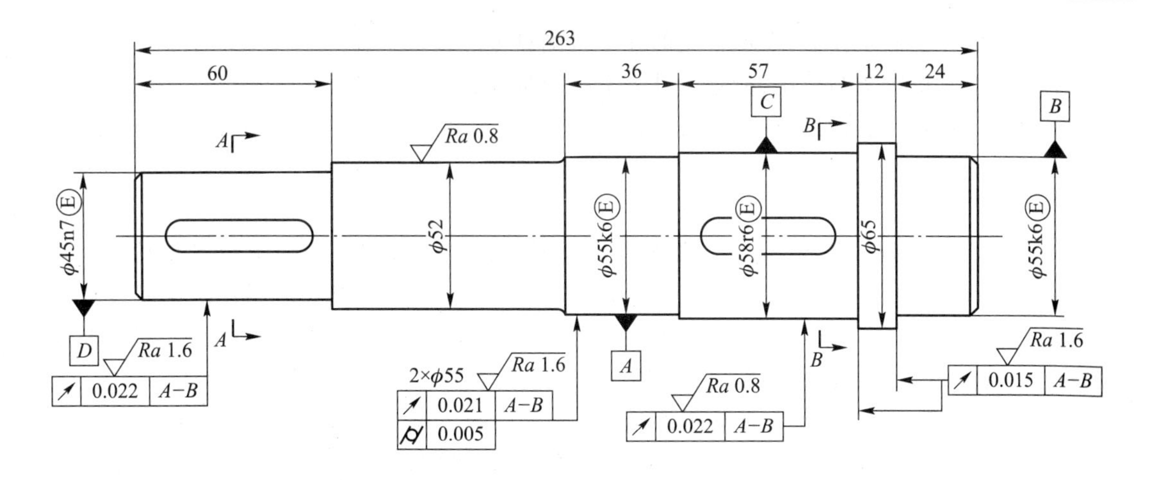

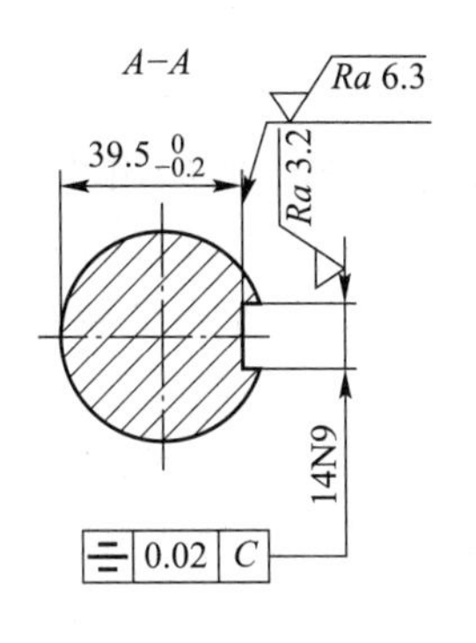

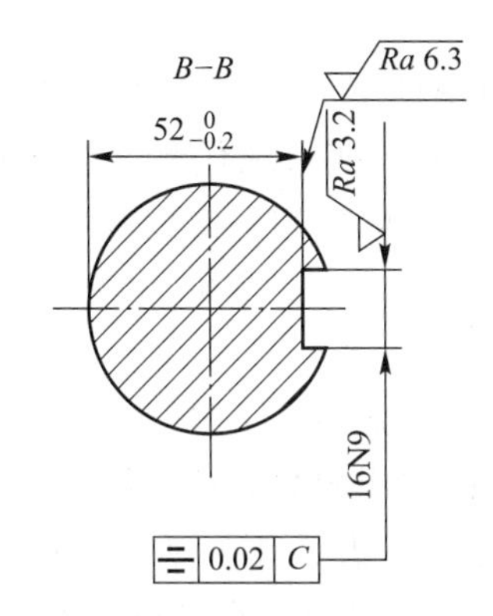

技术要求

1. 未注公差尺寸按GB/T 1804−m；
2. 未注几何公差按GB/T 1184−K；
3. 公差原则按GB/T 4249—2009。

Ra 1.25 (√)

图 0−1　齿轮箱输出轴

1）理论知识系统，但不深奥。

2）实践知识丰富，不断积累。

3）动手能力很强，要勤动手。

4）实际应用广泛，需多应用。

其次，应理论联系实际，学懂基础知识，掌握基本方法，重视技能训练，积累实践知识。

再次，要注意本课程在后续课程中的应用，在应用中不断总结提高，最终达到应用自如的目的。

此外，本课程要求能够理解和正确标注产品装配图和零件图中相关的配合、尺寸公差、几何公差及表面粗糙度，初步掌握对产品及零件进行精度设计的能力，熟悉常见的几何量测量检验方法。具体表现如下：

1）建立标准化、互换性及测量技术的基本概念；

2）熟悉公差与配合的相关标准，清楚各基本术语的定义，能够合理选择或设计配合，正确绘制孔、轴公差带图及配合公差带图；

3）熟悉几何公差各项目的内容及其定义，具备初步的设计能力，熟悉公差原则及其应用；

4）在产品装配图及零件工作图中正确标注相关的配合、尺寸公差、几何公差及表面粗糙度；

5）熟悉常见的测量仪器，掌握常见的几何量测量方法；

6）了解量规的特点与应用，能够设计光滑极限量规；

7）了解零件典型表面的公差、配合与检测。

0.1.5　本课程的发展

“互换性与测量技术基础”是一门传统的技术基础课。在人们长期的生产实践及教学研究过程中，该课程已形成完整的学科体系，有规范的国家标准，基本上能够适用传统精度设计和加工要求。然而，随着科学技术的不断进步、机械行业的快速发展，产品更新极为迅速，机器及零件的精度要求越来越高，零件的形状越来越复杂，特别是数控加工设备（加工中心、数控铣、数控车、电火花、线切割、快速成形）的不断涌现，对传统的技术测量及数据处理提出了严峻的挑战，迫切需要有一门既能够高精度测量，同时又能测量复杂零件、快速处理大量数据信息，还能够实现测量及数据处理自动化要求的学科。计算机技术的不断发展及高精度机器设备的出现使其成为可能。

“现代测试技术”是在计算机辅助下测量和处理机械零件误差数据的一门学科，是“互换性与测量技术基础”课程的发展与延伸。随着现代测试技术在机械工业中的不断应用和发展，现代测试技术无论在理论研究还是在实际应用的深度和广度方面，都取得了令人可喜的成果。以三坐标测量仪为代表的一批现代测试设备在机械、电子、航空、模具、汽车等行业中发挥着越来越重要的作用。

现代测试技术把工程技术人员从繁杂的手眼劳动中解放出来，解决了手眼不能测量的高精度、复杂零件测量问题，使手工不能完成的数据处理得以实现，大大缩短了机械设计周期，提升了零件的品质，为高精度机械设备生产提供了有力的技术保证。

21 世纪的工程技术人员，肩负国家振兴、经济腾飞的重任。掌握现代测试技术是历史赋予的责任，必须在学习“互换性与测量技术基础”课程的基础上，紧跟历史潮流，把握现代测试技术的脉搏，成为一名既懂传统技术又会现代方法的高级工程技术人才。

0.2　标准与标准化

0.2.1　标准与标准化的概念

1. 标准

标准是对重复性事物和概念所做的统一规定。它以科学、技术和实践经验的综合成果为基础，经有关部门协调一致，由主管部门批准，以特定形式发布，作为共同遵守的技术准则和依据。我国现已颁布实施的《中华人民共和国标准化法》规定，作为强制性的各级标准，一经发布必须遵守，否则就是违法。

2. 标准化

标准化是指在经济、技术、科学及管理等社会实践中，对重复性事物和概念通过制定、发布和实施标准达到统一，以获得最佳秩序和社会效益的全部活动过程。图 0-2 所示为标准化工作流程。

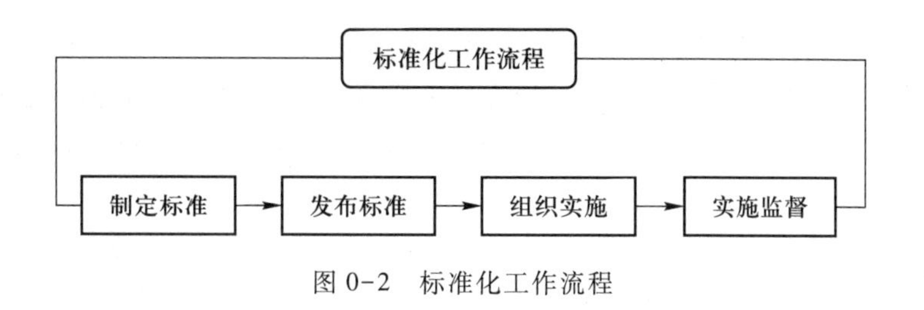

图 0-2 标准化工作流程

0.2.2 标准分类

在技术经济领域内，标准可分为技术标准和管理标准两类不同性质的标准。标准分类关系图如图 0-3 所示。

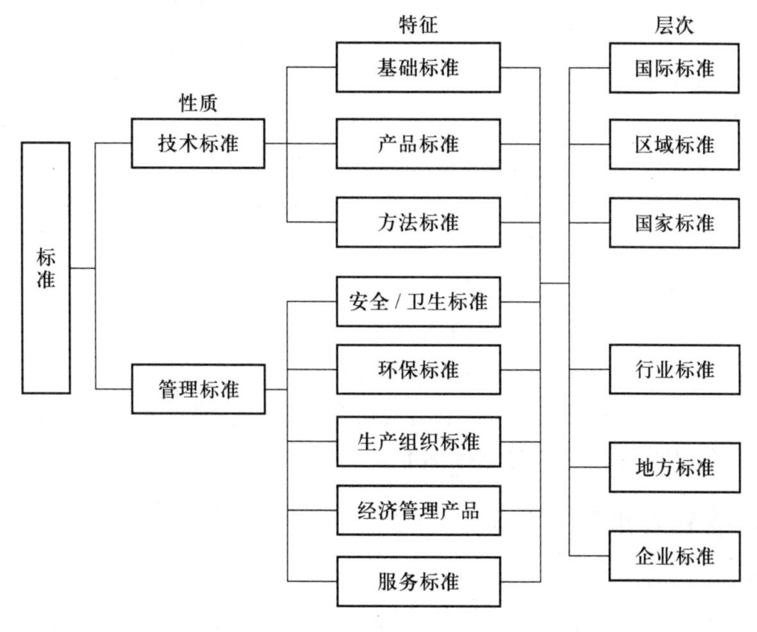

图 0-3 标准分类关系图

1. 标准的种类

按标准的使用范围，我国将标准分为国家标准、行业标准、地方标准和企业标准。

1）国家标准。由国务院标准化行政主管部门国家市场监督管理总局与国家标准化管理委员会制定（编制计划、组织起草、统一审批、编号和发布）。国家标准在全国范围内适用，其他各级别标准不得与国家标准相抵触。

2）行业标准。是对那些没有国家标准而又需要在全国某个行业范围内统一的技术要求所制定的标准。行业标准由国务院有关行政主管部门制定，并报国务院标准化行政主管部门备案。行业标准由行业标准归口部门统一管理。行业标准的归口部门及其所管理的行业标准范围，由国务院有关行政主管部门提出申请报告，国务院标准化行政主管部门审查确定，并公布该行业的行业标准代号，如化工行业标准代号为“HG”，机械行业标准代号为“JB”。行业标准在全国某个行业范围内适用，当某一国家标准公布后，则相同内容的行业标准即行废止。

3）地方标准。是对没有国家标准和行业标准而又需要在省、自治区、直辖市范围内统一工业产品的安全卫生要求等所制定的标准。地方标准由省、自治区、直辖市标准化行政主管部门制定,并报国务院标准化行政主管部门和国务院有关行政部门备案。在公布国家标准或者行业标准之后,相同内容的地方标准即行废止。

4）企业标准。是对没有国家标准、行业标准和地方标准的产品,可制定企业标准,作为组织生产的依据。对已有国家标准、行业标准或地方标准的,国家鼓励企业制定严于国家标准或行业标准的企业标准,在企业内部适用,有利于提高产品质量。

2. 标准的层次

按标准的作用范围,将标准分为国际标准、区域标准、国家标准、行业标准、地方标准和企业标准。

国际标准、区域标准、国家标准、地方标准分别是由国际标准化组织、区域标准化组织、国家标准化机构、地方（省、自治区、直辖市）标准化主管机构或专业主管部门所通过并发布的标准。试行标准是由某个标准化机构临时采用并公开发布的文件,以便在使用过程中积累正式标准必需经验。

3. 基础标准

按标准化对象的特征,将标准分为基础标准,产品标准,方法标准和安全、卫生与环境保护标准等。

基础标准是指在一定范围内作为其他标准的基础并普遍使用,具有广泛指导意义的标准,如极限与配合标准、几何公差标准、渐开线圆柱齿轮精度标准等。

基础标准是以标准化共性要求和前提条件为对象的标准,是为了保证产品的结构功能和制造质量而制定的、一般工程技术人员必须采用的通用性标准。基础标准也是制定其他标准时可依据的标准。本书所涉及的标准即是基础标准。

0.2.3 标准化发展历程

1. 国际标准化的发展历程

标准化在人类开始创造工具时就已出现。标准化是社会生产劳动的产物。标准化在近代工业兴起和发展的过程中显得重要起来。早在 19 世纪,标准化在造船、铁路运输等行业中的应用十分突出,在机械行业中的应用也很广泛。到 20 世纪初,一些国家相继成立全国性的标准化组织或机构,推进了各国的标准化事业发展。随着生产的发展,国际交流越来越频繁,因而出现了地区性和国际性的标准化组织。

1926 年成立了国际标准化协会（简称为 ISA）,1947 年重建国际标准化协会并改名为国际标准化组织（简称为 ISO）。现在,这个世界上最大的标准化组织已成为联合国甲级咨询机构。ISO9000 系列标准的颁发,使世界各国质量管理及质量保证的原则、方法和程序,都统一在国际标准的基础之上。

2. 我国标准化的发展历程

我国标准化工作是在 1949 年新中国成立后得到重视并发展起来的,1958 年发布第一批 120 项国家标准。从 1959 年开始,陆续制定并发布了极限与配合、形状与位置公差、公差原则、表面粗糙度、光滑极限量规、渐开线圆柱齿轮精度等许多公差标准。我国在 1978 年恢复为 ISO 成员国,承担 ISO 技术委员会秘书处工作和国际标准草案起草工作。

从 1979 年开始,我国制定并发布了以国际标准为基础的新的公差标准。从 1992 年开始,我国又发布了以国际标准为基础修订的 GB/T 类新版标准。

1988 年全国人大常委会通过并由国家主席发布了《中华人民共和国标准化法》,1993 年发布了《中华人民共和国产品质量法》。为了保障人体健康、人身与财产安全,2001 年 12 月国家市场监督管理总局颁布《强制性产品认证管理规定》,明确规定了凡列入强制性认证内容的产品,必须经国家指定的认证机构认证合格,取得指定认证机构颁发的认证证书,取得认证标志后,方可出厂销售、出口和使用。

2009 年《产品几何技术规范标准(GPS)》的颁布与实行,进一步推动了我国标准与国际标准的接轨,我国标准化的水平在社会主义现代化建设过程中不断发展提高,对我国经济的发展做出了很大的贡献。

我国作为制造业大国,伴随着全球经济一体化,陆续修订了相关国家标准,修订的原则是在立足我国实际的基础上向国际标准靠拢。

3. 我国计量技术的发展历程

在我国悠久的历史上,很早就有关于几何量检测的记载。早在秦朝时期就统一了度量衡制度,西汉已有了铜制卡尺。但长期的封建统治使得科学技术未能进一步发展,计量技术一直处于落后的状态,直到 1949 年新中国成立后才扭转了这种局面。

国务院 1959 年发布了关于统一计量制度的命令,1977 年发布了《中华人民共和国计量管理条例》,1984 年发布了关于在我国统一实行法定计量单位的命令。1985 年全国人民代表大会常务委员会第十二次会议通过了《中华人民共和国计量法》。

我国健全各级计量机构和长度量值传递系统,规定采用国际米制作为长度计量单位,保证全国计量单位统一和量值准确可靠,有力地促进了我国科学技术的发展。

伴随我国计量制度的建设与发展,我国的计量器具业获得了较大的发展,能够批量生产用于几何量检测的多品种计量仪器,如万能测长仪、万能工具显微镜等。同时,还设计制造出一些具有世界先进水平的计量仪器,如激光光电光波比长仪、光栅式齿轮全误差测量仪、原子力显微镜等。

0.3 优先数与优先数系

无论产品的设计制造还是使用过程,其规格,零件尺寸,原材料尺寸,公差,承载能力和速度,工作环境及其加工所用设备、刀具、量具的尺寸等性能参数与几何参数,都要用数值来表示,当选定某数值作为产品的基本技术特性参数后,该数值就会按一定规律,向一切有关制品和材料的技术特性参数进行传播与扩散。例如,复印机规格与复印纸尺寸有关,复印纸尺寸则取决于书刊、杂志尺寸,复印机尺寸又影响造纸机械、包装机械的相关尺寸。又如,某尺寸的螺栓会扩散传播出螺母尺寸、制造螺栓的刀具(丝锥、板牙、滚丝轮等)尺寸、检验螺栓的量具尺寸及工件螺栓孔的尺寸等。由于数值如此不断关联、传播,常会形成牵一发而动全身的现象,这就牵涉许多部门和领域。这种技术参数的传播性,在生产实际中极为普遍,并且跨越行业和部门的界限,工程技术上的参数值即使只有很小差别,经反复传播扩散后,也会造成尺寸规格的繁多杂乱,给组织生产、协作配套及使用维修等带来很大困难。因此,产品技术参数值不能随意选取,否则将造成产品技术参数数值传播的扩散紊乱、恶性膨胀的混乱局面,直接影响生产过程、产品质量及生产成本。

生产实践表明,对产品技术参数合理分挡、分组,实现产品技术参数的简化、协调统一,就必须按照科学、统一的数值标准来选取,这个标准就是优先数和优先数系。

优先数和优先数系是国际上统一采用的一种科学的数值分级制度,是一种量纲为一的分级数系,适用于各种量值的分级。优先数是优先数系中的任一个数值。

0.3.1 优先数系及其公比

优先数与优先数系是19世纪末(1877年)由法国人查尔斯·雷诺(Charles Renard)首先提出的。当时载人升空的气球所使用的绳索尺寸由设计者随意规定,多达425种。雷诺根据单位长度不同直径绳索的质量级数来确定绳索的尺寸,按几何公比递增,每进5项使项值增大10倍,把绳索规格减少到17种,并在此基础上产生了优先数系的系列,后人为了纪念雷诺将优先数系称为R*r*数系。

目前,我国数值分级标准《优先数和优先数系》(GB/T 321—2005)采用了十进制等比数列为优先数系,规定了五个公比形成的优先数系,分别用符号R5、R10、R20、R40和R80表示。其中,R5、R10、R20和R40是常用系列,称为基本系列,而R80作为补充系列(仅在参数分级很细或基本系列中的优先数不能适应实际情况时,才可考虑采用)。优先数系的公比为$q_r=\sqrt[r]{10}$,五个优先数系的公比见表0-1。

表0-1 优先数系的公比

优先数系	公比	优先数系	公比
R5	$\sqrt[5]{10}\approx1.60$	R40	$\sqrt[40]{10}\approx1.06$
R10	$\sqrt[10]{10}\approx1.25$	R80	$\sqrt[80]{10}\approx1.03$
R20	$\sqrt[20]{10}\approx1.12$		

十进制要求数系中包括1、10、100、…、10^n和1、0.1、0.01、…、$1/10^n$等数,其中的指数n是正整数。数列中按1~10,10~100,100~1 000,…,1~0.1,0.1~0.01,…划分区间,称为十进区间,每个十进区间的项数相等,相邻区间对应项的数值只是扩大10倍或缩小至1/10。例如,在1~10的区间(表0-2),R5系列有1.60、2.50、4.00、6.30、10.00五个优先数,R10系列是在R5系列中插入1.25、2.00、3.15、5.00、8.00,共十个优先数,即在R5系列中插入比例中项1.25,即可得到R10系列。因此,R5系列的各项数值包含在R10系列之中。同理,R10系列的各项数值包含在R20系列中,R20系列的各项数值包含在R40系列中,R40系列的各项数值包含在R80系列中。

表 0-2 优先数基本系列

基本系列(常用值)				计算值
R5	R10	R20	R40	
1.00	1.00	1.00	1.00	1.000 0
			1.06	1.059 3
		1.12	1.12	1.122 0
			1.18	1.188 5
	1.25	1.25	1.25	1.258 9
			1.32	1.333 5
		1.40	1.40	1.412 5
			1.50	1.496 2
1.60	1.60	1.60	1.60	1.584 9
			1.70	1.678 8
		1.80	1.80	1.778 3
			1.90	1.883 6
	2.00	2.00	2.00	1.995 3
			2.12	2.113 5
		2.24	2.24	2.238 7
			2.36	2.371 4
2.50	2.50	2.50	2.50	2.511 9
			2.65	2.660 7
		2.80	2.80	2.818 4
			3.00	2.985 4
	3.15	3.15	3.15	3.162 3
			3.35	3.349 7
		3.55	3.55	3.548 1
			3.75	3.758 4
4.00	4.00	4.00	4.00	3.981 1
			4.25	4.217 0
		4.50	4.50	4.466 8
			4.75	4.731 5
	5.00	5.00	5.00	5.011 9
			5.30	5.308 8
		5.60	5.60	5.623 4
			6.00	5.956 6

续表

基本系列(常用值)				计算值
R5	R10	R20	R40	
6.30	6.30	6.30	6.30	6.309 6
			6.70	6.683 4
		7.10	7.10	7.079 5
			7.50	7.498 9
	8.00	8.00	8.00	7.943 3
			8.50	8.414 0
		9.00	9.00	8.912 5
			9.50	9.440 6
10.00	10.00	10.00	10.00	10.000 0

0.3.2 派生系列和复合系列

优先数由于具有相邻两项的相对差均匀、疏密适中、运算方便、简单易记等主要优点而得到广泛应用。为使优先数系有更大的适应性来满足生产需要,优先数系还变形出派生系列和复合系列。

1. 派生系列

派生系列是从基本系列或补充系列中每隔几项选取一个优先数所组成的系列。例如 R10/3 系列,即是在 R10 系列中按每隔三项取一项所组成的数列,其公比为 $R10/3=(\sqrt[10]{10})^3\approx 2$。例如,1、2、4、8、…、1.25、2.5、5、10、…均属于该系列,为常用的倍数系列。

2. 复合系列

复合系列是指由若干等比系列混合构成的多公比系列,如 10、16、25、35.5、50、71、100、125、160 这一系列,分别由 R5、R20/3 和 R10 这三种系列构成混合系列。例如,在表面粗糙度标准中规定的取样长度分段就是采用 R10 系列的派生数系 R10/5,即 0.08、0.25、0.8、2.5、8.0、25。

0.3.3 优先数系的特点

1. 国际统一的数值分级制,共同的技术基础

优先数系是国际统一的数值分级制,是各国共同采用的基础标准。它适用于不同领域各种技术参数的分级,为技术经济工作上的统一、简化以及产品参数的协调提供了共同的基础。

2. 数值分级合理

数系中各相邻项的相对差相等,即数系中数值间隔相对均匀。因而选用优先数系,技术参数的分布经济合理,能在产品品种规格数量与用户实际需求间达到理想的平衡。

3. 规律明确,利于数值的扩散

优先数系是等比数列,其各项的对数又构成等差数列;同时,任意两优先数理论值的积、商和任一项的整次幂仍为同系列的优先数。这些特点不但方便设计计算,也有利于数值的计算。

4. 具有广泛的适应性

优先数系的项值可向两端无限延伸,所以优先数的范围是不受限制的。此外,还可采取派生系列的方法,给优先数系数值及数值间隔的选取带来更多的灵活性,也给不同的应用带来更多的适应性。

0.3.4 优先数系的选用规则

优先数系的应用很广泛,适用于各种尺寸、参数的系列化和质量指标的分级,对保证各种工业产品的品种、规格、系列的合理化分档和协调配套具有十分重要的意义。

选用基本系列时,应遵守先疏后密的规则,即按 R5、R10、R20、R40 的顺序依次选用;当基本系列不能满足要求时,可选用派生系列,注意应优先采用公比较大和延伸项含有项值 1 的派生系列;根据经济性和需要量等不同条件,还可分段选用最合适的系列,以复合系列的形式来组成最佳系列。

由于优先数系中包含各种不同公比的系列,因而可以满足各种较密和较疏的分级要求。优先数系以其广泛的适用性,成为国际上通用的标准化数系。工程技术人员应在一切标准化领域中尽可能地采用优先数系,以达到对各种技术参数协调、简化和统一的目的,促进国民经济更快、更稳地发展。

实训习题与思考题

1. 互换性在机械制造业中有何意义?举出两个互换性应用实例。
2. 完全互换与不完全互换有何区别?它们主要用于什么场合?
3. 公差、检测、标准化与互换性有何关系?
4. 什么是优先数系?为什么要规定优先数系?

拓展阅读

2007 年,中国迎来国产高速动车组"和谐号",时速 200 公里,标志着中国铁路进入高速时代。十年磨一剑,2017 年,两列"复兴号"高速动车组(以下简称"复兴号")分别从北京南站、上海虹桥站驶出,成功在京沪高铁首发。拥有我国完全自主知识产权的"复兴号",又为中国铁路开启了新篇章。现在,中国列车的身影在欧洲、亚洲、非洲、美洲随处可见;海外项目顺利推进,有匈塞铁路、雅万高铁、中泰铁路、中老铁路,等等。中国速度的背后是中国标准。中国标准动车组"复兴号"采用了中国国家标准、行业标准、国际标准等共 254 项重要标准,其中中国国家标准占 84%。"复兴号"走上国际舞台,跑出中国速度的同时,更向世界输出了中国标准。这些年,中国共主持、参与制定国际标准化组织、国际铁路联盟的重要国际标准几十项,未来我们将更多地参与国际标准的制定,朝着高铁强国迈进。

第1章　极限与配合

1.1　概述

每一种机械产品都是由许多相关的零件装配而成的，只有采用加工质量合格的零件，才能使其装配后达到规定的性能要求并满足零件之间的配合关系和互换性能。零件的加工质量由加工精度和表面质量确定。加工精度的衡量指标主要有尺寸精度和几何精度，而表面质量的衡量指标主要是表面粗糙度。为使零件具有互换性，必须保证零件的尺寸、几何形状和相互位置，以及表面特征技术要求的一致性。就尺寸而言，互换性要求尺寸的一致性，但并不是要求零件都准确地制成一个指定的尺寸，而只要求尺寸在某一合理的范围内；对于相互接合的零件，这个范围既要保证相互接合的尺寸之间形成一定的关系，以满足不同的使用要求，又要在制造上保证经济合理，这样就形成了“极限与配合”的概念。由此可见，“公差”用于协调机器零件使用要求与制造经济性之间的矛盾，“配合”则是反映零件组合时相互之间的关系。

经标准化的公差与配合制，有利于机器的设计、制造、使用与维修，有利于保证产品精度、使用性能和寿命等，也有利于刀具、量具、夹具和机床等工艺装备的标准化。

为适应科学技术的飞速发展，满足国际贸易、技术和经济交流以及采用国际标准的需要，近些年，国家有关部门相继颁布了“极限与配合”国家标准。

“极限与配合”国家标准由以下几个国家标准组成：GB/T 1800.1—2020《产品几何技术规范（GPS）线性尺寸公差 ISO 代号体系　第1部分：公差、偏差和配合的基础》；GB/T 1800.2—2020《产品几何技术规范（GPS）线性尺寸公差 ISO 代号体系　第2部分：标准公差带代号和孔、轴极限偏差表》；GB/T 1803—2003《极限与配合　尺寸至 18mm 孔、轴公差带》（以下简称《极限与配合》）；GB/T 1804—2000《一般公差 未注公差的线性和角度尺寸的公差》。

1.2　基本术语及定义

零件在加工过程中，其提取要素的局部尺寸不可避免地会与其理想尺寸之间产生差异，即产生尺寸误差。但该尺寸误差只要在允许的范围内，零件就具有互换性。因此，设计人员在设计时应根据零件的功能要求给出该零件允许的尺寸变动量，即规定尺寸公差，以便生产中以此为依据来判别零件是否合格。

1.2.1　孔和轴

1. 尺寸要素（feature of size）

尺寸要素是由一定大小的线性尺寸或角度尺寸确定的几何形状。它可以是一个球体、一个圆、两条直线、两相对平面、一个圆柱、一个圆环，等等。

2. 孔(hole)

孔通常是指工件的内尺寸要素,包括圆柱面形、非圆柱面形的内尺寸要素(由两平行平面或切平面形成的包容面),如图 1-1 所示。

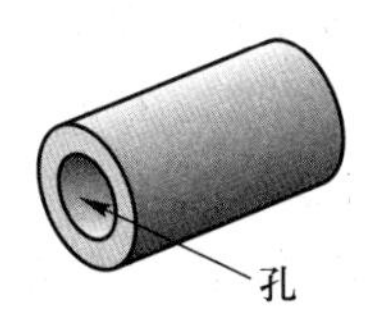

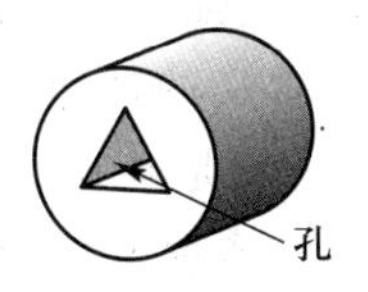

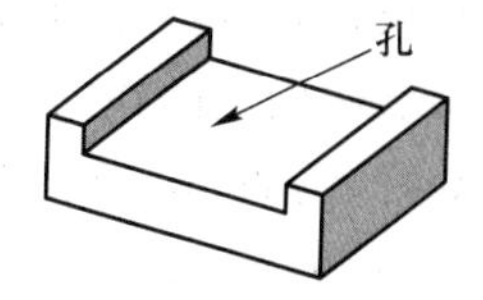

图 1-1 孔

3. 轴(shaft)

轴通常是指工件的外尺寸要素,包括圆柱面形、非圆柱面形的外尺寸要素(由两平行平面或切面形成的被包容面),如图 1-2 所示。

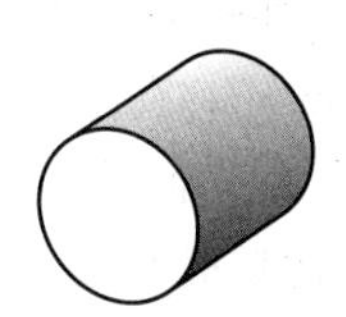

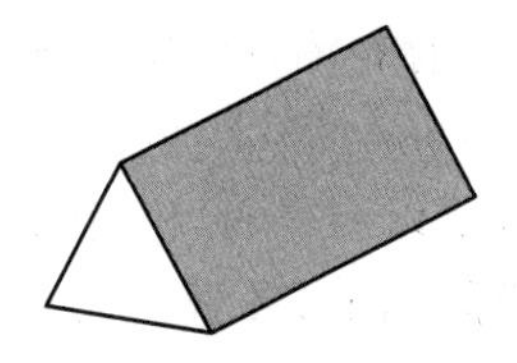

图 1-2 轴

从装配关系看,孔是包容面,轴是被包容面;从广义上讲,孔和轴既可以是圆柱形的,也可以是非圆柱形的。如图 1-3 所示,零件的各内、外表面上,D_1、D_2、D_3、D_4各尺寸都称为孔,d_1、d_2、d_3各尺寸都称为轴。

孔和轴的定义明确了国家标准《极限与配合》的应用范围。例如,键连接的配合表面为由单一尺寸形成的内、外表面,即键宽表面为轴,孔槽和轴槽宽表面均为孔。这样,键连接的极限与配合可直接应用国家标准《极限与配合》。

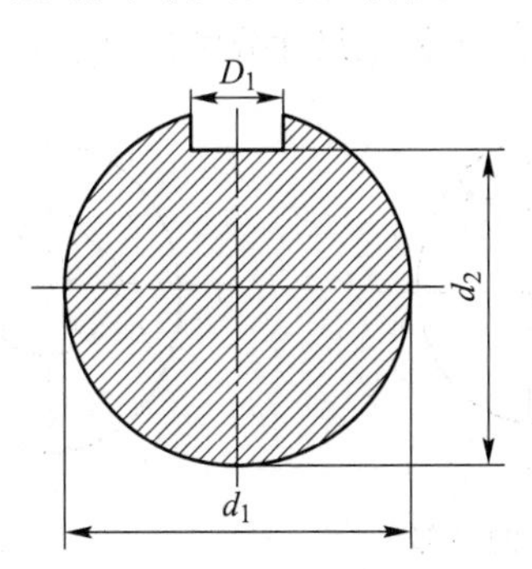

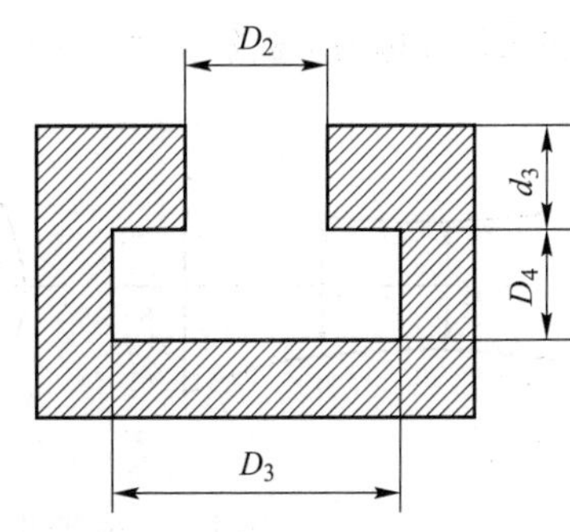

图 1-3 孔与轴

1.2.2 有关尺寸

1. 尺寸(size)

尺寸(亦称线性尺寸,或称长度尺寸)是用特定单位表示线性尺寸值的数值。尺寸表示长度的大小,包括直径、长度、宽度、高度、深度以及中心距、圆角半径等。它由数字和长度单位(如mm)组成,不包括用角度单位表示的角度尺寸。

2. 公称尺寸(nominal size)

公称尺寸是设计者从零件的功能出发,通过强度、刚度等方面的计算或结构需要,并考虑工艺方面的其他要求后确定的在图样中所规范定义的理想形状要素的尺寸。公称尺寸可以是一个整数或一个小数值,例如30、15、8.75、0.5……它是确定偏差位置的起始尺寸。为了减少定值刀具(如钻头、拉刀、铰刀等)、量具(如量规等)、型材和零件尺寸的规格,国家标准GB/T 2822—2005《标准尺寸》已将尺寸标准化。因而,公称尺寸应尽量选取标准尺寸,即通过计算或试验的方法得到尺寸的数值,在保证使用要求的前提下,此数值接近哪个标准尺寸(一般为大于此数值的标准尺寸),则取这个标准尺寸作为公称尺寸。

3. 提取组成要素的局部尺寸(local size of an integral feature)

实际(组成)要素是指通过测量获得的某一孔、轴的尺寸,孔和轴实际(组成)要素分别用D_a、d_a表示。由于存在测量误差,实际(组成)要素并非被测量的真值。如轴的尺寸ϕ18.987 mm,测量误差在±0.001 mm以内。实测尺寸的真值将为ϕ18.988~ϕ18.986 mm,真值是客观存在的,但不确定,因此只能以测得的尺寸作为实际(组成)要素。由于工件存在几何误差,同一尺寸要素不同部位的实际(组成)要素往往不同。所以,标准列出了"提取组成要素的局部尺寸(local size of an integral feature)",它是一切提取组成要素上两对应点之间距离的统称,简称为提取组成要素的局部尺寸。提取组成要素的局部尺寸是沿尺寸要素和其周围进行评估,评估结果不唯一的尺寸特征。对于给定的提取组成要素,存在无数个局部尺寸。如图1-4所示,d_{a1}、d_{a2}、d_{a3}三个局部尺寸并不完全相等;由于形状误差,沿轴向部位的局部尺寸也不相等,不同方向的局部尺寸也不相等。

4. 极限尺寸(limits of size)

极限尺寸是指尺寸要素的尺寸所允许的极限值,也就是允许尺寸变动的两个界限值,它是在设计时给定的。实际(组成)要素应位于其中,也可达到极限尺寸。其中较大的一个极限尺寸称为上极限尺寸,较小的一个极限尺寸称为下极限尺寸。孔和轴的上、下极限尺寸分别为D_{max}、d_{max}和D_{min}、d_{min}。

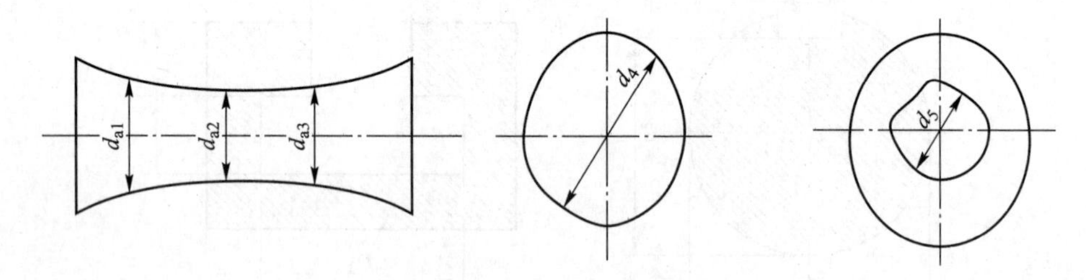

图1-4 提取组成要素的局部尺寸

1.2.3 偏差与公差

1. 偏差(size deviation)

偏差是某值与其参考值之差。极限偏差是相对于公称尺寸的上极限偏差和下极限偏差。

1) 上极限偏差。上极限尺寸减其公称尺寸所得的代数差称为上极限偏差。孔的上极限偏

差用 ES 表示，轴的上极限偏差用 es 表示。

2）下极限偏差。下极限尺寸减其公称尺寸所得的代数差称为下极限偏差。孔的下极限偏差用 EI 表示，轴的下极限偏差用 ei 表示。

2. 尺寸公差(tolerance of size)

尺寸公差简称公差，是指允许尺寸变动量。公差是设计时给定的，用以限制误差，工件的误差在公差范围内即为合格。

尺寸公差等于上极限尺寸减去下极限尺寸的代数差的绝对值，也等于上极限偏差减去下极限偏差之差的绝对值。孔公差用 T_H 表示，轴公差用 T_s 表示，表达式分别为

$$T_H = |D_{max} - D_{min}| = |ES - EI| \tag{1-1}$$

$$T_s = |d_{max} - d_{min}| = |es - ei| \tag{1-2}$$

公差与偏差的区别和联系：

1）从数值上看，极限偏差是代数值，正、负或零值是有意义的；而尺寸公差是允许尺寸的变动范围，是没有正负号的绝对值，也不能为零(零值意味着加工误差不存在，是不可能实现的)。实际计算时由于上极限尺寸大于下极限尺寸，故可省略绝对值符号。

2）从作用上看，极限偏差用于控制实际偏差，是判断完工零件是否合格的根据，而尺寸公差则是控制一批零件提取组成要素的局部尺寸的差异程度。

3）从工艺上看，对某一具体零件，尺寸公差大小反映加工的难易程度，即加工精度的高低，它是制订加工工艺的主要依据，而极限偏差则是调整机床决定切削工具与工件相对位置的依据。

4）偏差与公差的联系，尺寸公差是上、下极限偏差代数差的绝对值，所以确定了两极限偏差也就确定了尺寸公差。

【例 1-1】 已知孔 $D_{max} = 30.02$ mm，$D_{min} = 30$ mm，$D = 30$ mm，$d_{max} = 29.98$ mm，$d_{min} = 29.967$ mm，$d = 30$ mm，求孔与轴的极限偏差与公差。

解：孔的上极限偏差 $ES = D_{max} - D = 30.02\ \text{mm} - 30\ \text{mm} = 0.02\ \text{mm}$

孔的下极限偏差 $EI = D_{min} - D = 30\ \text{mm} - 30\ \text{mm} = 0$

轴的上极限偏差 $es = d_{max} - d = 29.98\ \text{mm} - 30\ \text{mm} = -0.02\ \text{mm}$

轴的下极限偏差 $ei = d_{min} - d = 29.967\ \text{mm} - 30\ \text{mm} = -0.033\ \text{mm}$

孔公差 $T_H = |D_{max} - D_{min}| = |30.02\ \text{mm} - 30\ \text{mm}| = 0.02\ \text{mm}$

轴公差 $T_s = |d_{max} - d_{min}| = |29.98\ \text{mm} - 29.967\ \text{mm}| = 0.013\ \text{mm}$

3. 公差带与公差带图

1）公差带图。用以表示相互配合的一对孔和轴的公称尺寸、极限尺寸、极限偏差以及相互关系的简图，称为公差带图。尺寸公差带图解如图 1-5 所示。

2）零线(zero line)。在公差带图中，表示公称尺寸的一条直线，以其为基准确定偏差的零起点，正偏差位于零线上方，负偏差位于零线下方，位于零线上的偏差为零。

3）公差带(tolerance interval)。在公差带图中，由代表上、下极限偏差的两条平行直线所限定的一个区域，它是由公差大小和其相对于零线的位置确定的。在公差带示意图中，公称尺寸的单位用 mm 表示，极限偏差和公差的单位一般用 μm 表示，也可用 mm 表示。

4）基本偏差(fundamental deviation)。基本偏差是极限与配合制标准中所规定的确定公差带相对于零线位置的极限偏差。它可以是上极限偏差或下极限偏差，一般为靠近零线的那个极限偏差。孔的基本偏差为下极限偏差，轴的基本偏差为上极限偏差。

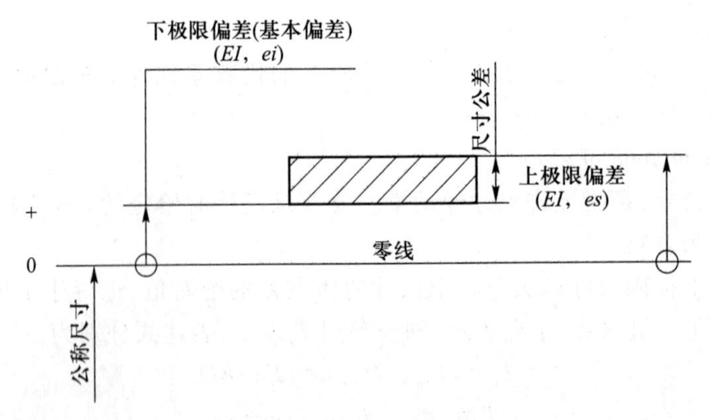

图 1-5 尺寸公差带图解

1.2.4 配合与配合制

1. 配合(fit)

配合是指类型相同且待装配的外尺寸要素(轴)和内尺寸要素(孔)之间的关系,如图 1-6 所示。根据孔和轴公差带之间的关系不同,配合分为间隙配合、过盈配合和过渡配合三大类。

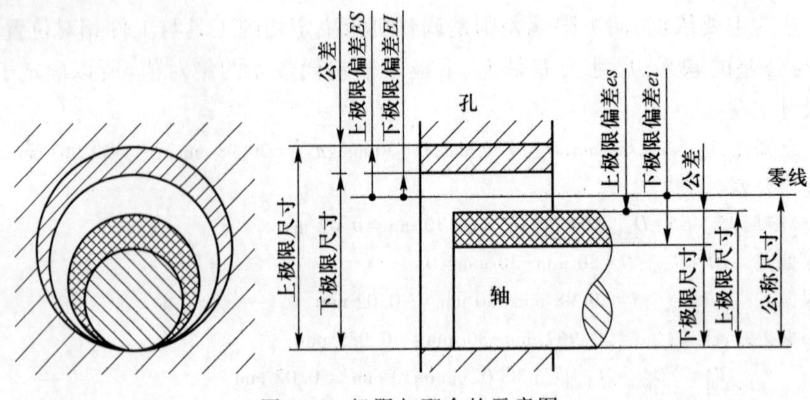

图 1-6 极限与配合的示意图

2. 间隙或过盈

孔的尺寸减去相配合的轴的尺寸所得的代数差,差值为正时,称为间隙,用 X 表示;差值为负时,称为过盈,用 Y 表示。

3. 配合种类

(1) 间隙配合(clearance fit)

孔和轴装配时总是存在间隙(包括最小间隙为零)的配合。此时,孔的下极限尺寸大于或在极端情况下等于轴的上极限尺寸,如图 1-7 所示。

由于孔、轴的实际尺寸允许在各自公差带内变化,所以孔、轴配合的间隙也是变动的。当孔为 D_{max} 而相配合的轴为 d_{min} 时,装配后形成最大间隙 X_{max};当孔为 D_{min} 而相配合的轴为 d_{max} 时,装配后形成最小间隙 X_{min}。用公式表示分别为

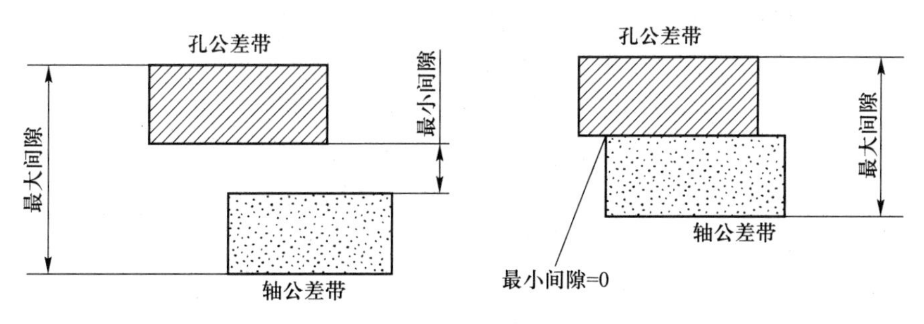

图 1-7　间隙配合示意图

$$X_{max}=D_{max}-d_{min}=ES-ei \tag{1-3}$$

$$X_{min}=D_{min}-d_{max}=EI-es \tag{1-4}$$

X_{max}和 X_{min}统称为极限间隙，公差带图如图 1-8 所示。实际生产中，成批生产的零件其实际尺寸大部分为极限尺寸的平均值，所以形成的间隙大多数在平均间隙附近，平均间隙以 X_{av}表示，其大小为

$$X_{av}=\frac{X_{max}+X_{min}}{2} \tag{1-5}$$

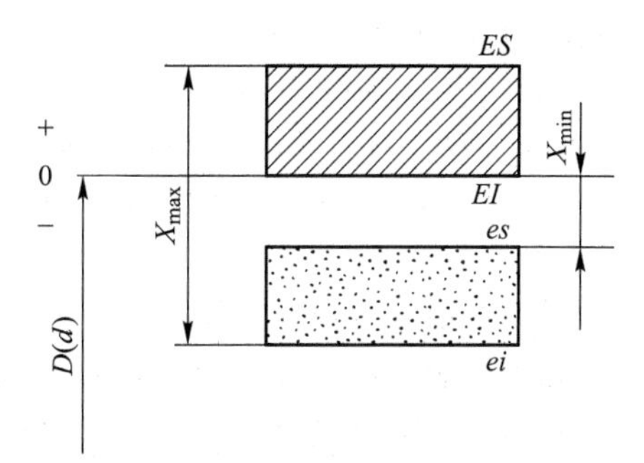

图 1-8　间隙配合公差带图

配合公差(span of a fit)用 T_f 表示，此时的配合公差是允许间隙的变动量，其值等于最大间隙与最小间隙之代数差的绝对值，也等于相互配合的孔公差与轴公差之和。即：

$$T_f=|X_{max}-X_{min}|=T_H+T_s \tag{1-6}$$

【例 1-2】　孔 $\phi30^{+0.025}_{0}$ mm，轴 $\phi30^{-0.025}_{-0.041}$ mm，求 X_{max}、X_{min}及 T_f。

解：$X_{max}=D_{max}-d_{min}=ES-ei=0.025\ \text{mm}-(-0.041\ \text{mm})=0.066\ \text{mm}$

$X_{min}=D_{min}-d_{max}=EI-es=0-(-0.025\ \text{mm})=0.025\ \text{mm}$

$T_f=|X_{max}-X_{min}|=|0.066-0.025|\ \text{mm}=0.041\ \text{mm}$

(2) 过盈配合(interference fit)

孔和轴装配时总是存在过盈的配合。此时，孔的上极限尺寸小于或在极端情况下等于轴的下极限尺寸，如图 1-9 所示。

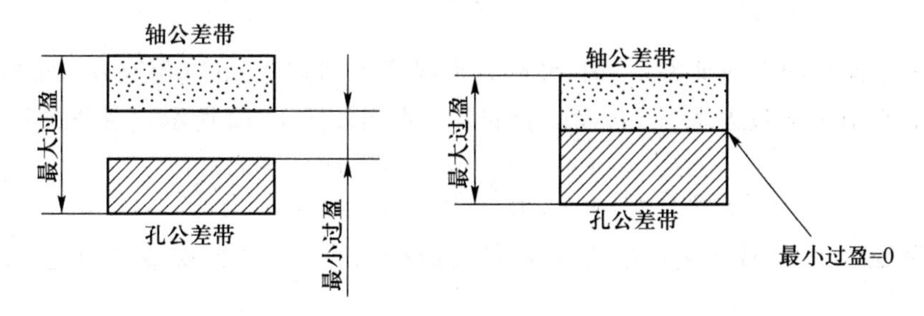

图 1-9　过盈配合示意图

当孔为 D_{min} 而相配合的轴为 d_{max} 时，装配后形成最大过盈 Y_{max}；当孔为 D_{max} 而相配合的轴为 d_{min} 时，装配后形成最小过盈 Y_{min}。用公式表示分别为

$$Y_{max}=D_{min}-d_{max}=EI-es \tag{1-7}$$

$$Y_{min}=D_{min}-d_{max}=ES-ei \tag{1-8}$$

Y_{max} 和 Y_{min} 统称为极限过盈，公差带图如图 1-10 所示。同上，在成批生产中，最可能得到的是平均过盈附近的过盈值，平均过盈用 Y_{av} 表示，其大小为

$$Y_{av}=\frac{Y_{max}+Y_{min}}{2}$$

此时的配合公差是允许过盈的变动量，其值等于最小过盈与最大过盈之代数差的绝对值，也等于相互配合的孔公差与轴公差之和，即 $T_f=|Y_{min}-Y_{max}|=T_H+T_s$。

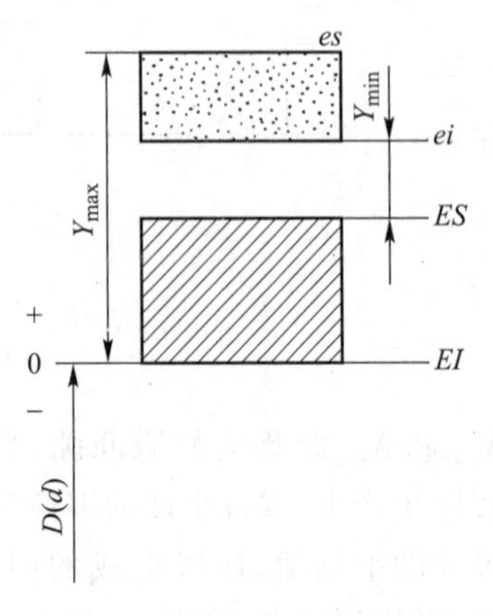

图 1-10 过盈配合公差带图

【例 1-3】 孔 $\phi30^{+0.025}_{0}$ mm，轴 $\phi30^{+0.050}_{+0.034}$ mm，求 Y_{max}、Y_{min} 及 T_f。

解： $Y_{max}=D_{min}-d_{max}=EI-es=0-0.050\ \text{mm}=-0.050\ \text{mm}$

$Y_{min}=D_{max}-d_{min}=ES-ei=0.025\ \text{mm}-0.034\ \text{mm}=-0.009\ \text{mm}$

$T_f=|Y_{max}-Y_{min}|=|-0.050-(-0.009)|\ \text{mm}=0.041\ \text{mm}$

（3）过渡配合（transition fit）

孔和轴装配时可能具有间隙或过盈的配合。此时，孔和轴的公差带或完全重叠或部分重叠，因此是否形成间隙配合或过盈配合取决于孔和轴的实际尺寸，如图 1-11 所示。

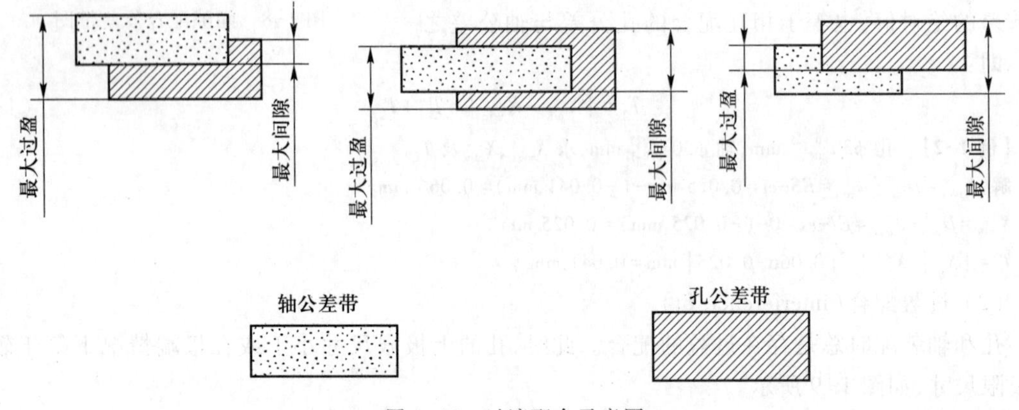

图 1-11 过渡配合示意图

当孔为 D_{max} 而相配合的轴为 d_{min} 时，装配后形成最大间隙 X_{max}；当孔为 D_{min} 而相配合的轴为 d_{max} 时，装配后形成最大过盈 Y_{max}。过渡配合的公差带图如图 1-12 所示。用公式分别表示为

$$Y_{max}=D_{min}-d_{max}=EI-es \tag{1-9}$$

$$X_{max}=D_{max}-d_{min}=ES-ei \tag{1-10}$$

与前两种配合一样，成批生产中的零件，最可能得到的是平均间隙或平均过盈附近的值，其大小为

$$X_{av}(Y_{av})=\frac{X_{max}+Y_{max}}{2} \tag{1-11}$$

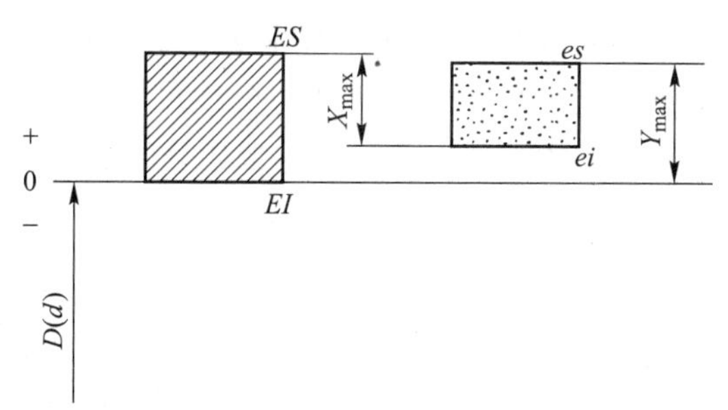

图 1-12　过渡配合公差带图

按上式计算所得的值为正时是平均间隙,为负时是平均过盈。

此时的配合公差等于最大间隙与最大过盈之代数差的绝对值,也等于相互配合的孔公差与轴公差之和,即 $T_f=|Y_{max}-X_{max}|=T_H+T_s$。

【例 1-4】　孔 $\phi30^{+0.025}_{0}$ mm,轴 $\phi30^{+0.018}_{+0.002}$ mm,求 Y_{max}、X_{max} 及 T_f。

解:$Y_{max}=D_{min}-d_{max}=EI-es=0-0.018\ \text{mm}=-0.018\ \text{mm}$

$X_{max}=D_{max}-d_{min}=ES-ei=0.025\ \text{mm}-0.002\ \text{mm}=0.023\ \text{mm}$

$T_f=|Y_{max}-X_{max}|=|-0.018-0.023|\ \text{mm}=0.041\ \text{mm}$

【例 1-5】　画出【例 1-2】、【例 1-3】和【例 1-4】的极限与配合图。

解:如图 1-13 所示。

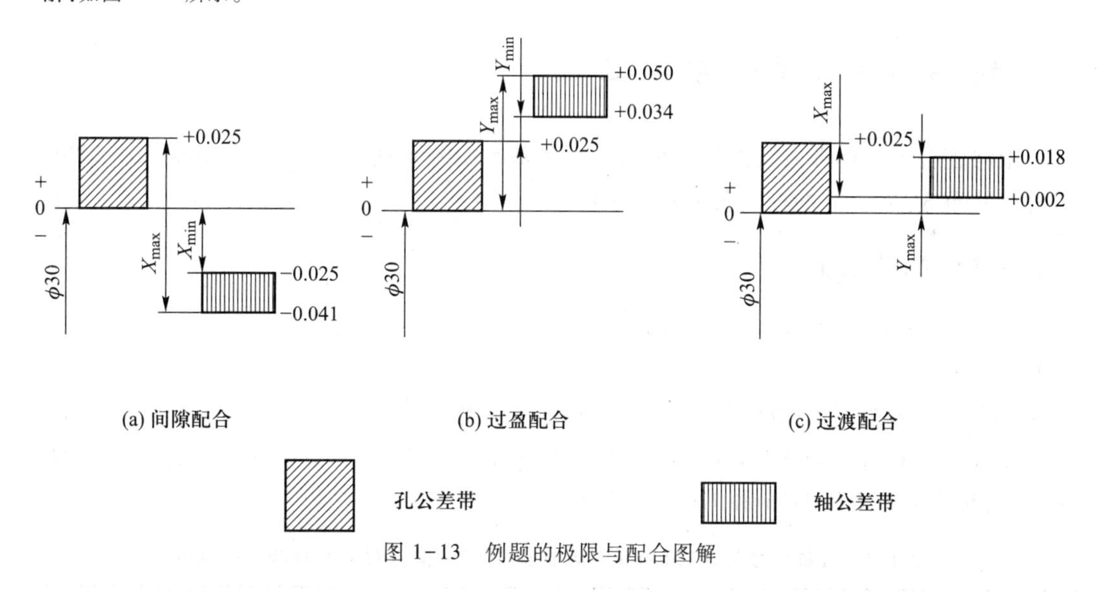

图 1-13　例题的极限与配合图解

4. ISO 配合制(ISO fit system)

ISO 配合制是指由线性尺寸公差 ISO 代号体系确定公差的孔和轴组成的一种配合制度。形成配合要素的线性尺寸公差 ISO 代号体系应用的前提条件是孔和轴的公称尺寸相同。国家标准规定了两种配合制,即基孔制配合和基轴制配合。

1) 基孔制配合(hole-basis fit system)。孔的基本偏差为零的配合,即其下极限偏差等于零,如图 1-14 所示。基孔制配合是孔的下极限尺寸与公称尺寸相同的配合制,所要求的间隙或过盈由不同公差带代号的轴与一基本偏差为零的公差带代号的基准孔相配合得到。基孔制配合中的孔为基准孔,其代号为“H”。

2）基轴制配合（shaft-basis fit system）。轴的基本偏差为零的配合，即其上极限偏差等于零，如图1-15所示。基轴制配合是轴的上极限尺寸与公称尺寸相同的配合制，所要求的间隙或过盈由不同公差带代号的孔与一基本偏差为零的公差带代号的基准轴相配合得到。基轴制配合中的轴为基准轴，其代号为“h”。

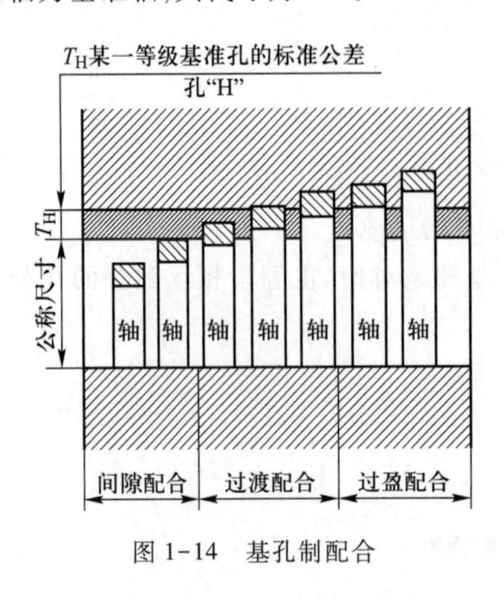

图1-14 基孔制配合

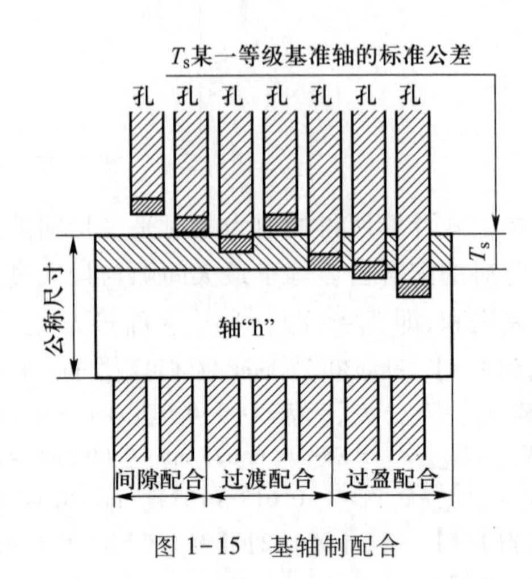

图1-15 基轴制配合

1.3 极限与配合的国家标准

极限与配合国家标准主要由标准公差系列和基本偏差系列组成。GB/T 1800.2—2020规定了公称尺寸至3 150 mm的标准公差和基本偏差。

1.3.1 标准公差

标准公差是国家标准规定的用以确定公差带大小的任一公差值。

1. 标准公差系列

标准公差系列是国家标准规定的一系列标准公差数值。

表1-1为公称尺寸至3 150 mm的标准公差等级IT1～IT18的公差数值。表1-2为尺寸至500 mm的标准公差等级IT01和IT0的公差数值。

表1-1 公称尺寸至3 150 mm的标准公差数值（摘自GB/T 1800.2—2020）

公称尺寸/mm		标准公差等级																	
		IT1	IT2	IT3	IT4	IT5	IT6	IT7	IT8	IT9	IT10	IT11	IT12	IT13	IT14	IT15	IT16	IT17	IT18
大于	至	μm											mm						
—	3	0.8	1.2	2	3	4	6	10	14	25	40	60	0.1	0.14	0.25	0.4	0.6	1	1.4
3	6	1	1.5	2.5	4	5	8	12	18	30	48	75	0.12	0.18	0.3	0.48	0.75	1.2	1.8
6	10	1	1.5	2.5	4	6	9	15	22	36	58	90	0.15	0.22	0.36	0.58	0.9	1.5	2.2
10	18	1.2	2	3	5	8	11	18	27	43	70	110	0.18	0.27	0.43	0.7	1.1	1.8	2.7

续表

公称尺寸/mm		标准公差等级																	
		IT1	IT2	IT3	IT4	IT5	IT6	IT7	IT8	IT9	IT10	IT11	IT12	IT13	IT14	IT15	IT16	IT17	IT18
大于	至	μm											mm						
18	30	1.5	2.5	4	6	9	13	21	33	52	84	130	0.21	0.33	0.52	0.84	1.3	2.1	3.3
30	50	1.5	2.5	4	7	11	16	25	39	62	100	160	0.25	0.39	0.62	1	1.6	2.5	3.9
50	80	2	3	5	8	13	19	30	46	74	120	190	0.3	0.46	0.74	1.2	1.9	3	4.6
80	120	2.5	4	6	10	15	22	35	54	87	140	220	0.35	0.54	0.87	1.4	2.2	3.5	5.4
120	180	3.5	5	8	12	18	25	40	63	100	160	250	0.4	0.63	1	1.6	2.5	4	6.3
180	250	4.5	7	10	14	20	29	46	72	115	185	290	0.46	0.72	1.15	1.85	2.9	4.6	7.2
250	315	6	8	12	16	23	32	52	81	130	210	320	0.52	0.81	1.3	2.1	3.2	5.2	8.1
315	400	7	9	13	18	25	36	57	89	140	230	360	0.57	0.89	1.4	2.3	3.6	5.7	8.9
400	500	8	10	15	20	27	40	63	97	155	250	400	0.63	0.97	1.55	2.5	4	6.3	9.7
500	630	9	11	16	22	32	44	70	110	175	280	440	0.7	1.1	1.75	2.8	4.4	7	11
630	800	10	13	18	25	36	50	80	125	200	320	500	0.8	1.25	2	3.2	5	8	12.5
800	1 000	11	15	21	28	40	56	90	140	230	360	560	0.9	1.4	2.3	3.6	5.6	9	14
1 000	1 250	13	18	24	33	47	66	105	165	260	420	660	1.05	1.65	2.6	4.2	6.6	10.5	16.5
1 250	1 600	15	21	29	39	55	78	125	195	310	500	780	1.25	1.95	3.1	5	7.8	12.5	19.5
1 600	2 000	18	25	35	46	65	92	150	230	370	600	920	1.5	2.3	3.7	6	9.2	15	23
2 000	2 500	22	30	41	55	78	110	175	280	440	700	1 100	1.75	2.8	4.4	7	11	17.5	28
2 500	3 150	26	36	50	68	96	135	210	330	540	860	1 350	2.1	3.3	5.4	8.6	13.5	21	33

注：① 公称尺寸大于 500 mm 的 IT1～IT5 的标准公差数值为试行；

② 公称尺寸小于或等于 1 mm 时，无 IT4～IT8。

表 1-2　IT01 和 IT0 的标准公差（摘自 GB/T 1800.2—2020）

公称尺寸		标准公差等级	
		IT01	IT0
大于	至	公差/μm	
—	3	0.3	0.5
3	6	0.4	0.6
6	10	0.4	0.6
10	18	0.5	0.8
18	30	0.6	1
30	50	0.6	1
50	80	0.8	1.2
80	120	1	1.5
120	180	1.2	2
180	250	2	3
250	315	2.5	4
315	400	3	5
400	500	4	6

2. 标准公差因子

标准公差因子即公差单位,用 i 或 I 表示。生产实践表明,对公称尺寸相同的零件,可按公差大小评定其尺寸制造精度的高低。但对公称尺寸不同的零件,就不能只按公差大小评定其精度等级。正如对密度不同的物体,不能单凭物体大小评定其质量一样。因此,为科学评定零件精度等级或公差等级高低,合理规定公差数值,需要建立公差因子。

通过专门实验和统计分析,找出零件加工及测量误差随直径变化的规律。确定公差因子 i(或 I)与直径 D 的函数关系式为

$$i=f(D) \tag{1-12}$$

$$IT=ai \tag{1-13}$$

式中:i ——标准公差因子,μm;

D——公称尺寸分段的计算尺寸,mm;

IT——标准公差值;

a——公差等级系数,与加工方法有关。

在 ISO 公差制中,公差等级系数 a 不随公差带位置的不同而改变,对孔、轴都一样,即它是划分公差等级的唯一指标,所以根据系数 a 的数值即可评定零件精度或公差等级的高低。这样,公差因子就成为划分公差等级,按不同公称尺寸合理规定公差数值的一个基本计算单位,是制订公差表格的基础。

由大量实验数据和统计分析得知,在一定工艺条件下,加工误差和测量误差按一定规律随公称尺寸的增大而增大。因公差是用来控制加工误差的,因此公差与公称尺寸之间也应符合这个规律。公称尺寸小于 500 mm 的,这个规律在标准公差因子计算式中表示为

$$i=0.45\sqrt[3]{D}+0.001D \tag{1-14}$$

上式中的第一项主要反映加工误差的规律,符合立方抛物线关系;第二项用于补偿测量时温度变化引起的与公称尺寸成正比关系的测量误差。

当公称尺寸很小时,式(1-14)的第二项所占的比例很小,但是随着公称尺寸的逐渐增大,第二项的影响越来越显著。对大尺寸而言,温度变化引起的误差随尺寸的增大呈线形关系。

当公称尺寸为 500~3 150 mm 时,公差单位(以 I 表示)按下式计算;

$$I=0.004D+2.1 \tag{1-15}$$

当公称尺寸大于 3 150 mm 时,用式(1-15)来计算标准公差也不能完全反映误差出现的规律,目前仍没有发现更加合理的公式。

3. 标准公差等级

标准公差等级是指在标准极限与配合制中,认为同一公差等级(如 IT8)对所有公称尺寸的一组公差具有同等精确程度。它是以公差等级系数(a)作为分级依据,在公称尺寸一定的情况下,a 是决定标准公差大小的唯一系数,其大小在一定程度上反映出加工方法的精度高低。因此,标准公差等级的划分通常以加工方法在一般条件下所能达到的经济精度为依据。

标准公差等级用字母 IT 加阿拉伯数字表示,IT 为英语 international tolerance 的首字母缩写,表示标准公差,阿拉伯数字表示标准公差等级数,如 IT7 表示标准公差为 7 级。为满足生产需要,GB/T 1800.2—2020 在公称尺寸≤500 mm 范围内,设置了 20 个公差等级,各级标准公差的代号分别为 IT01、IT0、IT1、IT2、…、IT18。其中,IT01 精度最高,其余依次降低。同一公称尺寸

段内，从 IT01 至 IT18，标准公差值依次增大。

在公称尺寸≤500mm 的常用尺寸范围内，各级标准公差的计算公式见表 1-3。在公称尺寸为 500~3 150 mm 的尺寸范围内，各级标准公差的计算公式见表 1-4。对于 IT5~IT18，标准公差 IT 均按下式计算：

$$IT = ai \tag{1-16}$$

表 1-3　公称尺寸≤500 mm 的标准公差数值计算公式

标准公差等级	计算公式	标准公差等级	计算公式	标准公差等级	计算公式
IT01	$0.3+0.008D$	IT6	$10i$	IT13	$250i$
IT0	$0.5+0.012D$	IT7	$16i$	IT14	$400i$
IT1	$0.8+0.02D$	IT8	$25i$	IT15	$640i$
IT2	$IT1(IT5/IT1)^{1/4}$	IT9	$40i$	IT16	$1\,000i$
IT3	$IT1(IT5/IT1)^{1/2}$	IT10	$64i$	IT17	$1\,600i$
IT4	$IT1(IT5/IT1)^{3/4}$	IT11	$100i$	IT18	$2\,500i$
IT5	$7i$	IT12	$160i$		

在公称尺寸≤500 mm 的常用尺寸范围内，从 IT6 起，a 值按 R5 优先数系增加，即每隔 5 个等级，公差值增加 10 倍，见表 1-3；对高精度 IT01、IT0、IT1，主要考虑测量误差的影响，标准公差计算式采用如表 1-3 所列的线性关系式；IT2、IT3 和 IT4 是在 IT1 和 IT5 之间的 3 个插入级，标准中没有给出标准公差计算式，但仍按几何级数递增。设公比为 q，则

$IT2 = IT1 \cdot q$

$IT3 = IT2 \cdot q = IT1 \cdot q^2$

……

$IT5 = IT1 \cdot q^4$

因此，公比 $q = (IT5/IT1)^{1/4}$，则 IT2、IT3 和 IT4 的计算公式分别为 $IT2 = IT1(IT5/IT1)^{1/4}$，$IT3 = IT1(IT5/IT1)^{1/2}$，$IT4 = IT1(IT5/IT1)^{3/4}$。

表 1-4　公称尺寸为 500~3 150 mm 的标准公差数值计算公式

标准公差等级	计算公式	标准公差等级	计算公式	标准公差等级	计算公式
IT01	$1I$	IT6	$10I$	IT13	$250I$
IT0	$2^{1/2}I$	IT7	$16I$	IT14	$400I$
IT1	$2I$	IT8	$25I$	IT15	$640I$
IT2	$IT1(IT5/IT1)^{1/4}$	IT9	$40I$	IT16	$1\,000I$
IT3	$IT1(IT5/IT1)^{1/2}$	IT10	$64I$	IT17	$1\,600I$
IT4	$IT1(IT5/IT1)^{1/4}$	IT11	$100I$	IT18	$2\,500I$
IT5	$7I$	IT12	$160I$		

公称尺寸大于 3 150 mm 时，从 IT5 起，与常用尺寸的公差等级的分布规律相同；高精度 IT1 为 $2I$，IT2、IT3 和 IT4 为 IT1 和 IT5 之间的 3 个插入级，仍按插入级方法计算，公比 $q=(IT5/IT1)^{1/4}$。

综上所述,各标准公差等级之间的公差分布规律性强,便于向更高、更低等级方向延伸,如按R5数系延伸。

4. 公称尺寸分段

根据标准公差和标准公差因子的计算公式,若对每个公称尺寸都计算出一个对应的公差值,就会产生一个庞大的公差数值表,将给实际应用带来很多困难。为减少公差值的数目和简化公差数值表,方便实际使用,必须对公称尺寸进行分段。对同一尺寸段内的所有公称尺寸,在相同公差等级情况下规定相同的标准公差。

国家标准还规定,按公称尺寸分段内的首、尾两个尺寸的几何平均值来计算其公差值,使标准公差因子计算误差减小。公称尺寸 D 为每一尺寸段中首、末两个尺寸的几何平均值,即

$$D=\sqrt{D_1D_2}$$

式中:D_1——公称尺寸分段中首位尺寸;

D_2——公称尺寸分段中末位尺寸。

公称尺寸分段分为主段落和中间段落,见表1-5。

表1-5 公称尺寸分段

主段落		中间段落		主段落		中间段落	
大于	至	大于	至	大于	至	大于	至
—	3			250	315	250	280
3	6					280	315
6	10			315	400	315	355
						355	400
10	18	10	14	400	500	400	450
		14	18			450	500
18	30	18	24	500	630	500	560
		24	30			560	630
30	50	30	40	630	800	630	710
		40	50			710	800
50	80	50	65	800	1 000	800	900
		65	80			900	1 000
80	120	80	100	1 000	1 250	1 000	1 120
		100	120			1 120	1 250
120	180	120	140	1 250	1 600	1 250	1 400
		140	160			1 400	1 600
		160	180	1 600	2 000	1 600	1 800
						1 800	2 000
180	250	180	200	2 000	2 500	2 000	2 240
		200	225			2 240	2 500
		225	250	2 500	3 150	2 500	2 800
						2 800	3 150

【例 1-6】　公称尺寸为 20 mm，求 IT6、IT7 的公差值。

解：公称尺寸为 20 mm，属于 18～30 mm 尺寸段，则 $D=\sqrt{18\times30}$ mm = 23.24 mm。

公差单位 $i=0.45\sqrt[3]{D}+0.001D=0.45\times\sqrt[3]{23.24}$ mm$+0.001\times23.24$ mm = 1.31 μm

由表 1-3 查得：IT6 = 10i；IT7 = 16i。

即　IT6 = 10i = 10×1.31 μm = 13.1 μm ≈ 13 μm

IT7 = 16i = 16×1.31 μm = 20.96 μm ≈ 21 μm

1.3.2　基本偏差系列

1. 基本偏差及其代号

（1）基本偏差

基本偏差确定了公差带的位置，从而确定了配合的性质。为了满足各种配合和生产的需要，必须设置若干基本偏差并将其标准化。标准化的基本偏差组成基本偏差系列。国际上对孔和轴各规定了 28 个基本偏差。

（2）基本偏差代号

基本偏差代号用拉丁字母表示，大写字母代表孔的基本偏差，小写字母代表轴的基本偏差。在 26 个拉丁字母中，易与其他代号混淆的 I、L、O、Q、W（i、l、o、q、w）5 个字母除外，再加上用两个字母 CD、EF、FG、ZA、ZB、ZC、JS（cd、ef、fg、za、zb、zc、js）表示的 7 个，共有 28 个代号，构成了孔和轴的基本偏差系列。图 1-16 和图 1-17 所示为基本偏差系列，表示公称尺寸相同的 28 种孔、轴的基本偏差相对于零线的位置关系。图中所画公差带是开口的，这是因为基本偏差只表示公差带的位置，不表示公差带的大小，开口端的极限偏差由公差等级来决定。

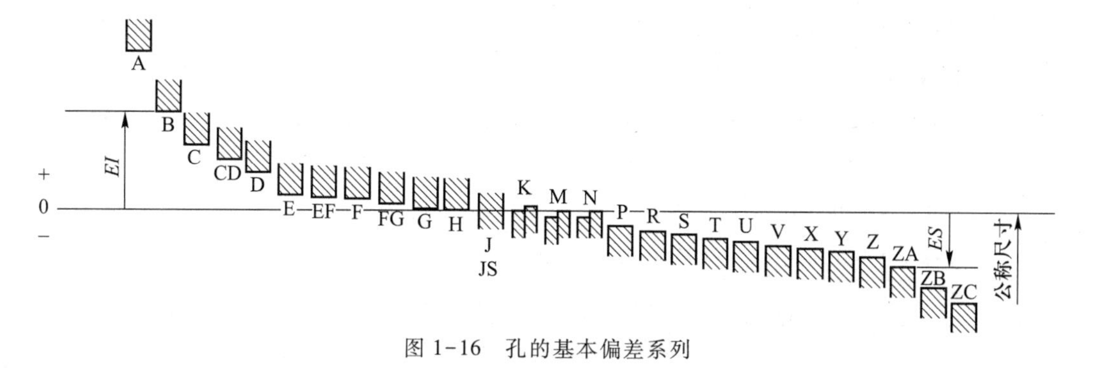

图 1-16　孔的基本偏差系列

从基本偏差系列图可以看出：

对于孔：A～H 的基本偏差为下极限偏差 EI，除 H 基本偏差为零外，其余均为正值，其绝对值依次减小；J～ZC 的基本偏差为上极限偏差 ES，除 J、K 和 M、N 外，其余皆为负值，其绝对值依次增大。

对于轴：a～h 的基本偏差为上极限偏差 es，除 h 基本偏差为零外，其余均为负值，其绝对值依次减小；j～zc 的基本偏差为下极限偏差 ei，除 j、k（当代号为 k，IT≤3 或 IT>7 时，基本偏差为零）外，其余皆为正值，其绝对值逐渐增大。

代号 JS 和 js 在各公差等级中完全对称，因此基本偏差可为上极限偏差（数值为+IT/2），也可为下极限偏差（数值为−IT/2）。JS 和 js 将逐渐取代近似对称偏差 J 和 j。所以，在国家标准中，孔仅保留了 J6、J7、J8，轴仅保留了 j5、j6、j7、j8 等。

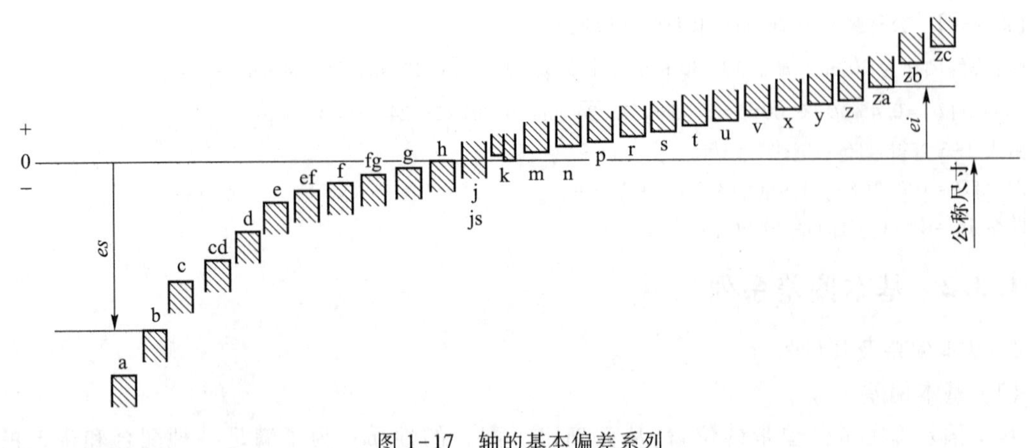

图 1-17 轴的基本偏差系列

2. 基本偏差计算

(1) 轴的基本偏差计算

轴的基本偏差数值是以基孔制为基础,根据各种配合的要求,在生产实践和大量试验的基础上,依据统计分析的结果整理出一系列公式而计算出来的。公称尺寸至 500 mm 轴的基本偏差计算公式见表 1-6。公称尺寸至 500 mm 轴的基本偏差数值见表 1-7。

表 1-6 公称尺寸至 500 mm 轴的基本偏差计算公式

基本偏差代号	适用范围	基本偏差为上极限偏差 $es/\mu m$
a	公称尺寸≤120 mm	$-(265+1.3D)$
	公称尺寸>120 mm	$-3.5D$
b	公称尺寸≤160 mm	$-(140+0.85D)$
	公称尺寸>160 mm	$-1.8D$
c	公称尺寸≤40 mm	$-52D^{0.2}$
	公称尺寸>40 mm	$-(95+0.8D)$
cd		$-\sqrt{cd}$
d		$-16D^{0.44}$
e		$-11D^{0.41}$
ef		$-\sqrt{ef}$
f		$-5.5D^{0.41}$
fg		$-\sqrt{fg}$
g		$-2.5D^{0.34}$

基本偏差代号	适用范围	基本偏差为下极限偏差 $ei/\mu m$
j	IT5~IT8	无公式
k	≤IT3	0
	IT4~IT7	$+0.6\sqrt[3]{D}$
	≥IT8	0
m		$+(IT7-IT6)$
n		$+5D^{0.34}$
p		$+[IT7+(0\sim5)]$
r		$+\sqrt{ps}$
s	公称尺寸≤50 mm	$+[IT8+(1\sim4)]$
	公称尺寸>50 mm	$+(IT7+0.4D)$
t	公称尺寸>24 mm	$+(IT7+0.63D)$
u		$+(IT7+D)$
v	公称尺寸>14 mm	$+(IT7+1.25D)$
x		$+(IT7+1.6D)$
y	公称尺寸>18 mm	$+(IT7+2D)$
z		$+(IT7+2.5D)$

续表

基本偏差代号	适用范围	基本偏差为上极限偏差 $es/\mu m$	基本偏差代号	适用范围	基本偏差为下极限偏差 $ei/\mu m$
h		0	za		$+(IT8+3.15D)$
			zb		$+(IT9+4D)$
			zc		$+(IT10+5D)$
$js=\pm\frac{IT}{2}$					

注:① 公称尺寸大于 500 mm 的 IT1~IT5 的标准公差数值为试行;

② 公称尺寸小于 1 mm 时,无 IT14~IT18。

【例 1-7】 计算 $\phi25g7$ 的基本偏差。

解:$\phi25$ 属于 18~30 mm 尺寸段,因此 $D=\sqrt{18\times30}$ mm = 23.24 mm。

查表 1-6 可知 g 的基本偏差计算式为

$$es=-2.5D^{0.34}=-2.5\times23.24^{0.34}\ \text{mm}\approx-7\ \mu m$$

故 $\phi25g7$ 的基本偏差 $es=-7\ \mu m$。

(2) 孔的基本偏差计算

公称尺寸≤500 mm 时,孔的基本偏差是由轴的基本偏差换算得到的。换算的原则:同名代号的孔、轴的基本偏差(如 E 与 e、T 与 t),在孔、轴同一公差等级或孔比轴低一级的配合条件下,按基孔制形成的配合(如 $\phi40H7/g6$)与按基轴制形成的配合(如 $\phi40G7/g6$)性质(最大间隙或最大过盈)相同,据此有两种换算规则:

1) 通用规则。同一字母表示的孔、轴基本偏差的绝对值相等,而符号相反。即

对于 A~H,$EI=-es$;

对于 K~ZC,$ES=-ei$。

2) 特殊规则。对于标准公差≤IT8 的 K、M、N 和≤IT7 的 P~ZC,孔的基本偏差 ES 与同名代号的轴的基本偏差 ei 的符号相反,而绝对值相差一个 Δ 值,即

$$ES=-ei+\Delta$$

$$\Delta=IT_n-IT_{n-1}$$

式中:IT_n——孔的标准公差;

IT_{n-1}——比孔高一级的轴的标准公差。

换算得到的公称尺寸至 500 mm 孔的基本偏差差值列于表 1-8。实际应用时可直接查表 1-8 或表 1-7 确定孔与轴的基本偏差值。

【例 1-8】 查表确定 $\phi25f6$ 和 $\phi25K7$ 的极限偏差。

解:(1) 查表 1-1 确定标准公差值:IT6 = 13 μm,IT7 = 21 μm。

(2) 查表 1-7 确定 $\phi25f6$ 的基本偏差 $es=-20\ \mu m$。

查表 1-8 确定 $\phi25K7$ 的基本偏差 $ES=-2+\Delta$,$\Delta=8\ \mu m$,所以 $\phi25K7$ 的基本偏差 $ES=-2\ \mu m+8\ \mu m=6\ \mu m$。

(3) 求另一极限偏差:

$\phi25f6$ 的下极限偏差,$ei=es-IT6=-20\ \mu m-13\ \mu m=-33\ \mu m$

$\phi25K7$ 的下极限偏差,$EI=ES-IT7=6\ \mu m-21\ \mu m=-15\ \mu m$

因此,$\phi25f6$ 的极限偏差表示为 $\phi25_{-0.033}^{-0.020}$,$\phi25K7$ 的极限偏差表示为 $\phi25_{-0.015}^{+0.006}$。

表 1-7 公称尺寸至 500 mm 轴的

基本偏差		上极限偏差 *es*											下极限偏差 *ei*					
公称尺寸/mm		所有标准公差等级												IT5和IT6	IT7	IT8	IT4至IT7	≤IT3,>IT7
大于	至	a[①]	b[①]	c	cd	d	e	ef	f	fg	g	h	js[②]	j			k	
—	3	-270	-140	-60	-34	-20	-14	-10	-6	-4	-2	0	偏差等于 $\pm IT_n/2$，式中 IT_n 是IT数值	-2	-4	-6	0	0
3	6	-270	-140	-70	-46	-30	-20	-14	-10	-6	-4	0		-2	-4		+1	0
6	10	-280	-150	-80	-56	-40	-25	-18	-13	-8	-5	0		-2	-5		+1	0
10	14	-290	-150	-95		-50	-32		-16		-6	0		-3	-6		+1	0+
14	18																	
18	24	-300	-160	-110		-65	-40		-20		-7	0		-4	-8		+2	0
24	30																	
30	40	-310	-170	-120		-80	-50		-25		-9	0		-5	-10		+2	0
40	50	-320	-180	-130														
50	65	-340	-190	-140		-100	-60		-30		-10	0		-7	-12		+2	0
65	80	-360	-200	-150														
80	100	-380	-220	-170		-120	-72		-36		-12	0		-9	-15		+3	0
100	120	-410	-240	-180														
120	140	-460	-260	-200		-145	-85		-43		-14	0		-11	-18		+3	0
140	160	-520	-280	-210														
160	180	-580	-310	-230														
180	200	-660	-340	-240		-170	-100		-50		-15	0		-13	-21		+4	0
200	225	-740	-380	-260														
225	250	-820	-420	-280														
250	280	-920	-480	-300		-190	-110		-56		-17	0		-16	-26		+4	0
280	315	-1 050	-540	-330														
315	355	-1 200	-600	-360		-210	-125		-62		-18	0		-18	-28		+4	0
355	400	-1 350	-680	-400														
400	450	-1 500	-760	-440		-230	-135		-68		-20	0		-20	-32		+5	0
450	500	-1 650	-840	-480		-230	-135		-68		-20	0		-20	-32		+5	0

① 公称尺寸小于 1 mm 时，各级的 a 和 b 均不采用；

② js 的数值在 7~11 级时，如果以 μm 表示的 IT_n 数值是一个奇数，则取 $js = \pm(IT_n - 1)/2$。

基本偏差数值(摘自 GB/T 1800.2—2020) μm

下极限偏差 *ei*													
所有标准公差等级													
m	n	p	r	s	t	u	v	x	y	z	za	zb	zc
+2	+4	+6	+10	+14		+18		+20		+26	+32	+40	+60
+4	+8	+12	+15	+19		+23		+28		+35	+42	+50	+80
+6	+10	+15	+19	+23		+28		+34		+42	+52	+67	+97
+7	+12	+18	+23	+28		+33		+40		+50	+64	+90	+130
							+39	+45		+60	+77	+108	+150
+8	+15	+22	+28	+35		+41	+47	+54	+63	+73	+98	+136	+188
					+41	+48	+55	+64	+75	+88	+118	+160	+218
+9	+17	+26	+34	+43	+48	+60	+68	+80	+94	+112	+148	+200	+274
					+54	+70	+81	+97	+114	+136	+180	+242	+325
+11	+20	+32	+41	+53	+66	+87	+102	+122	+144	+172	+226	+300	+405
			+43	+59	+75	+102	+120	+146	+174	+210	+274	+360	+480
+13	+23	+37	+51	+71	+91	+124	+146	+178	+214	+258	+335	+445	+585
			+54	+79	+104	+144	+172	+210	+254	+310	+400	+525	+690
+15	+27	+43	+63	+92	+122	+170	+202	+248	+300	+365	+470	+620	+800
			+65	+100	+134	+190	+228	+280	+340	+415	+535	+700	+900
			+68	+108	+146	+210	+252	+310	+380	+465	+600	+780	+1 000
+17	+31	+50	+77	+122	+166	+236	+284	+350	+425	+520	+670	+880	+1 150
			+80	+130	+180	+258	+310	+385	+470	+575	+740	+960	+1 250
			+84	+140	+196	+284	+340	+425	+520	+640	+820	+1 050	+1 350
+20	+34	+56	+94	+158	+218	+315	+385	+475	+580	+710	+920	+1 200	+1 550
			+98	+170	+240	+350	+425	+525	+650	+790	+1 000	+1 300	+1 700
+21	+37	+62	+108	+190	+268	+390	+475	+590	+730	+900	+1 150	+1 500	+1 900
			+114	+208	+294	+435	+530	+660	+820	+1 000	+1 300	+1 650	+2 100
+23	+40	+68	+126	+232	+330	+490	+595	+740	+920	+1 100	+1 450	+1 850	+2 400
			+132	+252	+360	+540	+660	+820	+1 000	+1 250	+1 600	+2 100	+2 600

表 1-8 公称尺寸至 500 mm 孔的

基本偏差		下极限偏差(*EI*)												上极限								
公称尺寸/mm		所有标准公差等级												IT6	IT7	IT8	≤IT8	>IT8	≤IT8	>IT8	≤IT8	>IT8
大于	至	A①	B①	C	CD	D	E	EF	F	FG	G	H	JS	J			K		M②		N	
—	3	+270	+140	+60	+34	+20	+14	+10	+6	+4	+2	0	偏差等于±IT/2	+2	+4	+6	0	0	-2	-2	-4	-4
3	6	+270	+140	+70	+46	+30	+20	+14	+10	+6	+4	0		+5	+6	+10	-1+Δ	—	-4+Δ	-4	-8+Δ	0
6	10	+280	+150	+80	+56	+40	+25	+18	+13	+8	+5	0		+5	+8	+12	-1+Δ	—	-6+Δ	-6	-10+Δ	0
10	14	+290	+150	+95	—	+50	+32	—	+16	—	+6	0		+6	+10	+15	-1+Δ	—	-7+Δ	-7	-12+Δ	0
14	18																					
18	24	+300	+160	+110	—	+65	+40	—	+20	—	+7	0		+8	+12	+20	-2+Δ	—	-8+Δ	-8	-15+Δ	0
24	30																					
30	40	+310	+170	+120	—	+80	+50	—	+25	—	+9	0		+10	+14	+24	-2+Δ		-9+Δ	-9	-17+Δ	0
40	50	+320	+180	+130																		
50	65	+340	+190	+140	—	+100	+60	—	+30	—	+10	0		+13	+18	+28	-2+Δ	—	-11+Δ	-11	-20+Δ	0
65	80	+360	+200	+150																		
80	100	+380	+220	+170	—	+120	+72	—	+36	—	+12	0		+16	+22	+34	-3+Δ	—	-13+Δ	-13	-23+Δ	0
100	120	+410	+240	+180																		
120	140	+460	+260	+200	—	+145	+85	—	+43	—	+14	0		+18	+26	+41	-3+Δ	—	-15+Δ	-15	-27+Δ	0
140	160	+520	+280	+210																		
160	180	+580	+310	+230																		
180	200	+660	+340	+240	—	+170	+100	—	+50	—	+15	0		+22	+30	+47	-4+Δ	—	-17+Δ	-17	-31+Δ	0
200	225	+740	+380	+260																		
225	250	+820	+420	+280																		
250	280	+920	+480	+300	—	+190	+110	—	+56	—	+17	0		+25	+36	+55	-4+Δ	—	-20+Δ	-20	-34+Δ	0
280	315	+1 050	+540	+330																		
315	355	+1 200	+600	+360	—	+210	+125	—	+62	—	+18	0		+29	+39	+60	-4+Δ	—	-21+Δ	-21	-37+Δ	0
355	400	+1 350	+680	+400																		
400	450	+1 500	+760	+440	—	+230	+135	—	+68	—	+20	0		+33	+43	+66	-5+Δ	—	-23+Δ	-23	-40+Δ	0
450	500	+1 650	+840	+480																		

① 1 mm 以下,各级的 A 和 B 及大于 8 级的 N 均不采用。

② 特殊情况,当公称尺寸大于 250~315 mm 时,M6 的 ES=-9(不等于-11)。

③ 标准公差≤IT8 级的 K、M、N 及≤IT7 级的 P 到 ZC 时,从续表的右侧选取 Δ 值。例如:公称尺寸大于 18~30 mm 的 P7,

基本偏差数值(摘自 GB/T 1800.2—2020)　μm

偏差(*ES*)

≤IT7	>IT7 级											IT3	IT4	IT5	IT6	IT7	IT8
P 到 ZC	P	R	S	T	U	V	X	Y	Z	ZA	ZB	ZC	Δ③/μm				
在>IT7 级的相应数值上增加一个Δ值	-6	-10	-14	—	-18	—	-20	—	-26	-32	-40	-60	0				
	-12	-15	-19	—	-23	—	-28	—	-35	-42	-50	-80	1	1.5	1	3	4	6
	-15	-19	-23	—	-28	—	-34	—	-42	-52	-67	-97	1	1.5	2	3	6	7
	-18	-23	-28	—	-33	—	-40	—	-50	-64	-90	-130	1	2	3	3	7	9
						-39	-45	—	-60	-77	-108	-150						
	-22	-28	-35	—	-41	-47	-54	-63	-73	-98	-136	-188	1.5	2	3	4	8	12
				-41	-48	-55	-64	-75	-88	-118	-160	-218						
	-26	-34	-43	-48	-60	-68	-80	-94	-112	-148	-200	-274	1.5	3	4	5	9	14
				-54	-70	-81	-97	-114	-136	-180	-242	-325						
	-32	-41	-53	-66	-87	-102	-122	-144	-172	-226	-300	-405	2	3	5	6	11	16
		-43	-59	-75	-102	-120	-146	-174	-210	-274	-360	-480						
	-37	-51	-71	-91	-124	-146	-178	-214	-258	-355	-445	-585	2	4	5	7	13	19
		-54	-79	-104	-144	-172	-210	-254	-310	-400	-525	-690						
	-43	-63	-92	-122	-170	-202	-248	-300	-365	-470	-620	-800	3	4	6	7	15	23
		-65	-100	-134	-190	-228	-280	-340	-415	-535	-700	-900						
		-68	-108	-146	-210	-252	-310	-380	-465	-600	-780	-1 000						
	-50	-77	-122	-166	-236	-284	-350	-425	-520	-670	-880	-1 150	3	4	6	9	17	26
		-80	-130	-180	-258	-310	-385	-470	-575	-740	-960	-1 250						
		-84	-140	-196	-284	-340	-425	-520	-640	-820	-1 050	-1 350						
	-56	-94	-158	-218	-315	-385	-475	-580	-710	-920	-1 200	-1 550	4	4	7	9	20	29
		-98	-170	-240	-350	-425	-525	-650	-790	-1 000	-1 300	-1 700						
	-62	-108	-190	-268	-390	-475	-590	-730	-900	-1 150	-1 500	-1 900	4	5	7	11	21	32
		-114	-208	-294	-435	-530	-660	-820	-1 000	-1 300	-1 650	-2 100						
	-68	-126	-232	-330	-490	-595	-740	-920	-1 100	-1 450	-1 850	-2 400	5	5	7	13	23	34
		-132	-252	-360	-540	-660	-820	-1 000	-1 250	-1 600	-2 100	-2 600						

Δ = 8 μm，因此 *ES* = −14 μm。

1.3.3 公差带与配合的表示

(1) 公差带的表示

公差带用基本偏差的字母和公差的等级数字表示。例如:H7 为孔公差带,r6 为轴公差带。

(2) 尺寸公差的表示

尺寸公差用公称尺寸后跟所要求的公差带或(和)对应的极限偏差值(单位为 mm)表示。例如 $\phi50H7$、$\phi50^{+0.025}_{0}$、$\phi50H7(^{+0.025}_{0})$、$\phi50f6$、$\phi50^{-0.025}_{-0.041}$或 $\phi50f6(^{-0.025}_{-0.041})$。

在零件图上标注上、下极限偏差数值时,零偏差必须用数字"0"标出,不得省略,如 $\phi50^{+0.025}_{0}$、$\phi50^{0}_{-0.016}$。

对称偏差表示为 $\phi10JS5(\pm0.003)$。

(3) 配合的表示

配合用相同的公称尺寸后跟孔、轴公差带表示,例如 $\phi50\frac{H7}{f6}$、$\phi50H7/f6$。

1.4 极限与配合的标准化

1.4.1 一般、常用和优先的公差带

国家标准规定有 20 个公差等级和 28 个基本偏差代号,其中,基本偏差 j 限用于 4 个公差等级,J 限用于 3 个公差等级。由此可得到的公差带,孔有 20×27+3 = 543 种,轴有 20×27+4 = 544 种。数量如此之多,故可满足广泛的需要,不过同时应用所有可能的公差带显然是不经济的,因为这会使定值刀、量具规格繁杂。另外,还应避免与实际使用要求显然不符合的公差带,如 g12、a4 等。所以,对公差带的选用应加以限制。

在极限与配合制中,对公称尺寸≤500 mm 的常用尺寸段,国家标准推荐了孔、轴的一般、常用和优先公差带,见图 1-18 和图 1-19。图中为一般用途公差带,轴有 116 个,孔有 105 个;线框

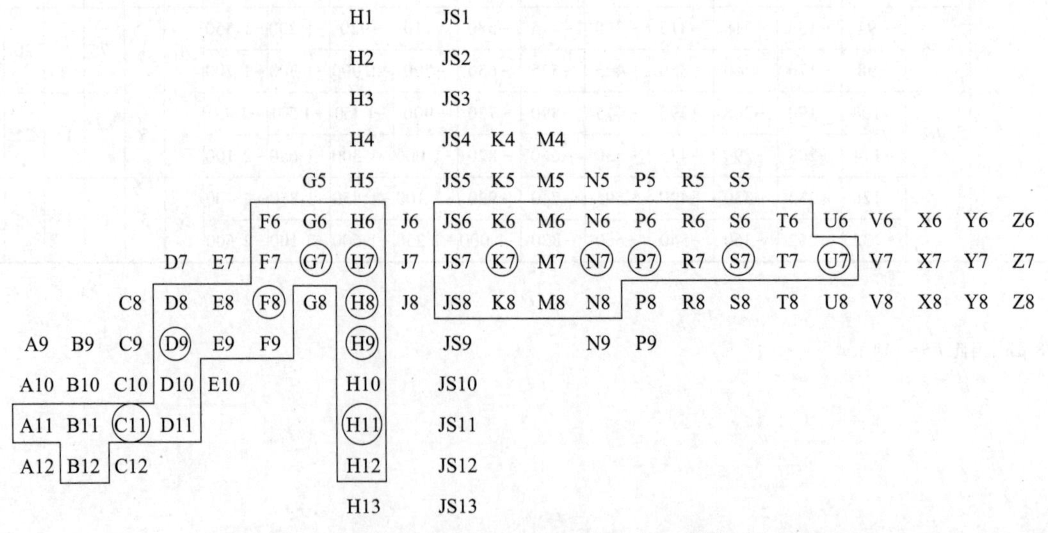

图 1-18 公称尺寸≤500 mm 孔的一般、常用和优先公差带

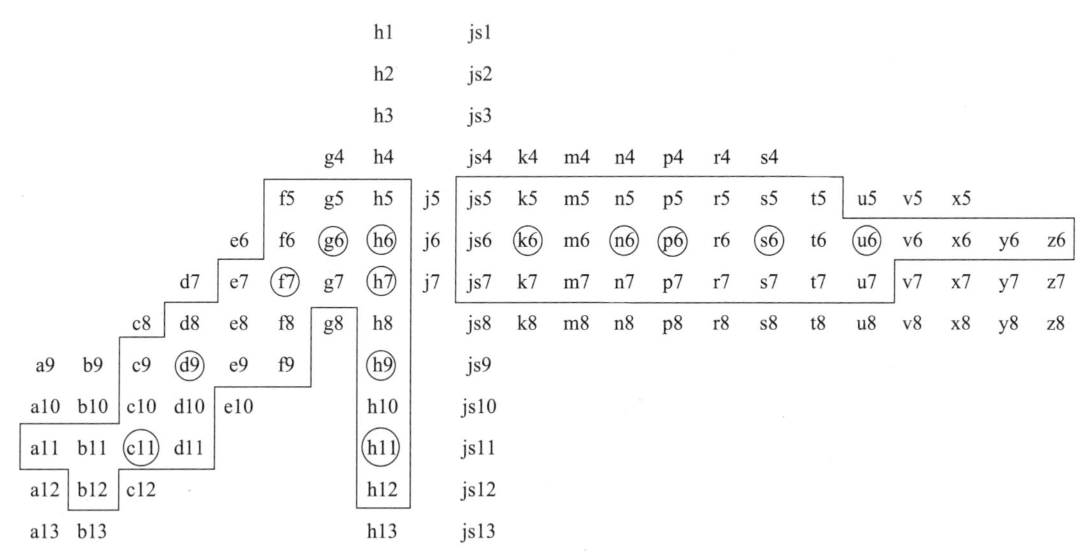

图 1-19 公称尺寸≤500 mm 轴的一般、常用和优先公差带

内为常用公差带,轴有 59 个,孔有 44 个;圆圈内为优先公差带,轴、孔均有 13 个。在选用时,应首先考虑优先公差带,其次是常用公差带,最后为一般用途公差带。这些公差带的上、下极限偏差均可从极限与配合制的相关表格中直接查得。仅仅在特殊情况下,当一般公差带不能满足要求时,才允许按规定的标准公差与基本偏差组成所需的公差带;甚至按公式用插入或延伸的方法,计算新的标准公差与基本偏差,然后组成所需的公差带。

1.4.2 优先和常用配合

在上述推荐的孔、轴公差带的基础上,极限与配合制还推荐了孔、轴公差带的组合,见表 1-9、表 1-10。对基孔制规定了常用配合 59 个,优先配合 13 个;对基轴制规定了常用配合 47 个,优先配合 13 个。对这些配合,在国家标准中分别列出了它们的极限间隙或过盈,便于设计选用。

表 1-9 基孔制优先、常用配合(摘自 GB/T 1801—2009)

基孔制	轴																				
	a	b	c	d	e	f	g	h	js	k	m	n	p	r	s	t	u	v	x	y	z
	间隙配合								过渡配合				过盈配合								
H6						$\frac{H6}{f5}$	$\frac{H6}{g5}$	$\frac{H6}{h5}$	$\frac{H6}{js5}$	$\frac{H6}{k5}$	$\frac{H6}{m5}$	$\frac{H6}{n5}$	$\frac{H6}{p5}$	$\frac{H6}{r5}$	$\frac{H6}{s5}$	$\frac{H6}{t5}$					
H7						$\frac{H7}{f6}$	▼$\frac{H7}{g6}$	▼$\frac{H7}{h6}$	$\frac{H7}{js6}$	▼$\frac{H7}{k6}$	$\frac{H7}{m6}$	▼$\frac{H7}{n6}$	▼$\frac{H7}{p6}$	$\frac{H7}{r6}$	▼$\frac{H7}{s6}$	$\frac{H7}{t6}$	▼$\frac{H7}{u6}$	$\frac{H7}{v6}$	$\frac{H7}{x6}$	$\frac{H7}{y6}$	$\frac{H7}{z6}$
H8					$\frac{H8}{e7}$	▼$\frac{H8}{f7}$	$\frac{H8}{g7}$	▼$\frac{H8}{h7}$	$\frac{H8}{js7}$	$\frac{H8}{k7}$	$\frac{H8}{m7}$	$\frac{H8}{n7}$	$\frac{H8}{p7}$	$\frac{H8}{r7}$	$\frac{H8}{s7}$	$\frac{H8}{t7}$	$\frac{H8}{u7}$				
				$\frac{H8}{d8}$	$\frac{H8}{e8}$	$\frac{H8}{f8}$		$\frac{H9}{h8}$													

续表

基孔制	轴																				
	a	b	c	d	e	f	g	h	js	k	m	n	p	r	s	t	u	v	x	y	z
	间隙配合								过渡配合				过盈配合								
H9			$\frac{H9}{c9}$	▼$\frac{H9}{d9}$	$\frac{H9}{e9}$	$\frac{H9}{f9}$		▼$\frac{H9}{h9}$													
H10			$\frac{H10}{c10}$	$\frac{H10}{d10}$				$\frac{H10}{h10}$													
H11	$\frac{H11}{a11}$	$\frac{H11}{b11}$	▼$\frac{H11}{c11}$	$\frac{H11}{d11}$				▼$\frac{H11}{h11}$													
H12		$\frac{H12}{b12}$						$\frac{H12}{h12}$													

注：① $\frac{H6}{n5}$、$\frac{H7}{p6}$在公称尺寸大于或等于 3 mm 和$\frac{H8}{r7}$在公称尺寸大于或等于 100 mm 时，为过渡配合；

② 带▼的配合为优先配合。

表 1-10　基轴制优先、常用配合

基孔制	孔																				
	A	B	C	D	E	F	G	H	JS	K	M	N	P	R	S	T	U	V	X	Y	Z
	间隙配合								过渡配合				过盈配合								
h5						$\frac{F6}{h5}$	$\frac{G6}{h5}$	$\frac{H6}{h5}$	$\frac{JS6}{h5}$	$\frac{K6}{h5}$	$\frac{M6}{h5}$	$\frac{N6}{h5}$	$\frac{P6}{h5}$	$\frac{R6}{h5}$	$\frac{S6}{h5}$	$\frac{T6}{h5}$					
h6						$\frac{F7}{h6}$	▼$\frac{G7}{h6}$	▼$\frac{H7}{h6}$	$\frac{JS7}{h6}$	▼$\frac{K7}{h6}$	$\frac{M7}{h6}$	▼$\frac{N7}{h6}$	▼$\frac{P7}{h6}$	$\frac{R7}{h6}$	▼$\frac{S7}{h6}$	$\frac{T7}{h6}$	▼$\frac{U7}{h6}$				
h7					$\frac{E8}{h7}$	▼$\frac{F8}{h7}$		▼$\frac{H8}{h7}$	$\frac{JS8}{h7}$	$\frac{K8}{h7}$	$\frac{M8}{h7}$	$\frac{N8}{h7}$									
h8				$\frac{D8}{h8}$	$\frac{E8}{h8}$	$\frac{F8}{h8}$		$\frac{H8}{h8}$													
h9				▼$\frac{D9}{h9}$	$\frac{E9}{h9}$	$\frac{F9}{h9}$		▼$\frac{H9}{h9}$													
h10				$\frac{D10}{h10}$				$\frac{H10}{h10}$													
h11	$\frac{A11}{h11}$	$\frac{B11}{h11}$	▼$\frac{C11}{h11}$	$\frac{D11}{h11}$				▼$\frac{H11}{h11}$													
h12		$\frac{B12}{h12}$						$\frac{H12}{h12}$													

注：带▼的配合为优先配合。

1.5 极限与配合的选用

极限与配合的选择是机器产品精度设计中的一项重要工作。合理选择极限与配合,对产品的性能、质量、互换性及经济性都有着重要的影响。选择的原则是在满足使用要求的前提下,获得最佳的技术经济效益。

极限与配合的选择一般有三种方法:类比法、计算法和试验法。

1）类比法就是通过对类似的机器产品和零件进行调查、研究、分析对比,根据前人的经验来选取极限与配合。这是目前应用最多也是最主要的一种方法,要求设计人员必须有较为丰富的实践经验。

2）计算法是按一定的理论和公式来计算需要的极限间隙或过盈,然后确定孔和轴的公差带。由于影响配合间隙量和过盈量的因素很多,故理论计算也是近似的,但比较科学。不过有时将条件理论化、简单化,使得设计结果不完全符合实际,所以在实际应用中还需要经过试验进行修正。一般情况下很少使用计算法。

3）试验法是通过试验或统计分析来确定满足产品工作性能的间隙或过盈范围。该方法合理、可靠,但代价高。因此,只用于重要产品的重要配合处。

1.5.1 配合制的选择

基孔制配合和基轴制配合是两种平行的配合制度。对各种使用要求的配合,既可用基孔制配合也可用基轴制配合来实现。配合制的选择主要应从结构、工艺性和经济性等方面分析确定。

（1）一般情况下优先选用基孔制

通常加工孔比加工轴困难,采用基孔制可以减少定值刀具、量具的规格和数量,有利于刀具、量具标准化、系列化,因而比较经济、合理,使用方便。

（2）下列情况应选用基轴制

1）农业机械和纺织机械中,有时采用 IT9～IT11 的冷拉成形钢材直接做轴(轴的外表面不需经切削加工即可满足使用要求),此时应采用基轴制。

2）尺寸小于 1 mm 的精密轴比同一公差等级的孔难加工,因此在仪器制造、钟表生产和无线电工程中,常使用经过光轧成形的钢丝或有色金属棒料直接做轴,这时也应采用基轴制。

3）在结构上,当同一轴与公称尺寸相同的几个孔配合,并且配合性质要求不同时,可根据具体结构考虑采用基轴制。

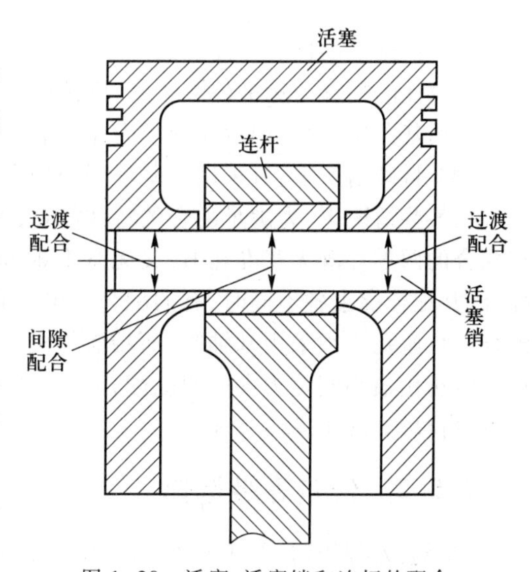

图 1-20 活塞、活塞销和连杆的配合

例如,如图 1-20 所示的活塞连杆机构,根据使用要求,活塞销与活塞应为过渡配合,而活塞销与连杆之间有相对运动,应采用间隙配合。如果三段配合均采用基孔制，则活塞销与活塞的配合为 H6/m5，活塞销与连杆的配合为 H6/g5，如图 1-21a所示，三个孔的公差带一样，活塞销却要制成两端大、中间小的阶梯形，不便于加工。同时在装配的过程中，活塞销两端直径大于连杆的孔径，容易对连杆的内孔表面造成划伤，影响连杆与活塞销的配合质量。

如果采用基轴制，则活塞销与活塞的配合为 M6/h5，活塞销与连杆的配合为 G6/h5，如图 1-21b 所示，活塞销制成一根光轴，而活塞孔与连杆孔按不同的公差带加工，获得两种不同的配合。这样不仅有利于轴的加工，而且还能够保证它们在装配中的配合性质。

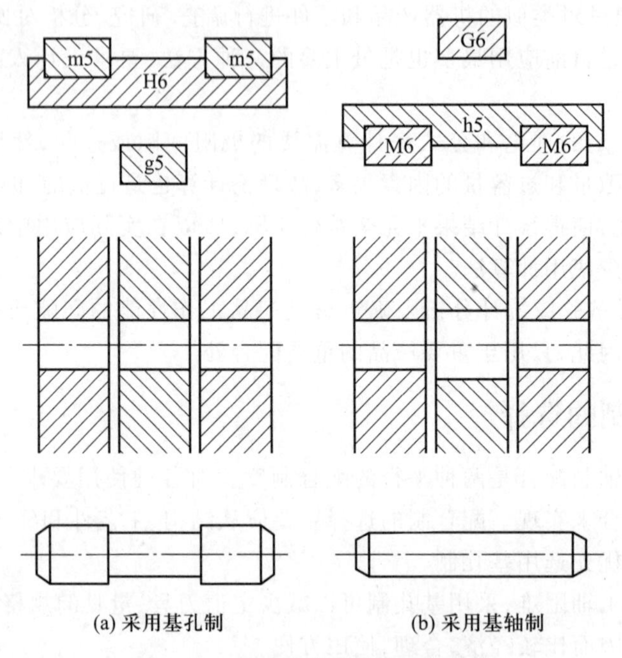

图 1-21　活塞销配合基准制的选用

(3) 根据标准件选择配合制

当设计的零件与标准件配合时，应按标准件的规定选用配合制。例如，滚动轴承内圈与轴的配合采用基孔制，滚动轴承外圈与壳体孔的配合采用基轴制。

(4) 特殊情况下，可采用非基准制的配合

在某些情况下，为满足配合的特殊需要，可以采用非基准制配合。所谓非基准制配合，就是相配合的两零件既无基准孔 H，又无基准轴 h。当一个孔与几个轴相配合或一个轴与几个孔相配合，其配合要求各不同时，有的配合会出现非基准制的配合，如图 1-22a 所示。与滚动轴承相配合的机座孔必须采用基轴制，而端盖与机座孔的配合，由于要求经常拆卸，配合性质需松些，故设计时选用最小间隙为零的间隙配合。为避免机座孔制成阶梯形，采用混合配合 ϕ80M7/f7，其公差带位置如图 1-22b 所示。

1.5.2　公差等级选择

选择公差等级时，要正确处理使用要求、制造工艺和成本之间的关系。选用的基本原则是在满足使用要求的前提下，尽量选用较低的公差等级。

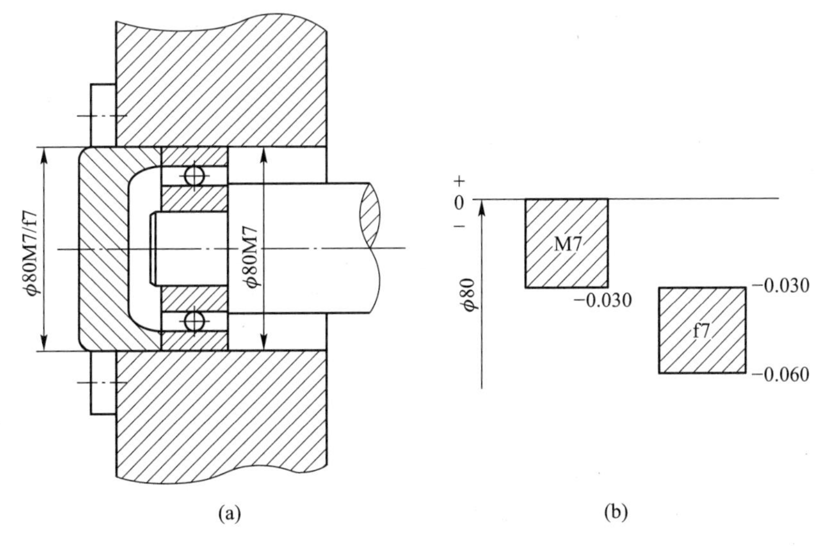

图 1-22　非基准制配合

公差等级可采用计算法或类比法进行选择。

1. 计算法

用计算法选择公差等级的依据是 $T_f=T_H+T_s$，T_H与 T_s的分配则可按工艺等价原则来考虑。

1）对≤500 mm 的公称尺寸，当公差等级为 IT8 及以上高精度时，推荐孔比轴低一级，如 H8/f7、H7/g6 等；当公差等级为 IT8 级时，也可采用同级孔、轴配合，如 H8/f8 等；当公差等级为 IT9 及以下较低精度级时，一般采用同级孔、轴配合，如 H9/d9、H11/e11 等。

2）对>500 mm 的公称尺寸，一般采用同级孔、轴配合。

2. 类比法

采用类比法选择公差等级，也就是参考从生产实践中总结出来的经验资料，进行比较选用。选择时应考虑以下几方面：

1）工艺等价性。相配合的孔、轴应加工难易程度相当，即使孔、轴工艺等价。

2）各种加工方法能够达到的公差等级见表 1-11，可供选择时参考。

3）与标准零件或部件相配合时应与标准件的精度相适应。如与滚动轴承相配合的轴颈和轴承座孔的公差等级，应与滚动轴承的精度等级相适应，与齿轮相配合的轴的公差等级要与齿轮的精度等级相适应。

4）过渡配合与过盈配合的公差等级不能太低，一般孔的标准公差≤IT8 级，轴的标准公差≤IT7 级。间隙配合则不受此限制。但间隙小的配合公差等级应较高，而间隙大的配合公差等级应低些。

5）经济性。产品精度超高，加工工艺超复杂。图 1-23 所示为公差等级与生产成本的关系。由图可见，在高精度区，加工精度稍有提高将使成本急剧上升。所以高公差等级的选用都要特别谨慎。而在低精度区，公差等级提高使生产成本增加不显著，因而可在工艺条件许可的情况下适当提高公差等级，以使产品有一定的精度储备，从而取得更好的综合经济效益。

表 1-11 加工方法所能达到的公差等级

加工方法	公差等级																	
	IT01	IT0	IT1	IT2	IT3	IT4	IT5	IT6	IT7	IT8	IT9	IT10	IT11	IT12	IT13	IT14	IT15	IT16
研磨	—	—	—	—	—	—	—											
珩						—	—	—	—									
圆磨							—	—	—	—								
平磨							—	—	—	—								
金刚石车							—	—	—									
金刚石镗							—	—	—									
拉削							—	—	—	—								
铰孔								—	—	—	—	—						
车									—	—	—	—	—					
镗									—	—	—	—	—					
铣										—	—	—	—					
刨、插												—	—					
钻孔												—	—	—	—			
滚压、挤压												—	—					
冲压												—	—	—	—	—		
压铸													—	—	—	—		
粉末冶金成形								—	—	—								
粉末冶金烧结									—	—	—	—						
砂型铸造、气割																		—
锻造																	—	

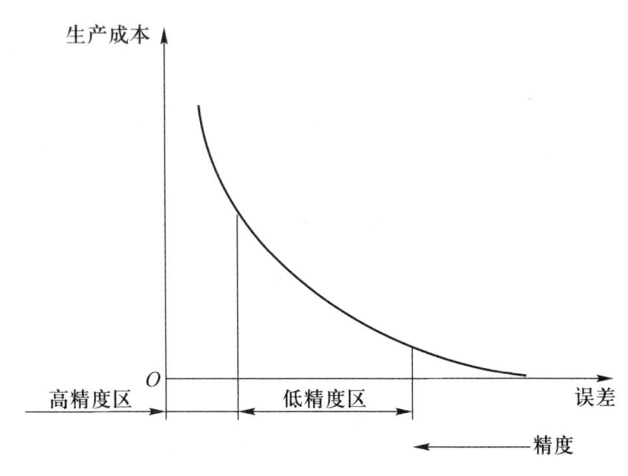

图 1-23　公差等级与生产成本的关系

6）各公差等级的应用范围见表 1-12。常用公差等级的应用示例见表 1-13。

表 1-12　公差等级的应用范围

应用	公差等级																		
	IT01	IT0	IT02	IT03	IT04	IT05	IT06	IT07	IT08	IT09	IT10	IT11	IT12	IT13	IT14	IT15	IT16	IT17	IT18
块规	—	—	—																
量规			—	—	—	—	—	—											
配合尺寸						—	—	—	—	—	—	—	—	—	—				
特别精密零件的配合				—	—	—	—												
非配合尺寸 （大制造公差）													—	—	—	—	—	—	—
原材料公差								—	—	—	—	—	—	—	—	—			

表 1-13　常用公差等级的应用示例

公差等级	应用
IT5 级	主要用在配合精度、几何精度要求较高的地方，一般在机床、发动机、仪表等重要部位应用。例如：与 P4 级滚动轴承配合的箱体孔；与 P5 级滚动轴承配合的机床主轴，机床尾架与套筒，精密机械及高速机械中的轴径等
IT6 级	用于配合性质均匀、要求较高的地方。例如：与 P5 级滚动轴承配合的孔、轴颈；与齿轮、蜗轮、联轴器、带轮、凸轮等连接的轴径；机床丝杠轴径；机床夹具中导向件外径尺寸；6 级精度齿轮的基准孔，7，8 级精度齿轮的基准轴
IT7 级	在一般机械制造中应用较为普遍。例如：联轴器、带轮、凸轮等孔径；机床夹盘座孔；夹具中固定钻套、可换钻套；7、8 级齿轮基准孔；9、10 级齿轮基准轴
IT8 级	在机械制造中属于中等精度。例如：轴承座衬套沿宽度方向尺寸，低精度齿轮基准孔与基准轴；通用机械中与滑动轴承配合的轴颈；也用于重型机械或农业机械中某些较重要的零件

续表

公差等级	应用
IT9 级、IT10 级	用于精度要求一般的配合中。例如:机械制造中轴承外径与孔,操作件与轴,键与键槽等零件
IT11 级、IT12 级	精度较低,适用于基本上没有配合要求的场合。例如:机床上法兰盘与止口,滑块与滑移齿轮,加工中工序间尺寸,冲压加工的配合件

1.5.3 配合的选择

选择配合的目的是解决配合零件(孔和轴)在工作时的相互关系,保证机器工作时各个零件之间的协调,以实现预定的工作性质。当配合和公差等级确定后,配合的选择就是根据所选部位松紧程度的要求,确定非基准件的偏差代号。

国家标准规定的配合种类很多,设计中应根据使用要求,尽可能地首先选用优先配合,其次考虑常用配合,最后是一般配合等。

1. 配合代号的选用方法

配合代号选用的方法有计算法、试验法和类比法三种。

(1) 计算法

根据配合部位的使用要求和工作条件,按一定理论建立极限间隙或极限过盈的计算公式。如根据流体润滑理论,计算保证液体摩擦状态所需要的间隙。根据弹性变形理论计算出既能保证传递一定力矩而又不使材料损坏所需要的过盈。然后按计算出的极限间隙或过盈选择相配合孔、轴的公差等级和配合代号。由于影响配合间隙和过盈量的因素很多,所以理论计算往往是把条件理想化和简单化,因此结果不完全符合实际,计算过程也较麻烦。故目前只有计算公式较成熟的少数重要配合才用计算法。但这种方法理论根据比较充分,有指导意义,随着计算机技术的发展,将会得到越来越多的应用。目前,我国已经颁布 GB/T 5371—2004《极限与配合 过盈配合的计算和选用》国家标准,其他配合的计算与选用方法也在研究中。故计算法将会日趋完善,其应用也将逐渐增加。

(2) 试验法

对于与产品性能关系很大的关键配合,可采用多种方案进行试验比较,从而选出具有最理想的间隙或过盈量的配合。这种方法较为可靠,但成本较高,一般用于大量生产产品的关键配合。

(3) 类比法

在对机械设备上现有的行之有效的配合有充分了解的基础上,对使用要求和工作条件类似的配合件,用参照类比的方法确定配合,是目前选择配合的主要方法。

2. 配合种类的选择

1) a~h(或 A~H)11 种基本偏差与基准孔(或基准轴)形成间隙配合,主要用于接合件有相对运动或需方便装拆的配合。

2) js~n(或 JS~N)5 种基本偏差与基准孔(或基准轴)一般形成过渡配合,主要用于需精确定位和便于装拆的相对静止的配合。

3) p~zc(或 P~ZC)12 种基本偏差与基准孔(或基准轴)一般形成过盈配合,主要用于孔、轴间没有相对运动,需传递一定扭矩的配合。过盈不大时主要借助键连接(或其他紧固件)传递扭矩,可拆卸;过盈大时,主要靠接合力传递扭矩,不便拆卸。

表 1-14 提供了三类配合选择的大体方向,可供参考。

表 1-14 配合类别的大体方向

<table>
<tr><td rowspan="4">无相对运动</td><td rowspan="3">要传递转矩</td><td rowspan="2">要精确同轴</td><td>永久接合</td><td>过盈配合</td></tr>
<tr><td>可拆接合</td><td>过渡配合或基本偏差为 H(h)的间隙配合加紧固件</td></tr>
<tr><td colspan="2">不要求精确同轴</td><td>间隙配合加紧固件</td></tr>
<tr><td colspan="3">不需要传递转矩</td><td>过渡配合或过盈量小的过盈配合</td></tr>
<tr><td rowspan="2">有相对运动</td><td colspan="3">只有移动</td><td>基本偏差为 H(h)、G(g)的间隙配合</td></tr>
<tr><td colspan="3">移动或转动与移动复合运动</td><td>基本偏差为 A~F(a~f)的间隙配合</td></tr>
</table>

配合类别大体确定后,再进一步类比选择确定非基准件的基本偏差代号。表 1-15 为各种基本偏差的特点及选用说明;表 1-16 为尺寸≤500 mm 的基孔制常用和优先配合的特征和应用,均可供选择时参考。

表 1-15 各种基本偏差的特点及选用说明

配合	基本偏差	特点及选用说明
间隙配合	a(A) b(B)	可得到特别大的间隙,应用很少。主要用于工作时温度很高、热变形大的零件的配合,如发动机中活塞与缸套的配合为 H9/a9
	c(C)	可得到很大的间隙,一般用于工作条件较差(如农业机械),工作时受力变形大及专配工艺性不好的零件的配合。也适用于高温工作的动配合,如内燃机排气阀与导管的配合为 H8/c7
	d(D)	与 IT7~IT11 对应,适用于较松的间隙配合(如滑轮、空转传动带轮与轴的配合),以及大尺度滑动轴承与轴的配合(如涡轮机、球磨机等的滑动轴承)。活塞环与活塞槽的配合可用 H9/d9
	e(E)	与 IT6~IT9 对应,具有明显的间隙,用于大跨距及多支点的转轴与轴承的配合以及高速、重载的大尺寸轴与轴承的配合,如大型电动机、内燃机的主要轴承处的配合为 H8/e7
	f(F)	多与 IT6~IT8 对应,用于一般转动的配合,受温度影响不大,采用普通润滑油的轴与滑动轴承的配合,如齿轮箱、小电动机、泵等的转轴与滑动轴承的配合为 H7/f6
	g(G)	多与 IT5、IT6、IT7 对应,形成配合的间隙较小,用于轻载精密装置中的转动配合,最适合不回转的精密滑动配合,也用于插销等定位配合,如精密连杆轴承、活塞及滑阀、连杆销等处的配合
	h(H)	多与 IT4~IT7 对应,广泛用于无相对转动的零件,作为一般的定位配合。若没有温度、变形的影响,也可适用于精密滑动配合,如车床尾座孔与滑动套阀的配合为 H6/h5
过渡配合	js(JS) j(J)	多用于 IT4~IT7 具有平均间隙的过渡配合,用于略有过盈的定位配合,如联轴器、齿面和轮毂的配合,滚动轴承外圈与外壳孔的配合多用于 JS7 或 J7,一般用手或木槌装配

续表

配合	基本偏差	特点及选用说明
过渡配合	k(K)	多用于IT4～IT7平均间隙接近于零的配合,用于定位配合,如滚动轴承的内、外圈分别与轴颈的外壳孔的配合,用木槌装配
	m(M)	多用于IT4～IT7平均过盈较小的配合,用于精密定位的配合,如涡轮的青铜轮缘与轮毂的配合为H7/m6
	n(N)	多用于IT4～IT7平均过盈较大的配合,很少形成间隙,用于通过键传递较大扭矩的配合,如冲床上齿轮与轴的配合
过盈配合	p(P)	小过盈配合,与H6或H7的孔形成过盈配合,而与H8的孔形成过渡配合。碳钢和铸铁制零件形成的配合为标准压入配合,如卷扬机的绳轮与齿圈的配合为H7/P6,对弹性材料,如轻合金等,往往要求很小的过渡,故可采用p(或P)与基准件形成的配合
	r(R)	用于传递大扭矩或受冲击载荷而需加键的配合,如蜗轮与轴的配合为H7/r6。配合H8/r7在公称尺寸小于100 mm时,为过渡配合
	s(S)	用于钢和铸铁制零件的永久性和半永久性接合,可产生相当大的接合力,如套环压在轴、阀座上用H7/s6的配合。尺寸较大时,为避免损伤配合表面,需用热胀或冷缩法装配
	t(T)	用于钢和铸铁制零件的永久性接合,不用键可传递扭矩,需用热胀或冷缩法装配,如联轴器与轴的配合为H7/t6
	u(U)	大过盈配合,最大过盈需验算材料的承受能力,用热胀或冷缩法装配,如火车轮毂和轴的配合为H6/u5
	v(V),x(X) y(Y),z(Z)	特大过盈配合,目前使用的经验和资料很少,须经试验后才能应用,一般不推荐

表 1-16　尺寸≤500 mm 基孔制常用和优先配合的特征和应用

配合类别	配合特征	配合代号	应用
间隙配合	特大间隙	$\frac{H11}{a11}$ $\frac{H11}{b11}$ $\frac{H12}{b12}$	用于高温或工作时要求大间隙的配合
	很大间隙	$\left(\frac{H11}{c11}\right)$ $\frac{H11}{d11}$	用于工作条件较差,受力变形或为了便于装配面需要大间隙的配合和高温工作的配合
	较大间隙	$\frac{H9}{e9}$ $\frac{H10}{e10}$ $\frac{H8}{d8}$ $\left(\frac{H9}{d9}\right)$ $\frac{H10}{d10}$ $\frac{H8}{e7}$ $\frac{H8}{e8}$ $\frac{H9}{e9}$	用于高速重载的滑动轴承或大直径的滑动轴承,也可用于大跨距或多支点支承的配合

续表

配合类别	配合特征	配合代号	应用
间隙配合	一般间隙	$\frac{H6}{f5}$ $\frac{H6}{f6}$ $\left(\frac{H8}{f7}\right)$ $\frac{H8}{f8}$ $\frac{H9}{f9}$	用于一般转速的配合，当温度影响不大时，广泛应用于普通润滑油润滑的支承轴
	较小间隙	$\left(\frac{H7}{g6}\right)$ $\frac{H8}{g7}$	用于精密滑动零件或缓慢间歇回转零件的配合部件
	很小间隙或零间隙	$\frac{H6}{g5}$ $\frac{H6}{h5}$ $\left(\frac{H7}{b6}\right)$ $\left(\frac{H8}{h7}\right)$ $\frac{H8}{h8}$ $\left(\frac{H9}{h9}\right)$ $\frac{H10}{h10}$ $\left(\frac{H11}{h11}\right)$ $\left(\frac{H12}{h12}\right)$	用于不同精度要求的一般定位件的配合和缓慢移动或摆动零件的配合
过渡配合	大部分有微小间隙	$\frac{H6}{js6}$ $\frac{H7}{js6}$ $\frac{H8}{js6}$	用于易于装拆的定位配合或加紧固件后可传递一定静载荷的配合
	大部分有微小间隙	$\frac{H6}{k5}$ $\left(\frac{H7}{k6}\right)$ $\frac{H8}{k7}$	用于稍有振动的定位配合，加紧固件可传递一定载荷，为装配方便可用木槌敲入
	大部分有微小过盈	$\frac{H6}{m5}$ $\frac{H7}{m6}$ $\frac{H8}{m7}$	用于定位精度较高且能抗振的定位配合，加键可传递较大载荷，可用铜锤敲入或小压力压入
	大部分有微小过盈	$\left(\frac{H7}{n6}\right)$ $\frac{H8}{n7}$	用于精确定位或紧密接合件的配合，加键能传递大力矩或冲击性载荷，只在大修时拆卸
	大部分有较小过盈	$\frac{H8}{p7}$	加键后能传递很大力矩，且承受振动和冲击的配合，装配后不再拆卸
过盈配合	轻型	$\frac{H6}{n5}$ $\frac{H6}{p5}$ $\left(\frac{H6}{p6}\right)$ $\frac{H6}{r5}$ $\frac{H7}{r6}$ $\frac{H8}{r7}$	用于精确的定位配合，一般不能靠过盈传递力矩。要传递力矩需加紧固件
	中型	$\frac{H6}{n5}$ $\frac{H6}{p5}$ $\left(\frac{H6}{a6}\right)$ $\frac{H6}{r5}$ $\frac{H7}{r6}$ $\frac{H8}{r7}$	不需要加紧固件就可传递较小力矩和轴向力。加紧固件后承受较大载荷或动载荷的配合
	重型	$\left(\frac{H7}{u6}\right)$ $\frac{H8}{u7}$ $\frac{H7}{v6}$	不需要加紧固件就可传递和承受大的力矩和动载荷的配合。要求零件材料有高强度
	特重型	$\frac{H7}{x6}$ $\frac{H7}{y6}$ $\frac{H7}{z6}$	能传递和承受很大力矩和动载荷的配合，须经试验后方可应用

4）分析零件的工作条件及使用要求，合理调整配合的间隙与过盈。

零件的工作条件是选择配合的重要依据。用类比法选择配合时，当待选部位和类比的典型实例在工作条件上有所变化时，应对配合的松紧作适当的调整，因此必须充分分析零件的具体工作条件和使用要求，考虑工作时接合件的相对位置状态（如运动速度、运动方向、停歇时间、运动精度要求等）、承受负荷情况、润滑条件、温度变化、配合的重要性、装卸条件以及材料的物理力学性能等，可参考表1-17对接合件配合的间隙量或过盈量的绝对值进行适当的调整。

表1-17 不同工作条件影响配合间隙或过盈的趋势

具体情况	过盈量	间隙量	具体情况	过盈量	间隙量
材料强度小	减	—	装配时可能歪斜	减	增
经常拆卸	减	增	旋转速度增高	增	增
有冲击载荷	增	减	有轴向运动	—	增
工作时孔温高于轴温	增	减	润滑油黏度增加	—	增
工作时轴温高于孔温	减	增	表面趋向粗糙	增	减
配合长度增加	减	增	单件生产相对于成批生产	减	增
配合面形状和位置误差增大	减	增			

5）考虑热变形和装配变形的影响，保证零件的使用要求。

在选择公差与配合时，要注意温度条件。国家标准中规定的均为标准温度为20 ℃时的数值。当工作温度不是20 ℃，特别是孔、轴温度相差较大，或其线胀系数相差较大时，应考虑热变形的影响。这对于高温或低温下工作的机械尤为重要。

1.6 大尺寸、小尺寸段公差与配合

1.6.1 大尺寸公差与配合

大尺寸指的是公称尺寸大于500 mm的零件尺寸，在矿山机械、飞机、船舶制造和大型发电机组等行业中，经常会遇见大尺寸公差与配合的问题。影响大尺寸加工误差的主要因素是测量误差。大尺寸的孔、轴测量时很难找到真正的直径位置，测量结果往往小于实际值；大尺寸外径测量，受测量方法和测量器具的限制，比测量内径更困难、更难掌握，测量误差也更大。大尺寸测量中，基准的准确性和工件与量具中心轴线的同轴误差对测量结果也有很大影响。

GB/T 1800.1—2020规定，公称尺寸为500~3 150 mm的大尺寸段的轴的公差带见图1-24，孔的公差带见图1-25。其中，轴的公差带有41种，孔的公差带有31种。

			g6	h6	js6	k6	m6	n6	p6	r6	s6	t6	u6
		f7	g7	h7	js7	k7	m7	n7	p7	r7	s7	t7	u7
d8	e8	f8		h8	js8								
d9	e9	f9		h9	js9								
d10				h10	js10								
d11				h11	js11								
				h12	js12								

图 1-24 公称尺寸为 500~3 150 mm 轴的常用公差

			G6	H6	JS6	K6	M6	N6
		F7	G7	H7	JS7	K7	M7	N7
D8	E8	F8		H8	JS8			
D9	E9	F9		H9	JS9			
D10				H10	JS10			
D11				H11	JS11			
				H12	JS12			

图 1-25 公称尺寸为 500~3 150 mm 孔的常用公差

在大尺寸段内，配合一般采用基孔制的同级配合。国家标准没有推荐配合。对公差等级较高、单件小批生产的配合零件，在实际中常用配制配合来处理。配制配合是以一个零件的实际组成要素尺寸为基数，来配制另一个零件的一种工艺措施。

对配制配合零件的一般要求如下：

1）先按互换性生产选取配合。配制的结果应满足此配合公差要求。

2）一般选择较难加工，但能得到较高测量精度的那个零件（在多数情况下是孔）作为先加工件，给它一个比较容易达到的公差或按线性尺寸的未注公差加工。

3）配制件（多数情况下是轴）的公差，可按所定的配合公差来选取。所以，配制件的公差比采用互换性生产时单个零件的公差要宽。配制件的偏差和极限尺寸以先加工件的实际组成要素尺寸为基数来确定。

4）配制配合是关于尺寸极限方面的技术规定，不涉及其他技术要求，如零件的几何精度、表面粗糙度等，不因采用配制配合而降低。

5）测量对保证配合性质有很大关系，要注意温度、几何误差对测量结果的影响。配制配合应采用尺寸相互比较的测量方法。在同样条件下测量，使用同一基准装置或校对量具，由同一组计量人员进行测量，以提高测量精度。

配制配合在图样上的标注方法如下：用代号 MF（matched fit）表示配制配合，标注时在公差或配合代号后面加注大写字母 MF。借用基准孔的代号 H 或基准轴的代号 h 表示先加工件。在装配图和零件图的相应部位均应标出。装配图上还要标明按互换性生产时的配合要求，如图 1-26 所示。

1.6.2 小尺寸公差与配合

小尺寸是相对大尺寸和中尺寸而言，国家标准对小尺寸和中尺寸并没有严格地划分界限。

尺寸不大于 18 mm 的零件，尤其是尺寸小于 3 mm 的零件，在加工、检测、装配和使用等诸多方面与中尺寸段和大尺寸段不同，主要体现在加工误差和测量误差上。在加工过程中，小尺寸零

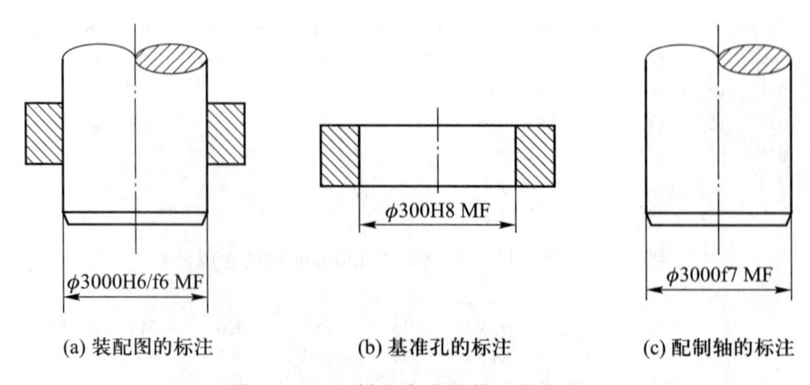

(a) 装配图的标注　　(b) 基准孔的标注　　(c) 配制轴的标注

图 1-26　配制配合在图样上的标注

件的定位和装夹都很困难,而且小尺寸零件刚性差,受切削力影响很容易变形,这就造成小尺寸零件的加工误差很大。在测量过程中,由于量具误差、温度变化和测量力等因素的影响,至少尺寸在 10 mm 范围内,测量误差和零件公称尺寸不成正比关系。

GB/T 1803—2003 中,规定了公称尺寸至 18 mm 常用轴的公差带(图 1-27)和常用孔的公差带(图 1-28)。其中,轴的公差带有 167 种,孔的公差带有 152 种,并给出了上、下极限偏差值,对于小尺寸,轴比孔难加工。因此,在配合中多选用基轴制,而配合也多采用同级配合,少数配合相差 1~3 级,孔的公差等级也往往高于轴的公差等级。

										h1		js1													
										h2		js2													
						ef3	f3	fg3	g3	h3		js3	k3	m3	n3	p3	r3								
						ef4	f4	fg4	g4	h4		js4	k4	m4	n4	p4	r4	s4							
		c5	cd5	d5	e5	ef5	f5	fg5	g5	h5	j5	js5	k5	m5	n5	p5	r5	s5	u5	v5	x5	z5			
		c6	cd6	d6	e6	ef6	f6	fg6	g6	h6	j6	js6	k6	m6	n6	p6	r6	s6	u6	v6	x6	z6	za6		
		c7	cd7	d7	e7	ef7	f7	fg7	g7	h7	j7	js7	k7	m7	n7	p7	r7	s7	u7	v7	x7	z7	za7	zb7	zc7
	b8	c8	cd8	d8	e8	ef8	f8	fg8	g8	h8		js8	k8	m8	n8	p8	r8	s8	u8	v8	x8	z8	za8	zb8	zc8
a9	b9	c9	cd9	d9	e9	ef9	f9			h9		js9	k9	m9	n9	p9	r9	s9	u9		x9	z9	za9	zb9	zc9
a10	b10	c10	cd10	d10	e10	ef10	f10			h10		js10	k10												
a11	b11	c11		d11						h11		js11													
a12	b12	c12								h12		js12													
a13	b13	c13								h13		js13													

图 1-27　公称尺寸至 18 mm 常用轴的公差带

小尺寸孔、轴公差带主要用于仪器仪表工业和钟表工业,由于国际标准没有推荐优先、常用和一般公差带的选用次序,也没有推荐配合,所以选用公差带组成配合时,可根据实际情况自行选用和组合。

H1 JS1
H2 JS2
EF3 F3 FG3 G3 H3 JS3 K3 M3 N3 P3 R3
EF4 F4 FG4 G4 H4 JS4 K4 M4 N4 P4 R4
E5 EF5 F5 FG5 G5 H5 JS5 K5 M5 N5 P5 R5 S5
CD6 D6 E6 EF6 F6 FG6 G6 H6 J6 JS6 K6 M6 N6 P6 R6 S6 U6 V6 X6 Z6
CD7 D7 E7 EF7 F7 FG7 G7 H7 J7 JS7 K7 M7 N7 P7 R7 S7 U7 V7 X7 Z7 ZA7 ZB7 ZC7
B8 C8 CD8 D8 E8 EF8 F8 FG8 G8 H8 J8 JS8 K8 M8 N8 P8 R8 S8 U8 V8 X8 Z8 ZA8 ZB8 ZC8
A9 B9 C9 CD9 D9 E9 EF9 F9 H9 JS9 K9 M9 N9 P9 R9 S9 U9 X9 Z9 ZA9 ZB9 ZC9
A10 B10 C10 CD10 D10 E10 EF10 H10 JS10 N10
A11 B11 C11 D11 H11 JS11
A12 B12 C12 H12 JS12
H13 JS13

图 1-28 公称尺寸至 18 mm 常用孔的公差带

实训习题与思考题

1. 什么是基孔制配合与基轴制配合？规定基准制有何意义？什么情况下应采用基轴制配合？

2. 根据下表中的已知数据填表（单位为 mm）。

公称尺寸	孔			轴			X_{max}或Y_{min}	X_{min}或Y_{max}	X_{av}或Y_{av}	T_f
	ES	EI	T_H	es	ei	T_s				
$\phi50$		-0.050				0.016		-0.083	-0.062 5	
$\phi60$			0.030	0			+0.028	-0.021		
$\phi10$		0				0.022	+0.057		+0.035	

3. 用查表法确定各配合的孔、轴的极限偏差，计算极限间隙或过盈、平均间隙或过盈、配合公差，并判断基准制和配合类别，画出尺寸公差带图：1）$\phi50\dfrac{K7}{h6}$；2）$\phi30\dfrac{H8}{f7}$；3）$\phi140\dfrac{H7}{s6}$。

4. 确定以下孔、轴的公差等级、基本偏差代号和公差带：1）轴 $\phi50^{+0.033}_{+0.017}$；2）轴 $\phi100^{-0.036}_{-0.123}$；3）轴 $\phi18^{+0.046}_{+0.028}$；4）孔 $\phi65^{-0.030}_{-0.060}$；5）孔 $\phi240^{+0.285}_{+0.170}$；6）孔 $\phi20^{+0.130}_{0}$。

5. 将以下两对孔、轴配合从基孔制转换成基轴制。要求具有相同的配合性质，画出公差带图，并分别标出公差：1）$\phi80\dfrac{H6}{f5}$；2）$\phi50\dfrac{H6}{p5}$。

6. 有一对孔与轴的公称尺寸为 $\phi50$ mm，要求其配合间隙为 45～115 μm，试确定孔与轴的配合代号，并画出尺寸公差带图。

7. 已知一对孔与轴的公称尺寸为 $\phi200$ mm,根据使用要求,允许其装配后的最大与最小过盈分别为 $Y_{max}=-160$ μm,$Y_{min}=-25$ μm。试确定这组孔、轴的公差等级。

拓展阅读

从“大国工匠”方文墨和他创造的“文墨精度”认识工匠精神的实质:严谨认真、精益求精、追求完美、勇于创新。

方文墨,中国航空工业集团有限公司(简称“中航工业”)首席技能专家。他主要为歼-15舰载机加工高精度零件,加工精度之高,令人叹服。在许多零件都能实现自动化生产的今天,仍有一些战机零件因为数量少、加工精度高、难度大,还是需要手工打磨。标准中,手工锉削精度最高为0.010 mm,而方文墨的手工加工精度可达0.003 mm,中航工业将这一精度命名为“文墨精度”。2018年他又把文墨精度提高到0.000 68 mm,提高了4倍多。歼-15舰载机上近70%的标准件出自方文墨和他的工友之手,他们助力中国战机一飞冲天,惊艳世界。

第 2 章　测量技术基础

在生产中,按标准化对机械产品各零部件的几何量分别规定了合理的公差,若不采取适当的检测措施,零部件的互换性是不能得到保证的。也就是说,判断一个零件按给定的公差加工后是否合格,需通过量具进行检测。本章主要介绍有关测量技术方面的基本知识,涉及的相关国家标准有 GB/T 6093—2001《几何量技术规范(GPS) 长度标准 量块》、GB/T 3177—2009《几何量技术规范(GPS) 光滑工件尺寸的检验》、GB/T 1957—2006《光滑极限量规 技术条件》。

2.1　概述

2.1.1　测量的基本概念

测量就是将被测量与具有计量单位的标准量在数值上进行比较,从而确定二者比值的试验认知过程。即

$$q=L/E \tag{2-1}$$

式中:L 为被测量;q 为被测量与标准量的比值;E 为标准量。

一个完整的测量过程应包括四个要素:被测对象、计量单位、测量方法(含测量器具)和测量精度。

1. 被测对象

被测对象主要指机械几何量。包括长度、角度、表面粗糙度、形位误差以及更复杂的螺纹、齿轮零件中的几何参数。

2. 计量单位

计量单位是定量表示同种量的大小而约定的定义和采用的特定量。为了保证测量的准确度,首先需要建立一个统一而可靠的测量单位基准。

1984 年国务院发布了关于在我国统一实行法定计量单位的命令,其中规定“米(m)”为长度的基本单位。机械制造中常用的长度单位为毫米(mm)、微米(μm)、纳米(nm)等,角度单位为度(°)、分(′)、秒(″)。

3. 测量方法

测量方法是指测量时所采用的测量原理、测量条件和测量器具的总和。根据被测对象的特点(精度、大小等)来确定所用的测量器具。

4. 测量精度

测量精度是指测得值与被测量真值的相符合程度。对每一测量过程的测量结果都应给出一定的测量精度,不考虑测量精度而得到的测量结果是没用任何意义的。由于测量误差的存在,任一测量结果都是用近似值表示的。测量误差越大,测量精度越低,反之测量精度越高。

2.1.2 尺寸的传递

1. 长度量值的传递系统

光波波长作为长度基准虽然准确可靠,但不能直接用于实际生产中的尺寸测量。为了保证机械制造中长度测量量值的统一,必须建立从长度基准到生产中使用的各种测量器具,直至工件的测量值传递系统。量值传递是通过对比、校准、检定和测量,将国家计量基准(标准)复现的计量单位量值,通过计量标准逐级传递到测量器具,以保证被测对象所测量值的准确一致。尺寸传递一般是自上而下,由高级向低级进行,为此需建立统一的量值传递系统。

米是国际上通用的长度计量单位,即 1 m 是光在真空中,在 1/299 792 458 s 时间间隔内的行程长度。为了保证长度测量的精度,还需要建立准确的量值传递系统。鉴于激光稳频技术的发展,用激光波长作为长度基准具有很好的稳定性和复现性。我国采用 0.633 μm 氦氖激光波长作为长度标准来复现“米”。

在实际应用中,不方便用光波波长作为长度基准进行测量,为了保证量值的准确和统一,必须把复现的长度基准的量值逐级准确地传递到生产中所应用的各种计量器具和被测工件上去,即建立长度尺寸量值传递系统,如图 2-1 所示,一个是标准线纹尺(刻线量具)传递,另一个

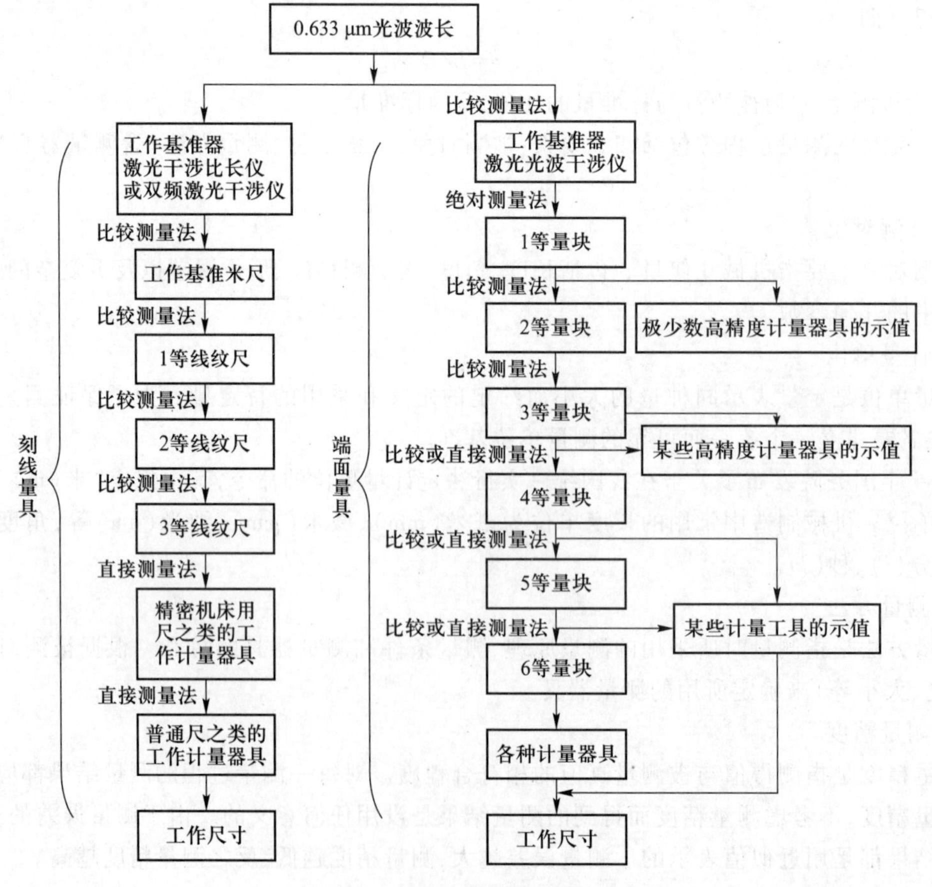

图 2-1 长度尺寸量值传递系统

是标准量块(端面量具)传递。通过这两种传递系统就可将“米”这一计量基准长度逐级、准确地传递到生产所使用的测量器具上,再用其测量被测对象,从而保证量值的准确与统一。

2. 角度量值的传递系统

角度是重要的几何量之一,由于圆周定义为360°,因此角度不需要像长度一样建立一个自然基准。但在实际应用中,为了测量和检定的方便,采用多面棱体和标准度盘作为角度测量的基准。机械制造中的角度标准一般是角度量块、测角仪或分度头等。

多面棱体常见的有4面、6面、8面、12面、24面、36面和72面等,一般用特殊合金钢或石英玻璃精细加工而成。以多面棱体作为基准的角度量值传递系统如图2-2所示。

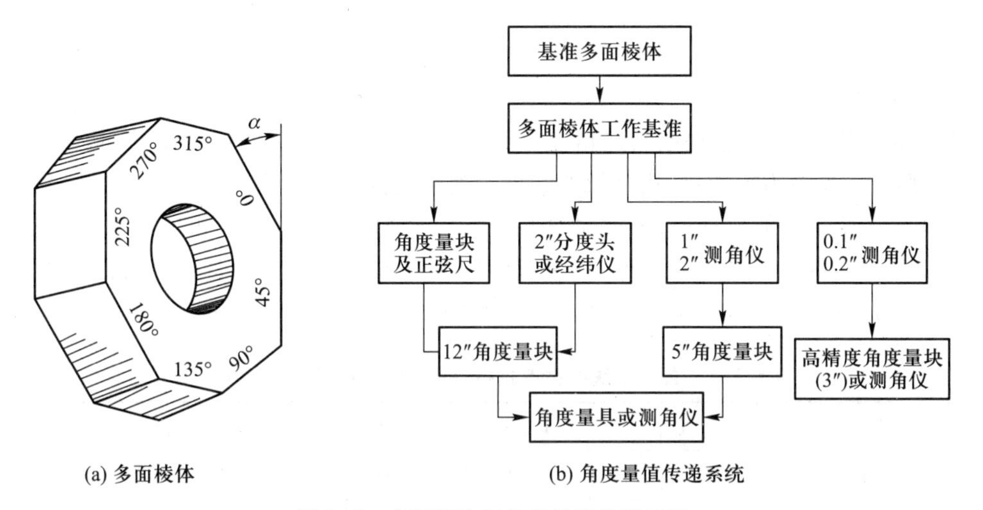

(a) 多面棱体　　(b) 角度量值传递系统

图2-2 多面棱体与角度量值传递系统

2.1.3 量块

1. 量块的作用

量块又称块规,用途很广,除了作为长度基准的传递媒介外,还可以有以下的作用:

1) 生产中用来检定和校准测量工具或量仪;

2) 相对测量时用来调整量具或量仪的零位;

3) 直接用于精密测量、精密划线和精密机床的调整。

2. 量块的构成

量块的结构很简单,通常制成矩形截面的方块,如图2-3所示。所用材料一般为铬锰钢等特殊合金钢或其他线胀系数小、性质稳定、耐磨、不易变形的材料。

量块上有两个平行的测量面和四个非测量面。测量面极为光滑、平整,其表面粗糙度为 $Ra=0.008\sim0.012$ μm。两个测量面之间具有精确尺寸。

量块上测量面中心到下测量面研合的平晶表面的垂直距离为 L_0,称为量块的中心长度,此长度为量块的工作尺寸,如图2-3b所示。量块上所刻数字表示这一量块的名义尺寸。

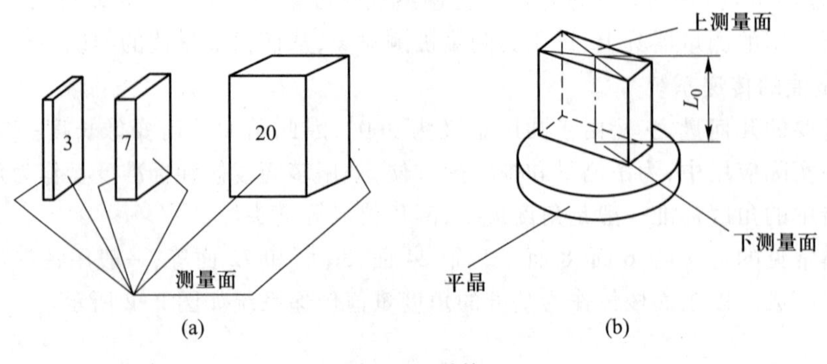

图 2-3 量块

3. 量块的精度

根据不同的使用要求,量块按制造精度分为 6 级, 即 00、0、1、2、3、K 级,其中 00 级精度最高,3 级精度最低,K 级为校准级,用来校准 0、1、2 级量块,量块的“级”主要是根据量块长度极限偏差和量块长度变动量的允许值,测量面的平面度、量块测量面的表面粗糙度及量块的研合性等指标来划分的。量块按“级”使用时,以量块的标称长度作为工作尺寸。该尺寸包含了量块的制造误差,不需要加修正值,使用较方便。量块分级的精度指标见表 2-1。

表 2-1 各级量块的精度指标(摘自 GB/T 6093—2001)

标称长度/mm	00 级/μm		0 级/μm		1 级/μm		2 级/μm		3 级/μm		标准级/μm	
	①	②	①	②	①	②	①	②	①	②	①	②
≤10	0.06	0.05	0.12	0.10	0.20	0.16	0.45	0.30	1.0	0.50	0.20	0.05
>10~25	0.07	0.05	0.14	0.10	0.30	0.16	0.60	0.30	1.2	0.50	0.30	0.05
>25~50	0.10	0.06	0.20	0.10	0.40	0.18	0.80	0.30	1.6	0.55	0.40	0.06
>50~75	0.12	0.06	0.25	0.12	0.50	0.18	1.00	0.35	2.0	0.55	0.50	0.06
>75~100	0.14	0.07	0.30	0.12	0.60	0.20	1.20	0.35	2.5	0.60	0.60	0.07
>100~150	0.20	0.08	0.40	0.14	0.80	0.20	1.60	0.40	3.0	0.65	0.80	0.08

注:① 表示量块测量面上任意点的长度相对于标准长度的极限偏差(±),② 表示量块长度变动量的最大允许值。

在使用量块时,由于磨损等原因使实际尺寸发生变化,需要定期地检定出全套量块的实际尺寸,再按检定的实际尺寸来使用量块,这样比按名义尺寸使用量块的准确度高。所以,标准中又规定了量块按其检定精度分为六个等级,即 1、2、3、4、5、6 等,其中 1 等精度最高,6 等精度最低。各等量块的精度指标见表 2-2。

量块按“级”使用时,是以标记在量块上的名义尺寸作为工作尺寸。该尺寸包含了量块实际制造误差。按“等”使用时,则是以量块检定后给出的实测中心长度作为工作尺寸。该尺寸不包含量块的制造误差,但包含了量块检定时的测量误差。一般来说,检定时的测量误差要比量块的制造误差小得多。所以在精密测量时,通常按“等”使用量块。

表 2-2 各等量块的精度指标

标称长度/mm	K 级		0 级		1 级		2 级		3 级	
	$\pm t_e$	t_v	$\pm t_e$	t_v	$\pm t_e$	t_v	$\pm t_e$	t_v	$\pm t_e$	t_v
	最大允许值/μm									
≤10	0.20	0.05	0.12	0.10	0.20	0.16	0.45	0.30	1.00	0.50
10~25	0.30	0.05	0.14	0.10	0.30	0.16	0.60	0.30	1.20	0.50
25~50	0.40	0.06	0.20	0.10	0.40	0.18	0.08	0.30	1.60	0.55
50~75	0.50	0.06	0.25	0.12	0.50	0.18	1.00	0.35	2.00	0.55
75~100	0.60	0.07	0.30	0.12	0.60	0.20	1.20	0.35	2.50	0.60
100~150	0.80	0.08	0.40	0.14	0.80	0.20	1.60	0.40	3.00	0.65
150~200	1.00	0.09	0.50	0.16	1.00	0.25	2.00	0.40	4.00	0.70
200~250	1.20	0.10	0.60	0.16	1.20	0.25	2.40	0.45	5.00	0.75

注：$\pm t_e$ 为量块测量面上任意点长度相对于标称长度的极限偏差；t_v 为量块长度变动量最大允许值。

4. 量块的选用

量块的测量平面非常光洁和平整，当用力推合两块量块时，其测量平面相互紧密接触并粘合在一起，这种特性称为研合性。利用量块的研合性，可以将量块组合使用。为了能用较少的量块组合到所需的尺寸，量块都是按照一定的尺寸系列成套生产供应，国家标准共规定了 17 种系列的成套量块，其块数为 91、83、46、38、12、10、8、6、5 等几种规格。表 2-3 列出了总块数为分别为 91、83、46、38 块的成套量块的尺寸系列。在使用量块时可以套内选用不同尺寸量块组成所需要的尺寸。

表 2-3 成套量块的尺寸系列（摘自 GB/T 6093—2001）

套别	总块数	级别	尺寸系列/mm	间隔/mm	块数
1	91	00,0,1	0.5		1
			1		1
			1.001,1.002,…,1.009	0.001	9
			1.01,1.02,…,1.49	0.01	49
			1.5,1.6,…,1.9	0.1	5
			2.0,2.5,…,9.5	0.5	16
			10,20,…,100	10	10
2	83	0,1,2	0.5		1
			1		1
			1.005		1
			1.01,1.02,…,1.49	0.01	49
			1.5,1.6,…,1.9	0.1	5
			2.0,2.5,…,9.5	0.5	16
			10,20,…,100	10	10

续表

套别	总块数	级别	尺寸系列/mm	间隔/mm	块数
3	46	0,1,2	1		1
			1.001,1.002,…,1.009	0.001	9
			1.01,1.02,…,1.09	0.01	9
			1.1,1.2,…,1.9	0.1	9
			2,3,…,9	1	8
			10,20,…,100	10	10
4	38	0,1,2,(3)	1		1
			1.005		1
			1.01,1.02,…,1.09	0.01	9
			1.1,1.2,…,1.9	0.1	9
			2,3,…,9	1	8
			10,20,…,100	10	10

在选用量块组合时,所选量块愈多,则累积误差愈大,为了减小量块组合的累积误差,根据所需尺寸应选用最少的量块组合,一般情况下不超过4块或5块。在选择量块时,根据所需尺寸的最后一位数选择第一块量块;根据倒数第二位数选择第二块量块,依次类推。例如,为了得到38.935 mm的量块组合,从91块量块组中选取量块的过程如下:

量块组合尺寸:38.935 mm

选第一块:1.005 mm

剩余尺寸:37.930 mm

选第二块:1.430 mm

剩余尺寸:36.500 mm

选第三块:6.500 mm

剩余尺寸:30.000 mm

选第四块:30.000 mm

2.2 测量器具和测量方法

2.2.1 测量器具的分类

测量器具是测量工具(量具)、测量仪器(量仪)和其他用于测量目的的测量装置的总称。按其用途和特点,测量器具分为标准测量器具、通用测量器具、专用测量器具和测量装置四类。

1. 标准测量器具

标准测量器具是指测量时以固定的形式复现量值的测量器具。这种量具通常只有某一固定尺寸，常用来校对和调整其他测量器具，或作为标准量与被测工件进行比较。如量块、直角尺、各种曲线样板和标准量规等。

2. 通用测量器具

通用测量器具是指通用性大，可测量某一范围内的任一尺寸（或其他几何量），并能获得具体读数值的测量器具。按其结构又可分为以下几种：

1）固定刻线量具。指具有一定刻线，在一定范围内能直接读出被测量数值的量具。例如钢直尺、卷尺等。

2）游标量具。指直接移动测头实现几何量测量的量具。这类量具有游标卡尺、深度游标卡尺、高度游标卡尺以及游标量角器等。

3）微动螺旋副式量仪。指用螺旋方式移动测头来实现几何量测量的量具，如外径千分尺、内径千分尺、深度千分尺等。

4）机械式量仪。指用机械方法来实现被测量的变换和放大，以实现几何量测量的量具，如百分表、千分表、杠杆百分表、杠杆千分表、杠杆齿轮比较仪、扭簧比较仪等。

5）光学式量仪。指用光学原理来实现被测量的变换和放大，以实现几何量测量的量具，如光学计、测长仪、投影仪、干涉仪等。

6）气动式量仪。指以压缩空气为介质，将被测量转换为气动系统状态（流量或压力）的变化，以实现几何量测量的量具，如水柱式气动量仪、浮标式气动量仪等。

7）电动式量仪。指将被测量变换成电量，然后通过对电量的测量来实现几何量测量的量具，如电感式量仪、电容式量仪、电接触式量仪、电动轮廓仪等。

8）光电式量仪。指利用光学方法放大或瞄准，通过光电组件再转换为电量进行检测，以实现几何量测量的量具，如光电显微镜、激光干涉仪等。

3. 专用测量器具

专用测量器具是指专门用来测量某种特定参数的测量器具，如圆度仪、渐开线检查仪、丝杠检查仪、极限量规等。

4. 测量装置

测量装置是指为确定被测量值所必需的测量器具和辅助设备的总称。它能用来测量较多的几何量和较复杂的零件，有助于实现测量过程的自动化，如连杆、滚动轴承中的零件测量。

2.2.2 测量器具的基本度量指标

1. 度量指标

度量指标是选择和使用测量器具、研究和判断测量方法正确性的依据，是表征测量器具的性能和功用的指标。如图 2-4 所示，基本度量指标主要有以下几项：

1）刻线间距 c。刻线间距是指测量器具的刻度标尺或刻度盘上两相邻刻线中心之间的距离。为了便于目测，刻线间距一般取为 0.75～2.5 mm。

2）分度值（刻度值）i。分度值（刻度值）是指测量器具的刻度尺或刻度盘上相邻两刻线所代表的量值之差。一般长度量仪中的分度值有 0.1 mm、0.01 mm、0.001 mm、0.000 5 mm 等。如

图 2-4 所示的测量器具，$i=1\ \mu m$。有一些测量器具(如数字式量仪)由于没有刻度尺，就不称分度值而称分辨率。分辨率是指量仪显示的最末一位数所代表的量值。例如，F604 坐标测量机的分辨率为 1 μm，奥浦通(OPTON)光栅测长仪的分辨率为 0.2 μm。

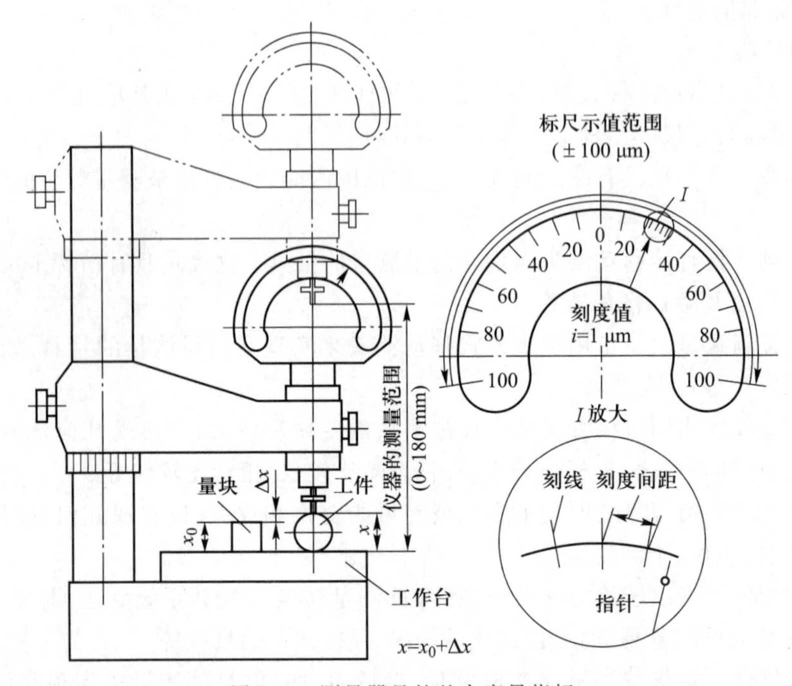

图 2-4　测量器具的基本度量指标

3) 测量范围。测量范围是指在允许的误差限内，测量器具所能测出的最小值到最大值的范围，图 2-4 所示测量器具的测量范围为 0～180 mm。

4) 示值范围。示值范围是指测量器具所显示或指示的最小值到最大值的范围。图 2-4 所示测量器具的示值范围为±100 μm。

5) 灵敏度(迟钝度)s。灵敏度是指测量器具对被测几何量微小变化的能力。

6) 放大比 K。放大比是指测量器具的指针位移量与被测参数的变化量之比。如果被测参数的变化量为 Δx，引起测量器具的指针位移量为 ΔL，则放大比 $K=\Delta L/\Delta x$。对于均匀刻度的量仪，放大比 $K=c/i$。

2. 精度特征指标

1) 示值误差。测量器具显示的数值与被测量的真值之差。一般可用量块作为真值来检定测量器具的示值误差。

2) 校正值(修正值)。为消除测量器具系统测量误差，用代数法加到测量结果上的值。它与测量器具的系统测量误差的绝对值相等而符号相反。

3) 示值变动。在测量条件不变的情况下，用测量器具对同一被测量多次(一般 5～10 次)测量所得示值的最大差值。

4) 回程误差(滞后误差)。在相同测量条件下，当被测量不变时，测量器具沿正、反行程在同一点上测量结果之差的绝对值。回程误差是由测量器具中测量系统的间隙、变形和摩擦等原因引起的误差。测量时，为了减少回程误差的影响，应按一个方向进行测量。

5）重复精度。在相同测量条件下，对同一被测参数进行多次重复测量时其结果的最大差异。差异值愈小，重复性就愈好，测量器具精度也就愈高。

6）测量力。在接触式测量过程中，测量器具测头与被测工件之间的接触压力。测量力太小，则影响接触的可靠性；测量力太大，则会引起弹性变形，从而影响测量精度。

7）示值稳定性。指在规定的工作条件下，测量器具保持其测量特征恒定不变的程度，包括时间稳定性和温度稳定性。

2.2.3 测量方法的分类

测量方法是测量的四要素之一，一种好的测量方法必须依据被测对象的结果特征、精度要求、生产批量、技术条件和测量成本等因素，遵循一定的测量原则，选择相应的测量器具，并考虑测量条件、测量力等影响，实现被测量与标准量的比较过程。可从以下不同角度对测量方法进行分类。

1. 按实测量是否直接为被测量分类

1）直接测量。被测量的数值直接由测量器具上读出。例如用游标卡尺和千分尺测量外圆直径。

2）间接测量。被测量的数值与测量结果按一定的函数关系运算后获得。例如测量图 2-5 所示的样板直径 D 时无法直接测出直径 D，可先测量弦长 S 和弓形高 H，然后按 $D=S^2/4H+H$ 即可计算出直径。

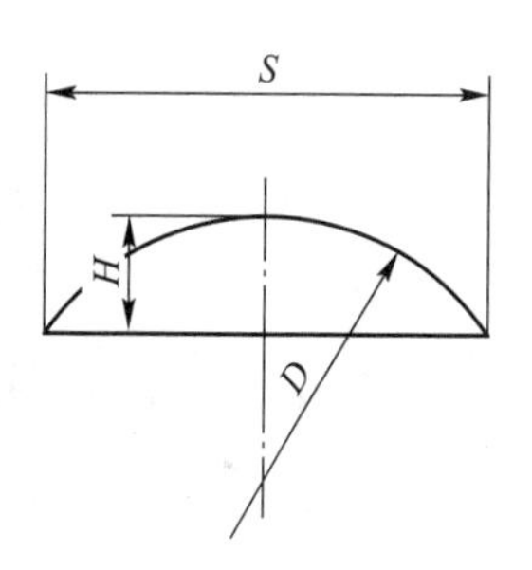

图 2-5 测量器具的基本度量指标

2. 按测量时是否与标准器具比较分类

1）绝对测量。测量时从测量器具上直接得到被测参数的整个量值。例如用游标卡尺测量工件。

2）相对测量（比较测量）。测量时从测量器具上直接得到的数值是被测量相对于标准量的偏差值。用如图 2-4 所示的比较仪测量轴径 x 时，先用量块（标准量）x_0 调整零位，实测后获得的示值 Δx 就是轴径相对于量块（标准量）的偏差值，实际轴径 $x=x_0+\Delta x$。

3. 按工件被测表面与测量器具测头是否有机械接触分类

1）接触测量。测量器具测头与工件被测表面直接接触，并有机械测量力存在。如用千分尺、游标卡尺等测量工件。

2）非接触测量。测量器具的测头与工件被测表面不接触，没有机械测量力。如用光学投影测量、气动测量等。

4. 按测量在工艺过程中所起作用分类

1）主动测量（在线测量）。零件在加工过程中进行的测量。此时测量结果直接用来控制工件的加工过程，决定是否需要继续加工或调整机床，故能及时防止废品的产生。一般自动化程度高的机床具有主动测量功能。如数控机床、加工中心等先进设备。

2）被动测量（离线测量）。零件加工后进行的测量。此测量结果仅限于发现并剔除废品。

5. 按零件上同时被测参数多少分类

1）单项测量。单个地、彼此没有联系地测量零件的单项参数。如分别测量齿轮的齿厚、齿形、齿距,螺纹的中径、螺距等。这种方法一般用于量规的检定、工序间的测量或工艺分析、机床调整等。

2）综合测量。同时测量零件上几个有关的参数,从而综合判断零件的合格性。例如用齿轮单啮仪测量齿轮的切向综合误差,用螺纹量规检验螺纹等。这种方法一般用于最终检验,其测量效率高,能有效保证互换性,在大批生产中应用广泛。

6. 按零件在测量时所处状态分类

1）动态测量。测量时零件被测表面与测量器具的测头有相对运动。它能反映在生产过程中被测参数的变化过程。例如,用激光比长仪测量精密线纹尺、用电动轮廓仪测量表面粗糙度等都属于动态测量。

2）静态测量。测量时零件被测表面与测量器具测头是相对静止的。例如,用齿距仪测量齿轮齿距、用工具显微镜测量丝杠螺距等。

7. 按测量过程中测量因素是否变化分类

1）等精度测量。在测量过程中,决定测量精度的全部因素或条件不变。例如,由同一个人、用同一台仪器、在同样条件下、以同样方法、同样仔细地测量同一个量,求测量结果平均值时所依据的测量次数也相同,因而可以认为每一测量结果的可靠性和精确程度都是相同的。在一般情况下,为了简化测量结果的处理,大多采用等精度测量。实际上,绝对的等精度测量是做不到的。

2）不等精度测量。在测量过程中,决定测量精度的全部因素或条件可能完全改变或部分改变。例如,用不同的测量方法、不同的计量器具、在不同的条件下、由不同的人员对同一被测量进行不同次数的测量。由于数据处理比较麻烦,因此不等精度测量一般用于重要的科研实验中的高精度测量。另外,当测量的过程和时间很长,测量条件变化较大时,也应按不等精度测量对待。

2.2.4 测量原则

为了获得正确、可靠的测量结果,在测量过程中,要注意应用并遵循有关测量原则,阿贝原则、基准统一原则、最短测量链原则、最小变形原则、封闭原则和重复原则等是其中比较重要的原则和公理。

1）阿贝原则。指测量长度时,应使被测零件的尺寸线和仪器中作为标准的刻度线重合或在同一直线上的原则。如千分尺的标准线(测微螺杆轴线)与工件被测线(被测直径)在同一直线上,而游标卡尺作为标准长度的刻度尺与被测直径不在同一条直线上。

2）基准统一原则。要求测量基准与加工基准和使用基准统一,即工序测量应以工艺基准作为测量基准,终检时应以设计基准作为测量基准。

3）最短测量链原则。测量信号从输入到输出量值通道的各个环节所构成的测量链最短。

4）最小变形原则。测量器具与被测零件因实际温度偏离标准温度和受力(重力和测量力)而发生的变形最小。引起这种变形的主要因素为测量温度和测量力。

5）封闭原则。指在闭合的圆周分度中,全部角度分量偏差的总和为零。

6）重复原则。为保证测量结果的可靠性,防止出现粗大误差,可对同一被测量重复进行测量,若测量结果相同或变化不大,一般可表明测量结果比较可靠。

7）测量误差公理。在测量的全过程中,测量误差始终存在,这就是测量误差公理,它是建立所有测量原理、原则的基础。误差不可避免,但可以用精密测量方法减小其影响。

8）最近真值原理。被测量的真值可以用最近真值表示，并可以通过测量获知。通常将被测量的总体平均值作为真值，则其样本均值可以用做最近真值。测量仪器的精度应该比被测量的期望测量精度高 5～10 倍。

2.3 测量误差及数据处理

2.3.1 测量误差的基本概念

一个量在被检测的瞬间，严格定义的那个值就是该量本身所应具有的真实大小，被称为真值（L）。量的真值是永远得不到的。在长度测量中，不管使用多么精确的测量器具，采用多么可靠的测量方法，进行多么仔细精确的测量，由于存在各种测量误差，如测量器具的制造误差、测量方法误差、调整误差等，因而所测得值 l 不可能是真值。被测量测得值 l 与真值 L 的差称为测量误差 δ，即

$$\delta=l-L \tag{2-2}$$

在实际测量中，虽然真值 L 不能得到，但往往要求分析或估算测量误差的范围，即求出真值 L 必落在测得值 l 附近的最小范围，称之为测量极限误差 $\delta_{\lim}$，它应满足

$$l-|\delta_{\lim}|\leqslant L\leqslant l+|\delta_{\lim}| \tag{2-3}$$

在测量过程中，由于测得值可能大于真值，也可能小于真值，所以 δ 可能大于零，也可能小于零，即

$$L=l\pm\delta \tag{2-4}$$

绝对误差 δ 的大小反映测得值与真值的偏离程度，$|\delta|$ 愈小，l 偏离 L 愈小，测量精度愈高；反之测量精度愈低。所以，对同一尺寸测量，可以通过绝对误差 δ 的大小来判断测量精度的高低。但对不同尺寸测量，就不能用绝对误差 δ 的大小来判断测量精度的高低。

例如：有两个被测零件，一个零件的公称尺寸为 100 mm，另一零件的公称尺寸为 1 000 mm，它们的测量绝对误差 δ 均等于 0.01 mm，公称尺寸大的零件测量精度远高于公称尺寸小的零件。因此，用绝对误差 δ 的大小来判断测量精度高低，对不同尺寸测量是不合适的。测量精度的高低，不仅与绝对误差有关，还与被测尺寸大小有关。为了判断不同尺寸的测量精度，常用相对误差 δ_r 来判断。

相对误差 δ_r 是指测量的绝对误差 δ 与被测量真值 L 之比，通常用百分数表示，即

$$\delta_r=\frac{l-L}{L}=\frac{\delta}{L}\times100\%\approx\frac{\delta}{l}\times100\% \tag{2-5}$$

从式(2-5)中可以看出，δ_r 是量纲为一的量。

如前例用相对误差 δ_r 来判断测量精度大小，有

公称尺寸为 100 mm 时，$\delta_r=\frac{\delta}{l}\times100\%=\frac{0.01}{100}\times100\%=0.01\%$

公称尺寸为 1 000 mm 时，$\delta_r=\frac{\delta}{l}\times100\%=\frac{0.01}{1\ 000}\times100\%=0.001\%$

很显然，对不同尺寸的测量，用相对误差 δ_r 的大小来判断测量精度高低更为合适。

绝对误差和相对误差都可用来判断测量器具的精度。因此，测量误差是评定测量器具和测量方法在测量精度方面的定量指标，每一种测量器具都有这种指标。

在实际生产中，为了提高测量精度，就应该减少测量误差，要减少测量误差，就必须了解误差产生的原因、变化规律及误差的处理方法。

2.3.2　测量误差产生的原因

在实际测量中，产生测量误差的原因很多，主要有以下几个方面：

1. 测量器具误差

测量器具误差是指测量器具设计、制造和装配调整不准确而产生的误差。如量头的直线位移与指针的角位移不成比例，刻度盘和标尺刻度制造有误差，刻度盘安装偏心，测量器具零部件本身的制造误差、变形和磨损等。又如在设计测量量具时，为了简化结构，采用近似设计所产生的误差，属于设计原理误差。

如图 2-6 所示，游标卡尺测量轴颈所引起的误差就属于设计原理误差。根据长度测量的阿贝原则，在设计测量器具或测量零件时，应将被测长度与基准长度置于同一直线上。显然，用游标卡尺测量时不符合阿贝原则，用于读数的刻线尺上的基准长度和被测工件直径不在同一直线上，由于游标框架与主尺之间的间隙影响，可能使活动量爪发生倾斜，由此而产生的测量误差为

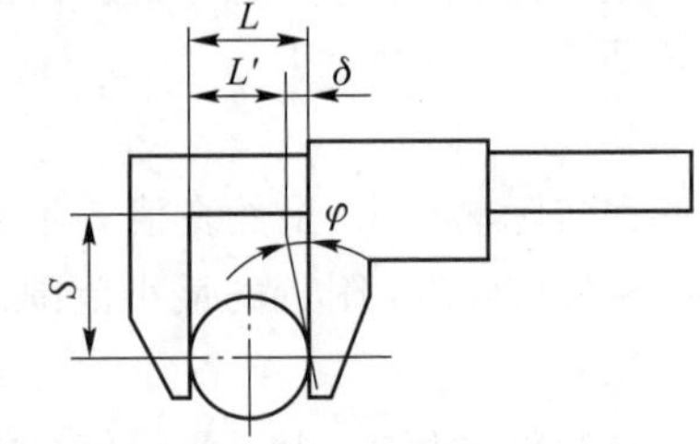

图 2-6　量具设计原理误差

$$\delta = L' - L = S\tan\varphi \tag{2-6}$$

式中：φ——活动量爪的倾斜角；

S——刻度尺与被测工件之间的距离。

对于理论误差，可以从设计原理上尽量少采用近似原理和机构，设计时尽量遵守长度测量的阿贝原则等，将误差消除或控制在合理范围内。对于仪器制造和装配调整误差，由于影响因素很多，情况比较复杂，也难于消除。最好的方法是在使用中，对一台仪器进行检定，掌握它的示值误差，并列出修正表，以消除其误差。另外，用多次测量的方法以减小其误差。

2. 基准件误差

基准件误差是指作为基准件使用的量块或标准件等本身存在的制造误差和使用过程中磨损产生的误差。特别是用相对测量时，基准件的误差直接反映到测量结果中。因此，在选择基准件时，一般都希望基准件的精度高一些，但是基准件的精度太高也不经济。为此，在生产实践中一般取基准件误差占总测量误差的 1/5～1/3，并且要经常检验基准件。

3. 测量方法误差

测量方法误差是指由于测量方法不完善(包括工件安装不合理，测量方法选得不当、计算公式不准确等)或对被测对象认识不够全面而引起的误差。如大直径外圆的直径 d 往往通过测量周长 S 来间接得到，即 $d=S/\pi$，由于 π 是无理数，可取近似值，因此在计算结果中带有方法误差。

4. 调整误差

调整误差是指测量前未能将测量器具或被测工件调整到正确位置(或状态)而产生的误差。

如用未经调零或未调零位的百分表或千分表测量工件而产生的零位误差等。

5. 环境误差

环境误差是指测量时的环境条件不符合标准条件所引起的误差。环境误差包括温度、湿度、气压、振动、灰尘等因素引起的误差。其中温度对测量结果的影响最为突出。在实际测量时,当测量器具和被测工件的温度偏离了标准温度 20 ℃时,测量器具和被测工件由于材料不同,从而线胀系数不同,产生的误差可用下式计算:

$$\delta_W = L(\alpha_1 \Delta t_1 - \alpha_2 \Delta t_2) \tag{2-7}$$

式中:δ_W——温度引起的测量误差;

L——被测尺寸真值(通常用公称尺寸代替);

α_1——测量器具的线胀系数;

α_2——被测工件的线胀系数;

Δt_1——测量器具实际温度 t_1 与标准温度之差,即 $\Delta t_1 = t_1 - 20$ ℃;

Δt_2——被测工件实际温度 t_2 与标准温度之差,即 $\Delta t_2 = t_2 - 20$ ℃。

由式(2-7)可以看出,测量时最好使测量器具与被测工件材料相同(通用量具很难保证),即 $\alpha_1 = \alpha_2$,这样只要温度相近,即使偏离标准温度影响也不大。

对于一些高精度零件的精密测量,为了减少环境误差,应在恒温、恒湿、无灰尘、无振动的条件下进行。

6. 测量力误差

测量力误差是指在进行接触式测量时,由于测量力使测量器具和被测工件变形而产生的误差。为了保证测量结果的可靠性,必须控制测量力的大小并保持恒定,特别是精密测量尤为重要。测量力过小不能保证测头与被测工件可靠接触而产生误差;测量力过大使测头和被测工件产生变形也产生误差。一般测量器具的测量力大都控制在 2 N 之内,高精度测量器具的测量力控制在 1 N 之内。

7. 人为误差

人为误差是指测量人员的主观因素(如技术熟练程度、测量习惯、思想情绪等)引起的误差。如测量器具调整不正确、瞄准不准确、估读误差等都会造成测量误差。

由此可见,造成测量误差的因素很多,有些误差是不可避免的,但有些是可以避免的。测量时应找出主要影响因素,设法消除或减小其对测量结果的影响。

2.3.3 测量误差的分类

根据测量误差的性质和特点,可分为三大类,即系统误差、随机误差和粗大误差。

1. 系统误差

在相同测量条件下,多次测量同一量值时,误差的数值和符号均不变或当条件改变时,其值按一定规律变化的误差,称为系统误差。系统误差按其出现的规律又可分为常值系统误差和变值系统误差。

1) 常值系统误差(又称定值系统误差)。在相同测量条件下,多次测量同一量值时,其大小和方向均不变的误差。如基准件的误差、仪器的原理误差和制造误差等。

2) 变值系统误差(又称变动系统误差)。在相同测量条件下,多次测量同一量值时,其大小和方向按一定规律变化的误差。如温度均匀变化引起的测量误差。

从理论上讲,系统误差是可以消除的,特别是常值系统误差,它易于发现并能够消除或减小。但在实际测量中,系统误差不一定能够完全消除,而且消除系统误差也没有统一的方法,特别是对变值系统误差。只能针对具体情况采用不同的处理措施。对于这些未能消除的系统误差,在规定允许的测量误差时应予以考虑。有关系统误差的处理将在后面介绍。

2. 随机误差

随机误差又称偶然误差,是指在相同的测量条件下,多次测量同一量值时,绝对值大小和符号均以不可预知的方式变化的误差。随机误差的存在以及它的大小和方向不受人为的支配与控制,即单次测量之间无确定的规律,不能从前一次测量的误差推断后一次测量的误差。但是对多次重复测量的随机误差,按概率与统计方法进行统计分析发现,它们是有一定规律的。在测量中,测量器具的变形、测量力的不稳定、温度的波动和读数不准确等产生的误差均属随机误差。

3. 粗大误差

在测量过程中,明显歪曲测量结果的误差或大大超出在规定条件下预期的误差称为粗大误差。粗大误差主要是由于测量操作方法不正确和测量人员的主观因素造成的,如读错数值、记录错误、测量器具测头残缺等。外界条件的大幅度突变,如冲击振动、电压突降等也会导致产生粗大误差。

系统误差和随机误差也不是绝对的,它们在一定的条件下可以相互转化。例如线纹尺的刻度误差,对线纹尺生产厂家而言是随机误差,但作为测量器具成批测量其他工件时,该线纹尺的刻度误差成为被测零件的系统误差。

2.3.4 测量精度

测量精度是与测量误差相对的概念。测量精度愈高,测量误差愈小;反之,测量误差愈大。由于误差分系统误差和随机误差,因此必须对二者及其综合影响提出相应的概念。

1. 精密度

表示测量结果中随机误差大小的程度,是用于评定随机误差的精度指标。随机误差愈小,则精密度就愈高。它说明在一个测量过程中,在同一测量条件下进行多次重复测量时,所得结果彼此之间相符合的程度。

2. 正确度

表示测量结果中系统误差大小的程度,是用于评定系统误差的精度指标。系统误差愈小,则正确度就愈高。

3. 准确度

表示测量结果中随机误差与系统误差综合影响的程度。即测量结果与真值的一致程度。若随机误差与系统误差都小,则准确度就高。

以射击打靶为例,如图 2-7a 所示,系统误差大,正确度低,随机误差小,精密度高,所以弹着点距靶心较远,弹着点密集。如图 2-7b 所示,系统误差小,正确度高,随机误差大,精密度差,所以弹着点虽围绕靶心,但弹着点却较散。如图 2-7c 所示,系统误差小,正确度高,随机误差小,精密度高,所以弹着点距靶心较近,弹着点密集,准确度高。如图 2-7d 所示,系统误差大,正确度低,随机误差大,精密度低,所以弹着点距靶心较远,弹着点也很散,准确度低。

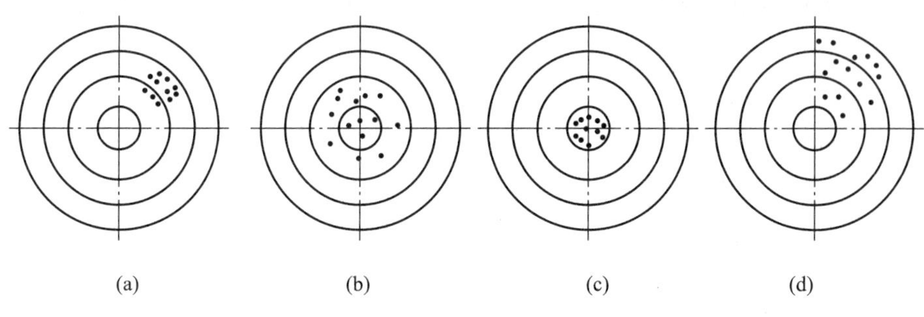

图 2-7 精密度、正确度和准确度

2.3.5 随机误差的特征及其评定

1. 随机误差特性

虽然随机误差变化无规律，但只要多次重复测量，按概率与数理统计方法来进行统计分析可以看出，随机误差就其整体来说是有其内在规律的。例如，在相同的测量条件下对某一轴颈外圆直径重复测量 120 次，得到 120 个测得值（设不存在系统误差或已消除系统误差），找出其中的最大测得值和最小测得值，用最大值减去最小值得到测得值的分散范围，将分散范围按一定尺寸间隔分成 7 组，统计测得值在每一组出现的次数 n_i（频数），计算每一组频率（频数 n_i 与测量总次数 N 之比），列于表 2-4 中。

表 2-4 频率计算示例

测得值分组区间/mm	区间中心值/mm	频数 n_i	频率$\frac{n_i}{N}$/%
9.992 5~9.993 5	9.993	4	3.3
9.993 5~9.994 5	9.994	8	6.7
9.994 5~9.995 5	9.995	20	16.7
9.995 5~9.996 5	9.996	48	40
9.996 5~9.997 5	9.997	24	20
9.997 5~9.998 5	9.998	12	10
9.998 5~9.999 5	9.999	4	3.3
测得平均值：9.996		$N=\sum n_i=120$	$\sum(n_i/N)=100$

以测得值 l 为横坐标，频率 n_i/N 为纵坐标，将表 2-4 中的数据以每组的区间与相应的频率为边长画成直方图，即频率直方图，如图 2-8a 所示。如连接长方形上部的中点（每组区间的中值），得到一条折线，称为实际分布曲线（图 2-8a 中的虚线）。假设上述测量次数无限增大，即 $N\to\infty$，将分组间隔趋于无限小，即 $\Delta l\to0$，便得到一条光滑曲线（图 2-8a 中的粗实线），称为理论分布曲线。如果用横坐标表示随机误差 δ，纵坐标表示对应各随机误差的概率密度 y，则

得到如图 2-8b 所示的随机误差理论分布曲线，称为正态分布曲线。根据概率理论，正态分布曲线方程为

$$y=\frac{1}{\sigma\sqrt{2\pi}}e^{-\frac{\delta^2}{2\sigma^2}} \tag{2-8}$$

式中：y——概率密度；

e——自然对数底；

σ——标准偏差；

δ——随机误差（$\delta=l-L$）

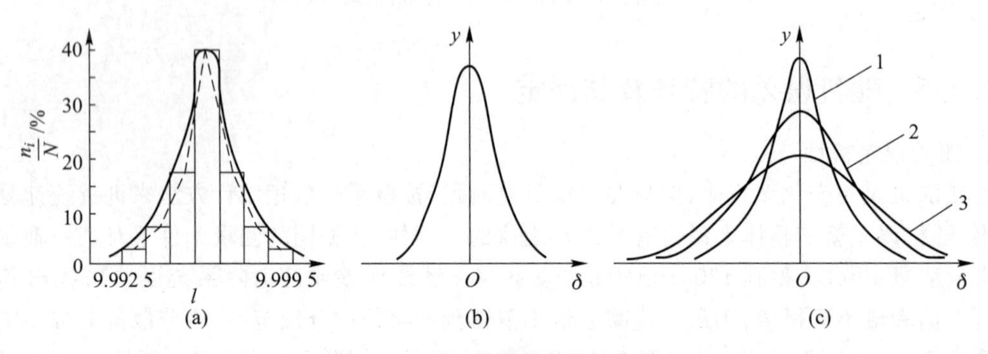

图 2-8　随机误差分布特性曲线

从式（2-8）和图 2-8b 可以看出，随机误差具有以下四个基本特性：

1）对称性。绝对值相等的正、负随机误差出现的概率相等。

2）单峰性。绝对值小的随机误差比绝对值大的随机误差出现的概率大。

3）有界性。在一定的测量条件下，随机误差的绝对值不会超过一定界限，即 $\delta\leqslant\pm3\sigma$。

4）抵偿性。当测量次数 N 无限增加时，随机误差的算术平均值趋于零，或者说各次随机误差的代数和趋于零，即

$$\lim_{N\to\infty}\frac{\delta_1+\delta_2+\cdots+\delta_N}{N}=\lim_{N\to\infty}\frac{\sum_{i=1}^{N}\delta_i}{N}=0 \tag{2-9}$$

2. 随机误差的评定指标

评定随机误差时，通常以正态分布曲线的两个参数，即算术平均值$\overline{L}$和标准偏差 σ 作为评定指标。

（1）算术平均值$\overline{L}$

对同一尺寸进行一系列等精度测量，而得到 l_1、l_2……l_N，则

$$\overline{L}=\frac{l_1+l_2+l_3+\cdots+l_N}{N}=\frac{\sum_{i=1}^{N}l_i}{N} \tag{2-10}$$

由式（2-2）可知

$$\delta_1 = l_1 - L$$
$$\delta_2 = l_2 - L$$
$$\delta_3 = l_3 - L$$
$$\cdots\cdots$$
$$\delta_N = l_N - L$$

将等式两边相加得

$$\delta_1 + \delta_2 + \delta_3 + \cdots + \delta_N = (l_1 + l_2 + l_3 + \cdots + l_N) - NL$$

即

$$\sum_{i=1}^{N} \delta_i = \sum_{i=1}^{N} l_i - NL$$

将等式两边同时除以 N 得

$$\frac{\sum_{i=1}^{N} \delta_i}{N} = \frac{\sum_{i=1}^{N} l_i}{N} - L = \overline{L} - L$$

$$L = \overline{L} - \frac{\sum_{i=1}^{N} \delta_i}{N}$$

由随机误差抵偿性可知，当 $N \to \infty$ 时，$\sum_{i=1}^{N} \delta_i / N = 0, L = \overline{L}$。由此可知，如果对某一尺寸进行无限次测量，则全部测得值的算术平均值 $\overline{L}$ 就等于其真值 L。

实际上，无限次测量是不可能的，也就是真值 L 是找不到的。但若进行有限次测量，其算术平均值 $\overline{L}$ 最接近真值。因此，将算术平均值作为最后测量结果是可靠、合理的。

如果将算术平均值 $\overline{L}$ 作为测量的最后结果，则测量中各测得值与算术平均值的代数差叫做残余误差 V_i，即 $V_i = l_i - \overline{L}$。残余误差是由随机误差引申而来的，故当测量次数 $N \to \infty$ 时，$\lim\limits_{N \to \infty} \sum_{i=1}^{N} V_i = 0$。

(2) 标准偏差 σ

用算术平均值表示测量结果是可靠的，但它不能反映测得值的精度。例如有如下两组测得值：

第一组　12.005，11.996，12.003，11.994，12.002；

第二组　11.9，12.1，11.95，12.05，12.00。

可以算出 $\overline{L}_1 = \overline{L}_2 = 12$，但从两组数据可以看出：第一组测得值比较集中，第二组测得值则比较分散，即说明第一组每一测得值比第二组每一测得值更接近于算术平均值（即真值），也就是第一组测得值的精密度比第二组高，故通常用标准偏差 σ 反映测量精度的高低。

1）测量列中任一测得值标准偏差 σ

按照误差理论，等精度测量列中单次测量（任一测得值）的标准偏差 σ 可由下式计算：

$$\sigma=\sqrt{\frac{\delta_1^2+\delta_2^2+\cdots+\delta_N^2}{N}}=\sqrt{\frac{\sum_{i=1}^{N}\delta_i^2}{N}} \tag{2-11}$$

式中：δ_i为测量列中各测得值的随机误差，即 $\delta_i=l_i-L, i=1,2,\cdots,N$，$N$ 为测量次数。

由式(2-8)可知，概率密度 y 与随机误差 δ 及标准偏差 σ 有关，当 $\delta=0$ 时，概率密度最大，$y_{\max}=\frac{1}{\sigma\sqrt{2\pi}}$，且不同的标准差对应不同形状的正态分布曲线。如图 2-8c 所示，若三条正态分布曲线 $\sigma_1<\sigma_2<\sigma_3$，则 $y_{1\max}>y_{2\max}>y_{3\max}$。这表明 σ 愈小，曲线愈陡，随机误差分布也就愈集中，即测得值分布愈集中，测量的精密度也就愈高。反之，σ 愈大，曲线愈平坦，随机误差分布就愈分散，即测得值分布就愈分散，测量的精密度也就愈低。如前面第一组测得值的精密度比第二组测得值的精密度要高。因此，σ 可作为随机误差评定指标来评定测得值的精密度。

由概率论可知，随机误差正态分布曲线下包含的面积等于其相应区间确定的概率，如果误差落在区间$(-\infty,+\infty)$之中，则其概率为

$$P=\int_{-\infty}^{+\infty}y\mathrm{d}\delta=\int_{-\infty}^{+\infty}\frac{1}{\sigma\sqrt{2\pi}}\mathrm{e}^{-\frac{\delta^2}{2\sigma^2}}\mathrm{d}\delta=1 \tag{2-12}$$

理论上，随机误差的分布范围应在正、负无穷大之间，但这在生产实践中是不切实际的。一般随机误差主要分布在 $\delta=\pm3\sigma$ 范围之内，因为 $\int_{-3\sigma}^{+3\sigma}y\mathrm{d}\delta=0.997\,3=99.73\%$，即 $\delta=\pm3\sigma$ 范围之内出现的概率为 99.73%，超出$\pm3\sigma$ 之外概率仅为 $1-0.997\,3=0.002\,7$，属于小概率事件，也就是说随机误差分布在$\pm3\sigma$ 之外的可能性很小，几乎不可能出现。所以，可以把 $\delta=\pm3\sigma$ 看作随机误差的极限值，记作 $\delta_{\lim}=\pm3\sigma$。很显然 $\delta_{\lim}$也是测量列中任一测得值的测量极限误差。

2）标准偏差的估计值 σ'

按式(2-11)计算 σ 值必须具备三个条件：① 真值 L 必须已知；② 测量次数要无限次($N\to\infty$)；③ 无系统误差。但在实际测量中要达到这三个条件是不可能的，因为真值 L 无法得到，则 $\delta_i=l_i-L$ 也不知道；测量次数是有限量。所以在实际测量中，常采用残余误差 V_i代替 δ_i，同时对式(2-11)进行修正，得到标准偏差的估计值 σ'：

$$\sigma'=\sqrt{\frac{\sum_{i=1}^{N}V_i^2}{N-1}} \tag{2-13}$$

3）测量列算术平均值的标准偏差 $\sigma_{\bar{L}}$

标准偏差 σ 代表一组测得值中任一测得值的精密度。但在系列测量中，是以测得值的算术平均值作为测量结果。因此，更重要的是要知道算术平均值的精密度，即算术平均值的标准偏差。

根据误差理论，测量列算术平均值的标准偏差 $\sigma_{\bar{L}}$与测量列任一测得值的标准偏差 σ 存在如下关系：

$$\sigma_{\bar{L}}=\frac{\sigma}{\sqrt{N}} \tag{2-14}$$

其估计值 $\sigma'_{\bar{L}}$为

$$\sigma_L' = \frac{\sigma'}{\sqrt{N}} = \sqrt{\frac{\sum_{i=1}^{N} V_i^2}{N(N-1)}} \tag{2-15}$$

式中:N 为每组的测量次数。

2.3.6 测量列中各类测量误差的处理

由于测量误差的存在,测量结果不可能绝对精确地等于真值。因此,应根据要求对测量结果进行处理和评定。

1. 系统误差的处理

在测量过程中产生系统误差的因素是复杂的,有多种产生系统误差的因素。由于系统误差的存在,对测量结果的影响是很明显的。因此,分析处理系统误差的关键问题是首先发现系统误差,进而设法消除或减少系统误差,以有效地提高测量精度。

(1) 常值系统误差的发现

由于常值系统误差的大小和方向不变,对测量结果的影响也是一定值。因此,它不能从系列测得值的处理中揭示,而只能通过实验对比方法去发现,即通过改变测量条件进行不等精度测量来揭示常值系统误差。例如,在相对测量时,用量块作为标准件并按其公称尺寸使用时,因量块的尺寸偏差引起的系统误差可用高精度的仪器对量块实际(组成)要素进行检定来发现,或用更高精度的量块进行对比测量来发现。

(2) 变值系统误差的发现

变值系统误差可以从系列测量值的处理和分析观察中揭示出来。常用的方法有残余误差观察法,即将测量列按测量顺序排列(或作图)观察各残余误差的变化规律,如图 2-9 所示。若残余误差大体上正负相同,又没有发生变化,则不存在变值系统误差,如图 2-9a 所示;若残余误差有规律地递增或递减,且其趋势始终不变,则可认为存在线性变化的系统误差,如图 2-9b 所示;若残余误差有规律的增减交替,形成循环重复时,则认为存在周期性的系统误差,如图 2-9c 所示。

显然,为了发现变值系统误差,在对测量列作表或作图时,必须严格按照测得值的时间顺序,不得混合排列。

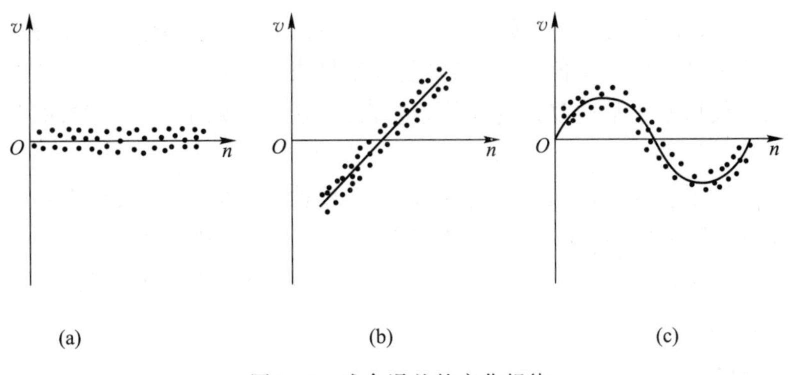

图 2-9 残余误差的变化规律

(3) 系统误差的消除

1) 从误差根源上消除。测量前,对测量过程中可能产生系统误差的环节做仔细分析,将误差从产生根源上加以消除。例如,在测量前仔细调整仪器工作台,调准零位,测量仪器和被测工件应处于标准温度状态,测量人员要正确读数。

2) 用加修正值的方法消除。测量前,先检定出计量器具的系统误差,取该系统误差的相反值作为修正值,用代数法将修正值加到实际测得值上,即可得到不包含该系统误差的测量结果。例如,量块的实际尺寸不等于标称尺寸,若按标称尺寸使用,就要产生系统误差,而按经过检定的量块实际尺寸使用,就可避免该系统误差的产生。

3) 用两次读数法消除。若两次测量所产生的系统误差大小相等或相近,符号相反,则取两次测量的平均值作为测量结果,即可消除系统误差。例如,在工具显微镜上测量螺纹的螺距时,由于工件安装时其轴线与仪器工作台纵向移动的方向不重合,从而产生测量误差。从图 2-10 可以看出,实测左螺距比实际左螺距大,实测右螺距比实际右螺距小。为了减少安装误差对测量结果的影响,必须分别测出左、右螺距,取二者的平均值作为测得值, 从而减小因安装不正确引起的系统误差。

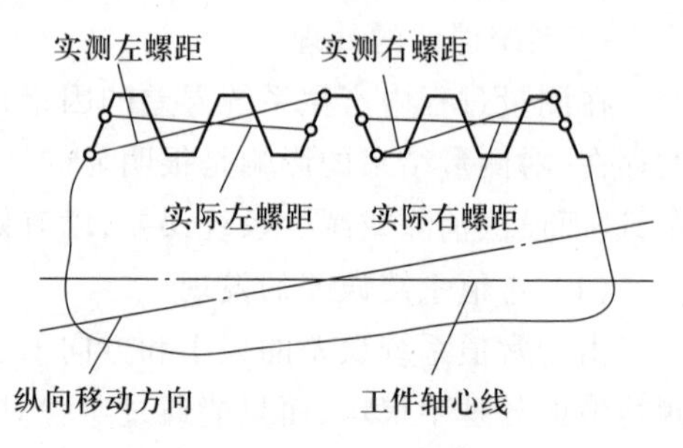

图 2-10 用两次读数法消除

4) 用对称测量法消除。对称测量法可消除线性系统误差,如发现测量中有随时间呈线性关系变化的系统误差,可将测量程序对某一时刻对称地再测一次,通过一定的计算,即可达到消除此线性系统误差的目的。例如,比较测量时,温度均匀变化,产生随时间呈线性变化的系统误差,可安排等时间间隔的测量步骤:① 测工件;② 测标准件;③ 测标准件;④ 测工件。取①、④读数的平均值与②、③读数的平均值之差作为实测偏差,这样就达到了消除此线性系统误差的目的。

5) 用半周期法消除。对于周期性变化的变值系统误差,可用半周期法消除,即取相隔半个周期的两个测得值的平均值作为测量结果。

6) 反馈修正法。反馈修正法是消除变值系统误差(还包括一部分随机误差)的有效手段。当查明某种误差因素的变化(如某种形式的位移变化,温度、气压、介质折射率的变化等)对测量结果有较复杂的影响时,就尽可能找出其影响测量结果的函数关系或近似函数关系,在测量过程中,用传感器将这些误差因素的变化转换成某种物理量形式(一般为电量),按其函数关系,通过计算机算出影响测量结果的误差值,并及时对测量结果自动修正。

反馈修正法不仅可修正某些复杂的变值系统误差,还可以减小随机误差,故常用于高精度的自动测量仪器中。

虽然从理论上讲系统误差可以完全消除,但由于种种因素的影响,实际上系统误差只能减小到一定程度。例如,采用加修正值的方法消除系统误差,由于修正值本身也含有一定的误差,因此不可能完全消除系统误差。如能将系统误差减小到使其影响相当于随机误差的程度,则可认为系统误差已被消除。

2. 随机误差的处理

随机误差不可能被消除,但可应用概率与数理统计方法,通过对测量列的数据处理,评定其对测量结果的影响。

在具有随机误差的测量列中,常以算术平均值 Z 表征最可靠的测量结果,以标准偏差表征随机误差。其处理方法如下:

1) 计算测量列算术平均值 $\overline{L}$;

2) 计算测量列中任一测得值的标准偏差的估计值 σ';

3) 计算测量列算术平均值的标准偏差的估计值 $\sigma'_{\overline{L}}$;

4) 确定测量结果。

多次测量结果可表示为

$$L=\overline{L}\pm 3\sigma'_{\overline{L}} \tag{2-16}$$

3. 粗大误差的处理

粗大误差的数值比较大,会对测量结果产生明显的歪曲。因此,必须采用一定的方法判断并剔除粗大误差。判断粗大误差常用拉依达(PauTa)准则(或称 3σ 准则)。

拉依达准则认为,当测量列服从正态分布时,残余误差超出 $\pm 3\sigma$ 的情况不会发生,故将超出 $\pm 3\sigma$ 的残余误差作为粗大误差,即

$$|V_i|>3\sigma \tag{2-17}$$

认为该残余误差对应的测得值含有粗大误差,在误差处理时应予以剔除。

2.3.7 直接测量的数据处理

根据以上分析,对直接测量列的综合数据处理应按以下步骤进行:

1) 判断测量列中是否存在系统误差,若存在,则应设法加以消除或减少;

2) 计算测量列的算术平均值、残余误差和标准偏差的估计值;

3) 判断是否存在粗大误差,若存在,则应剔除并重新组成测量列,重复步骤 2),直至无粗大误差为止;

4) 计算测量列算术平均值的标准偏差估计值和测量极限偏差;

5) 确定测量结果。

【例 2-1】 对一轴颈进行 10 次测量,测得值列于表 2-5,试求测量结果。

表 2-5 测 得 值

l_i/mm	V_i/μm	V_i^2/μm^2
30.454	−3	9
30.459	+2	4
30.459	+2	4
30.454	−3	9
30.458	+1	1
30.459	+2	4
30.456	−1	1

续表

l_i/mm	V_i/μm	V_i^2/μm^2
30.458	+1	1
30.458	+1	1
30.455	−2	4
$\overline{L}=30.457$	$\sum V_i=0$	$\sum V_i^2=38$

解:(1) 判断系统误差

假设测量器具已检定,测量中不存在常值系统误差。

(2) 求算术平均值 $\overline{L}$

$$\overline{L}=\frac{\sum_{i=1}^{N} l_i}{N}=\frac{\sum_{i=1}^{10} l_i}{10}=30.457\ \text{mm}$$

(3) 计算残余误差 V_i

$$V_i=l_i-\overline{L}$$

残余误差值见表2-5的第二列,从残余误差列中各数值可判断无明显的变值系统误差。

(4) 计算单次测量的标准偏差估计值 σ'

$$\sigma'=\sqrt{\frac{\sum_{i=1}^{N} V_i^2}{N-1}}=\sqrt{\frac{\sum_{i=1}^{10} V_i^2}{10-1}}=2.1\ \mu\text{m}$$

(5) 判断粗大误差

按 3σ 准则,$3\sigma=6.3\ \mu$m,而表2-5中第二列 V_i 最大绝对值 $V_1=3\ \mu\text{m}<3\sigma=6.3\ \mu$m,因此判断测量列中不存在粗大误差。

(6) 计算测量列算术平均值的标准偏差的估计值 $\sigma'_{\overline{L}}$

$$\sigma'_{\overline{L}}=\frac{\sigma'}{\sqrt{N}}=\frac{2.1}{\sqrt{10}}\ \mu\text{m}=0.7\ \mu\text{m}$$

(7) 计算测量列极限误差

$$\delta_{\lim \overline{L}}=\pm 3\sigma'_{\overline{L}}=\pm 2.1\ \mu\text{m}\approx 0.002\ \text{mm}$$

(8) 确定测量结果

$$L=\overline{L}\pm 3\sigma'_{\overline{L}}=30.457\ \text{mm}\pm 0.002\ \text{mm}$$

【例2-2】 用外径千分尺测量黄铜材料轴的直径。测得的实际直径 $d_a=60.125$ mm;车间温度为(23±5)℃,等温后被测轴与外径千分尺的温差不超过1℃;外径千分尺零点不准确,有+0.005 mm的示值误差;外径千分尺的极限误差 $\delta_{\lim 1}=\pm 5\ \mu$m。试估算测量误差,并写出测量结果(已知 $\alpha_1=11.5\times10^{-6}$ ℃$^{-1}$,$\alpha_2=18\times10^{-6}$ ℃$^{-1}$)。

解:(1) 确定各类误差

① 单次测量一般都比较谨慎,故可认为没有粗大误差。

② 已定系统误差。千分尺的误差 $\Delta x_1=+0.005\ \text{mm}=+5\ \mu$m;温度引起的误差可根据下式求得:

$$\begin{aligned}\Delta x_2&=x[(\alpha_2-\alpha_1)(t_2-20)+\alpha_1(t_2-t_1)]\\&=60.125\times[(18-11.5)\times3+0]\times10^{-6}\ \text{mm}\\&\approx+0.0012\ \text{mm}\\&\approx+1\ \mu\text{m}\end{aligned}$$

③ 随机误差。千分尺的极限误差 $\delta_{\lim1}=\pm5\ \mu m$；由车间温度变化和被测轴与千分尺的温度差所引起的未定系统误差，可根据下式确定：

$$\begin{aligned}\delta_{\lim2}&=\pm x\sqrt{(\alpha_2-\alpha_1)^2\Delta t^2+\alpha_1^2(t_2-t_1)^2}\\&=\pm60.125\times\sqrt{(18-11.5)^2\times5^2+11.5^2\times1^2\times10^{-6}}\ \mathrm{mm}\\&\approx\pm0.002\ \mathrm{mm}\\&=\pm2\ \mu\mathrm{m}\end{aligned}$$

（2）各类误差合成

总的已定系统误差为

$$\Delta x=\Delta x_1+\Delta x_2=(+5+1)\ \mu\mathrm{m}=+6\ \mu\mathrm{m}$$

总的极限误差为

$$\delta_{\lim}=\pm\sqrt{\delta_{\lim1}^2+\delta_{\lim2}^2}=\pm\sqrt{5^2+2^2}\ \mu\mathrm{m}\approx\pm5.4\ \mu\mathrm{m}$$

（3）测量结果

$$\begin{aligned}d&=(d_a-\Delta x)\pm\delta_{\lim}\\&=[(60.125-0.006)\pm0.0054]\ \mathrm{mm}\\&\approx(60.119\pm0.005)\ \mathrm{mm}\end{aligned}$$

2.3.8 间接测量的数据处理

间接测量的特点是所需的测量值不是直接测出的，而是通过测量有关的独立量值 x_1、x_2、…、x_n后，再经过计算而得到的。所需的测量值是有关独立量值的函数，即

$$y=F(x_1,x_2,\cdots,x_n) \tag{2-18}$$

式中：y——间接测量求出的量值；

x_i——各个直接测量值。

该函数增量可用函数的全微分来表示：

$$\mathrm{d}y=\frac{\partial F}{\partial x_1}\mathrm{d}x_1+\frac{\partial F}{\partial x_2}\mathrm{d}x_2+\cdots+\frac{\partial F}{\partial x_n}\mathrm{d}x_n \tag{2-19}$$

式中：$\mathrm{d}y$——间接测量的测量误差；

$\mathrm{d}x_i$——各直接测量值的测量误差；

$\frac{\partial F}{\partial x_i}$——各误差的传递函数。

1. 系统误差的计算

根据式(2-18)可知，y 值是由 x_1、x_2、…、x_n 各直接测量的独立变量决定的，若已知各独立变量的系统误差分别为 Δx_1、Δx_2、…、Δx_n，则间接量 y 的系统误差为 Δy，其函数关系为

$$y+\Delta y=F(x_1+\Delta x_1,x_2+\Delta x_2,\cdots,x_n+\Delta x_n) \tag{2-20}$$

按泰勒公式展开，并舍去高阶微分量可得

$$\Delta y=\frac{\partial F}{\partial x_1}\Delta x_1+\frac{\partial F}{\partial x_2}\Delta x_2+\cdots+\frac{\partial F}{\partial x_n}\Delta x_n \tag{2-21}$$

式(2-21)为间接测量的系统误差传递公式。

2. 随机误差的计算

由于各直接测量值中存在随机误差，因此函数也相应存在随机误差。根据误差理论，函数的

标准偏差 σ_y 与各直接测量值的标准偏差 σ_{x_i} 的关系为

$$\sigma_y=\sqrt{\left(\frac{\partial F}{\partial x_1}\right)^2\sigma_{x_1}^2+\left(\frac{\partial F}{\partial x_2}\right)^2\sigma_{x_2}^2+\cdots+\left(\frac{\partial F}{\partial x_n}\right)^2\sigma_{x_n}^2} \tag{2-22}$$

式(2-22)为间接测量的随机误差传递公式。

如果各直接测量值的随机误差服从正态分布，则间接测量的测量极限误差为

$$\delta_{\lim(y)}=\sqrt{\left(\frac{\partial F}{\partial x_1}\right)^2\delta_{\lim(x_1)}^2+\left(\frac{\partial F}{\partial x_2}\right)^2\delta_{\lim(x_2)}^2+\cdots+\left(\frac{\partial F}{\partial x_n}\right)^2\delta_{\lim(x_n)}^2} \tag{2-23}$$

式中：$\delta_{\lim(y)}$——函数的测量极限误差；

$\delta_{\lim(x_i)}$——各直接测量值的测量极限误差。

3. 间接测量的数据处理

间接测量的数据处理步骤如下：

1）根据函数关系式和各直接测得值 x_i 计算间接测量值 y_0；

2）按式(2-21)计算函数的系统误差；

3）按式(2-23)计算函数的测量极限误差；

4）确定测量结果为

$$y=(y_0-\Delta y)\pm\delta_{\lim(y)} \tag{2-24}$$

【例 2-3】 通过直接测量图 2-5 所示的尺寸 H 和 S 来间接测出圆弧板的直径 D，设测量的尺寸 $H=10$ mm，$\Delta H=\pm0.01$ mm，$\delta_{\lim(H)}=\pm3.5$ μm，$S=40$ mm，$\Delta S=0.02$ mm，$\delta_{\lim(S)}=\pm4$ μm，求直径 D 的测量结果。

解：(1) 确定间接测量的函数关系，计算被测直径 D_0

根据几何关系可得：

$$D_0=\frac{S^2}{4H}+H=\left(\frac{40^2}{4\times10}+10\right)\text{ mm}=50\text{ mm}$$

(2) 计算直径 D 的系统误差 ΔD

由式(2-21)得

$$\begin{aligned}\Delta D&=\frac{\partial F}{\partial S}\Delta S+\frac{\partial F}{\partial H}\Delta H\\&=\frac{S}{2H}\Delta S+\left(1-\frac{S^2}{4H^2}\right)\Delta H\\&=\frac{40}{2\times10}\times0.02\text{ mm}+\left(1-\frac{40^2}{4\times10^2}\right)\times0.01\text{ mm}\\&=0.01\text{ mm}\end{aligned}$$

(3) 计算直径 D 的极限测量误差 $\delta_{\lim(D)}$

由式(2-23)得

$$\begin{aligned}\delta_{\lim(D)}&=\pm\sqrt{\left(\frac{\partial F}{\partial S}\right)^2\delta_{\lim(S)}^2+\left(\frac{\partial F}{\partial H}\right)^2\delta_{\lim(H)}^2}\\&=\pm\sqrt{\left(\frac{S}{2H}\right)^2\delta_{\lim(S)}^2+\left(1-\frac{S^2}{4H^2}\right)^2\delta_{\lim(H)}^2}\\&=\pm\sqrt{\left(\frac{40}{2\times10}\right)^2\times0.004^2+\left(1-\frac{40^2}{4\times10^2}\right)^2\times0.0035^2}\text{ mm}\\&\approx\pm0.013\text{ mm}\end{aligned}$$

(4) 确定测量结果

由式(2-24)得到测量结果为

$$D=(D_0-\Delta D)\pm\delta_{\mathrm{lim}(D)}$$
$$=[(50-0.01)\pm0.013]\ \mathrm{mm}=(49.99\pm0.013)\ \mathrm{mm}$$

【例 2-4】 用分度值为 0.02 mm 的游标卡尺测量图 2-11 所示之两轴的中心距 L,已知测量各量的极限误差分布为 $\delta_{\mathrm{lim}(L_1)}=\pm0.045$ mm,$\delta_{\mathrm{lim}(L_2)}=\pm0.06$ mm,$\delta_{\mathrm{lim}(d_1)}=\delta_{\mathrm{lim}(d_2)}\pm0.04$ mm。试确定测量方案并比较它们的测量精度。

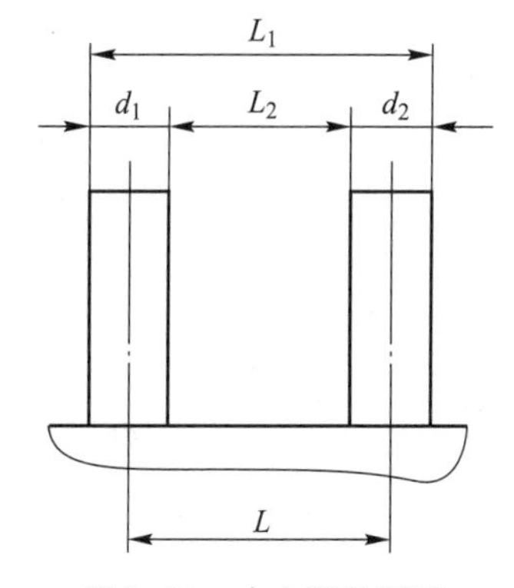

图 2-11 中心距的测量

解:(1) 确定测量方案

方案 1:$L=L_2+(d_1+d_2)/2$

方案 2:$L=L_1-(d_1+d_2)/2$

方案 3:$L=(L_1+L_2)/2$

(2) 三种方案的测量精度对比

方案 1:$$\delta_{\mathrm{lim}_1}=\pm\sqrt{\left(\frac{\partial f}{\partial L_2}\right)^2\delta^2_{\mathrm{lim}(L_2)}+\left(\frac{\partial f}{\partial d_1}\right)^2\delta^2_{\mathrm{lim}(d_1)}+\left(\frac{\partial f}{\partial d_2}\right)^2\delta^2_{\mathrm{lim}(d_2)}}$$
$$=\pm\sqrt{1\times6^2+\left(\frac{1}{2}\right)^2\times4^2+\left(\frac{1}{2}\right)^2\times4^2}\times10^{-2}\ \mathrm{mm}=\pm0.066\ \mathrm{mm}$$

方案 2:$$\delta_{\mathrm{lim}_2}=\pm\sqrt{\left(\frac{\partial f}{\partial L_1}\right)^2\delta^2_{\mathrm{lim}(L_1)}+\left(\frac{\partial f}{\partial d_1}\right)^2\delta^2_{\mathrm{lim}(d_1)}+\left(\frac{\partial f}{\partial d_2}\right)^2\delta^2_{\mathrm{lim}(d_2)}}$$
$$=\pm\sqrt{1\times4.5^2+\left(-\frac{1}{2}\right)^2\times4^2+\left(-\frac{1}{2}\right)^2\times4^2}\times10^{-2}\ \mathrm{mm}=\pm0.053\ \mathrm{mm}$$

方案 3:$$\delta_{\mathrm{lim}_3}=\pm\sqrt{\left(\frac{\partial f}{\partial L_1}\right)^2\delta^2_{\mathrm{lim}(L_1)}+\left(\frac{\partial f}{\partial L_2}\right)^2\delta^2_{\mathrm{lim}(L_2)}}$$
$$=\pm\sqrt{\left(\frac{1}{2}\right)^2\times4.5^2+\left(\frac{1}{2}\right)^2\times6^2}\times10^{-2}\ \mathrm{mm}=\pm0.038\ \mathrm{mm}$$

$\delta_{\mathrm{lim}_1}>\delta_{\mathrm{lim}_2}>\delta_{\mathrm{lim}_3}$,即方案 3 的测量精度最高,方案 2 次之,方案 1 最低。

2.4 通用测量器具的选择

光滑工件尺寸的检测可以使用通用测量器具,也可以使用极限量规等专业测量器具。当零件的尺寸公差和几何公差遵循独立原则时,使用通用测量器具测量零件的实际尺寸和几何误差;对采用包容要求的零件,应采用光滑极限量具进行检验;对遵循最大实体要求的零件,应当采用专用功能量规进行检验。与其对应的国家标准有《产品几何技术规范(GPS) 光滑工具尺寸的检验》(GB/T 3177—2009)、《光滑极限量规 技术条件》(GB/T 1957—2006)、《功能量规》(GB/T 8069—1998)。本节主要介绍采用通用测量器具检测零件尺寸。

2.4.1 测量器具选择时应考虑的因素

1) 选择测量器具应考虑与被测工件的外形、位置和尺寸的大小相适应。所选择测量器具的测量范围应能满足要求。

2) 选择测量器具应考虑与被测工件的尺寸公差相适应。所选择测量器具的极限误差既要保证测量精确度,又要符合经济性的要求。一般对于有检测标准的(如光滑工件尺寸的检验),应按标准规定进行;对于没有检测标准的,则应使所选择测量器具的测量极限误差占被测工件公差的1/10~1/3,其中对于低精度的工件,测量器具的测量极限误差取工件公差的1/10,而对于高精度的工件则应取 1/3,甚至 1/2。这是因为高精度测量器具制造困难。一般情况下,测量器具的测量极限误差可取工件公差的 1/5。常用测量器具的测量极限误差见表 2-6。

3) 应根据生产类型和要求选择测量器具。一般来说,单件小批生产时应选用通用量具;大批大量生产时应选用专用量具(如极限量规等),以提高检验效率。

表 2-6 常用测量器具的测量极限误差

计量器具名称	分度值/mm	所用量块		尺寸范围/mm							
		检定等别	精度级别	1~10	10~50	50~80	80~120	120~180	180~260	260~360	360~501
				测量极限误差±/μm							
游标卡尺	0.02	绝对测量		40	40 45	45 60	45 60	45 60	57 70	60 80	70 90
游标卡尺测量外尺寸、测量内尺寸	0.05	绝对测量		80	80 100	90 130	100 130	100 150	100 150	110 150	110 150
游标深度尺和高度尺	0.02	绝对测量		80	60	60	60	60	60	70	80
游标深度尺和高度尺	0.05	绝对测量		100	100	150	150	150	150	150	150
零级千分尺	0.01	绝对测量		4.5	5.5	6	7	8	10	12	15
1 级深度千分尺	0.01	绝对测量		7	8	9	10	12	10	20	15
2 级千分尺	0.01	绝对测量		12	13	14	15	18	20	25	30
1 级深度千分尺	0.01	绝对测量		14	16	18	22				
千分表	0.001	4 5	1 2	0.6 0.7	0.8 1.0	1.0 1.7	1.2 1.8	1.4 2.0	2.0 2.5	2.5 3.5	3.0 4.5
千分表	0.002	5	2	1.2	1.5	1.8	2.0	2.5	3.0	4.0	5.0
杠杆式卡规	0.002	5	2	3	3	3.5	3.5				
立式、卧式测长仪测外尺寸	0.001	4 5	1 2	0.4 0.7	0.6 1.0	0.8 1.3	1.0 1.6	1.2 1.8	1.8 2.5	2.5 3.5	3.0 4.5
立式、卧式测长仪测外尺寸	0.001	绝对测量		1.1	1.5	1.9	2.0	2.3	2.3	3.0	3.5

续表

计量器具名称	分度值/mm	所用量块		尺寸范围/mm							
		检定等别	精度级别	1~10	10~50	50~80	80~120	120~180	180~260	260~360	360~501
				测量极限误差±/μm							
卧式测长仪测内尺寸	0.001	绝对测量		2.5	3.0	3.3	3.5	3.8	4.2	4.8	
测长仪	0.001	绝对测量		1.0	1.3	1.6	2.0	2.5	4.0	5.0	6.0
万能工具显微镜	0.001	绝对测量		1.5	2	2.5	2.5	3	3.5		
大型工具显微镜	0.001	绝对测量		5	5						
接触式干涉仪				$\Delta \leqslant 0.1$ μm							

2.4.2 普通测量器具的选择

1. 检验条件的要求

1）工件尺寸合格与否通常只按一次测量结果来判断。

2）考虑到普通测量器具的特点(即两点式测量)，一般只能用来测量尺寸，且不考虑被测工件上可能存在的形状误差。

3）对偏离测量的标准条件(如温度和测量力等)所引起的误差以及测量器具和标准件不显著的系统误差等，一般不做修正。

2. 安全裕度与验收极限

采用普通测量器具(通常有游标卡尺、千分尺、指示表和比较仪等)对光滑工件尺寸检测是在上述三个条件下进行。测量器具的内在误差和测量条件误差综合作用，产生测量误差。由于测量误差的存在，实际测得尺寸可能大于也可能小于被测尺寸的真值。因此，如果根据实际测得尺寸是否超出极限尺寸来判断合格性，即以极限尺寸作为验收极限，则当工件真值处于极限尺寸附近时，按测得尺寸来验收工件就可能出现误收或误废，如图 2-12 所示。

验收极限是保证被判断为合格零件的真值不超出设计规定的尺寸界限，在国家标准 GB/T 3177—2009《产品几何技术规范(GPS) 光滑工件尺寸的检验》中规定如下两种验收极限方式。

1）内缩方式。验收极限是从被测工件规定的极限尺寸分别向公差带内缩一个安全裕度 A，如图 2-13 所示。安全裕度 A 由被测工件尺寸公差 T 的 1/10 确定，其允许值见表 2-7。

2）不内缩方式。验收极限等于被测工件规定的极限尺寸，即安全裕度 A 的值等于零。

具体采用哪种验收极限方式，应综合考虑被测工件的尺寸功能要求及其重要程度、尺寸公差等级、测量不确定度和工艺能力等因素来确定。

1）对应遵循包容要求和公差要求比较高的尺寸，其验收极限按内缩方式确定。

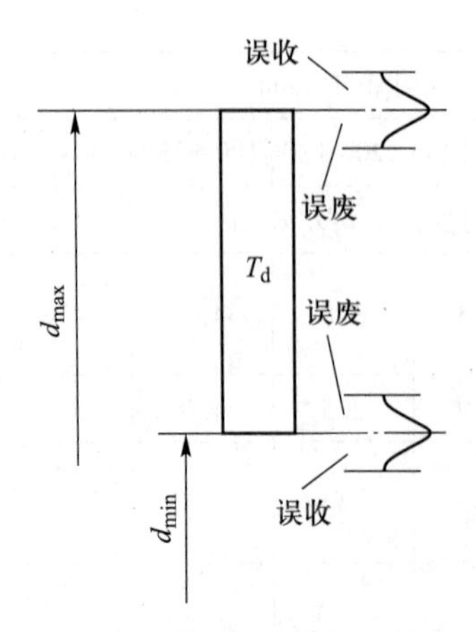

图2-12　实际(组成)要素与真正尺寸的关系

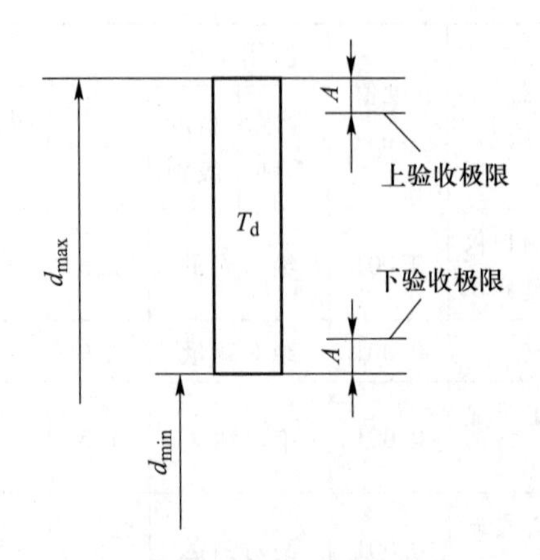

图2-13　内缩的验收极限

表2-7　安全裕度及测量器具不确定度允许值　　μm

公差等级		IT6					IT7					IT8					IT9				
公称尺寸/mm		T	A	μ_1			T	A	μ_1			T	A	μ_1			T	A	μ_1		
大于	至			Ⅰ	Ⅱ	Ⅲ			Ⅰ	Ⅱ	Ⅲ			Ⅰ	Ⅱ	Ⅲ			Ⅰ	Ⅱ	Ⅲ
—	3	6	0.6	0.5	0.9	1.4	10	1.0	0.9	1.5	2.3	14	1.4	1.3	2.1	3.2	25	2.5	2.3	3.8	5.6
3	6	8	0.8	0.7	1.2	1.8	12	1.2	1.1	1.8	2.7	18	1.8	1.6	2.7	4.1	30	3.0	2.7	4.5	6.8
6	10	9	0.9	0.8	1.4	2.0	15	1.5	1.4	2.3	3.4	22	2.2	2.0	3.3	5.0	36	3.6	3.3	5.4	8.1
10	18	11	1.1	1.0	1.7	2.5	18	1.8	1.7	2.7	4.1	27	2.7	2.4	4.1	6.1	43	4.3	3.9	6.5	9.7
18	30	13	1.3	1.2	2.0	2.9	21	2.1	1.9	3.2	4.7	33	3.3	3.4	5.0	7.4	52	5.2	4.7	7.8	12
30	50	16	1.6	1.4	2.4	3.6	25	2.5	2.3	3.8	5.6	39	3.9	3.5	5.9	8.8	62	6.2	5.5	9.3	14
50	80	19	1.9	1.7	2.9	4.3	30	3.0	2.7	4.5	6.8	46	4.6	4.1	6.9	10	74	7.4	6.7	11	17
80	120	22	2.2	2.0	3.3	5.0	35	3.5	3.2	5.3	7.9	54	5.4	4.9	8.1	12	87	8.7	7.8	13	20
120	180	25	2.5	2.3	3.8	5.6	40	4.0	3.6	6.0	9.0	63	6.3	5.7	9.5	14	100	10	9.0	15	23
180	250	29	2.9	2.6	4.4	6.5	46	4.6	4.1	6.9	10	72	7.2	6.5	11	16	115	12	10	17	26
250	315	32	3.2	2.9	4.8	7.2	52	5.2	4.7	7.8	12	81	8.1	7.3	12	18	130	13	12	19	29
315	400	36	3.6	3.2	5.4	8.1	57	5.7	5.1	8.4	13	89	8.9	8.0	13	20	140	14	13	21	32
400	500	40	4.0	3.6	6.0	9.0	63	6.3	5.7	9.5	14	97	9.7	8.7	15	22	155	16	4	23	35

续表

公差等级		IT10					IT11					IT12				IT13			
公称尺寸/mm		T	A	μ_1			T	A	μ_1			T	A	μ_1		T	A	μ_1	
大于	至			Ⅰ	Ⅱ	Ⅲ			Ⅰ	Ⅱ	Ⅲ			Ⅰ	Ⅱ			Ⅰ	Ⅱ
—	3	40	4.0	3.6	6.0	9.0	60	6.0	5.4	9.0	14	100	10	9.0	15	140	14	13	21
3	6	48	4.8	4.3	7.2	11	75	7.5	6.8	11	17	120	12	11	18	180	18	16	27
6	10	58	5.8	5.2	8.7	13	90	9.0	8.1	14	20	150	15	14	23	220	22	20	33
10	18	70	7.0	6.3	11	16	110	11	10	17	25	180	18	16	27	270	27	24	41
18	30	84	8.4	7.6	13	19	130	13	12	20	29	210	21	19	32	330	33	30	50
30	50	100	10	9.0	15	23	160	16	14	24	36	250	25	23	38	390	39	35	59
50	80	120	12	11	18	27	190	19	17	29	43	300	30	27	45	460	46	41	69
80	120	140	14	13	21	32	220	22	20	33	50	350	35	32	53	540	54	49	81
120	180	160	16	15	24	36	250	25	23	38	56	400	40	36	60	630	63	57	95
180	250	185	18	17	28	42	290	29	26	44	65	460	46	41	69	720	72	65	110
250	315	210	21	19	32	47	320	32	29	48	72	520	52	47	78	810	81	73	120
315	400	230	23	21	35	52	360	36	32	54	81	570	57	51	80	890	89	80	130
400	500	250	25	23	38	56	400	40	36	60	90	630	63	57	95	970	97	87	150

注:测量器具的测量不确定度允许值按测量不确定度与工件公差的比值分档:对 IT6~IT11,分为Ⅰ、Ⅱ、Ⅲ三档;对 IT12、IT13,分为Ⅰ、Ⅱ两档。测量不确定度的Ⅰ、Ⅱ、Ⅲ档值分别为工件公差的 1/10、1/6、1/4。测量器具的测量不确定度允许值约为测量不确定度的 90%。

2) 当工艺能力 $C_p \geqslant 1$ 时,验收极限可以按不内缩方式确定;但对于遵循包容要求的工件,其最大实体尺寸一边的验收极限应该按内缩方式确定。

3) 对于偏态分布的尺寸,其验收极限可以仅对尺寸偏向的一边按内缩方式确定。

4) 对于非配合尺寸和一般公差的尺寸,其验收极限按不内缩方式确定。

确定了工件尺寸验收极限后,还需要正确选择测量器具才能开始测量过程。

3. 测量的不确定度

由于测量误差的存在,同一真实尺寸的测得值必须有一分散范围,表示测得尺寸分散程度的测量范围称为测量不确定度。也就是说,不确定度用来表征测量结果对真值可能分散的一个区间。它包括以下两个方面的因素:

1) 测量器具的不确定度允许值 μ_1。它包括测量器具内在误差及调整标准器具的不确定度,其允许值 $\mu_1 \approx 0.9A$。表 2-8 和表 2-9 列出了普通测量器具的不确定度 μ_1'。

表 2-8 千分尺和游标卡尺的不确定度

<table>
<tr><th colspan="2" rowspan="2">尺寸范围/mm</th><th colspan="4">计量器具类型(分度值)/mm</th></tr>
<tr><th>游标卡尺
(0.02)</th><th>游标卡尺
(0.05)</th><th>外径千分尺
(0.01)</th><th>内径千分尺
(0.01)</th></tr>
<tr><th>大于</th><th>至</th><th colspan="4">不确定度</th></tr>
<tr><td>—</td><td>50</td><td rowspan="6">0.020</td><td rowspan="4">0.050</td><td>0.004</td><td rowspan="3">0.008</td></tr>
<tr><td>50</td><td>100</td><td>0.005</td></tr>
<tr><td>100</td><td>150</td><td>0.006</td></tr>
<tr><td>150</td><td>200</td><td>0.007</td><td rowspan="3">0.013</td></tr>
<tr><td>200</td><td>250</td><td rowspan="8">0.100</td><td>0.008</td></tr>
<tr><td>250</td><td>300</td><td>0.009</td></tr>
<tr><td>300</td><td>350</td><td rowspan="7"></td><td>0.010</td><td rowspan="3">0.20</td></tr>
<tr><td>350</td><td>400</td><td>0.011</td></tr>
<tr><td>400</td><td>450</td><td>0.012</td></tr>
<tr><td>450</td><td>500</td><td>0.013</td><td>0.025</td></tr>
<tr><td>500</td><td>600</td><td rowspan="3"></td><td rowspan="3">0.030</td></tr>
<tr><td>600</td><td>700</td></tr>
<tr><td>700</td><td>1 000</td><td>0.150</td></tr>
</table>

表 2-9 机械式比较仪和指示表的不确定度

<table>
<tr><th rowspan="3">名称</th><th rowspan="3">分度值
/mm</th><th rowspan="3">放大倍数或量程范围</th><th colspan="9">尺寸范围/mm</th></tr>
<tr><th>0~25</th><th>25~40</th><th>40~65</th><th>65~90</th><th>90~115</th><th>115~165</th><th>165~215</th><th>215~265</th><th>265~315</th></tr>
<tr><th colspan="9">不确定度</th></tr>
<tr><td rowspan="4">比较仪</td><td>0.000 5</td><td>2 000 倍</td><td>0.000 6</td><td>0.000 7</td><td colspan="2">0.000 8</td><td>0.000 9</td><td>0.001 0</td><td>0.001 2</td><td>0.001 4</td><td>0.001 6</td></tr>
<tr><td>0.001</td><td>1 000 倍</td><td colspan="2">0.001 0</td><td colspan="2">0.001 1</td><td>0.001 2</td><td>0.001 3</td><td>0.001 4</td><td>0.001 6</td><td>0.001 7</td></tr>
<tr><td>0.002</td><td>400 倍</td><td>0.001 7</td><td colspan="3">0.001 8</td><td colspan="2">0.001 9</td><td>0.002 0</td><td>0.002 1</td><td>0.002 2</td></tr>
<tr><td>0.005</td><td>250 倍</td><td colspan="6">0.003 0</td><td colspan="3">0.003 5</td></tr>
<tr><td rowspan="5">千分表</td><td rowspan="2">0.001</td><td>0 级全程内</td><td colspan="4" rowspan="3">0.005</td><td colspan="5" rowspan="3">0.006</td></tr>
<tr><td rowspan="2">1 级 0.2 mm
1 转内</td></tr>
<tr><td>0.002</td></tr>
<tr><td>0.001</td><td rowspan="2">1 级全程内</td><td colspan="9" rowspan="2">0.010</td></tr>
<tr><td>0.005</td></tr>
</table>

续表

名称	分度值/mm	放大倍数或量程范围	尺寸范围/mm								
			0~25	25~40	40~65	65~90	90~115	115~165	165~215	215~265	265~315
			不确定度								
百分表	0.01	0级任意1 mm内	0.010								
	0.01	0级全程内	0.018								
		1级任意内									
	0.01	1级全程内	0.030								

2）其他因素引起的不确定度允许值μ_2。主要是由于温度、压陷效应和工件形状误差等因素影响所引起的不确定度，其允许值$\mu_2 \approx 0.45A$。按随机误差的合成规则，其误差总不确定度μ为

$$\mu = \sqrt{\mu_1^2 + \mu_2^2} = \sqrt{(0.9A)^2 + (0.45A)^2} \approx A \tag{2-25}$$

4. 安全裕度与验收极限

选择测量器具时应使所选测量器具的不确定度μ_1'小于或等于测量器具不确定度的允许值μ_1。在实际测量中，当缺乏必要的测量器具而只有精度较低的测量器具时，可采取以下两种方法处理：

（1）比较测量法

1）用现有测量器具按等于工件公称尺寸的量块调整零位，然后再测量工件，读出相对测量数据。

2）用现有测量器具测量等于工件公称尺寸的量块，得出测量器具的误差值，在测量工件时再进行修正。

（2）扩大A值法

当所选用测量器具的$\mu_1' > \mu_1$时，按μ_1'计算出扩大的安全裕度A'（$A' = \mu_1'/0.9$）；当A'不超过工件公差的15%时，允许选用该测量器具，此时需要按A'数值确定上、下验收极限。

2.4.3 应用举例

【例 2-5】 用普通测量器具测量$\phi150\text{F}10(^{+0.203}_{+0.043})$孔，试确定验收极限和选择测量器具。

解：（1）确定安全裕度A和不确定度允许值μ_1

根据IT10查表2-7查得：$A = 0.016$ mm；$\mu_1 = 0.015$ mm。

（2）确定验收极限

上验收极限 = 150.203 mm−0.016 mm = 150.187 mm

下验收极限 = 150.043 mm+0.016 mm = 150.059 mm

（3）选择测量器具

工件尺寸为150 mm，查表2-8得分度值为0.01 mm的内径千分尺的不确定度$\mu_1' = 0.008$ mm$< \mu_1 = 0.015$ mm。故选用分度值为0.01 mm的内径千分尺能满足使用要求。

2.5 光滑极限量规

对尺寸精度的检验除了用通用测量器具外,还可以用极限量规。本节主要介绍极限量规及其设计。

光滑极限量规是指被测工件为光滑孔或轴时所用到的极限量规的统称。极限量规的特征是判断被测零件是否在规定的极限尺寸范围内,以确定零件是否合格,它不能测出零件的实际尺寸。光滑极限量规结构简单,使用方便,检验效率高,并能保证零件的互换性,因此在批量生产中广泛使用。

2.5.1 光滑极限量规的种类及作用

1. 孔用光滑极限量规和轴用光滑极限量规

孔用光滑极限量规又称塞规,如图2-14所示。

塞规分通端(通规)和止端(止规)。通端按被测孔的最大实际尺寸(即孔的下极限尺寸)制造;止端是按被测孔的最小实体尺寸(即孔的上极限尺寸)制造。使用时,塞规的通端通过被测孔,表示被测孔径大于下极限尺寸。止规通不过被测孔,表示被测孔径小于上极限尺寸。即说明被测孔的实际尺寸在规定的极限尺寸范围内,被测孔是合格的。

轴用光滑极限量规又称环规或卡规,如图2-15所示。

卡规分通端和止端,通端按被测轴的最大实体尺寸(即轴的上极限尺寸)制造。止端按被测轴的最小实体尺寸(即轴的下极限尺寸)制造。使用时,卡规通端能顺利地滑过轴颈,表示被测轴颈比上极限尺寸小,卡规的止端滑不过去,表示轴径比下极限尺寸大。即说明被测轴径的实际尺寸在规定的极限尺寸范围内,被测轴是合格的。

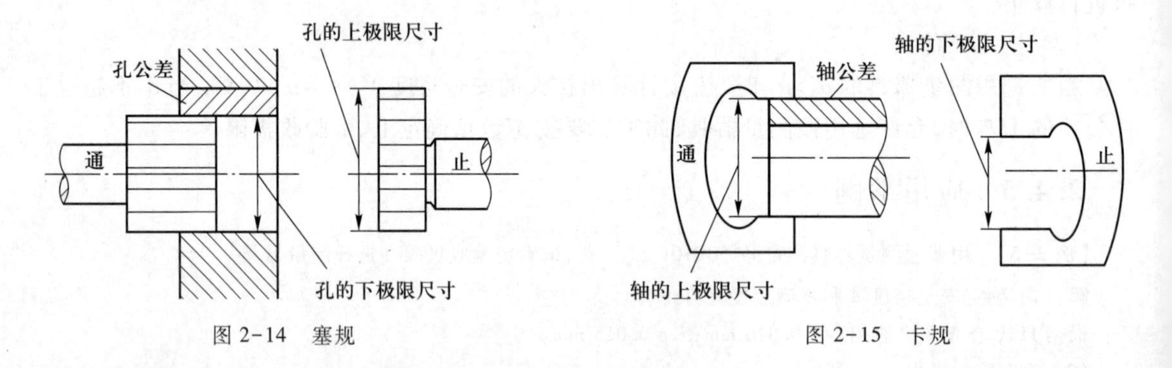

图2-14 塞规　　图2-15 卡规

把通规和止规联合使用,就能判断被测零件尺寸是否在规定的极限尺寸范围内。如果通端通不过零件或止端通过了零件,即可确定被测零件是不合格的。

2. 光滑极限量规的分类

1) 工作量规。工作量规是在零件的制造过程中,生产工人检验用的量规。工作量规的通规用代号“T”表示,止规用代号“Z”表示。通规的尺寸等于被检验零件的最大实体尺寸 MMS(D_{min} 或 d_{max});止规的尺寸等于被检验零件的最小实体尺寸 LMS(D_{max} 或 d_{min})。

2）验收量规。验收量规是检验部门或用户代表在验收产品时所用的量规。

3）校对量规。校对量规是轴用工作量规制造和使用过程中的检验量规。由于轴用工作量规（卡规）的测量较困难，使用过程中又易变形和磨损，所以必须有校对量规。孔用工作量规（塞规）刚性较好，不易变形和磨损，而且可以用通用测量器具检验，所以没有校对量规。校对量规又分为以下三类。

"校通-通"塞规（TT）。检验轴用工作量规通规的校对量规，其作用是防止通规尺寸小于其下极限尺寸，故其公差带是从通规的下极限偏差起，向轴用通规公差带内分布。校对时应通过，否则通规不合格。

"校止-通"塞规（ZT）。检验轴用工作量规止规的校对量规，其作用是防止止规尺寸小于其下极限尺寸，故其公差带是从止规的下极限偏差起，向轴用止规公差带内分布。校对时应通过，否则止规不合格。

"校通-损"塞规（TS）。检验轴用通规是否达到磨损极限的校对量规，其作用是防止通规在使用中超过磨损极限尺寸，故其公差带是从通规的磨损极限起，向轴用通规公差带内分布。校对时不通过轴用工作量规（通规），否则该通规已到或超过磨损极限，不应再使用。

2.5.2　光滑极限量规的公差带

1. 概述

量规和一般零件一样，在制造中存在制造误差。不可能绝对准确地按指定的尺寸制造。

量规工作时，也有测量误差，其影响如图 2-16 所示。由于测量误差对测量结果的影响，可能使实际尺寸超出极限尺寸范围的零件误认为是合格的而误收。而把实际尺寸在极限尺寸范围之内的零件误认为是不合格的而误废。因此，测量误差的存在实际上改变了零件规定的公差，使之缩小或扩大。以检验轴的止规为例，其公称尺寸为轴的下极限尺寸 d_{min}，但制造所得止规的实际尺寸比这个大，也可能比这个小。若止规的实际尺寸大于 d_{min}，则利用这样的量规检验零件时，可能造成误废。反之，若止规实际尺寸小于 d_{min}，则可能造成误收。

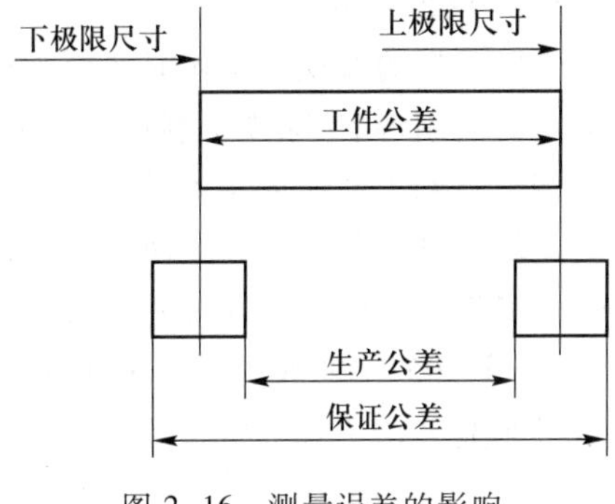

图 2-16　测量误差的影响

另外，工作量规的通端在工作时，通常通过被测零件，其工作表面将逐渐磨损以致报废。为了使通规有一个合理的使用寿命，还必须留有一适当的磨损量。

综上所述，GB/T 1957—2006《光滑极限量规 技术条件》对量规规定了公差，用以限制制造误差、测量误差及磨损，以保证实际尺寸不超过零件的公差带。

2. 量规公差带

国家标准 GB/T 1957—2006 规定了工作量规、校对量规的公差带，如图 2-17 所示。

由图 2-17 可知，为了不发生误收的现象，量规公差带全部安置在被测零件的尺寸公差带之内。工作止规的最大实体尺寸等于被检验零件的最小实体尺寸；工作通规的磨损极限尺寸等于被检验零件的最大实体尺寸。

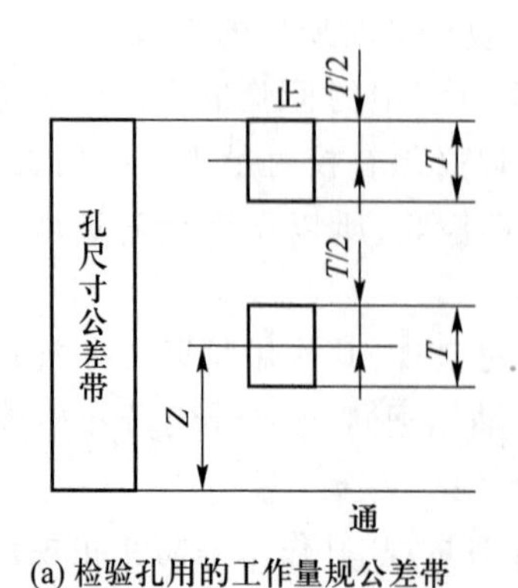

(a) 检验孔用的工作量规公差带

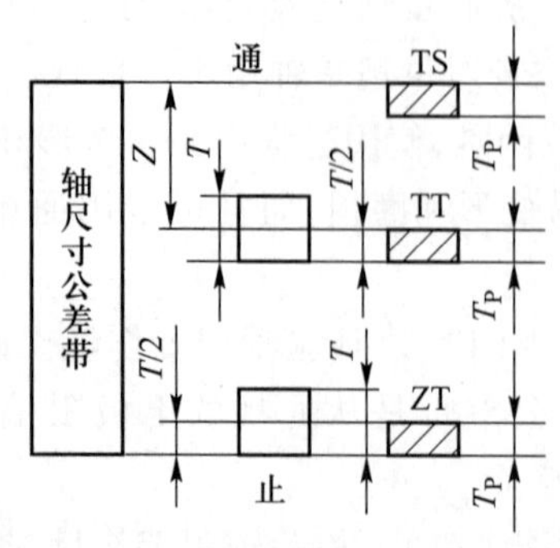

(b) 检验轴用的工作量规公差带和校对量规公差带

图 2-17　孔轴量规的公差带

轴用工作量规的三种校对量规中,“TT”和“ZT”分别控制通规和止规的最大实体尺寸。合格的工作通规和止规应分别被“TT”和“ZT”的通过。“TS”是控制工作通规的磨损极限尺寸,不能被“TS”所通过的工作通规可以继续使用。

校对量规公差带全部安置在被检验的工作量规的公差带之内,以保证工作量规的尺寸在制造公差内或在磨损极限范围以内。

由图 2-17 可看出,“TT”和“ZT”两校对量规的最小实体尺寸分别等于工作通规的磨损极限尺寸。

3. 量规公差值

工作量规的通规在工作时要经常通过被检验工件,其工作表面会发生磨损。为保证通规具有一定的使用寿命,除规定制造公差外,还应规定磨损极限,留出适当的磨损储量(即通规尺寸公差带中心到工件最大实体尺寸之间的距离 Z 值)。因此,通规的公差是由制造公差和磨损公差组成的。制造公差的大小决定了量规制造的难易程度,而磨损公差的大小决定了量规的使用寿命。工作量规的止规通常不通过被测工件,很少磨损,因此不规定其磨损公差。

GB/T 1957—2006 规定了检验公称尺寸至 500 mm,公差等级为 IT6~IT14 的孔和轴的工作量规的制造公差 T 和通规位置要素 Z 值,如表 2-10 所示。

表 2-10　工作量规的 T 和 Z 值(摘自 GB/T 1957—2006)　　μm

工件孔或轴的公称尺寸 D、d/mm	IT6			IT7			IT8			IT9			IT10		
	孔或轴的公差值	T	Z	孔或轴的公差值	T	Z	孔或轴的公差值	T	Z	孔或轴的公差值	T	Z	孔或轴的公差值	T	Z
≤3	6	1	1	10	1.2	1.6	14	1.6	2	25	2	3	40	2.4	4
3~6	8	1.2	1.4	12	1.4	2	18	2	2.6	30	2.4	4	48	3	5
6~10	9	1.4	1.6	15	1.8	2.4	22	2.4	3.2	36	2.8	5	58	3.6	6
10~18	11	1.6	2	18	2	2.8	27	2.8	4	43	3.4	6	70	4	8

续表

工件孔或轴的公称尺寸 D、d/mm	IT6			IT7			IT8			IT9			IT10		
	孔或轴的公差值	T	Z	孔或轴的公差值	T	Z	孔或轴的公差值	T	Z	孔或轴的公差值	T	Z	孔或轴的公差值	T	Z
18~30	13	2	2.4	21	2.4	3.4	33	3.4	5	52	4	7	84	5	9
30~50	16	2.4	2.8	25	3	4	39	4	6	62	5	8	100	6	11
50~80	19	2.8	3.4	30	3.6	4.6	46	4.6	7	74	6	9	120	7	13
80~120	22	3.2	3.8	35	4.2	5.4	54	5.4	8	87	7	10	140	8	15
120~180	25	3.8	4.4	40	4.8	6	63	6	9	100	8	12	160	9	18
180~250	29	4.4	5	46	5.4	7	72	7	10	115	9	14	185	10	20
250~315	32	4.8	5.6	52	6	8	81	8	11	130	10	16	210	12	22
315~400	36	5.4	6.2	57	7	9	89	9	12	140	11	18	230	14	25
400~500	40	6	7	63	8	10	97	10	14	155	12	20	250	16	28

工件孔或轴的公称尺寸 D、d/mm	IT11			IT12			IT13			IT14		
	孔或轴的公差值	T	Z	孔或轴的公差值	T	Z	孔或轴的公差值	T	Z	孔或轴的公差值	T	Z
≤3	60	3	6	100	4	9	140	6	14	250	9	20
3~6	75	4	8	120	5	11	180	7	16	300	11	25
6~10	90	5	9	150	6	13	220	8	20	360	13	30
10~18	110	6	11	180	7	15	270	10	24	430	15	35
18~30	130	7	13	210	8	18	330	12	28	520	18	40
30~50	160	8	16	250	10	22	390	14	34	620	22	50
50~80	190	9	19	300	12	26	460	16	40	740	26	60
80~120	220	10	22	350	14	30	540	20	46	870	30	70
120~180	250	12	25	400	16	35	630	22	52	1 100	35	80
180~250	290	14	239	460	18	40	720	26	60	1 150	40	90
250~315	320	16	32	520	20	45	810	28	66	1 300	45	100
315~400	360	18	36	570	22	50	890	32	74	1 400	50	110
400~500	400	20	40	630	24	55	970	36	80	1 550	55	120

国家标准规定各种校对量规的制造公差 T_P 等于被检验的轴用工作量规制造公差 T 的一半，即

$$T_P = T/2 \tag{2-26}$$

验收量规一般不单独制造，使用磨损较多，但未超过公差的工作量规的通规可作为验收通规（接近于最大实体尺寸），以及接近于零件最小实体尺寸的止规也可作为验收止规。

综上所述，工作量规公差带位于零件极限尺寸范围之内，校对量规公差带位于被校对量规公差带之内，才能保证零件符合国家标准的要求。

2.5.3 光滑极限量规的设计

1. 光滑极限量规设计原则

光滑极限量规的设计应符合极限尺寸判断原则（即泰勒原则），即孔或轴的作用尺寸不允许超过最大实体尺寸。对于孔，其体外作用尺寸应不小于下极限尺寸；对于轴，则其体外作用尺寸应不大于上极限尺寸。同时，在任何位置上的实际尺寸不允许超过最小实体尺寸，对于孔的局部实际尺寸应不大于上极限尺寸，对于轴的局部实际尺寸，则应不小于下极限尺寸，如图 2-18 所示。

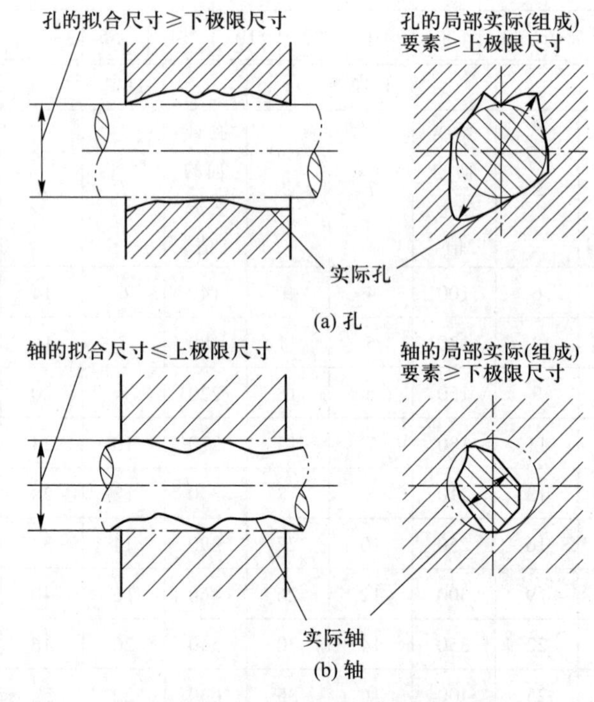

图 2-18 拟合尺寸与实际（组成）要素

2. 量规形式选用

根据泰勒原则，通规应设计成全形的，即其测量面应具有与被测孔或轴相对应的完整表面，其尺寸应等于被测孔或轴的最大实体尺寸，其长度应与被测孔或轴的配合长度一致；止规应设计成两点接触式的，其尺寸应等于被测孔或轴的最小实体尺寸。

泰勒原则是设计光滑极限量规的依据,用这种光滑极限量规检验零件,基本可以保证零件极限与配合要求。

量规的基本形式如图 2-19、图 2-20 所示。

按照国家标准推荐,测孔时可用下列几种形式的量规:① 针头式塞规;② 锥柄测头塞规;③ 球端杆形塞规;④ 套式塞规。常用塞规结构见图 2-19。

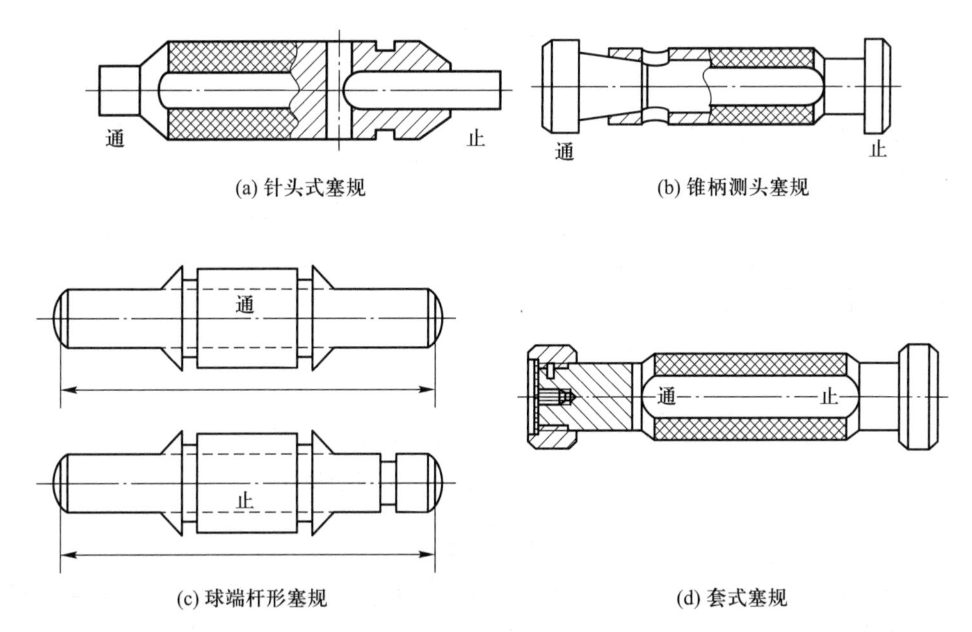

(a) 针头式塞规　(b) 锥柄测头塞规　(c) 球端杆形塞规　(d) 套式塞规

图 2-19　常用塞规结构

测轴时,可用下列形式的量规:① 环规;② 卡规。轴用量规及其校对量规见图 2-20。

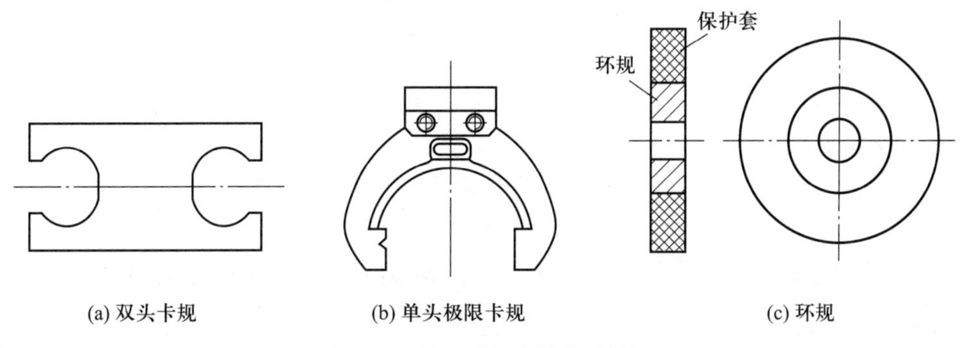

(a) 双头卡规　(b) 单头极限卡规　(c) 环规

图 2-20　轴用量规及其校对量规

量规的形式及应用尺寸范围如图 2-21 所示。

3. 量规工作尺寸计算

光滑极限量规工作尺寸计算步骤如下:

1) 查出孔与轴的标准公差与基本偏差,或上极限偏差与下极限偏差。

2) 从表 2-10 查出量规的制造公差 T 和通规制造公差带中心到最大实体尺寸的距离 Z

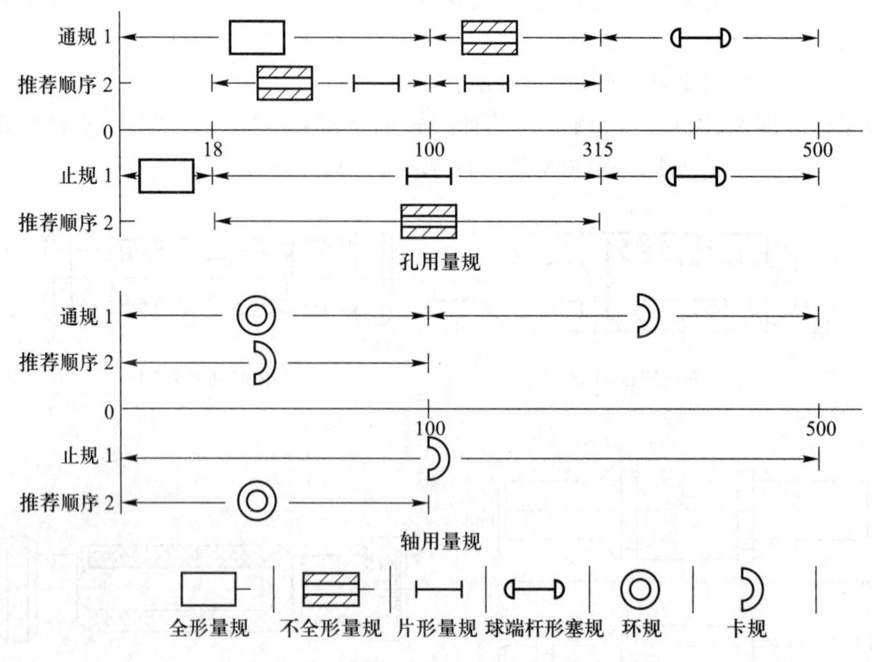

图 2-21 量规的形式及应用尺寸范围

值,并确定量规的几何公差和校对量规的尺寸公差 T_P 值。

3）按图 2-17a、b 画出量规公差带图,确定量规上、下极限偏差并计算量规磨损极限尺寸。

4）按量规的常用形式绘制并标注量规工作图。

【例 2-6】 计算 ϕ40H7/f6 孔与轴用量规的极限偏差。

解:(1) 孔用量规计算

从 GB/T 1800.1—2020 查得孔的上、下极限偏差:

$$ES=+0.025\ \text{mm}$$

$$EI=0$$

孔用工作量规通规的公称尺寸为 40 mm;孔用工作量规止规的公称尺寸为 40.025 mm。

从表 2-10 查得 T、Z 值:

$$T=3\ \mu\text{m}$$

$$Z=4\ \mu\text{m}$$

根据图 2-17a,得通规的上极限偏差 $Z+\frac{T}{2}=+5.5\ \mu\text{m}$,下极限偏差 $Z-\frac{T}{2}=+2.5\ \mu\text{m}$。止规的上极限偏差为 0,下极限偏差 $-T=-3\ \mu\text{m}$。

因此,检验 ϕ40H7 孔的止规按 $40.025_{-0.003}^{\ 0}$ mm 制造,通规按 $40_{+0.0025}^{+0.0055}$ mm 即 $40.0055_{-0.003}^{\ 0}$ mm 制造。

(2) 轴的卡规计算

从 GB/T 1800.1—2020 查出轴的上、下极限偏差:

$$es=-0.025\ \text{mm}$$

$$ei=-0.041\ \text{mm}$$

轴用工作量规通端的公称尺寸为 39.975 mm,轴用工作量规的止端公称尺寸为 39.959 mm。

从表 2-10 查出 T、Z 值:

$$T=2.4\ \mu m$$
$$Z=2.8\ \mu m$$

根据图 2-17b，得通规的上极限偏差$-\left(Z-\dfrac{T}{2}\right)=-1.6\ \mu m$；下极限偏差$-\left(Z+\dfrac{T}{2}\right)=-4\ \mu m$。止规的上极限偏差$+T=2.4\ \mu m$；下极限偏差为 0。

因此，检验 ϕ40f6 轴的止规按$39.959^{+0.0024}_{0}$ mm 制造，通规按$39.975^{-0.0016}_{-0.0040}$ mm 即$39.971^{+0.0024}_{0}$ mm 制造。

量规公差带图见图 2-22。

轴用卡规校对量规的尺寸公差 $T_P=\dfrac{T}{2}=1.2\ \mu m$

按图 2-17b 得：① TS；② TT；③ ZT 的上、下极限偏差：

① $es=0$；$ei=-T_P=-1.2\ \mu m$

"校通-损"塞规(TS)为$39.975^{0}_{-0.0012}$ mm。

② $ei=-Z-T_P=-2.8\ \mu m-1.2\ \mu m=-4\ \mu m$

"校通-通"塞规(TT)为$39.975^{-0.0028}_{-0.0040}$ mm，即$39.9722^{0}_{-0.0012}$ mm。

③ $es=T_P=1.2\ \mu m$；$ei=0$

"校止-通"塞规(ZT)为$39.9602^{+0.0012}_{0}$ mm。

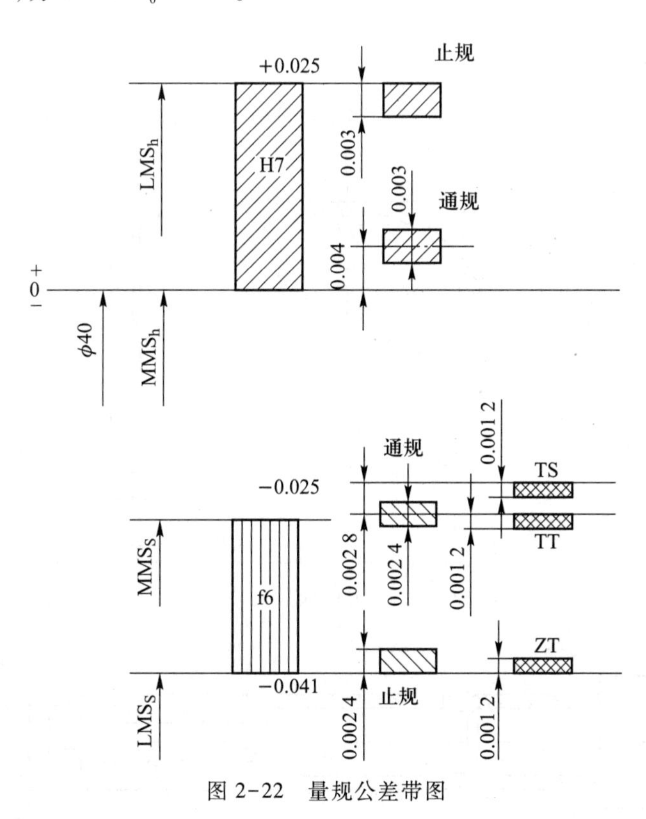

图 2-22 量规公差带图

4. 量规的技术要求

1）材料。量规测量面的材料为合金工具钢、碳素工具钢、渗碳钢及其他耐磨材料或在测量表面镀以厚度大于磨损量的镀铬层、氮化层等耐磨材料。

2）硬度。量规测量表面的硬度对量规使用寿命有一定影响，通常用摔硬钢制造量规，其测量面的硬度为 58～65 HRC。

3）量规工作面的表面粗糙度。量规工作面的表面粗糙度按表 2-11 选用。

表 2-11　量规工作面的表面粗糙度参数 *Ra* 允许值(摘自 GB/T 1957—2006)　　μm

工作量规	工作量规的公称尺寸/mm		
	≤120	120～315	>315～500
	Ra		
IT6 级孔用量规	0.05	0.10	0.20
IT6～IT9 级轴用量规 IT7～IT9 级孔、轴用量规	0.10	0.20	0.40
IT10～IT12 级孔、轴用量规	0.20	0.40	0.80
IT13～IT16 级孔、轴用量规	0.40	0.80	0.80

4）工作量规的工作尺寸标注。在图样上标注量规工作尺寸时，为了清楚和方便起见，习惯上不标注公称尺寸和上、下极限偏差。对塞规推荐标注上极限尺寸和负向偏差，对卡规(环规)推荐标注下极限尺寸和正向偏差。此时，所注偏差的绝对值即为量规公差，如图 2-23 所示。

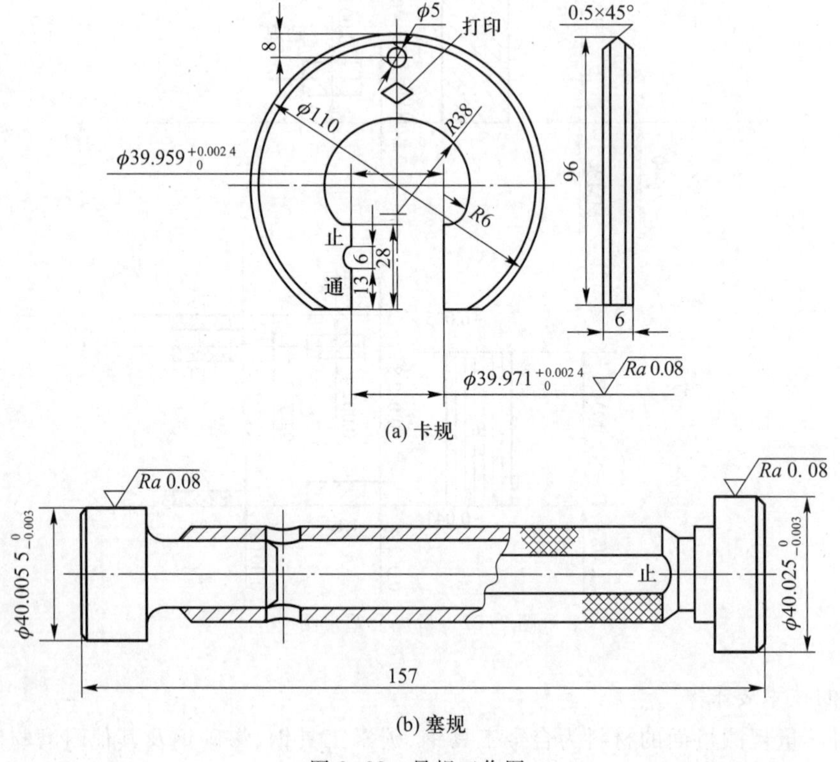

(a) 卡规

(b) 塞规

图 2-23　量规工作图

实训习题与思考题

1. 测量的定义是什么？测量的实质是什么？一个完整的测量过程包括几个要素？

2. 量块的“等”和“级”是根据什么划分的？按“级”和按“等”使用时有何不同？

3. 量块有哪些用途？试从 83 块一套的量块中，同时组合下列尺寸：48.98 mm，33.625 mm，10.56 mm。

4. 回程误差是怎样产生的？在测量中如何消除或减少其对测量的影响？

5. 什么是测量误差？测量误差的来源与产生原因有哪些？

6. 测量误差按性质可分哪几类？各有什么特征？

7. 为什么要用多次重复测量的算术平均值表示测量结果？用它表示测量结果可减少哪一类测量误差对测量结果的影响？消除或减少系统误差的方法有哪些？

8. 在相同的测量条件下，对某轴颈的直径重复测量 10 次，按测量顺序记录测量结果（单位为 mm）如下：40.742，40.743，40.740，40.739，40.741，40.740，40.743，40.742，40.739，40.741，假设无常值系统误差。试判断是否有变值系统误差和粗大误差，求该测量列的平均值、任一测得值的标准偏差和算术平均值的标准差，并写出最后的测量结果。

9. 在万能工具显微镜上用影像法测量圆弧样板（图 2-24），测得弦长 $S=95$ mm，$\Delta S=+8$ μm，$\delta_{\lim(S)}=\pm 25$ μm；弓高 $H=30$ mm，$\Delta H=+6$ μm，$\delta_{\lim(H)}=\pm 2$ μm。试确定圆弧直径 D、直径的系统误差 ΔD 和直径的极限误差 $\delta_{\lim(D)}$，并写出测量结果。

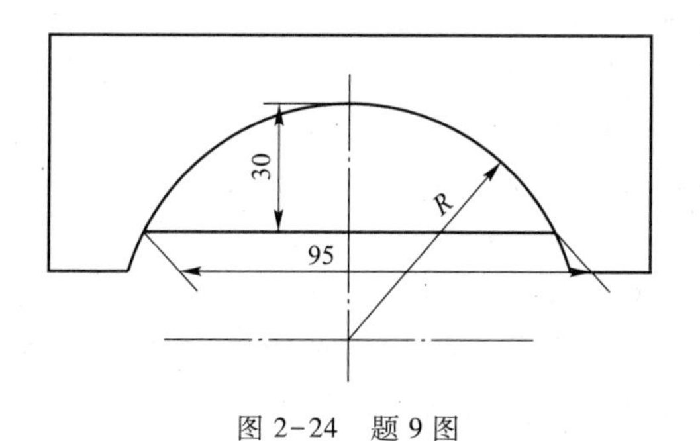

图 2-24　题 9 图

10. 用普通测量器具测量 $\phi 50\text{f}8(^{-0.025}_{-0.064})$ 轴和 $\phi 20\text{H}10(^{+0.084}_{0})$ 孔，试分别确定孔、轴所选择的测量器具并计算验收极限。

11. 计算 $\phi 25\text{m}8$ 的工作量规和校对量规的工作尺寸和磨损极限尺寸，并画出公差带图。

12. 计算 $\phi 30\text{K}7$ 孔的工作量规的极限尺寸。

拓展阅读：一寸虫的故事

一条身体很小、一点力气都没有的小小一寸虫，它有很多敌人，只要一个不小心，就有可能被吃掉。可是一寸虫每次遇到危险时，总是能化险为夷，因为它知道自己有一个很得意的长处，就是它会用自己的身体量东西。

在一片绿绿的叶子上,有一条像绿宝石的一寸虫。知更鸟看见了一寸虫,要吃掉它。这可是它的美食呀,一寸虫该怎么办呢?

一寸虫说:“不能吃掉我,我很有用。”知更鸟说:“你有什么用?”“我可以量东西。”一寸虫说。

“那你来量量我的尾巴吧。”知更鸟说。

一寸虫就开始量了,一寸、两寸、三寸、四寸、五寸。原来知更鸟的尾巴有五寸长。

“那我再背你去量其他鸟吧。”知更鸟就背着一寸虫飞走了。

接着一寸虫量了巨嘴鸟的喙、火烈鸟的脖子,量了苍鹭的腿,量了雉鸡的尾巴,还量了蜂鸟的全身。

就这样,一寸虫通过自己量尺寸的本领躲过了一次又一次的危险。这时碰到了森林里最会唱歌的夜莺,它又会要一寸虫量什么呢?

夜莺看到了一寸虫,说:“我想让你量量我的歌声。”可是,一寸虫说:“我要怎么量呢?我只能量东西,不能量歌。”

“不,我就要你量我的歌声,也不许别人帮忙,如果你量不出我的歌声,我就把你当早餐吃掉。”“好吧,我试试看。”一寸虫说。

于是,夜莺就开始唱了。一寸虫就开始量了,它从叶子上面爬到叶子的下面,从叶子下面又爬到中间,从中间再爬到旁边,量着量着,一寸又一寸,一直量到看不见踪影……

这个寓言故事传达一种信息,那就是互换性中“测量”的概念,所以这也是一个关于测量的示例,一寸虫也就是一个测量器具。

我国历代能绘制出较高水平的地图,都是与测量技术的发展有关联的。古代测量长度的工具有丈杆、测绳(常见的有地笆、云笆和均高)、步车和记里鼓车;测量高程的仪器或工具有矩和水平(水准仪);测量方向的仪器有望筒和指南针;汉代张衡改进了浑天仪,并著有《浑天仪图注》;元代郭守敬改进浑天仪为简仪;用于天文观测的仪器还有圭、表和复矩;用以计时的仪器有漏壶和日晷等。

自然界中存在各种物理量,其特征都反映在“量”和“质”两个方面,而任务的“质”通常都反映为一定的“量”。测量的任务就在于确定物理量的数量特征,所以成为认识和分析物理量的基本方法。从科学技术的发展看,有关各种物理量及其相互关系的定理和公式等,许多是通过测量而发现或证实的。因此,著名科学家门捷列夫说:“没有测量就没有科学。”1982年,国际计量技术联合会(IMEKO)第8届大会提出了“为科学技术的发展而测量”的主题,更深刻地阐明了测量的作用及发展方向。测量是进行科学实验的基本手段。离开了精确的测量,科学实验就得不出正确的结论,而许多学科领域的突破正是由于测量技术的提高才得以实现。

随着工业技术的进步,对测量技术的精度要求越来越高。例如,1900年长度测量的精度达到0.01 mm就能满足生产需要;而到1970年,有些长度测量的精度则要求达到0.01 μm,70年内提高了1 000倍。测量技术在其他方面如农业生产、医药卫生、国内外贸易和人民生活等,都占有重要的地位。

第3章　几何公差及检测

我国已经把几何公差标准化,发布了国家标准 GB/T 1182—2018《产品几何技术规范(GPS) 几何公差 形状、方向、位置和跳动公差标注》,GB/T 13319—2020《产品几何技术规范(GPS) 几何公差 成组(要素)与组合几何规范》、GB/T 17852—2018《产品几何技术规范(GPS) 几何公差 轮廓度公差标注》、GB/T 1184—1996《形状和位置公差 未注公差值》等。此外,作为贯彻上述标准的技术保证还发布了圆度、直线度、平面度检验标准和位置量规标准等。

3.1　概述

3.1.1　几何公差的研究对象——几何要素

任何一个机械零件,都是由一些简单的几何体组成的,这些几何体又是由一些点、线、面构成的。这些构成零件几何形体的点、线、面统称为几何要素。几何公差的研究对象即为零件的几何要素。如图 3-1 中所示的零件,它是由平面、圆柱面、端平面、圆锥面、素线、轴线、球心和球面构成的。当研究这个零件的形状公差时,涉及对象就是这些点、线、面。一般在研究形状公差时,涉及的对象有线和面两类要素;研究位置公差时,涉及的对象除了有线和面两类要素外,还有点要素。

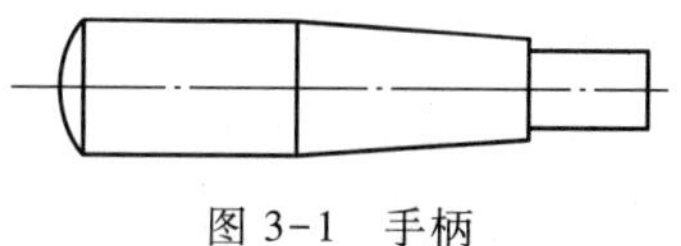

图 3-1　手柄

为方便几何公差的研究,零件几何要素可分为以下几类。

1. 理想要素和非理想要素(按存在状态分)

(1) 理想要素

理想要素(公称要素)是由参数化方程定义的要素。参数化方程的表达取决于理想要素的类型和要素的本质特征。如理想的直线、平面、圆柱面等均可用参数化方程来表达。实际上,设计给定的具有完美形状和方位的几何要素均为理想要素。

(2) 非理想要素

非理想要素(实际要素)是指完全由非理想表面模型确定的不完美的要素,实际工件上存在的、从实际工件上提取的要素,都是非理想要素。

2. 组成要素和导出要素(按结构特征分)

(1) 组成要素

组成要素是组成工件几何形体的一个或一组要素,它是组成工件实体或其表面模型的线或面。一个工件要经历设计、制造和检验或验证等几个不同的工作阶段,工件在不同的工作阶段对应处于不同的状态,国家标准将这些不同的状态建立了不同的表面模型:

1) 公称表面模型。设计上定义的具有完美尺寸大小和形状的一种理想表面模型。实际工件表面是实际存在并将整个工件与周围介质分隔的一组要素,是工件上实际存在的表面。

2) 规范表面模型。设计上构想的非理想模型,通过对该表面模型进行一系列规范操作,在满足功能要求的条件下，确定其允许的最大偏离程度或允许的几何特征值。

3）验证表面模型。是对实际工件表面进行采样所测得的轮廓表面模型，是工件实际表面的替代模型，是一个由一组有限个点构成的非理想表面模型。

表面模型是产品（工件）几何描述、几何定义和几何精度评定的基础，是“完美工件”与“真实工件”之间建立关联的重要工具。对应上述不同的表面模型，组成要素可进一步分为公称组成要素、实际组成要素、提取组成要素和拟合组成要素。

1）公称组成要素。由技术制图或其他方法确定的理论正确组成要素，即设计上给定的组成公称表面模型的理想要素，如图 3-2a 所示。

2）实际组成要素。限定工件实际表面的组成要素部分，即组成实际工件形体的几何要素，如图 3-2b 所示。由于实际工件存在加工误差，实际组成要素是非理想要素，它是由无数个连续点构成的。实际组成要素简称为实际要素。

3）提取组成要素。按照规定方法，通过对实际组成要素进行提取操作（按照特定规则，从要素上获取有限点集的一种要素操作）而得到的几何要素，它是由有限个测量点形成的实际组成要素的近似替代要素，图 3-2c 所示为非理想要素。

4）拟合组成要素。按照规定方法，通过对提取组成要素进行拟合操作（按照特定规则，将理想要素与非理想要素相贴合的一种要素操作）而得到的具有理想形状的组成要素，图 3-2d 所示为理想要素。

（2）导出要素

导出要素是对组成要素进行一系列操作得到的中心点、中心线、中心平面等几何要素。例如：球心是由球面得到的导出要素，该球面为组成要素；圆柱的中心线是由圆柱面得到的导出要素，该圆柱面为组成要素。导出要素包括公称导出要素、提取导出要素和拟合导出要素。

1）公称导出要素。由一个或几个公称组成要素导出的中心点、中心线或中心平面，如图 3-2a 所示。

2）提取导出要素。由一个或几个提取组成要素得到的中心点、中心线或中心平面，如图 3-2c 所示。为方便起见，提取圆柱面的导出中心线称为提取中心线；两相对提取平面的导出中心面称为提取中心面。

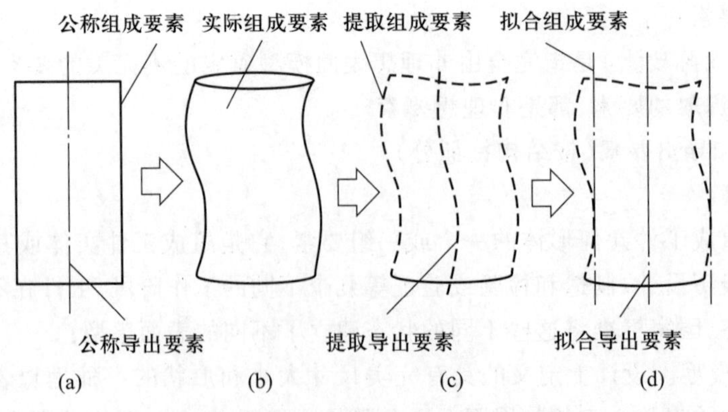

图 3-2　几何要素定义之间的相互关系

3）拟合导出要素。由一个或几个拟合组成要素导出的中心点、中心线或中心平面，如图 3-2d 所示。

对于导出要素，要注意两点：一是不存在“实际导出要素”；二是以“轴线”和“中心平面”来表述理想的导出要素，以“中心线”和“中心面”来表述非理想的导出要素。术语上的一字之差，概念上则有本质区别。

3. 被测要素和基准要素（按检测关系分）

（1）被测要素

被测要素是指零件图样上给出了几何公差要求的要素。被测要素是检测的对象。为了保证零件的功能要求，必须控制其几何误差的范围。

（2）基准要素

基准要素是指零件上用来建立基准并实际起基准作用的实际（组成）要素。基准则是与被测要素有关且用来确定其几何位置关系的一个几何理想要素，可由零件上的一个或多个要素构成。如图 3-3 所示，零件右侧小圆柱的轴线相对于左侧大圆柱的轴线给出了同轴度要求，左侧大圆柱的轴线是用来确定右侧小圆柱的轴线位置的，因此左侧大圆柱的轴线是基准要素，右侧小圆柱的轴线是被测要素。

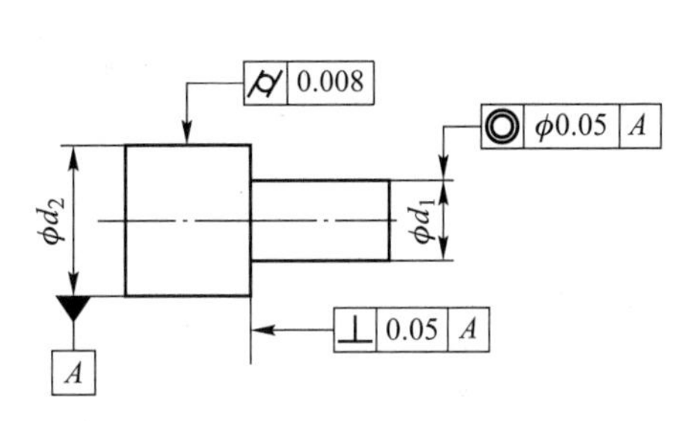

图 3-3　零件几何形状要素

作为实际的基准要素一定存在加工误差，因而应对其规定适当的几何公差。而作为理想要素的基准其作用是用来定义公差带的位置和（或）方向，或用来定义实体状态的位置和（或）方向（当有相关要求时）。

4. 单一要素和关联要素（按功能关系分）

（1）单一要素

单一要素是指仅对自身给出形状公差要求的要素。这种要素的形状公差与其他要素无功能关系要求。如中心线的直线度、圆柱表面的圆度等。图 3-3 中的左侧大圆柱外表面有圆柱度要求，它的圆柱度大小与零件的其他要素无关，因此它是单一要素。

（2）关联要素

关联要素是指与其他要素有功能关系要求的要素。在图样中给定的方向公差、位置公差和跳动公差的要素都是关联要素。图 3-3 中的右侧小圆柱的轴线相对于左侧大圆柱的轴线有同轴度要求，台阶面对左侧大圆柱的轴线有垂直度要求，因此右侧小圆柱的轴线和台阶面都是关联要素。

5. 尺寸要素和方位要素（按形位关系分）

尺寸要素是指由一定大小的线性尺寸或角度尺寸确定的几何形状。如由直径尺寸确定的圆柱面、球面、圆锥面，由宽度尺寸确定的两平行对应面，由角度尺寸确定的楔形等，均为尺寸要素。轮廓表面上的直线和平面，这类要素为非尺寸要素。

方位要素是确定某个要素的方向和（或）位置的点、线、面等类型的要素。如两个孔轴线之间的平行度或位置度，其中作为基准要素的轴线即为方位要素。

3.1.2 几何公差的项目及其符号

GB/T 1182—2018将几何公差分为形状公差、方向公差、位置公差和跳动公差四类。按其几何特征，形状公差包括直线度、平面度、圆度、圆柱度、线轮廓度和面轮廓度6种，方向公差包括平行度、垂直度、倾斜度、线轮廓度和面轮廓度5种，位置公差包括位置度、同心度、同轴度、对称度、线轮廓度和面轮廓度6种，跳动公差包括圆跳动和全跳动2种，共19种几何特征项目。几何公差的类型、特征、符号和附加符号见表3-1和表3-2。

表3-1 几何公差的类型、特征、符号

公差类型	几何特征	符号	有无基准
形状公差	直线度	—	无
	平面度	⏥	无
	圆度	○	无
	圆柱度	⌭	无
	线轮廓度	⌒	无
	面轮廓度	⌓	无
方向公差	平行度	//	有
	垂直度	⊥	有
	倾斜度	∠	有
	线轮廓度	⌒	有
	面轮廓度	⌓	有
位置公差	位置度	⌖	有或无
	同心度（用于中心点）	◎	有
	同轴度（用于轴线）	◎	有
	对称度	⌯	有
	线轮廓度	⌒	有
	面轮廓度	⌓	有
跳动公差	圆跳动	↗	有
	全跳动	⌰	有

表 3-2 附加符号

说明	符号	说明	符号
被测要素		包容要求	Ⓔ
基准要素	A A	公共公差带	CZ
基准目标	$\phi2$ A1	小径	LD
理论正确尺寸	50	大径	MD
延伸公差带	Ⓟ	中径、节径	PD
最大实体要求	Ⓜ	素线	LE
最小实体要求	Ⓛ	不凸起	NC
自由状态条件(非刚性零件)	Ⓕ	任意横截面	ACS
全周(轮廓)		可逆要求	Ⓡ

3.2 被测要素

当几何公差规范指向组成要素时,该几何公差规范标注应当通过指引线与被测要素连接,并以下列方式之一终止:

1) 在二维标注中,指引线终止在要素的轮廓上或轮廓的延长线上(但与尺寸线明显分离),见图 3-4a 与图 3-5a。

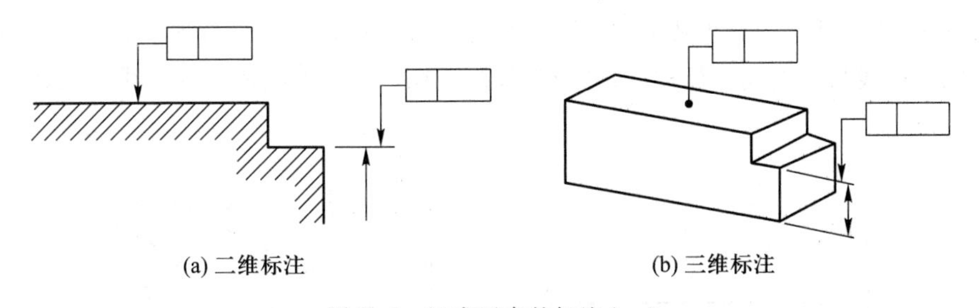

(a) 二维标注　　(b) 三维标注

图 3-4　组成要素的标注(一)

① 若指引线终止在要素的轮廓或其延长线上,则以箭头终止。

② 当标注要素是组成要素且指引线终止在要素的界限以内时,以圆点终止,见图 3-6a。当该面要素可见时,此圆点是实心的,指引线为实线;当该面要素不可见时,这个圆点为空心,指引线为虚线。

③ 该箭头可放在指引横线上，并使用指引线指向该面要素，见图 3-6a。

2）在三维标注中，指引线终止在组成要素上（但应与尺寸线明显分开），见图 3-4b 及图 3-5b。指引线的终点为指向延长线的箭头以及组成要素上的点。当该面要素可见时，该点为实心的，指引线为实线；当该面要素不可见时，该点是空心的，指引线为虚线。

3）指引线的终点可以是放在使用指引横线上的箭头，并指向该面要素，见图 3-6b。此时指引线终点为圆点的上述规则也可适用。

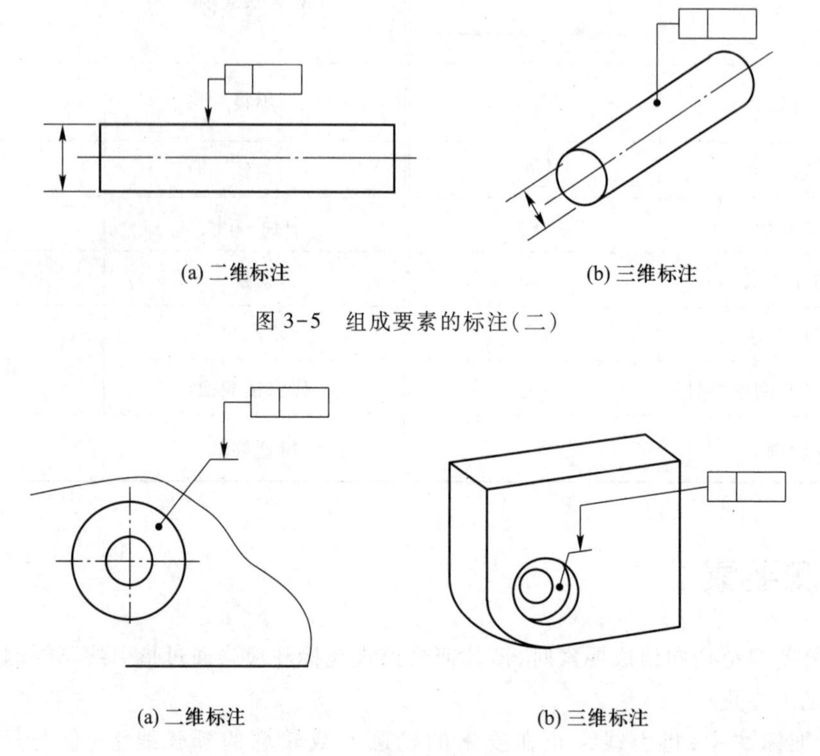

(a) 二维标注　　(b) 三维标注

图 3-5　组成要素的标注（二）

(a) 二维标注　　(b) 三维标注

图 3-6　组成要素的标注（三）

当几何公差规范适用于导出要素（中心线、中心面或中心点）时，应按如下方式之一进行标注：

1）使用参照线与指引线进行标注，并用箭头终止在尺寸要素的尺寸延长线上，示例见图 3-7~图 3-9；

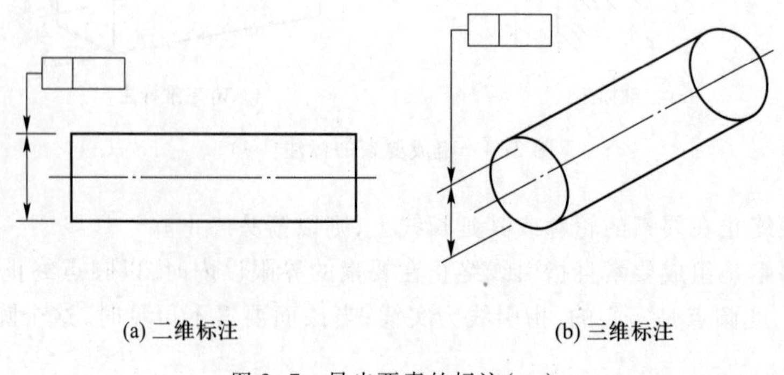

(a) 二维标注　　(b) 三维标注

图 3-7　导出要素的标注（一）

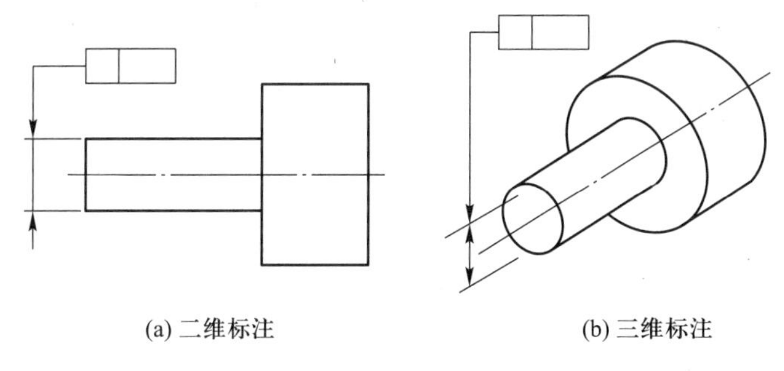

(a) 二维标注　(b) 三维标注

图 3-8　导出要素的标注(二)

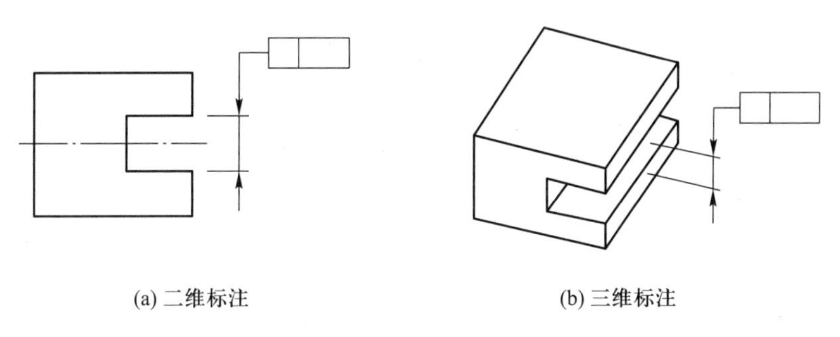

(a) 二维标注　(b) 三维标注

图 3-9　导出要素的标注(三)

2)可将修饰符Ⓐ(中心要素)放置在回转体的公差框格内公差带、要素与特征部分。此时,指引线应与尺寸线对齐,可在组成要素上用圆点或箭头终止,见图 3-10。

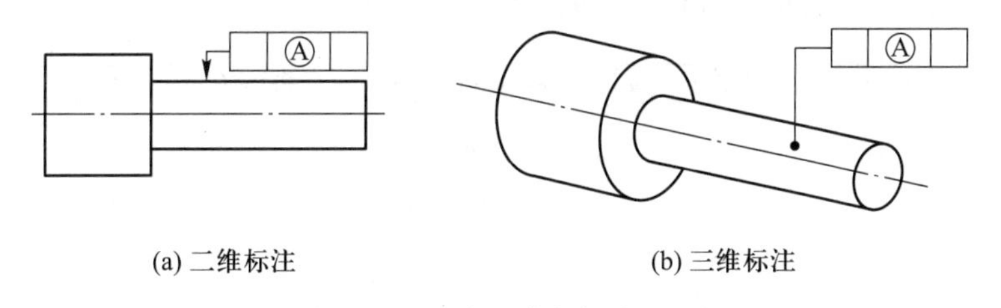

(a) 二维标注　(b) 三维标注

图 3-10　导出要素的标注(四)

3.3　几何公差规范标注

按 GB/T 1182—2018 规定,几何公差规范标注的组成包括公差框格,可选的辅助平面和要素标注以及可选的相邻标注(补充标注),见图 3-11。

几何公差规范应使用参照线与指引线相连。如果没有可选的辅助平面或要素标注,参照线应与公差框格的左侧或右侧中点相连。如果有可选的辅助平面和要素标注,参照线应与公差框格的左侧中点或最后一个辅助平面和要素框格的右侧中点相连。此标注同时适用于二维与三维标注。

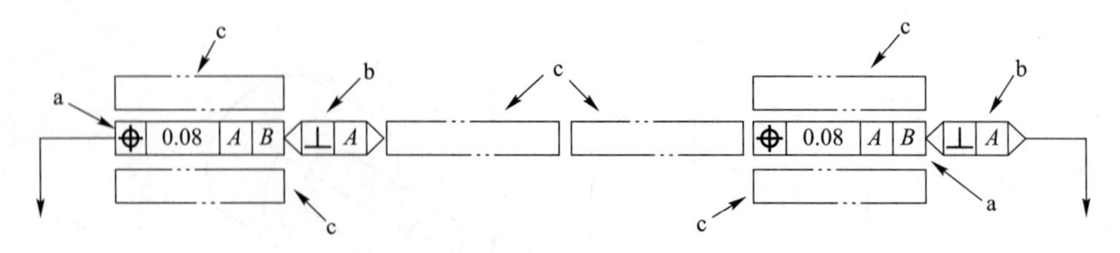

a—公差框格；b—辅助平面和要素框格；c—相邻标注

图 3-11　几何公差规范标注的元素

3.3.1　公差框格

1. 几何特征符号

根据零件功能要求，由设计者给定，参见表 3-1。

2. 公差值

公差值为线性尺寸值，以 mm 表示。如果公差带是圆形或圆柱形的，则在公差值前加注“ϕ”；如果公差带是球形的，则在公差值前加注“Sϕ”。

3. 基准

(1) 基准的表示

为了不引起误解，字母 E、I、J、M、O、P、L、R、F 不予采用，其余字母可按顺序采用。

1) 单一基准要素用大写字母表示，如图 3-12b 所示；

2) 由两个要素组成的公共基准，用由横线隔开的两个大写字母表示，如图 4-12c 所示；

3) 由两个或两个以上要素组成的基准体系，如多基准的组合，表示基准的大写字母应按基准的优先次序从左至右分别置于各格中，如图 3-12d 所示。

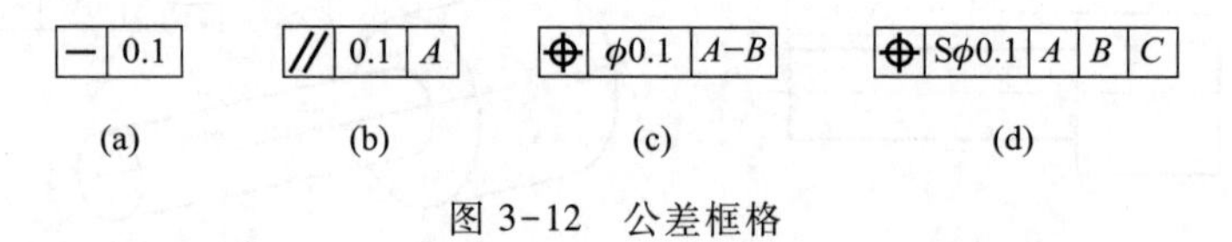

图 3-12　公差框格

(2) 基准符号在图样上的标注

GB/T 1182—2018 采用 ISO 的基准符号，即用一个大写字母标注在基准方格内，并与一个涂黑的或空白的三角形相连，以表示基准，如图 3-13 所示。同时在公差框格内注出表示基准的字母。涂黑的和空白的基准三角形含义相同，空白三角形是在满足识图要求情况下的简化注法。

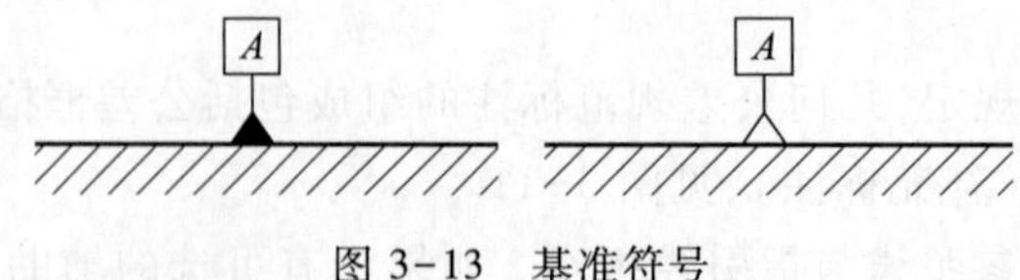

图 3-13　基准符号

1) 当基准要素是轮廓线或表面时，基准符号可标注在要素的外轮廓或其延长线上(但应与尺寸线明显错开)，如图 3-14 所示，基准符号还可置于用圆点指向实际表面的参考线上，如图 3-15 所示。

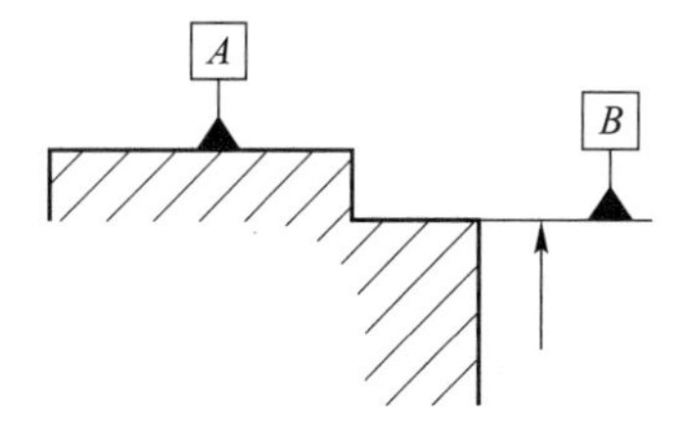

图 3-14 轮廓线(表面)基准标注

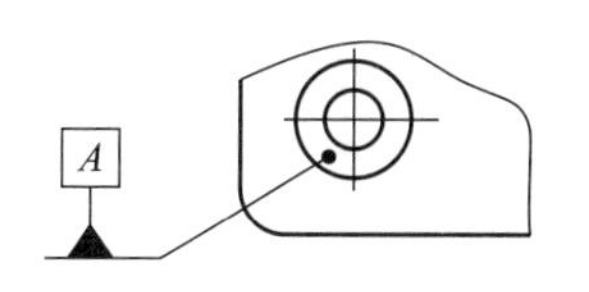

图 3-15 圆点指向基准标注

2）当基准要素是轴线或中心平面或由带尺寸的要素确定的点时,基准符号中的线与尺寸线一致,如图 3-16~图 3-18 所示。如果尺寸线处安排不下两个箭头,则另一箭头用基准三角形代替,如图 3-17 和图 3-18 所示。

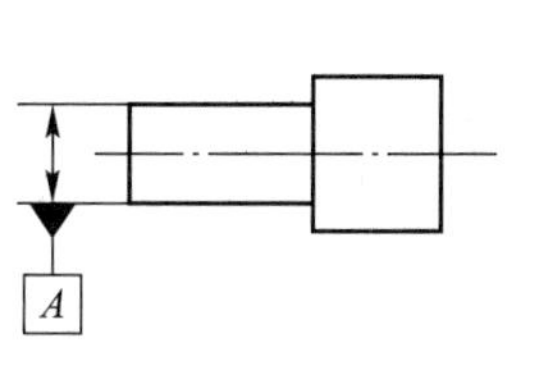

图 3-16 轴线基准

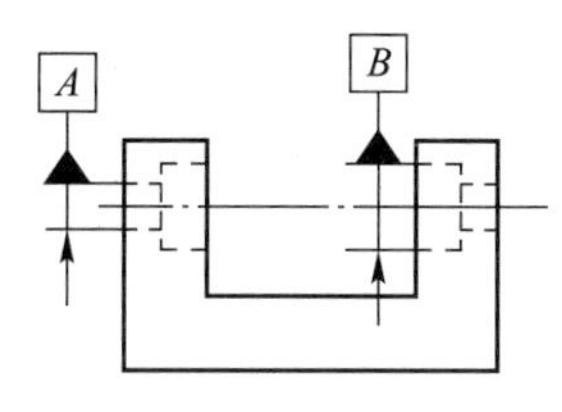

图 3-17 孔中心基准

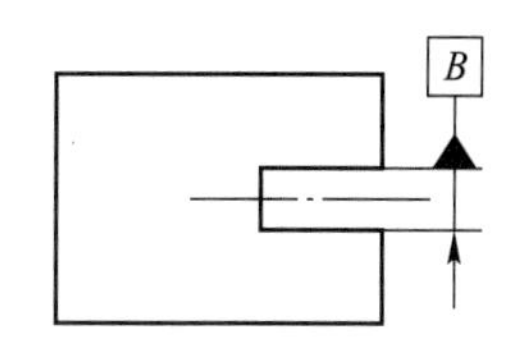

图 3-18 中心平面基准

4. 指引线

指引线用细实线表示。一端与公差框格相连,可从框格左端或右端引出,指引线引出时必须垂直于公差框格,另一端带有箭头。方向公差公差带的宽度方向就是指引线箭头的方向,如图 3-19 所示。或者垂直于被测要素的方向,如图 3-20 所示。如有特殊要求,必须注明角度(包括 90°),如图 3-21 所示。对于圆度,公差带的宽度是形成两同心圆的半径方向。

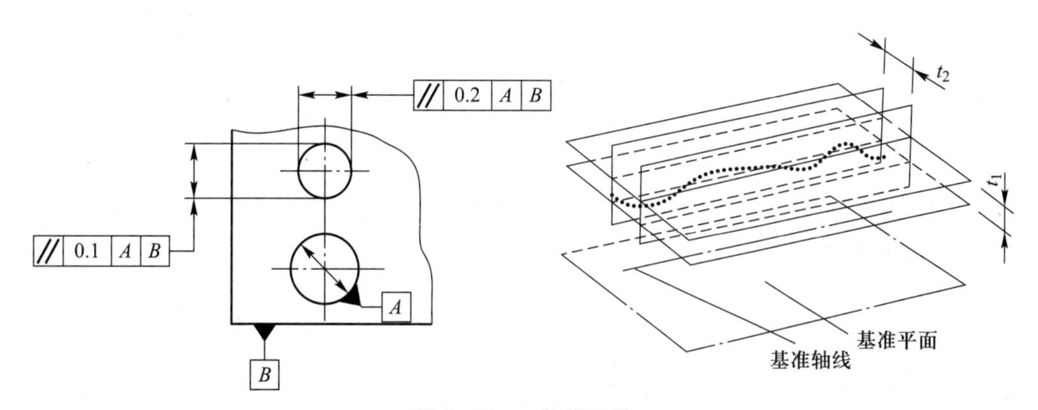

图 3-19 一般指引线

3.3.2 公差框格在图样上的标注

用带箭头的指引线将框格与被测要素相连,按以下方式标注:

1）当公差涉及轮廓线或表面时,将箭头置于要素的轮廓线或轮廓线的延长线,但必须与尺寸线明显地分开,如图 3-22 和图 3-23 所示。

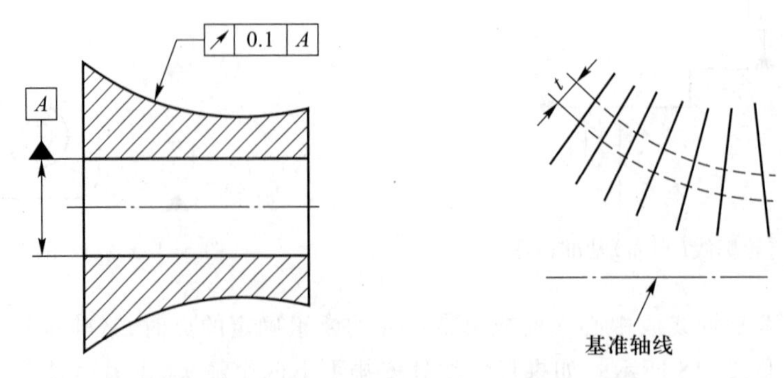

图 3-20　垂直于被测要素方向的指引线

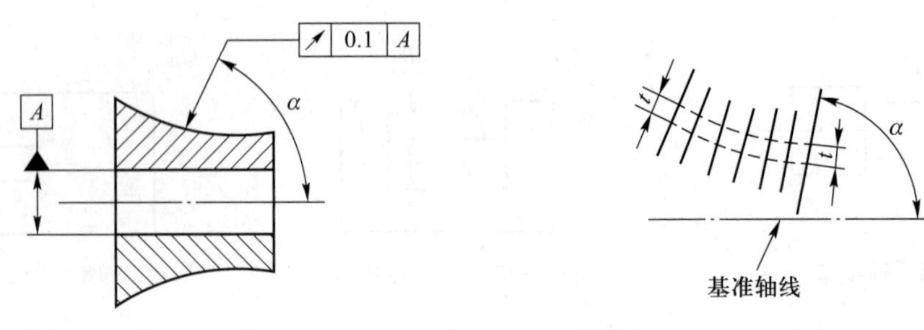

图 3-21　注明角度的指引线

2）当指向实际表面时，箭头可置于带点的参考线上，该点指在实际表面上，如图 3-24 所示。

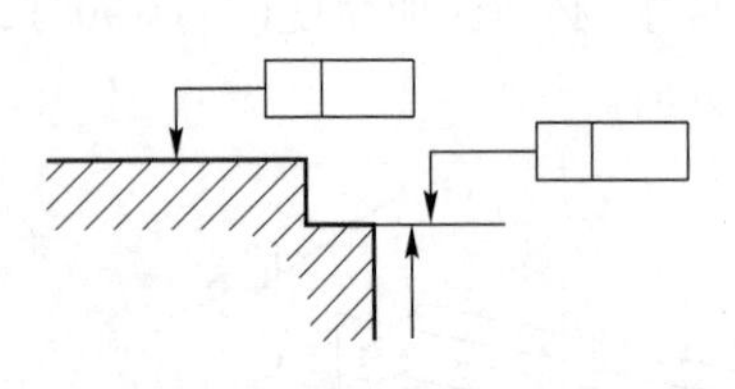

图 3-22　轮廓线（表面）公差框格

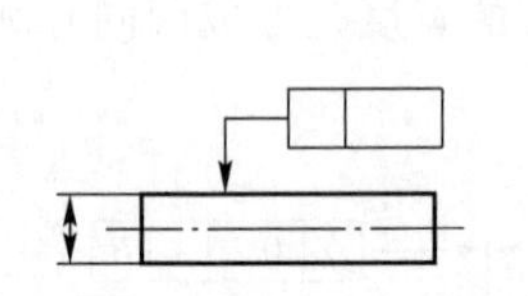

图 3-23　轴表面公差框格

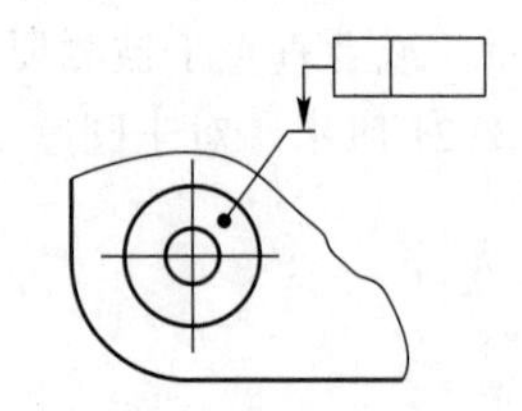

图 3-24　圆点指向公差框格

3）当公差涉及轴线、中心平面或带尺寸要素确定的点时，则带箭头的指引线应与尺寸线的延长线重合，如图 3-25～图 3-27 所示。

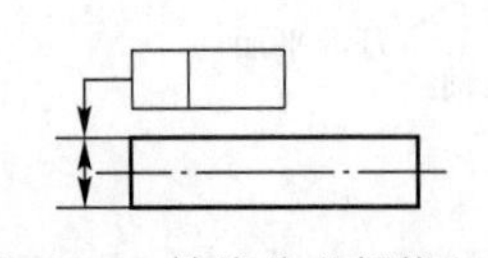

图 3-25　轴线公差框格（一）

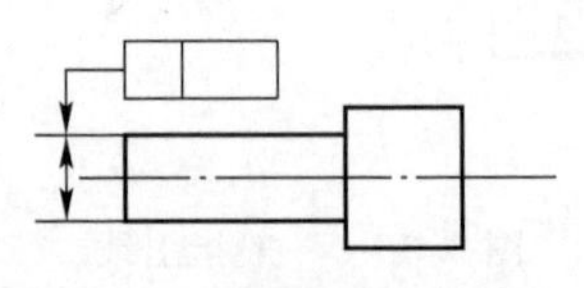

图 3-26　轴线公差框格（二）

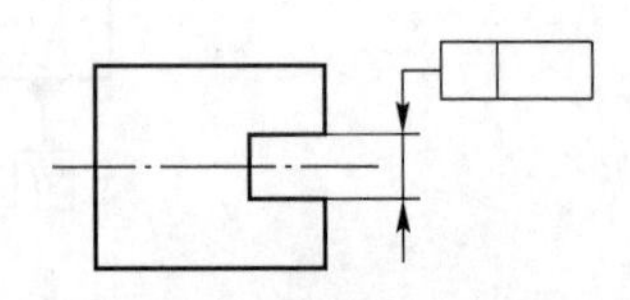

图 3-27　中心平面公差框格

4）当对同一要素有一个以上的公差特征项目要求时，为方便起见，可将一个框格放在另一个框格的下方，如图 3-28 所示。

5）当一个以上要素作为被测要素，如 6 个要素，应在框格上方标明，如“6×”“6 槽”，如图 3-29 所示。

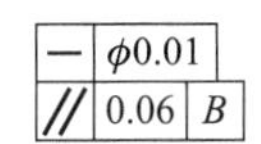

图 3-28 多公差特征项目标注

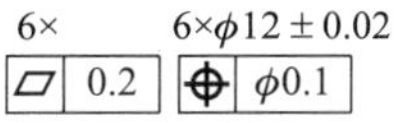

6× 6×φ12±0.02

⏥	0.2	⌖	φ0.1

图 3-29 多被测要素标注

3.3.3 公差带规范元素

1. 形状、宽度和范围

形状规范元素是可选规范元素。默认如下：

1）若被测要素是面要素，那么所定义的公差带形状为基于被测要素的公称几何形状而生成的两等距表面之间的区域。

2）若被测要素是组成线要素，那么所定义的公差带形状为基于被测要素的公称几何形状而生成的在相交平面内的两等距线之间的区域。

3）若被测要素是公称导出直线，那么所定义的公差带形状为两等距平面之间的区域。

公差值是强制性的规范元素。公差值应以线性尺寸所使用的单位给出。公差值给的公差带宽度默认垂直于被测要素。

公差带默认具有恒定的宽度。如果公差带的宽度在两个值之间发生线性变化，则此两数值应采用“-”分开标明，见图 3-30。

应使用在公差框格邻近处的区间符号，标识出每个数值所适用的两个位置，见图 3-30。

如果公差带宽度的变化是非线性的，则应通过其他方式标注。

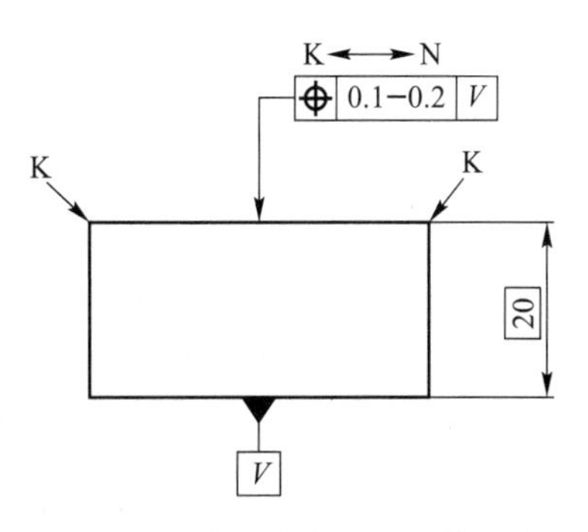

图 3-30 线性变化的公差带规范

公差默认适用于整个被测要素。如果公差适用于整个要素内的任何局部区域，则应使用线性与/或角度单位（如适用）将局部区域的范围添加在公差值后面，并用斜杠分开。图 3-31 所示为线性局部公差带。图 3-32 所示为圆形局部公差带。

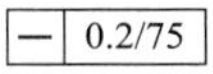

—	0.2/75

图 3-31 线性局部公差带

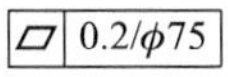

⏥	0.2/φ75

图 3-32 圆形局部公差带

2. 组合规范元素

如果该规范适用于多个要素，见图 3-33～图 3-36，应标注规范应用于要素的方式：

默认遵守独立原则，即对每个被测要素的规范要求都是相互独立的，见 GB/T 4249—2018。

“SZ”表示独立公差带。可选择标注符号“SZ”以强调要素要求的独立性，但并不改变该标注的含义。

当组合公差带应用于若干独立的要素时，或若干个组合公差带（由同一个公差框格控制）同时（并非相互独立的）应用于多个独立的要素时，要求为组合公差带标注符号“CZ”，见图 3-35 与图 3-36。该标注应增加附加补充标注，以表示该规范适用于多个要素。［在相邻标注区域内,使用例如“3×”(图 3-34)或使用三根指引线与公差框格相连(图 3-35),但不可同时使用。]

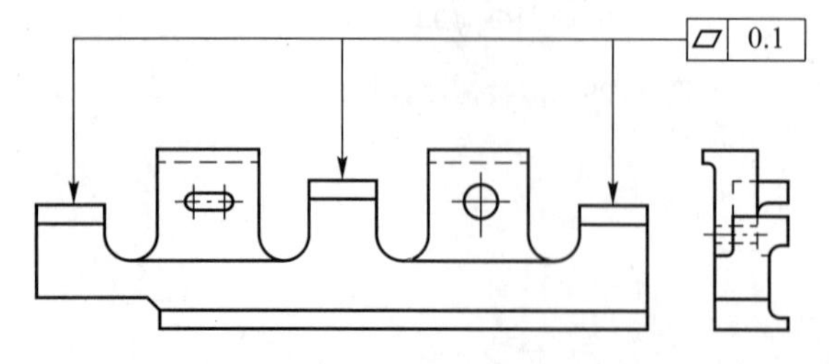

图 3-33 适用于多个单独要素的规范(一)

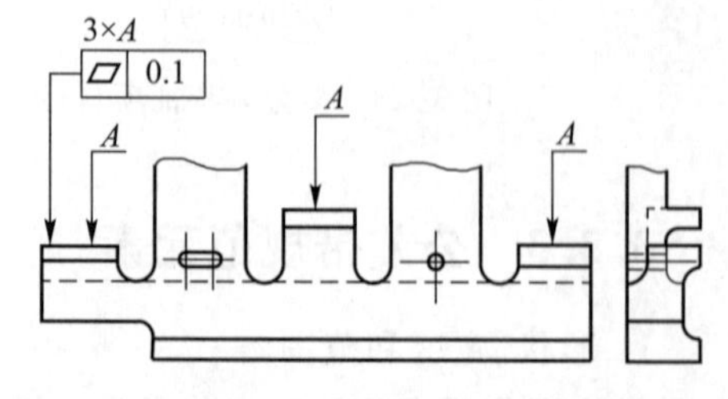

图 3-34 适用于多个单独要素的规范(二)

其中,“CZ”标注在公差框格内(图 3-35 与图 3-36),所有相关的单独公差带应采用明确的理论正确尺寸(TED),或默认的 TED 约束相互之间的位置及方向。

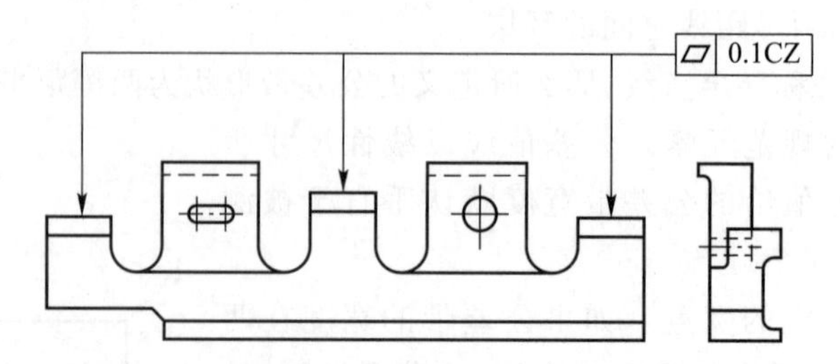

图 3-35 适用于多个要素的组合公差带规范(一)

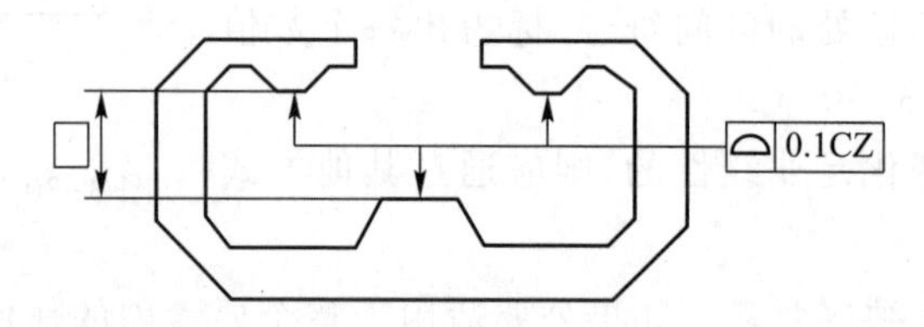

图 3-36 适用于多个要素的组合公差带规范(二)

3.3.4 附加标注

当被测要素只是单一要素的一部分或是组合连续要素时,应使用以下方法之一标注:

1) 连续的(单一或组合)封闭要素;

2) 单一面要素的局部区域;

3) 连续的(单一或组合)非封闭要素。

1. 全周与全表面——连续的封闭被测要素

如果将几何公差规范作为单独的要求应用到横截面的轮廓上,或将其作为单独的要求应用到封闭轮廓所表示的所有要素上,则应使用“全周”符号“○”标注,并放置在公差框格的指引线与参考线的交点上,示例见图 3-37 与图 3-39。在三维标注中应使用组合平面框格来标识组合平面,在二维标注中优先使用组合平面框格。全周要求仅适用于组合平面所定义的面要素,而不是整个工件,见图 3-38 与图 3-40。

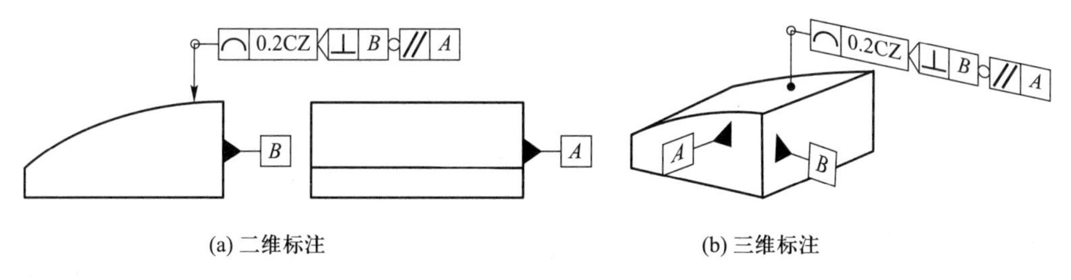

(a) 二维标注　　(b) 三维标注

图 3-37　全周图样标注(一)

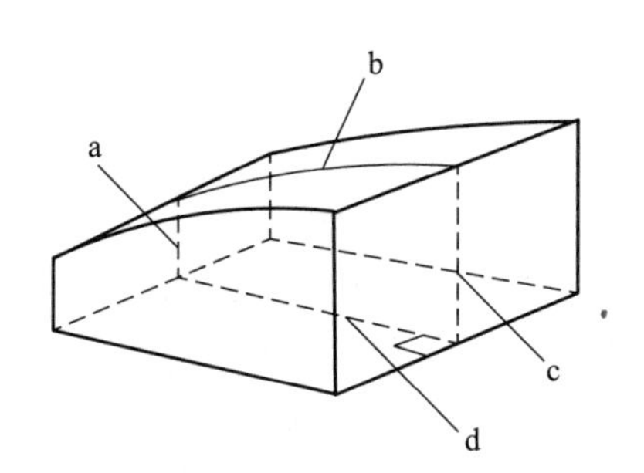

图 3-38　全周说明(一)

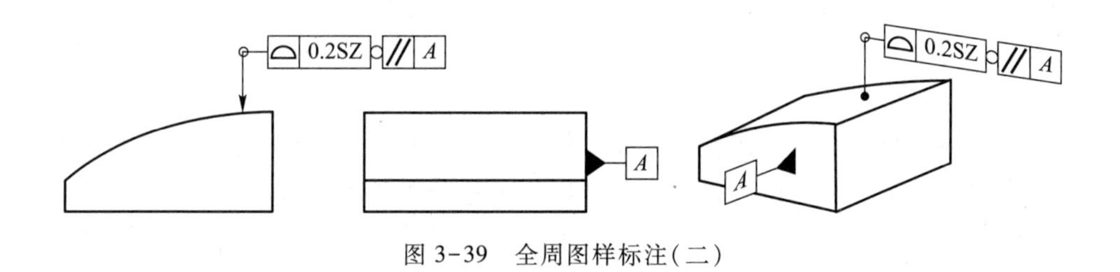

图 3-39　全周图样标注(二)

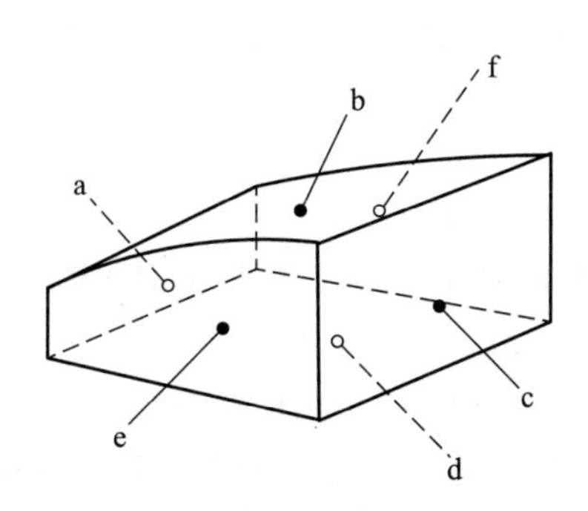

图 3-40　全周说明(二)

如果将几何公差规范作为单独的要求应用到工件的所有组成要素上,应使用“全表面”符号“◎”标注,示例见图 3-41。全表面说明见图 3-42,该要求适用于所有的面要素 a~h,并将其视为一个联合要素。

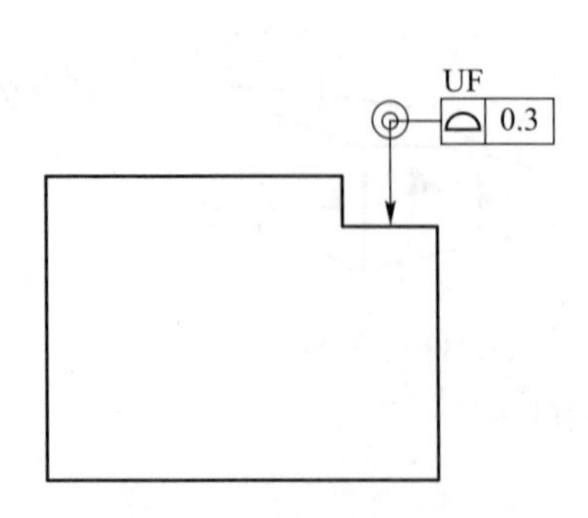

图3-41 全表面图样标注

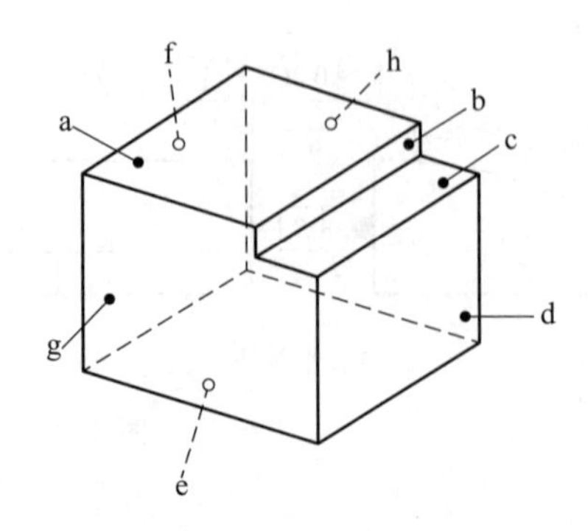

图3-42 全表面说明

除非基准参照系可锁定所有未受约束的自由度,否则“全周”或“全表面”应与SZ(独立公差带)、CZ(组合公差带)或UF(联合要素)组合使用。

如果“全周”或“全表面”符号与SZ组合使用,则该特征应作为单独的要求应用到所标注的要素上。例如要素的公差带互不相关,而且使用“全周”或“全表面”符号等同于使用多根指引线一一指向每个被测要素,或等同于与公差框格相邻的“n×”标注。

如果特征要作为所有要求的一组公差带应用到被测要素上,例如所有要素的公差带相互之间处于理论正确关系,而且从一个公差带到下一个过渡区域是这两个公差带的延伸,相交成尖角,则CZ(组合公差带)应与“全周”或“全表面”符号共同使用。

如果所标注的要素需作为一个要素考量,应将UF(联合要素)与“全周”或“全表面”符号相连使用。

如果要求应用于封闭组合且连续的表面上的一组线素上(由组合平面所定义的),则应将用于标识相交平面的相交平面框格布置在公差框格与组合平面框格之间,见图3-37a、b。

为避免歧义,“全周”标注的工件应相对简单。例如,如果在图3-37与图3-39所示的工件中央有一个竖直的孔,就无法明确该规范是否适用于这个孔的面要素。在图3-37与图3-39中,组合平面可以是任何平行于基准A的平面。根据组合平面所在的位置,可能与孔相交也可能不相交。在此示例中不应当使用全周标注。

2. 局部区域被测要素

应使用以下方法之一定义局部区域:

1) 用粗点画线(依据GB/T 4457.4—2002中的线型代码04.2)来定义部分表面。应使用TED定义其位置与尺寸,见图3-43a。

2) 用阴影区域定义,可用粗点画线(依据GB/T 4457.4—2002中的线型代码04.2)来定义部分表面。应使用TED定义其位置与尺寸,见图3-43b、图3-44a与图3-45。

3) 将拐角点定义为组成要素的交点(拐角点的位能用TED定义),并且用大写字母及端头是箭头的指引线定义。字母可标注在公差框格的上方,最后两个字母之间可布置“区间”符号,见图3-44b。可使用线段将拐角点相连,从而形成该边界。

4) 用两条直的边界线、大写字母及端头是箭头的指引线来定义(边界线的位置用TED定义),并且与“区间”符号标注组合使用。

从公差框格左边或右边端头引出的指引线应终止在该局部区域上。

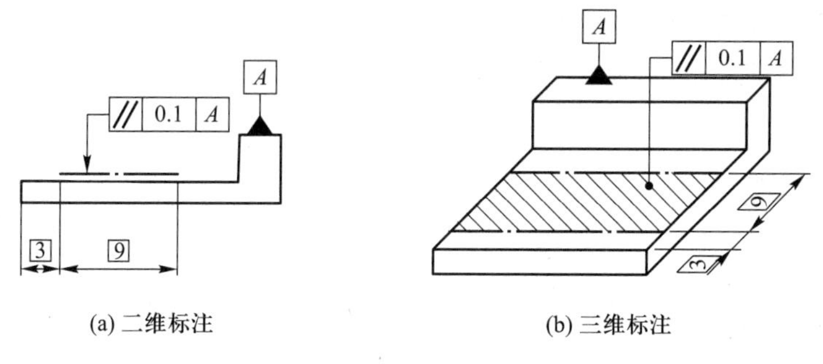

(a) 二维标注 (b) 三维标注

图 3-43 局部区域标注(一)

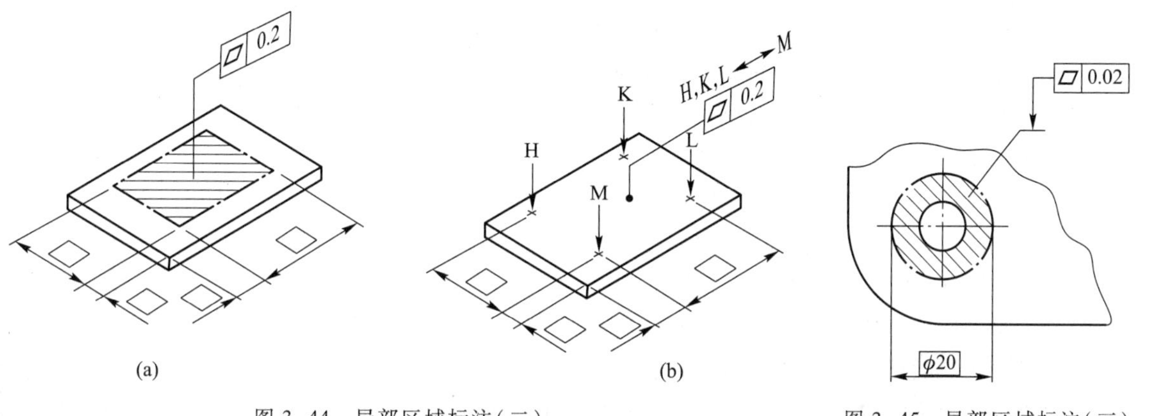

(a) (b)

图 3-44 局部区域标注(二)

图 3-45 局部区域标注(三)

3.3.5 理论正确尺寸(TED)

对于在一个要素或一组要素上所标注的位置、方向或轮廓规范,将确定各个理论正确位置、方向或轮廓的尺寸称为理论正确尺寸(TED)。TED 可以明确标注,或默认的。

基准体系中基准之间的角度也可用 TED 标注。

TED 不应包含公差。应使用方框将其封闭,示例见图 3-46 与图 3-47。

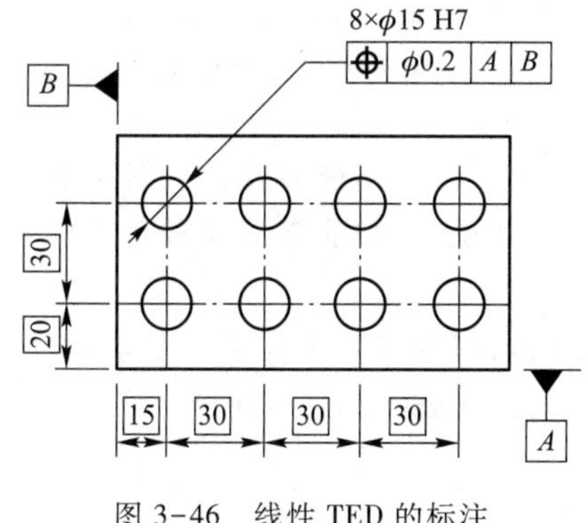

图 3-46 线性 TED 的标注

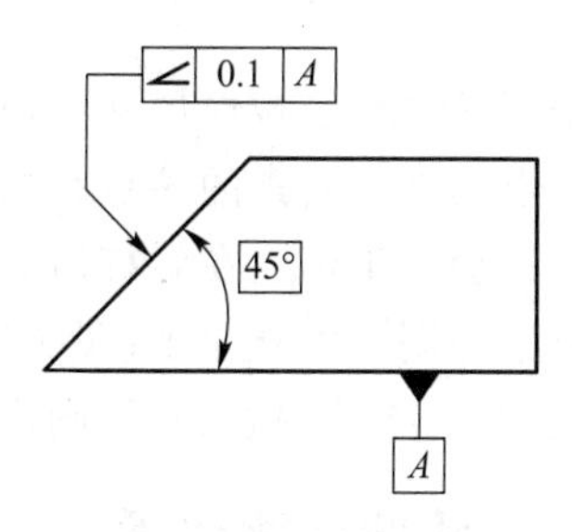

图 3-47 角度 TED 的标注

复杂表面的公称几何形状(如曲面)可用 TED 或 CAD 数据定义。

如果是互相关联的要求,应使用 TED 标注,若公差带相互之间要保持理论正确关系与/或将其视为一个公差带。

3.3.6　局部规范

如果特征相同的规范适用于在要素整体尺寸范围内任意位置的一个局部长度,则该局部长度的数值应添加在公差值后面,并用斜杠分开,示例见图 3-48a。如果要标注两个或多个特征相同的规范,其组合方式见图 3-48b。

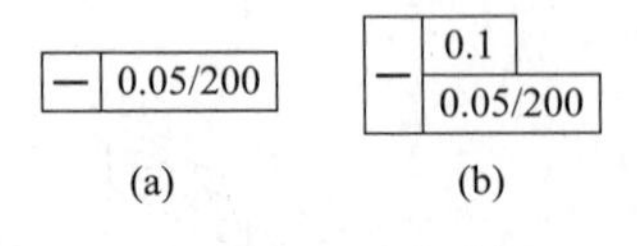

图 3-48　局部规范的标注

可用下列局部区域形状标注特征相同的规范,该规范适用于局部区域,且处于该要素整体尺寸范围内的任意位置:

1) 任意矩形局部区域,标有用“×”分开的长度与高度。该区域在两个方向上都可移动。应使用定向平面框格表示第一个数值所适用的方向,如图 3-49 所示。例如,“75×50”。

2) 任意图形局部区域,使用直径符号加直径值来标注。例如,“ϕ4”。

3) 任意圆柱区域,使用在该圆柱轴线方向上的长度定义,并且有“×”以及相对于圆周尺寸的角度。该区域可沿圆柱的轴线方向移动或圆周方向旋转。例如,“75×30°”。

4) 任意球形区域,使用两个角度尺寸定义,并用“×”分开。该区域在两个方向上都可移动。应使用定向平面框格表示第一个数值所适用的方向。例如,“10°×20°”。

可将该区域的比例扩大,以表达明确,如图 3-49 所示。

可使用线定义线性局部长度。该线来自标注长度的线在被测要素上的正交投影,同时该线的中点与被测要素的该点在法向上垂直对齐,见图 3-50。(说明:除非被测要素是公称直线,否则局部的弧长会大于标注在斜杠后面的长度。)

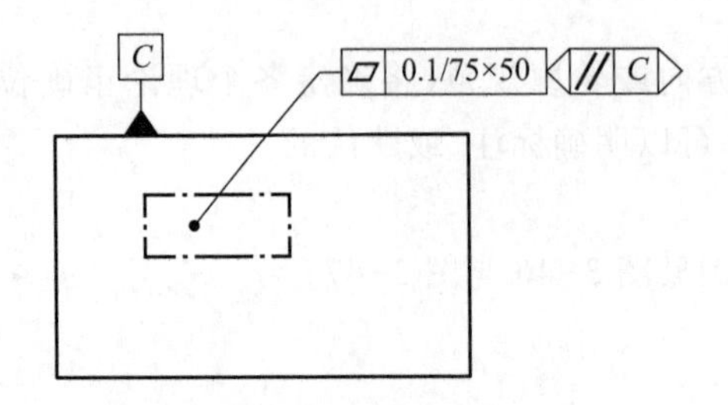

图 3-49　区域局部规范的标注

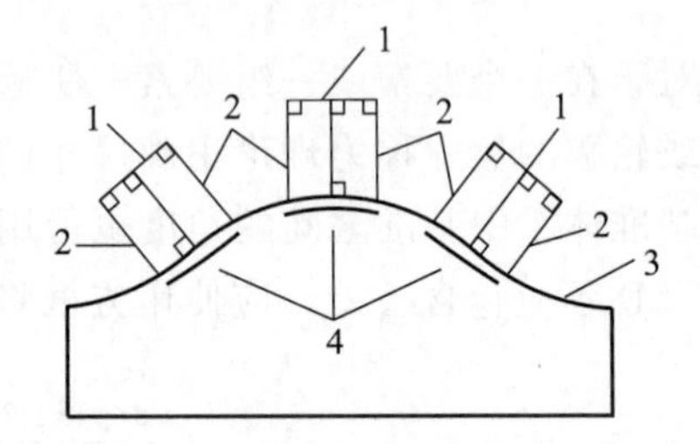

图 3-50　被测要素的线性局部区域

可使用区域定义区域性局部面积。该区域来自标注形状在被测要素上的正交投影,同时该区域的中心点与被测要素的该点在法向上垂直对齐。(说明:除非被测要素是公称平面,否则局部区域的面积会大于标注在斜杠后面的面积。)

由于要素原则与独立原则(见 GB/T 4249—2018),当形状要求仅限于要素的某一或任意局部区域时,若要与参照要素关联,则仅限于此局部区域,见 ISO 25378:2011。

3.3.7　延伸被测要素

在公差框格的第二格中公差值之后的修饰符Ⓟ可用于标注延伸被测要素,见图 3-51 与

图 3-52。此时，被测要素是要素的延伸部分或其导出要素。

延伸要素是从实际要素中构建出来的拟合要素。延伸要素的默认拟合标准是相应实际要素与拟合要素之间的最小、最大距离，同时还需与实体的外部接触。有延伸公差修饰符的被测要素见表 3-3。

表 3-3 有延伸公差修饰符的被测要素

公差框格的指引线指向	被测要素
圆柱（但不在尺寸线延长线上）	拟合圆柱的一部分
圆柱的尺寸线延长线	拟合圆柱的部分轴线
平面（但不在尺寸线延长线上）	拟合平面度一部分
两个相互平行平面的尺寸线延长线	两个拟合的平行平面的部分中心面

对于拟合平面，延伸平面在垂直于投射方向上的宽度与位置等于用定义延伸被测要素平面的宽度与位置。

延伸要素相关部分的界限应定义明确，可采用如下方式直接标注或间接标注：

当使用“虚拟”的组成要素直接在图样上标注被测要素的投影长度，并以此表示延伸要素的相应部分时，该虚拟要素的标注方式应采用细双点画线（GB/T 4457.4—2002 中的线型 05.1），同时延伸的长度应使用前面有修饰符Ⓟ的理论正确尺寸（TED）数值标注，见图 3-51。

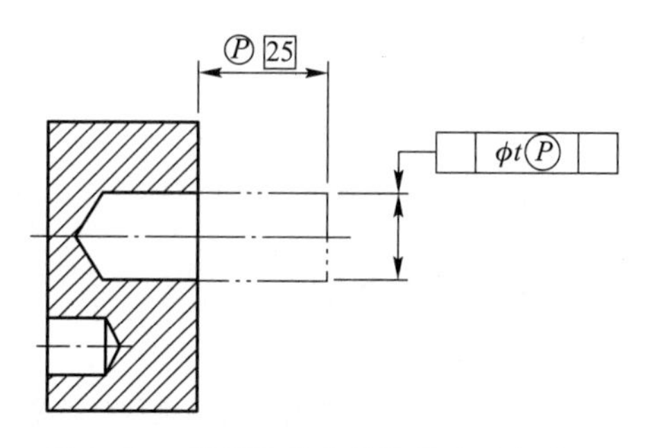

图 3-51 带延伸公差修饰符的几何公差规范标注（使用 TED 的延伸长度直接标注）

当间接地在公差框格中标注延伸被测要素的长度时，数值应标注在修饰符Ⓟ的后面（图 3-52）。此时，可省略代表延伸要素的细双点画线。这种间接标注的使用仅限于盲孔。

延伸要素的起点应用参照平面来构建，参照平面是与被测要素相交的第一个平面，见图 3-53。应考虑用实际要素来定义参照平面，参照平面是实际要素的拟合平面，见图 3-56。

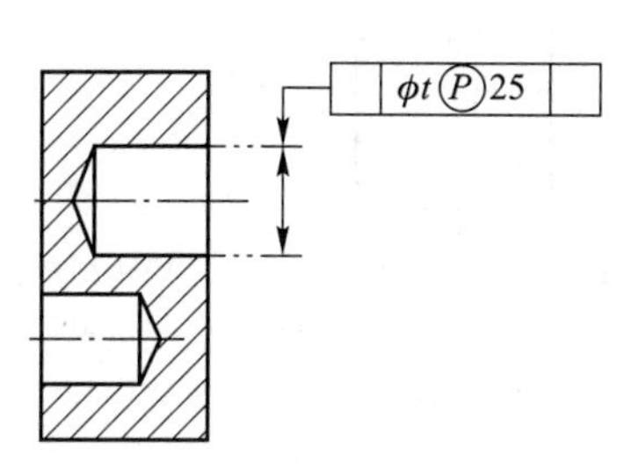

图 3-52 带延伸公差修饰符的几何公差规范标注（在公差框格中使用延伸被测要素长度来间接标注）

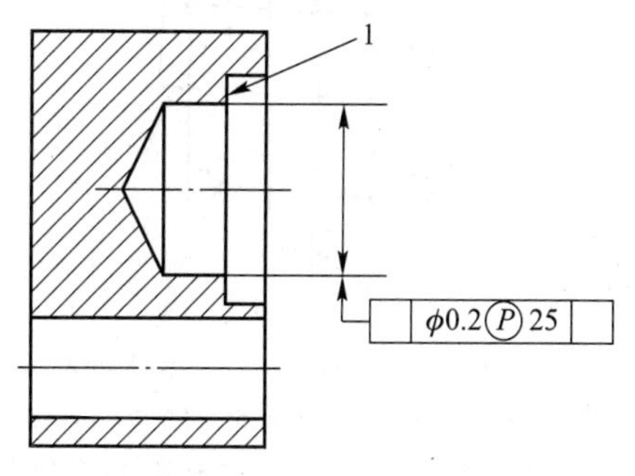

1—参照表面定义了被测要素的起始位置

图 3-53 延伸要素的参照平面

延伸要素的起点默认应在参照平面所在的位置，并且结束在延伸要素在实体外方向上相对于其起点的偏置长度上。

如果延伸要素的起点与参照表面有偏置，应用如下方式标注。

——若直接标注，应使用理论正确尺寸(TED)规定偏置量，见图3-54。

——若间接标注，修饰符后的第一个数值表示到延伸要素最远界限的距离，而第二个数值(偏置量)前面有减号，表示到延伸要素最近界限的距离(延伸要素的长度为这两个数值的差值)。例如 ϕ0.2 Ⓟ32-7，见图3-55。偏置量若为零则应不标注，此时也可省略减号，见图3-52。

修饰符Ⓟ可以根据需要与其他形式的规范修饰符一起使用，见图3-57。

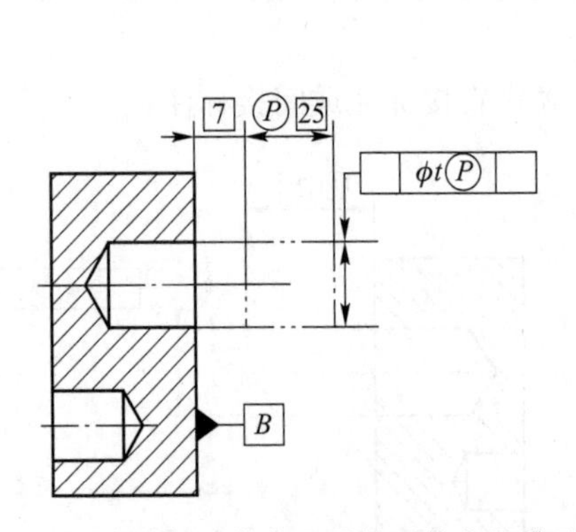

图3-54　直接标注带偏置量的延伸公差带示例

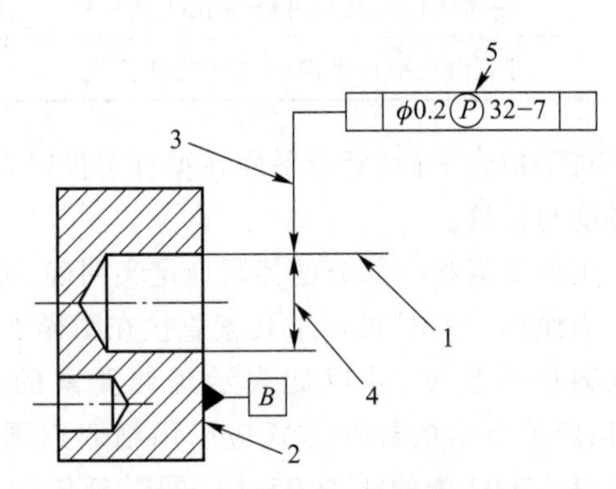

1—延长线；2—参照表面；3—与公差框格相连的指引线；4—表明被测要素为中心要素的标注(与修饰符Ⓐ等效)；5—修饰符定义了公差适用于部分延伸要素，并由下列数值所限定

图3-55　带偏置延伸公差的间接标注

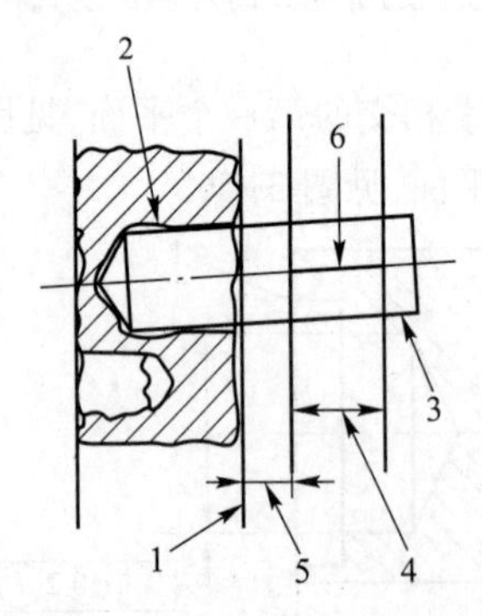

1—拟合参照平面；2—组成要素；3—拟合要素；4—延伸被测要素的长度，本例中为25(=32-7) mm；5—延伸被测要素相对于参照表面的偏置量，本例中为7 mm；6—延伸被测要素

图3-56　带偏置延伸公差间接标注的说明

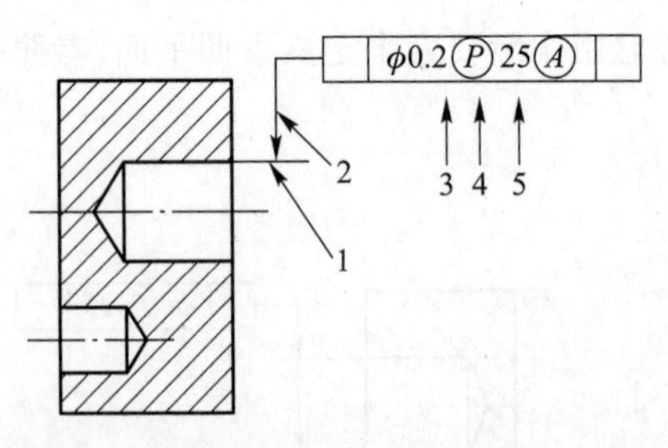

1—延长线；2—与公差框格相连的指引线；3—修饰符定义了公差适用于部分延伸要素，并由说明4所限定；4—延伸被测要素的长度，本例中为25 mm；5—修饰符定义了被测要素为中心要素

图3-57　同时使用延伸公差带与中心修饰符示例

3.3.8　相交平面

1. 相交平面的作用

相交平面是用标识线要素要求的方向，例如在平面上线要素的直线度、线轮廓度、要素的线素的方向，以及在面要素上的线要素的“全周”规范。

2. 用于构建相交平面族的要素

仅当面要素属于下列类型之一时，才可用于构建相交平面族（见 GB/Z 24637.1）。

1）回转型（例如圆锥或圆环）；

2）圆柱型（例如圆柱）；

3）平面型（例如平面）。

3. 图样标注

相交平面应使用相交平面框格规定，并且作为公差框格的延伸部分标注在其右侧（图 3-58）。

指引线可根据需要，与相交平面框格相连，而不与公差框格相连。可用符号定义相交平面相对于基准的构建方式，并将其放置在相交平面框格的第一格。这些符号的含义如下：

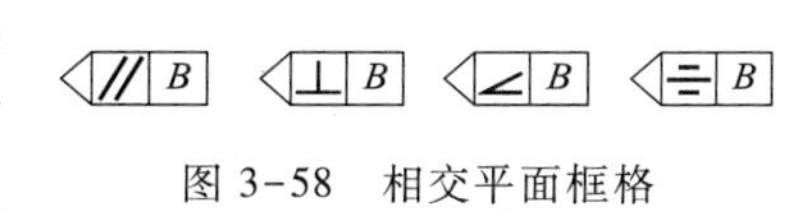

图 3-58　相交平面框格

//——平行；

⊥——垂直；

∠——保持特定的角度；

≑——对称（包含），可用于表示相交平面包含（在周边对称）该基准。

标识基准并构建相交平面的字母应放置在相交平面框格的第二格。

4. 规则

若几何公差规范中包含相交平面框格，则应符合下列规则：

当被测要素是组成要素上的线要素时，应标注相交平面，以免产生误解，除非被测要素是圆柱、圆锥或球的母线的直线度或圆度。

关于不推荐的标注方式，见 GB/T 1182—2018 的 A.2.1 与 A.2.2。

当被测要素是在一个给定方向上的所有线要素，而且特征符号并未明确表明被测要素是平面要素还是该要素上的线要素时，应使用相交平面框格表示出被测要素是要素上的线要素及这些线要素的方向，见图 3-59。此时被测要素是该面要素上与基准 C 平行的所有线要素。

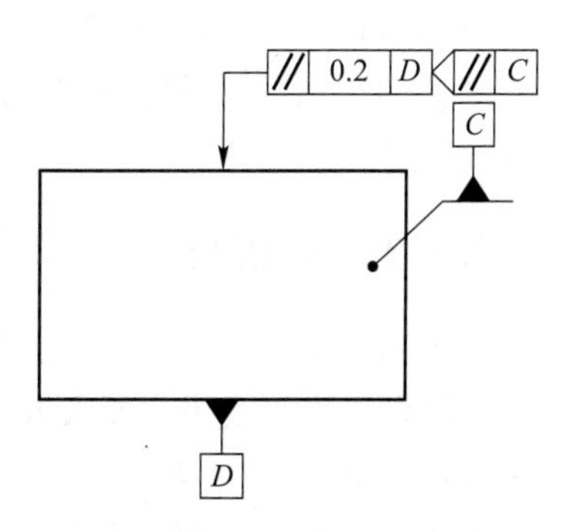

图 3-59　使用相交平面框格的规范

相交平面应按照平行于、垂直于、保持特定的角度于或对称于（包含）在相交平面框格第二格所标注的基准构建，但不产生附加的方向约束，见图 3-60～图 3-63。

在一些示例中相交平面可能会有未锁定的自由度。此时，相交平面默认垂直于被测要素。当再增加方向要素时，其作用可以将相交平面重新定向。

GB/T 1182—2018 中未详细给出关于方向要素重新定向相交平面的确切约束方式。

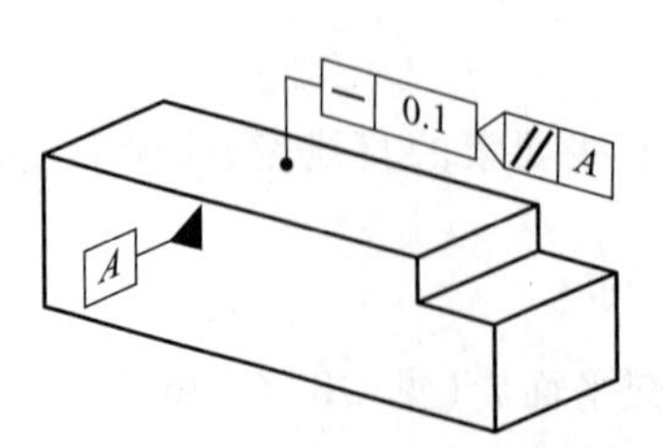

图3-60 使用“平行于”基准的相交平面的规范

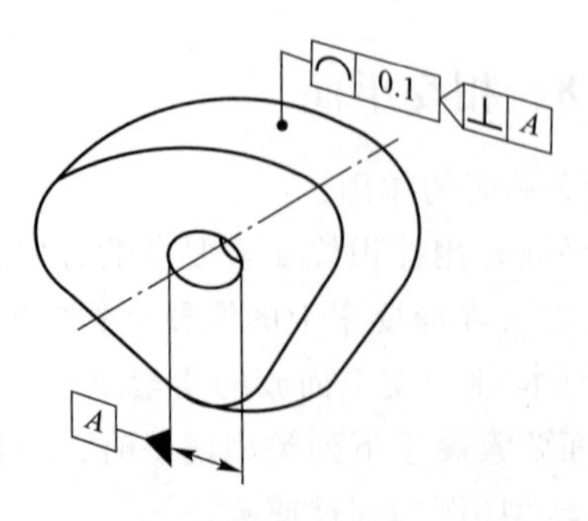

图3-61 使用“垂直于”基准的相交平面规范(一)

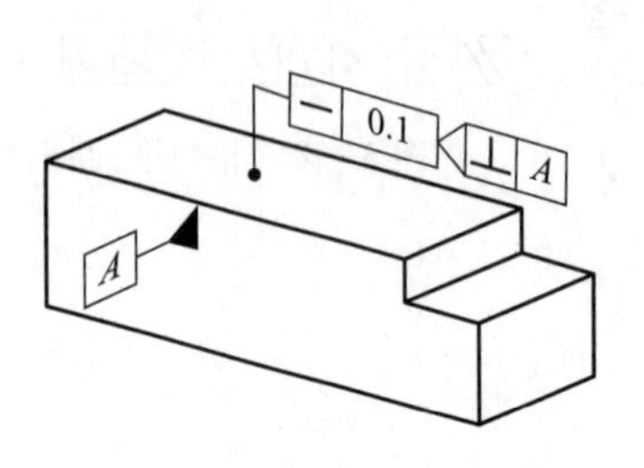

图3-62 使用“垂直于”基准的相交平面规范(二)

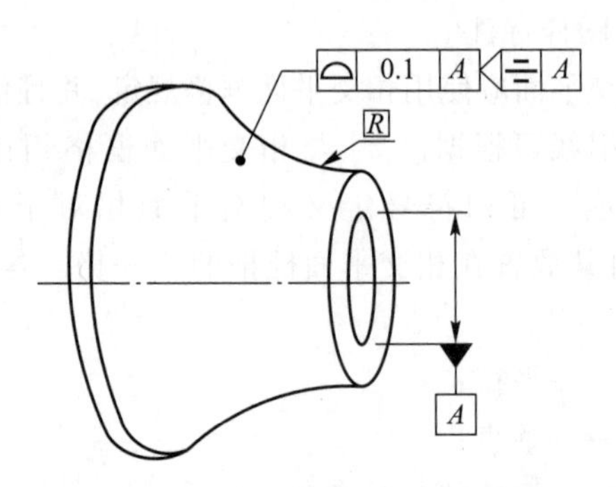

图3-63 使用“对称于(包含)”基准的相交平面规范

相交平面取决于用于构建相交平面的基准,以及平面相对于基准的导出方式(由标注的符号所定义)。

3.4 几何公差带

GB/T 1182—2018 以示例的形式给出了各类几何公差及其公差带的定义和解释,着重说明基本概念,不一定完全覆盖所有的应用情况,但掌握和运用这些基本概念有助于解决工程中遇到的各种问题。

3.4.1 形状公差

1. 直线度公差

被测要素可以是组成要素或导出要素。其公称被测要素的属性与形状为明确给定的直线或一组直线要素,属线要素。

图3-64中,在由相交平面框格规定的平面内,上表面的提取(实际)线应限定在间距等于0.1 mm的两平行直线之间。

由图3-64的规范所定义的公差带为在平行于(相交平面框格给定的)基准 A 的给定平面内与给定方向上、间距等于公差值 t 的两平行直线所限定的区域,见图3-65。

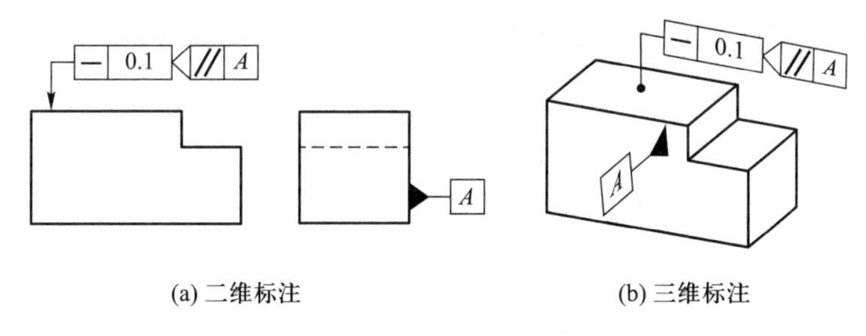

(a) 二维标注　　(b) 三维标注

图 3-64　直线度标注

图 3-66 中,圆柱表面的提取(实际)棱边应限定在间距等于 0.1 mm 的两平行平面之间。

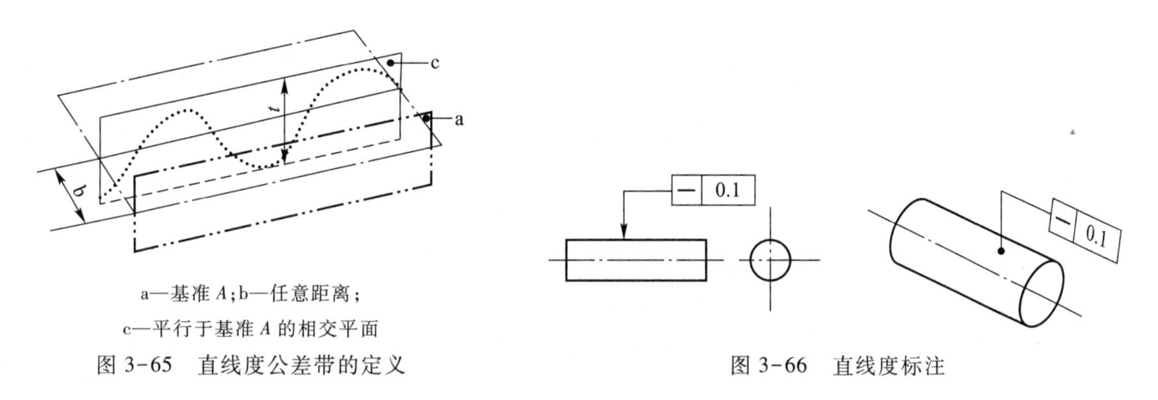

a—基准 A;b—任意距离;
c—平行于基准 A 的相交平面

图 3-65　直线度公差带的定义　　图 3-66　直线度标注

由图 3-66 的规范所定义的公差带为间距等于公差值 t 的两平行面所限定的区域,见图 3-67。

图 3-68 中,圆柱面的提取(实际)中心线应限定在直径等于 ϕ0.08 mm 的圆柱面内。

由于公差值前加注直径符号"ϕ",所以由图 3-68 的规范所定义的公差带为直径等于公差值 ϕt 的圆柱面所限定的区域,见图 3-69。

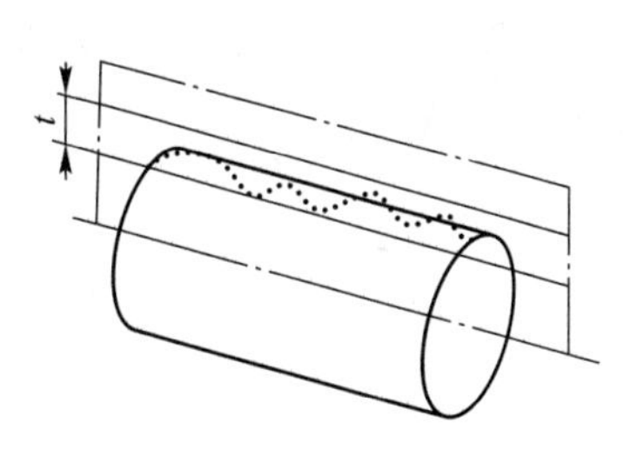

图 3-67　直线度公差带的定义

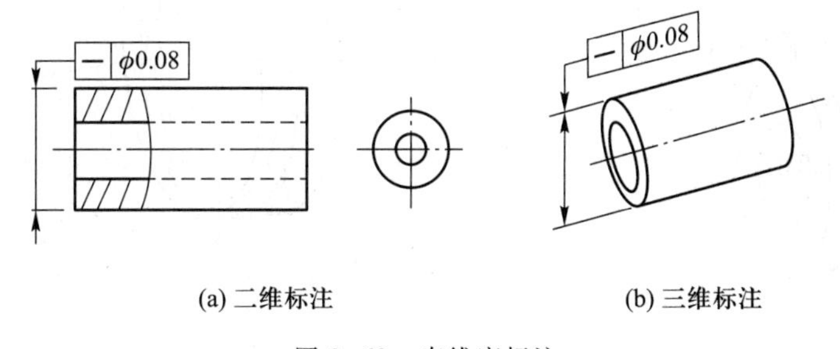

(a) 二维标注　　(b) 三维标注

图 3-68　直线度标注

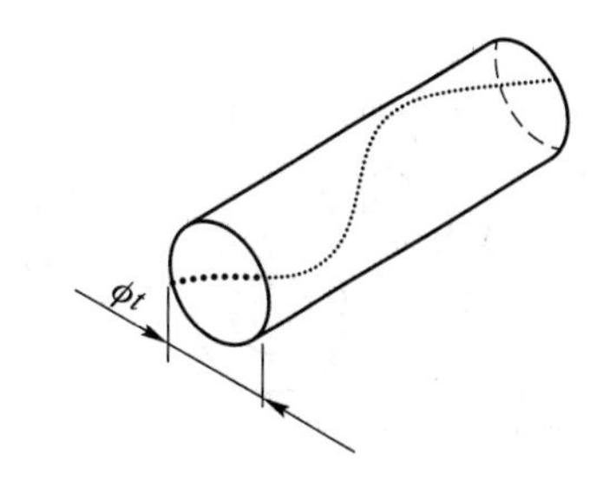

图 3-69　直线度公差带的定义

2. 平面度公差

被测要素可以是组成要素或导出要素,其公称被测要素的属性和形状为明确给定的平表面,属面要素。图 3-70 中,提取(实际)表面应限定在间距等于 0.08 mm 的两平行面之间。

由图 3-70 的规范所定义的公差带为间距等于公差值 t 的两平行面所限定的区域，见图 3-71。

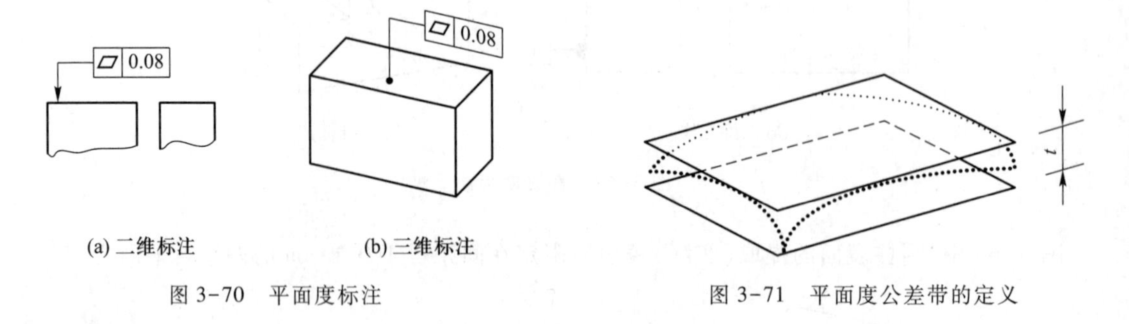

(a) 二维标注 (b) 三维标注

图 3-70 平面度标注

图 3-71 平面度公差带的定义

3. 圆度公差

被测要素是组成要素，其公称被测要素的属性与形状为明确给定的圆周线或一组圆周线，属线要素。

圆柱要素的圆度要求可应用在与被测要素轴线垂直的横截面上。球形要素的圆度要求可用在包含球心的横截面上；非圆柱或球的回转体表面应标注方向要素，见 GB/T 1182—2018。

图 3-72 中，在圆柱面与圆锥面的任意横截面内，提取（实际）圆周应限定在半径差等于 0.03 mm 的两共面同心圆之间。这是圆柱表面的默认应用方式，而对于圆锥表面则应使用方向要素框格进行标注。

由图 3-72 的规范所定义的公差带为在给定横截面内，半径差等于公差值 t 的两个同心圆所限定的区域，见图 3-73。

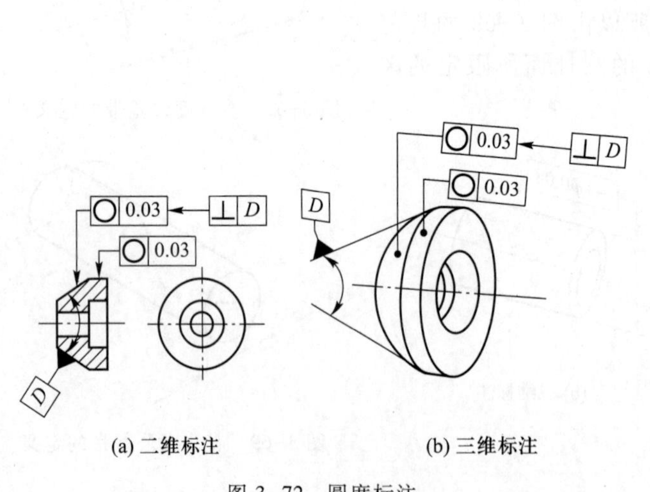

(a) 二维标注 (b) 三维标注

图 3-72 圆度标注

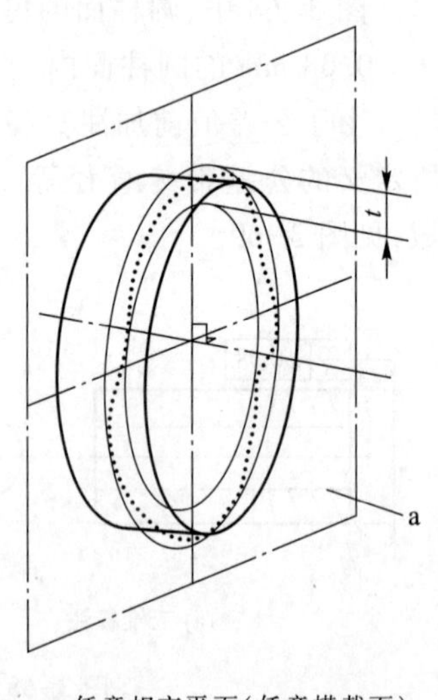

a—任意相交平面（任意横截面）

图 3-73 圆度公差带的定义

图 3-74 中，提取圆周线位于该表面的任意横截面上，由被测要素和与其同轴的圆锥相交所定义，并且其锥角可确保该圆锥与被测要素垂直。该提取圆周线应限定在距离等于 0.1 mm 的

两个圆之间，这两个圆位于相交圆锥上。例如，如方向要素框格所示的垂直于被测要素表面的公差带。圆锥要素的圆度要求应标注方向要素框格。

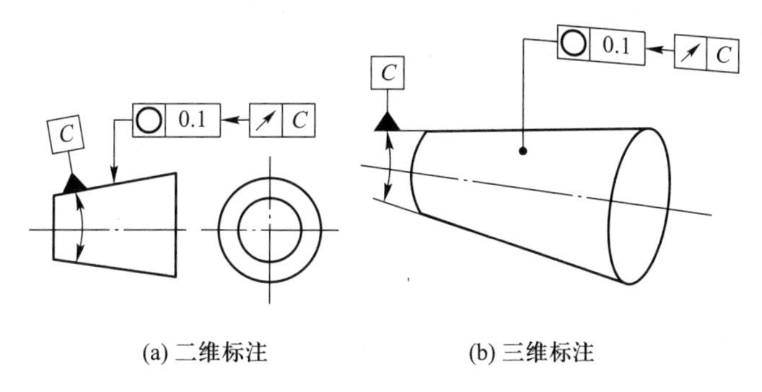

图 3-74　圆度标注

由图 3-74 的规范所定义的公差带为在给定横截面内，沿表面距离为 t 的两个在圆锥面上的圆所限定的区域，见图 3-75。

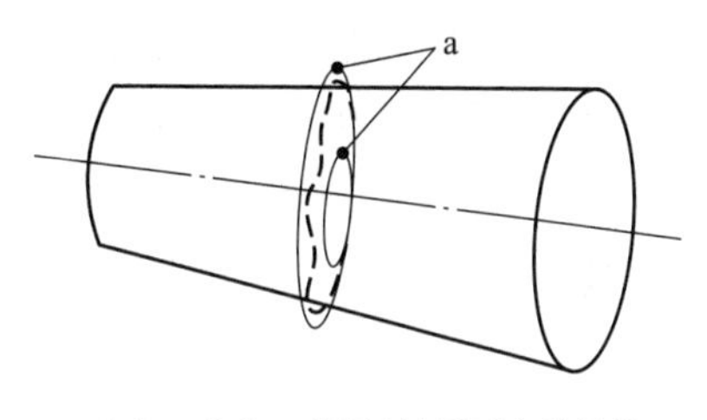

a—垂直于基准 C 的圆（被测要素的轴线），在圆锥表面上且垂直于被测要素的表面

图 3-75　圆度公差带的定义

非圆柱形与非球形要素的回转体表面应标注方向要素框格，可用于表示垂直于被测要素表面或与被测要素轴线成一定角度的圆度。

4. 圆柱度公差

被测要素是组成要素，其公称被测要素的属性与形状为明确给定的圆柱表面，属面要素。图 3-76 中，提取（实际）圆柱表面应限定在半径差等于 0.1 mm 的两同轴圆柱面之间。

由图 3-76 的规范所定义的公差带为半径差等于公差值 t 的两个同轴圆柱面所限定的区域，见图 3-77。

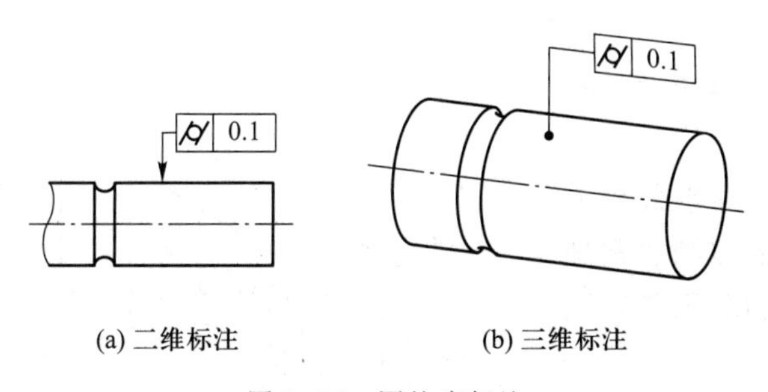

图 3-76　圆柱度标注

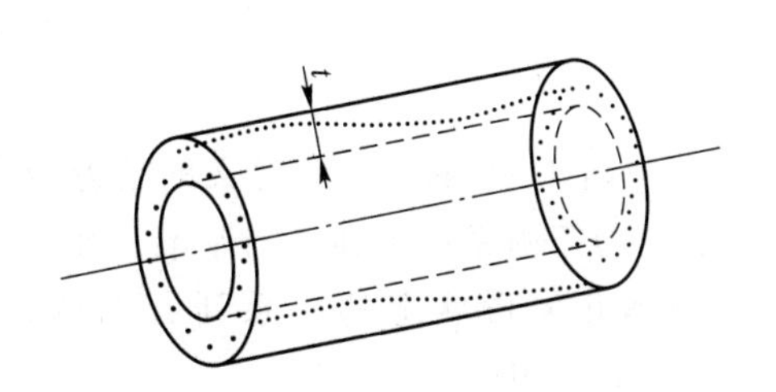

图 3-77　圆柱度公差带的定义

圆柱度公差是限定整个圆柱面（内表面或外表面）的，其公差带只有一种形状，即两同轴的圆柱面限定的区域。如图 3-78 所示，公差带为半径差等于公差值 t 的两同轴圆柱面所限定的区域。图例中被测要素的提取（实际）圆柱面应限定在半径差等于 0.1 mm 的两同轴圆柱面之间。

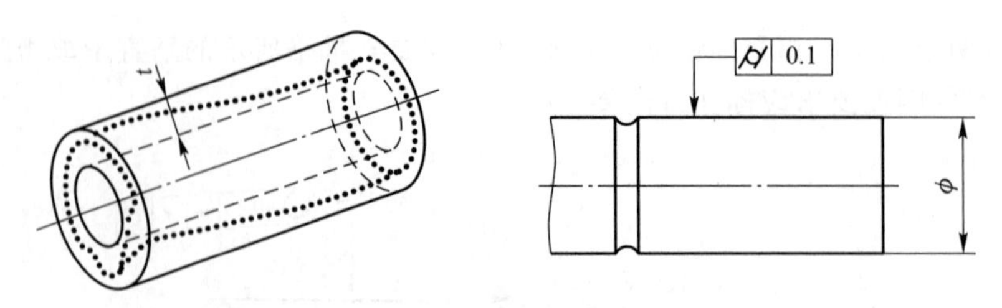

图 3-78　圆柱度公差

5. 线轮廓度公差和面轮廓度公差

(1) 相对于基准体系的线轮廓度公差

被测要素可以是组成要素或导出要素,其公称被测要素的属性由线性要素或一组线性要素明确给定;其公称被测要素的形状,除直线外,则应通过图样上完整的标注或基于 CAD 模型的查询明确给定,参见 ISO 16792。

图 3-79 中,在任一由相交平面框格规定的平行于基准平面 *A* 的截面内,提取(实际)轮廓线应限定在直径等于 0.04 mm、圆心位于由基准平面 *A* 与基准平面 *B* 确定的被测要素理论正确几何形状线上的一系列圆的两等距包络线之间。关于不推荐的二维标注,见 GB/T 1182—2018 的 A.2.1。

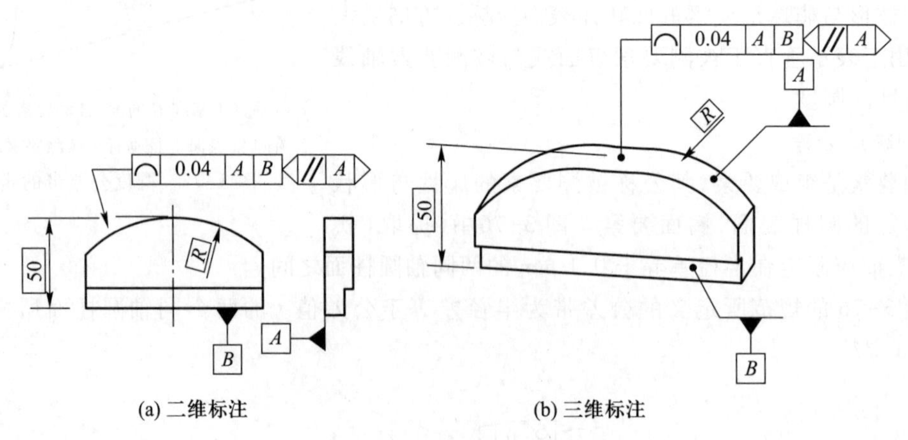

图 3-79　线轮廓度标注

由图 3-79 的规范所定义的公差带为直径等于公差值 *t*、圆心位于由基准平面 *A* 与基准平面 *B* 确定的被测要素理论正确几何形状上的一系列圆的两包络线所限定的区域,见图 3-80。

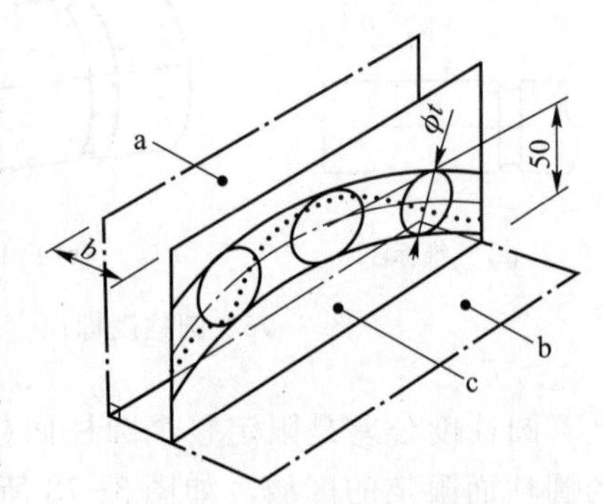

a—基准平面 *A*;b—任意距离;
c—平行于基准平面 *A* 的平面

图 3-80　线轮廓度公差带的定义

(2) 与基准不相关的面轮廓度公差

被测要素可以是组成要素或导出要素,其公称被测要素属性由某个面要素明确给定。其公称被测要素的形状,除平面外,则应通过图样上完整的标注或基于 CAD 模型的查询明确给定,参见 ISO 16792。

图 3-81 中,提取(实际)轮廓面应限定在直径等于

0.02 mm、球心位于被测要素理论正确几何形状表面上的一系列球的两等距包络面之间。

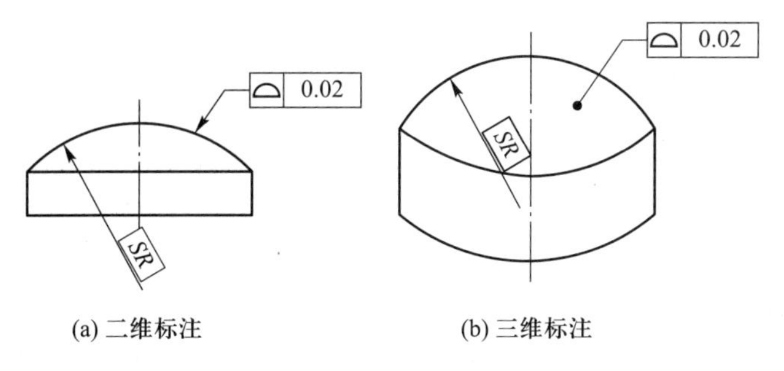

(a) 二维标注　　(b) 三维标注

图 3-81　面轮廓度标注

由图 3-72 的规范所定义的公差带为直径等于公差值 t、球心位于理论正确几何形状上的一系列球的两个包络面所限定的区域，见图 3-82。

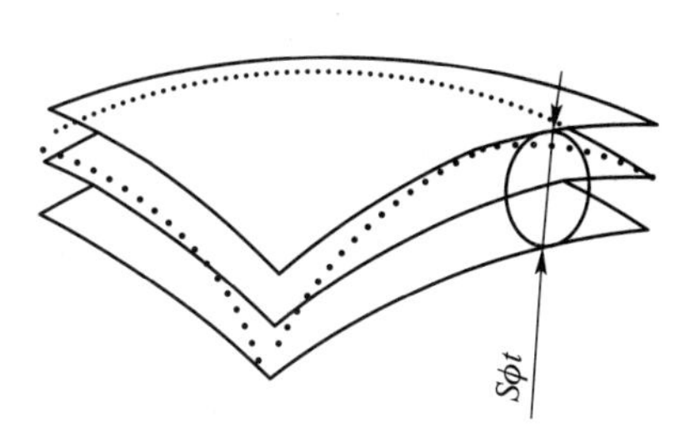

图 3-82　面轮廓度公差带的定义

（3）相对于基准的面轮廓度公差

被测要素可以是组成要素或导出要素，其公称被测要素的属性是由面要素明确给定；其公称被测要素的形状，除平面外，应通过图样上完整的标注或基于 CAD 模型的查询明确给定，参见 ISO 16792。

若是方向规范，“><”应放置在公差框格的第二格或放在每个公差框格的基准标注之后，如果公差带位置的确定无需依赖基准，则可不标注基准。应使用明确的与/或默认 TED 给定锁定在公称被测要素与基准之间的角度尺寸，参见 GB/T 17851。

若是位置规范，在公差框格中至少需要一个基准，该基准可用以确定公差带的位置。应使用明确的与/或默认的 TED 给定锁定在公称被测要素与基准之间的角度与线性尺寸。

图 3-83 中，提取（实际）轮廓面应限定在直径距离等于 0.1 mm、球心位于由基准平面 A 确定的被测要素理论正确几何形状上的一系列球的两等距包络面之间。

由图 3-83 的规范所定义的公差带，为直径等于公差值 t、球心位于由基准平面 A 确定的被测要素理论正确几何形状上的一系列球的两包络面所限定的区域，见图 3-84。

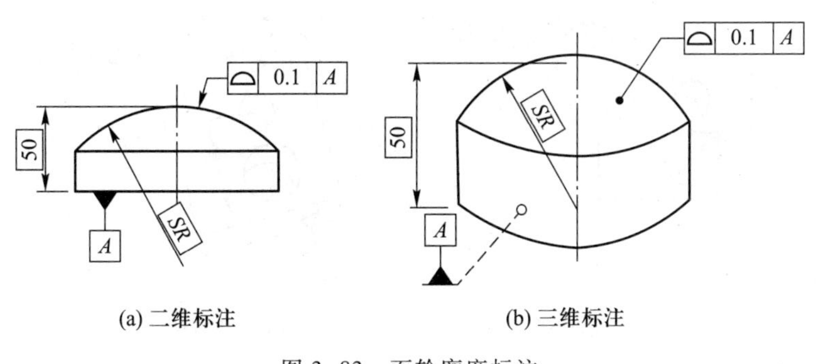

(a) 二维标注　　(b) 三维标注

图 3-83　面轮廓度标注

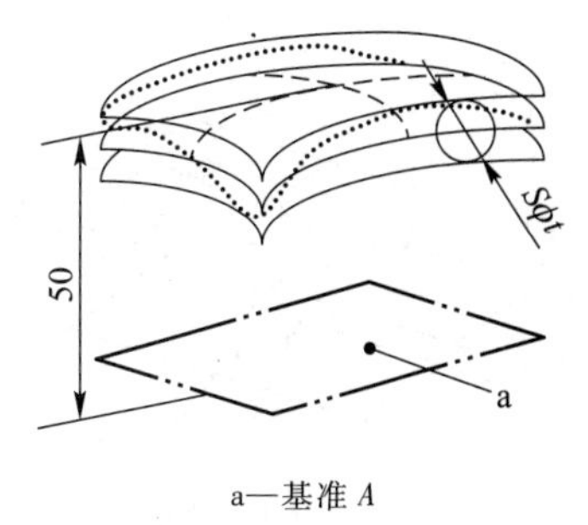

a—基准 A

图 3-84　面轮廓度公差带的定义

3.4.2　方向公差

1. 平行度公差

被测要素可以是组成要素或导出要素。其公称被测要素的属性可以是线性要素、一组线性要素或面要素。每个公称被测要素的形状由直线或平面明确给定。如果被测要素是公称状态为平表面上的一系列直线,应标注相交平面框格,应使用默认的 TED(0°)定义锁定在公称被测要素与基准之间的 TED 角度。

(1) 相对于基准体系的中心线平行度公差

图 3-85 中,提取(实际)中心线应限定在间距等于 0.1 mm、平行于基准轴线 A 的两平行平面之间。限定公差带的平面均平行于由定向平面框格规定的基准平面 B。基准 B 为基准 A 的辅助基准。

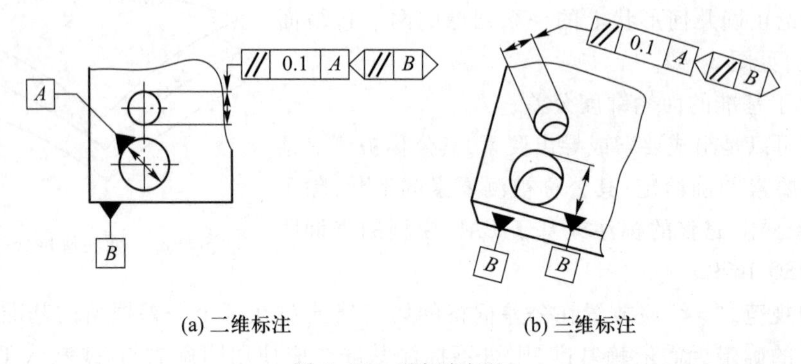

(a) 二维标注　　(b) 三维标注

图 3-85　平行度标注

由图 3-85 的规范所定义的公差带为间距等于公差值 t、平行于两基准且沿规定方向的两平行平面所限定的区域,见图 3-86。

图 3-87 中,提取(实际)中心线应限定在间距等于 0.1 mm、平行于基准轴线 A 的两平行平面之间。限定公差带的平面均垂直于由定向平面框格规定的基准平面 B。基准 B 为基准 A 的辅助基准。

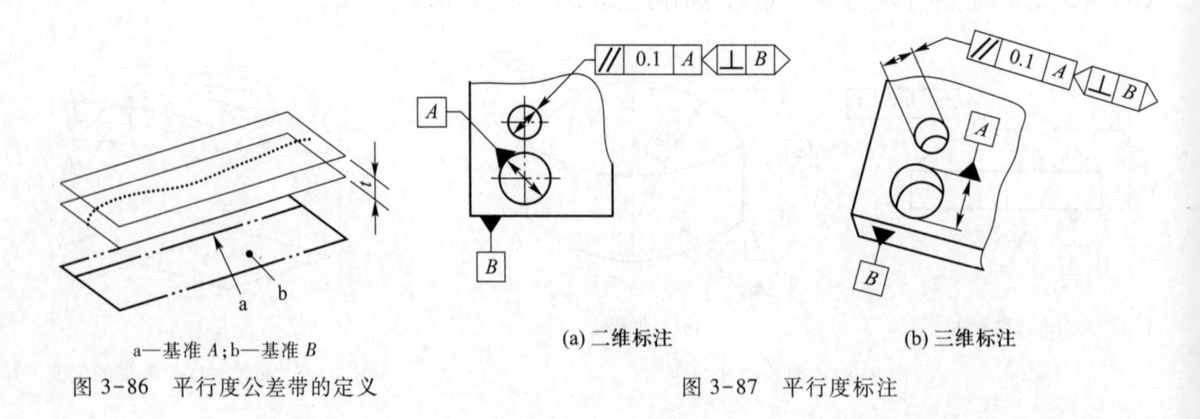

a—基准 A;b—基准 B

图 3-86　平行度公差带的定义

(a) 二维标注　　(b) 三维标注

图 3-87　平行度标注

由图 3-87 的规范所定义的公差带为间距等于公差值 t、平行于基准 A 且垂于基准 B 的两平行平面所限定的区域，见图 3-88。

图 3-89 中，提取（实际）中心线应限定在两对间距分别等于公差值 0.1 mm 和 0.2 mm、且平行于基准轴线 A 的平行平面之间。定向平面框格规定了公差带宽度相对于基准平面 B 的方向。基准 B 为基准 A 的辅助基准。

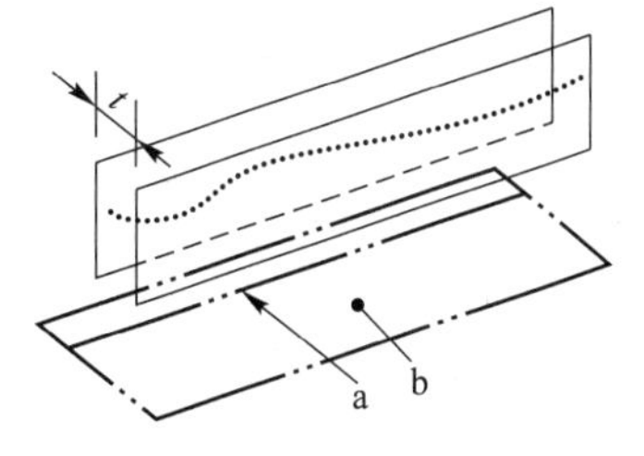

a—基准 A；b—基准 B

图 3-88　平行度公差带的定义

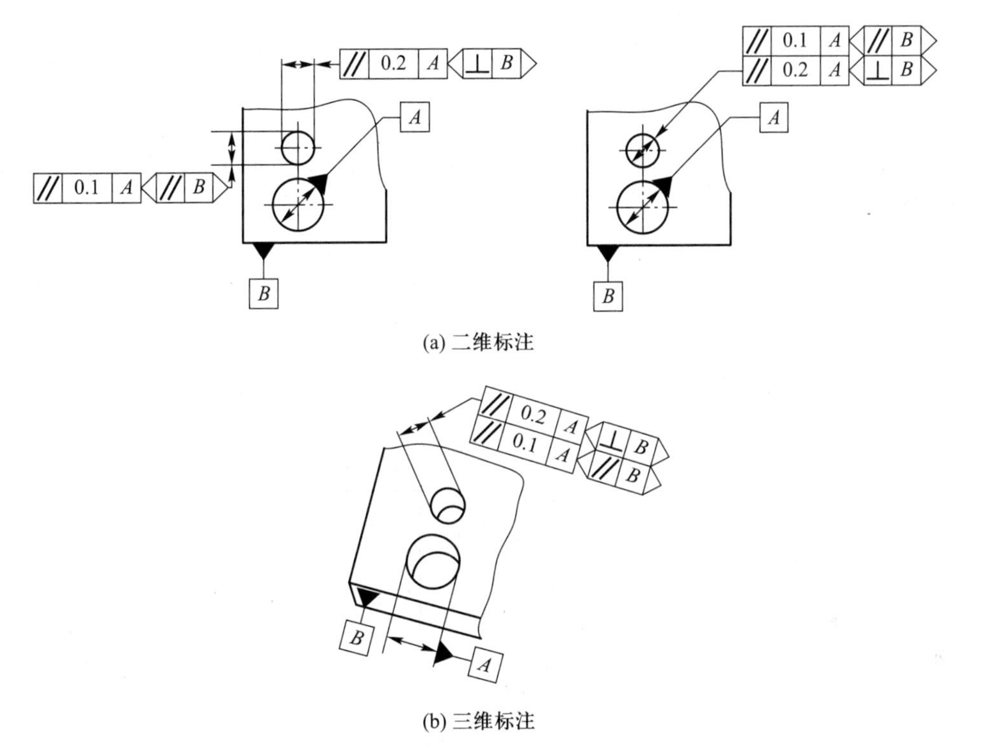

(a) 二维标注

(b) 三维标注

图 3-89　平行度标注

基于图 3-89 的规范，提取（实际）中心线应限定在两对间距分别等于 0.1 mm 和 0.2 mm、且平行于基准轴线 A 的平行平面之间，见图 3-90。定向平面框格规定了公差带宽度相对于基准平面 B 的方向。

1）定向平面框格规定了 0.2 mm 的公差带的限定平面垂直于定向平面 B；

2）定向平面框格规定了 0.1 mm 的公差带的限定平面平行于定向平面 B。

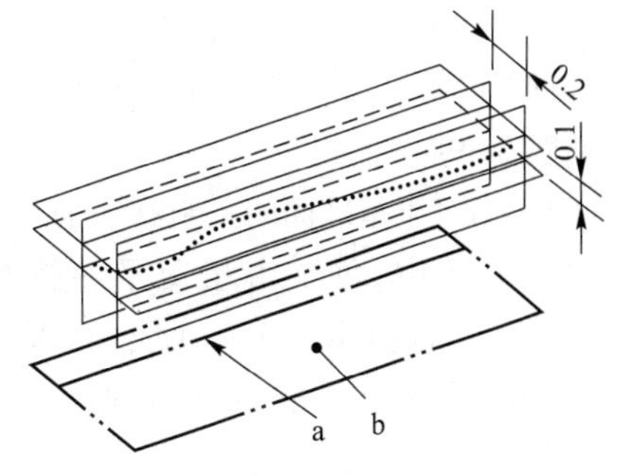

a—基准 A；b—基准 B

图 3-90　平行度公差带的定义

（2）相对于基准直线的中心线平行度公差

图 3-91 中，提取（实际）中心线应限定在平行于基准轴线 A、直径等于 ϕ0.03 mm 的圆柱面内。

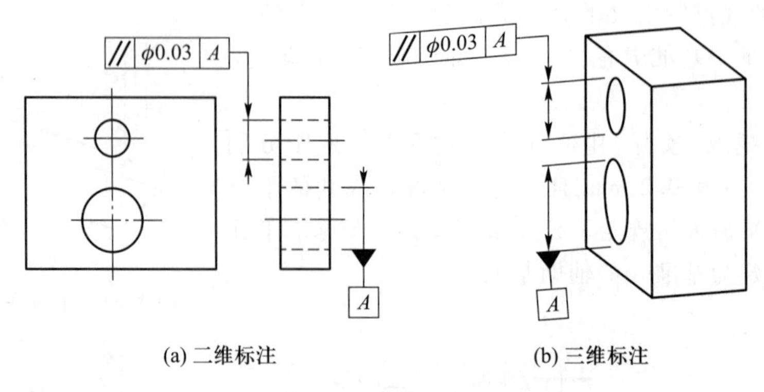

(a) 二维标注　　(b) 三维标注

图 3-91　平行度标注

若公差值前加注了符号 ϕ,则由图 3-91 的规范所定义的公差带为平行于基准轴线、直径等于公差值 ϕt 的圆柱面所限定的区域,见图 3-92。

(3) 相对于基准面的中心线平行度公差

图 3-93 中,提取(实际)中心线应限定在平行于基准平面 B、间距等于 0.01 mm 的两平行平面之间。

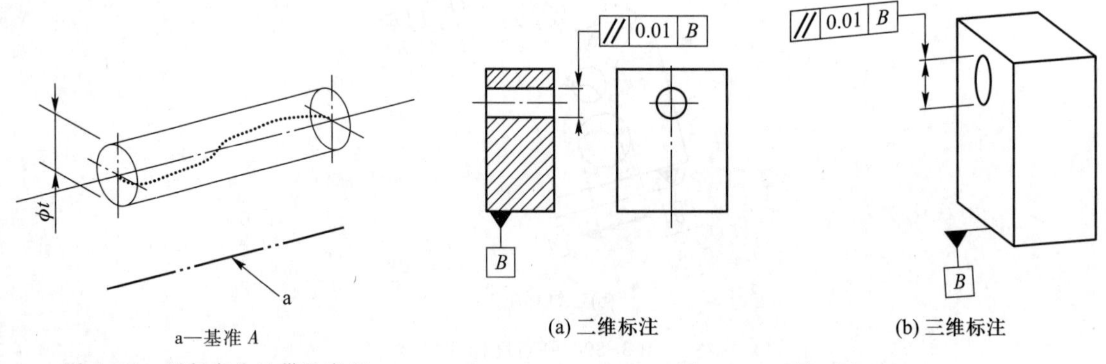

a—基准 A

图 3-92　平行度公差带的定义

(a) 二维标注　　(b) 三维标注

图 3-93　平行度标注

由图 3-93 的规范所定义的公差带为平行于基准平面、间距等于公差值 t 的两平行平面限定的区域,见图 3-94。

(4) 相对于基准面的一组在表面上的线平行度公差

图 3-95 中,每条由相交平面框格规定的,平行于基准面 B 的提取(实际)线,应限定在间距等于 0.02 mm,平行于基准平面 A 的两平行线之间。基准 B 为基准 A 的辅助基准。

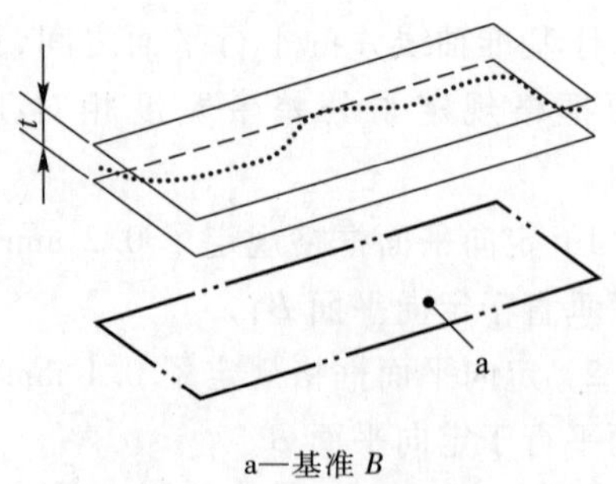

a—基准 B

图 3-94　平行度公差带的定义

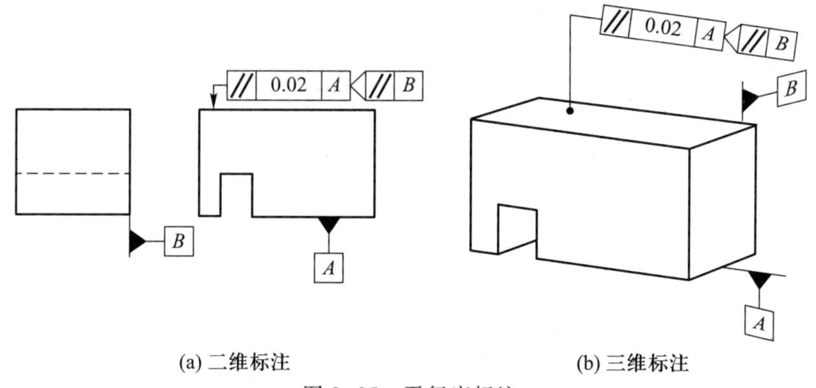

(a) 二维标注　　(b) 三维标注

图 3-95　平行度标注

由图 3-95 的规范所定义的公差带为间距等于公差值 t 的两平行直线所限定的区域。该两平行直线平行于基准平面 A 且处于平行于基准平面 B 的平面内,见图 3-96。

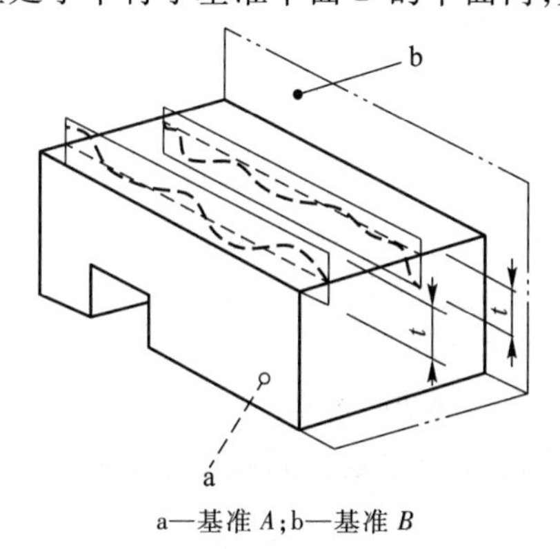

a—基准 A;b—基准 B

图 3-96　平行度公差带的定义

(5) 相对于基准直线的平面平行度公差

图 3-97 中,提取(实际)面应限定在间距等于 0.1 mm、平行于基准轴线 C 的两平行平面之间。

由图 3-97 的规范所定义的公差带为间距等于公差值 t、平行于基准的两平行平面所限定的区域,见图 3-98。

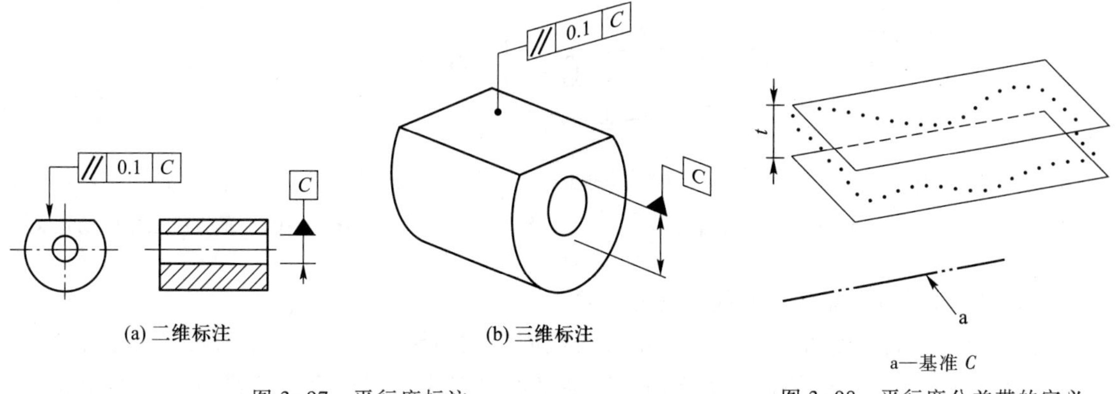

(a) 二维标注　　(b) 三维标注

图 3-97　平行度标注

a—基准 C

图 3-98　平行度公差带的定义

（6）相对于基准直线的平面平行度公差

图 3-99 中，提取（实际）表面应限定在间距等于 0.01 mm、平行于基准面 D 的两平行平面之间。

由图 3-99 的规范所定义的公差带为间距等于公差值 t、平行于基准平面的两平行平面所限定的区域，见图 3-100。

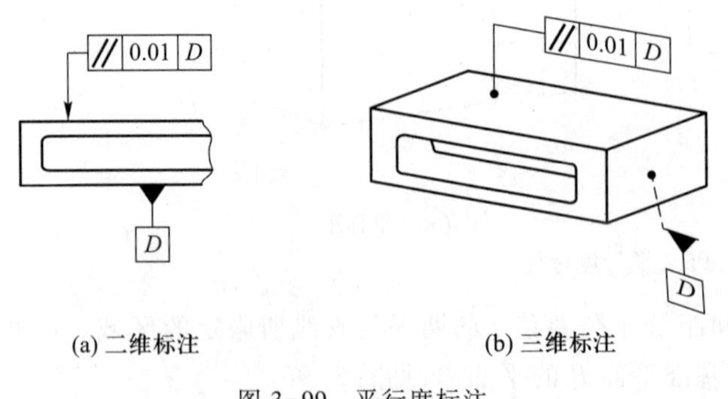

(a) 二维标注　(b) 三维标注

图 3-99　平行度标注

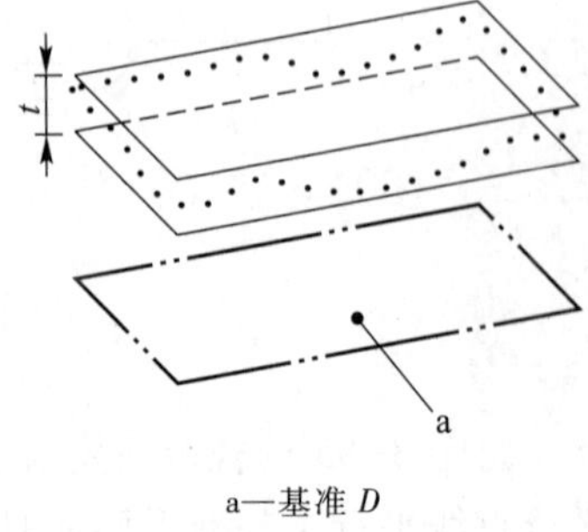

a—基准 D

图 3-100　平行度公差带的定义

2. 垂直度公差

被测要素可以是组成要素或导出要素，其公称被测要素的属性可以是线性要素、一组线性要素或面要素。公称被测要素的形状由直线或平面要素明确给定。若被测要素是公称平面，且被测要素是该平面上的一组直线，则应标注相交平面框格。应使用默认的 TED（90°）给定锁定在公称被测要素与基准之间的 TED 角度。

（1）相对于基准直线的中心线垂直度公差

图 3-101 中，提取（实际）中心线应限定在间距等于 0.06 mm、垂直于基准轴 A 的两平行平面之间。

由图 3-101 的规范所定义的公差带为间距等于公差值 t、垂直于基准轴线的两平行平面所限定的区域，见图 3-102。

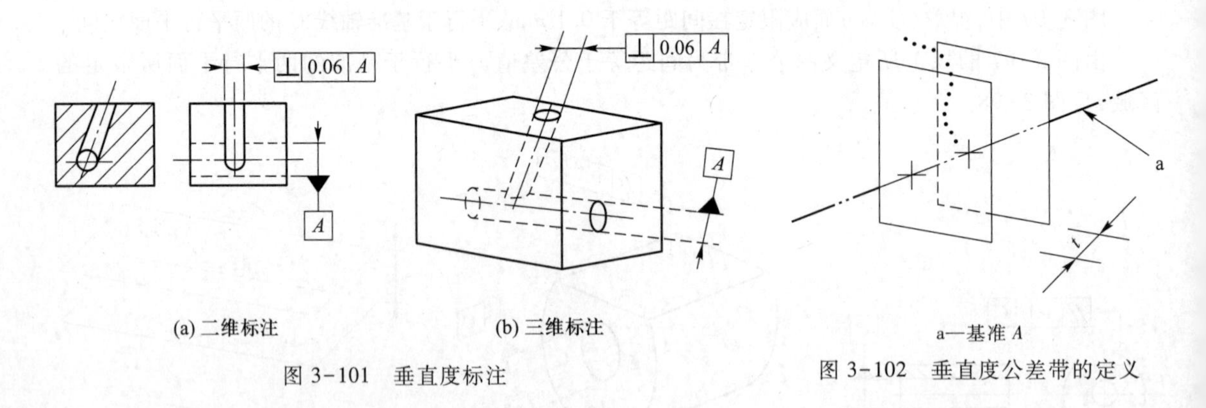

(a) 二维标注　(b) 三维标注

图 3-101　垂直度标注

a—基准 A

图 3-102　垂直度公差带的定义

（2）相对于基准体系的中心线垂直度公差

图 3-103 中，圆柱面的提取（实际）中心线应限定在间距等于 0.1 mm 的两平行平面之间。该两平行平面垂直于基准平面 A，且方向由基准平面 B 规定。基准 B 为基准 A 的辅助基准，国家标准规定的标注方式已废止。

由图 3-103 的规范所定义的公差带为间距等于公差值 t 的两平行平面所限定的区域。该两平行平面垂直于基准平面 A 且平行于辅助基准 B，见图 3-104。

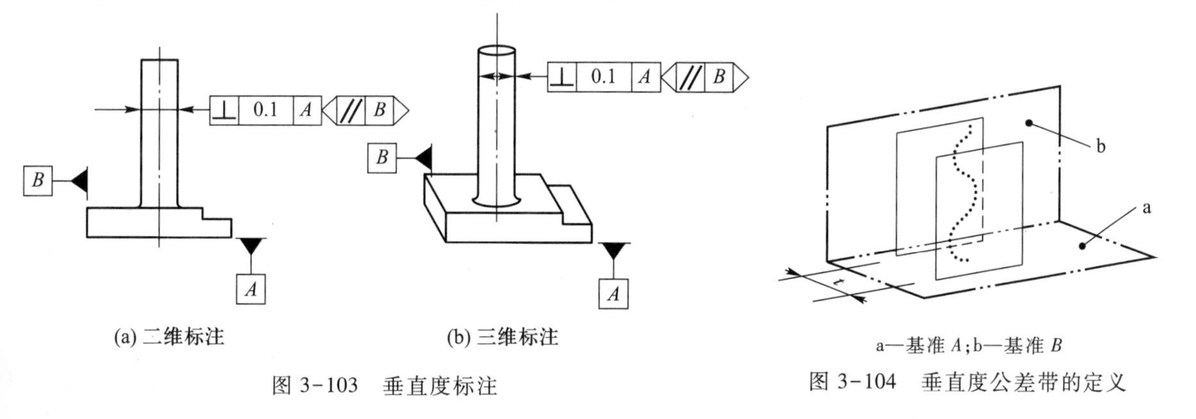

(a) 二维标注　(b) 三维标注

图 3-103　垂直度标注

图 3-104　垂直度公差带的定义

图 3-105 中，圆柱的提取（实际）中心线应限定在间距分别等于 0.1 mm 与 0.2 mm，且垂直于基准平面 A 的两组平行平面之间。公差带的方向使用定向平面框格由基准平面 B 规定。基准 B 是基准 A 的辅助基准，国家标准规定的标注方式已废止。

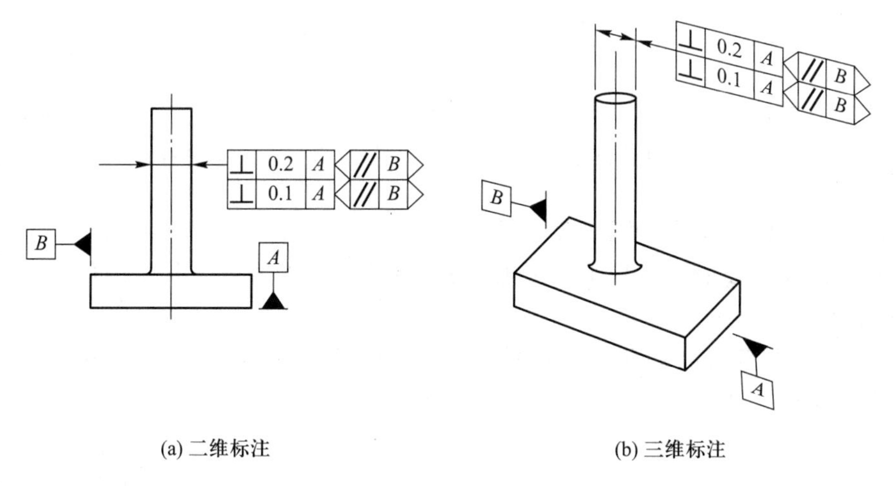

(a) 二维标注　(b) 三维标注

图 3-105　垂直度标注

由图 3-105 的规范所定义的公差带为间距分别等于公差值 0.1 mm 与 0.2 mm，且相互垂直的两组平行平面所限定的区域。该两组平行平面都垂直于基准平面 A。其中一组平行平面平行于辅助基准 B，见图 3-106a，另一组平行平面则垂直于辅助基准 B，见图 3-106b。

（3）相对于基准面的中心线垂直度公差

图 3-107 中，圆柱面的提取（实际）中心线应限定在直径等于 $\phi0.01$、垂直于基准平面 A 的圆柱面内。

若公差值前加注符号“ϕ”，则由图 3-107 的规范所定义的公差带为直径等于公差值 ϕt、轴线垂直于基准平面的圆柱面所限定的区域，见图 3-108。

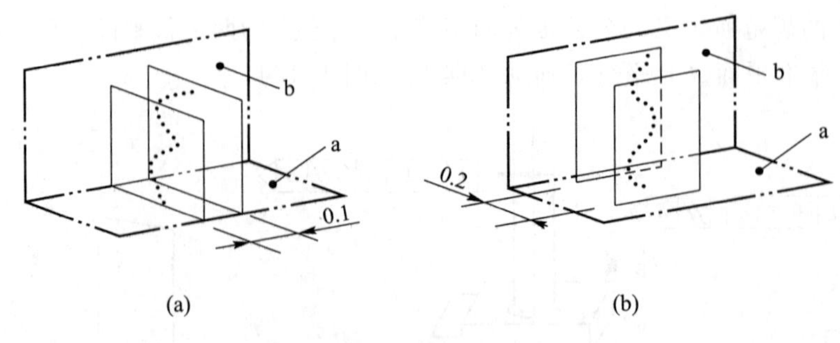

a—基准 A；b—基准 B

图 3-106　垂直度公差带的定义

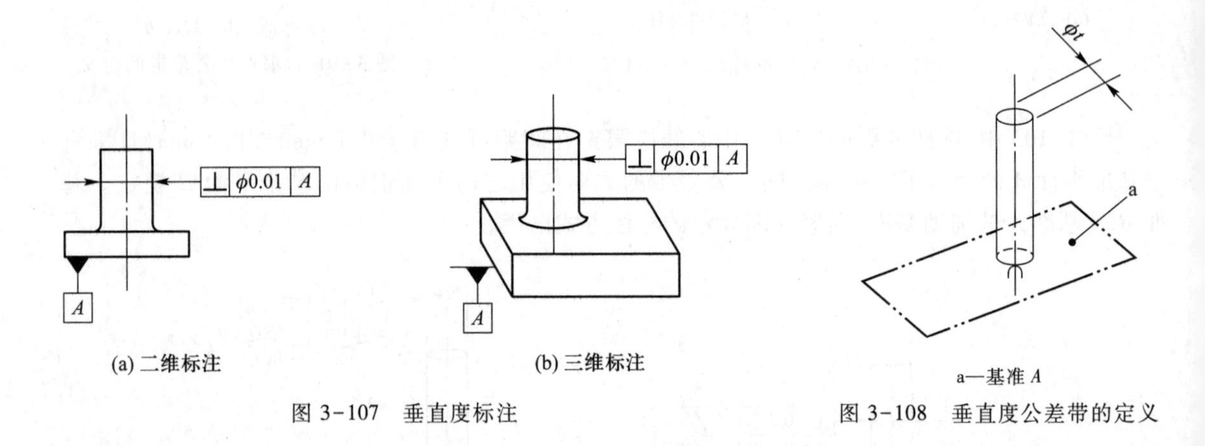

(a) 二维标注　　(b) 三维标注

图 3-107　垂直度标注

a—基准 A

图 3-108　垂直度公差带的定义

（4）相对于基准直线的平面垂直度公差

图 3-109 中，提取（实际）面应限定在间距等于 0.08 mm 的两平行平面之间。该两平行平面垂直于基准轴线 A。

由图 3-109 的规范所定义的公差带为间距等于公差值 t，且垂直于基准轴线的两平行平面所限定的区域，见图 3-110。

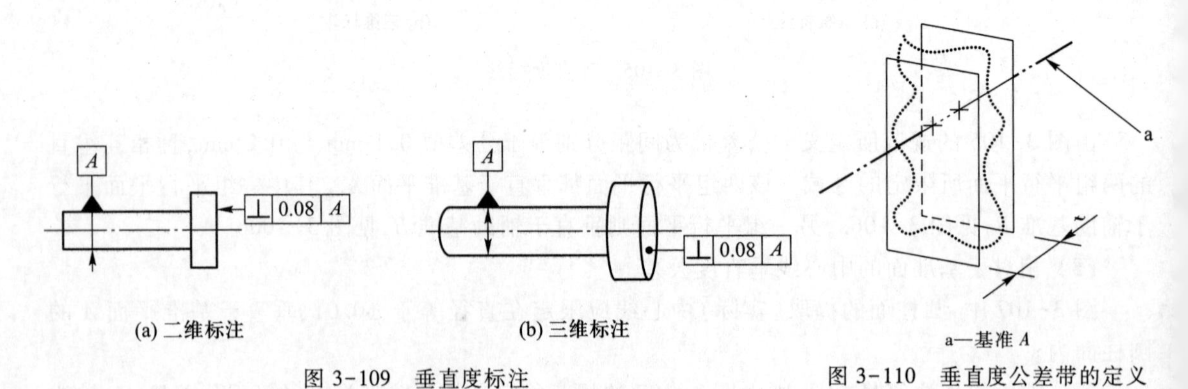

(a) 二维标注　　(b) 三维标注

图 3-109　垂直度标注

a—基准 A

图 3-110　垂直度公差带的定义

（5）相对于基准面的平面垂直度公差

图 3-111 中，提取（实际）面应限定在间距等于 0.08 mm、垂直于基准平面 A 的两平行平面

之间。

注意,图 3-111 中给出的标注未定义绕基准面法向的公差带旋转要求,只规定了方向。

由图 3-111 的规范所定义的公差带为间距等于公差值 t、垂直于基准平面 A 的两平行平面所限定的区域,见图 3-112。

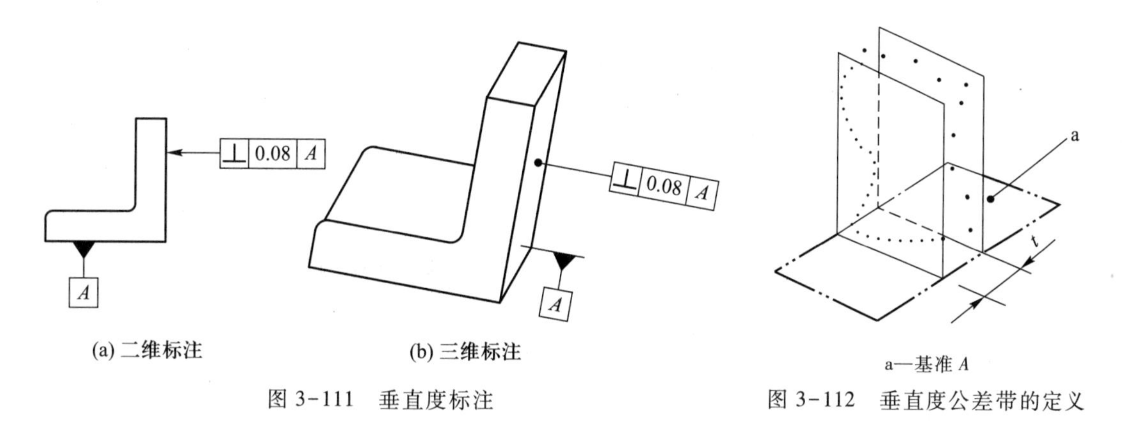

图 3-111　垂直度标注

图 3-112　垂直度公差带的定义

3. 倾斜度公差

被测要素可以是组成要素或导出要素。其公称被测要素的属性是线性要素、一组线性要素或面要素。每个公称被测要素的形状由直线或平面明确给定。如果被测要素是公称平面且被测要素是平面上的一组直线,则标注相交平面框格。应使用至少一个明确的 TED 给定锁定在公称要素与基准之间的 TED 角度,另外的角度则可通过默认的 TED 给定(0°或 90°)。

(1) 相对于基准直线的中心线倾斜度公差

图 3-113 中,提取(实际)中心线应限定在间距等于 0.08 mm 的两平行平面之间。该两平行平面按理论正确角度 60°倾斜于公共基准轴线 $A-B$。

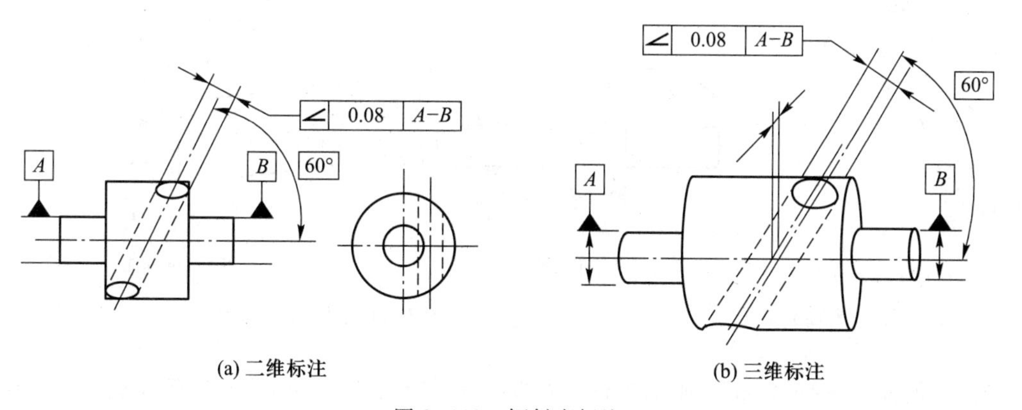

图 3-113　倾斜度标注

由图 3-113 的规范所定义的公差带为间距等于公差值 t 的两平行平面所限定的区域。该两平行平面按规定角度倾斜于基准轴线。被测线与基准线在不同的平面内,见图 3-114。

图 3-115 中，提取（实际）中心线应限定在直径等于 $\phi0.08$ 的圆柱面所限定的区域。该圆柱按理论正确角度 60°倾斜于公共基准轴线 $A-B$。

由图 3-115 的规范所定义的公差带为直径等于公差值 ϕt 的圆柱面所限定的区域，该圆柱面按规定角度倾斜于基准。被测线与基准线在不同的平面内，见图 3-116。

（2）相对于基准体系的中心线倾斜度公差

图 3-117 中，提取（实际）中心线应限定在直径等于 $\phi0.1$ 的圆柱面内。该圆柱面的中心线按理论正确角度 60°倾斜于基准平面 A 且平行于基准平面 B。

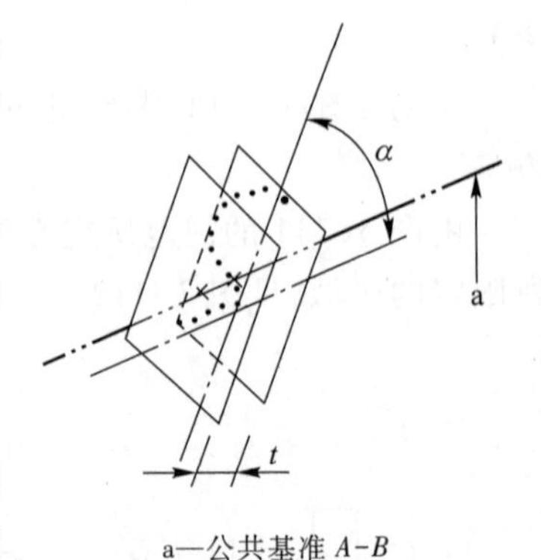

a—公共基准 $A-B$

图 3-114 倾斜度公差带的定义

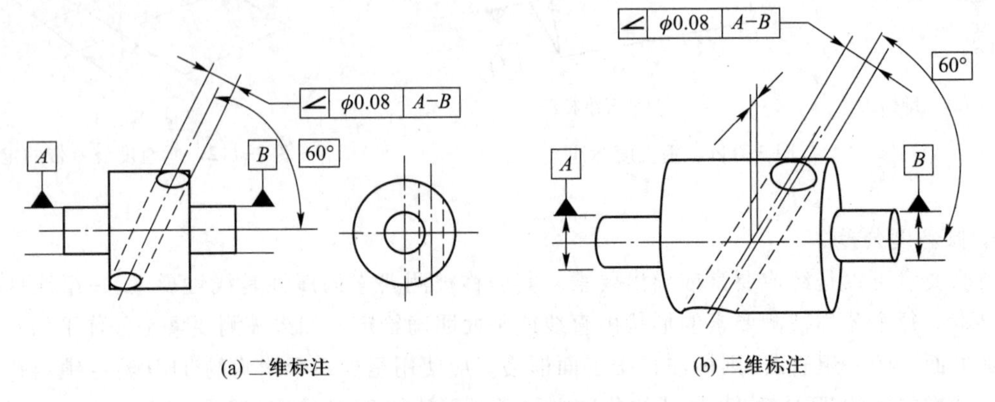

(a) 二维标注 (b) 三维标注

图 3-115 倾斜度

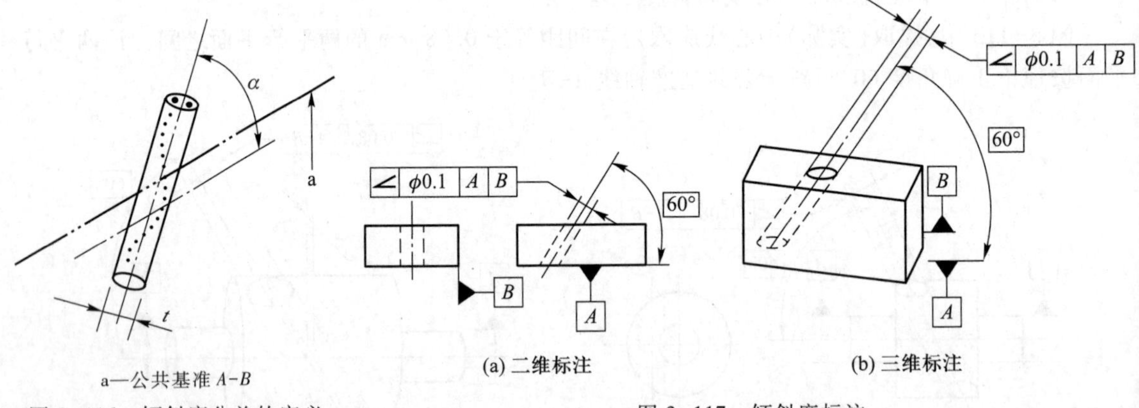

a—公共基准 $A-B$

图 3-116 倾斜度公差的定义

(a) 二维标注 (b) 三维标注

图 3-117 倾斜度标注

若公差值前加注符号“ϕ”，则由图 3-117 的规范所定义的公差带为直径等于公差值 ϕt 的圆柱面所限定的区域。该圆柱面公差带的轴线按规定角度倾斜于基准平面 A 且平行于基准平面 B，见图 3-118。

（3）相对于基准直线的平面倾斜度公差

图 3-119 中，提取（实际）表面应限定在间距等于 0.1 mm 的两平行平面之间。该两平行平

面按理论正确角度 75°倾斜于基准轴线 A。

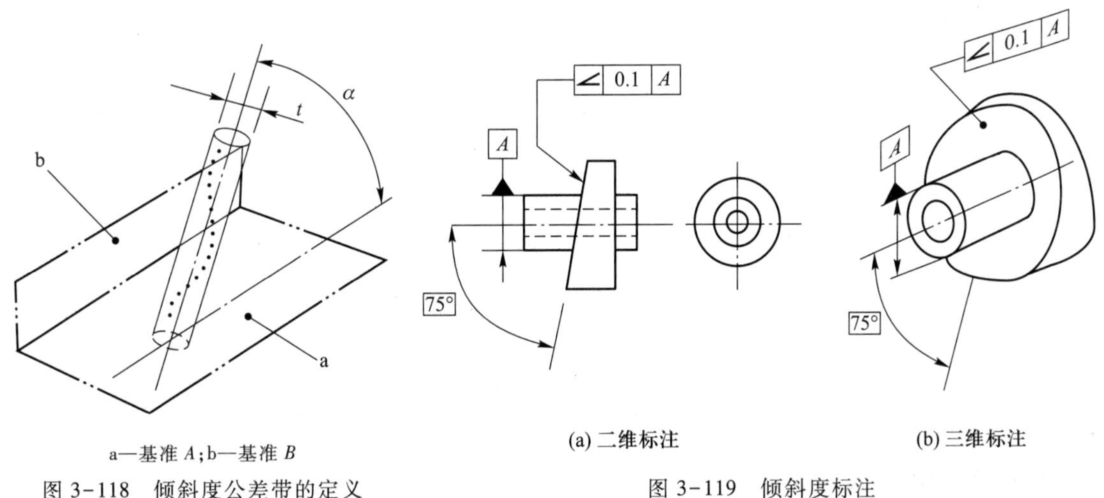

a—基准 A；b—基准 B

图 3-118 倾斜度公差带的定义

(a) 二维标注　(b) 三维标注

图 3-119 倾斜度标注

由图 3-119 的规范所定义的公差带为间距等于公差值 t 的两平行平面所限定的区域。该两平行平面按规定角度倾斜于基准直线，见图 3-120。

（4）相对于基准面的平面倾斜度公差

图 3-121 中，提取（实际）表面应限定在间距等于 0.08 mm 的两平行平面之间。该两平行平面按理论正确角度 40°倾斜于基准平面 A。

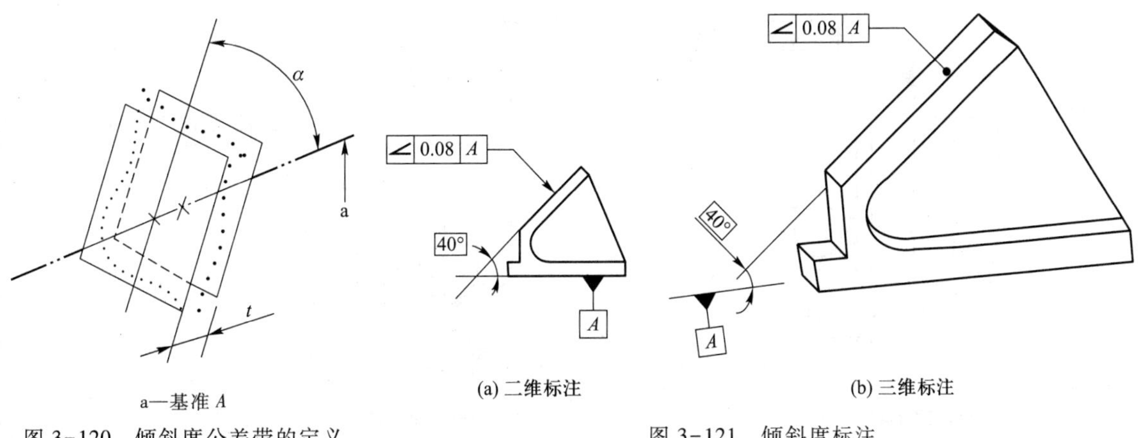

a—基准 A

图 3-120 倾斜度公差带的定义

(a) 二维标注　(b) 三维标注

图 3-121 倾斜度标注

由图 3-121 的规范所定义的公差带为间距等于公差值 t 的两平行平面所限定的区域。该两平行平面按规定角度倾斜于基准平面，见图 3-122。

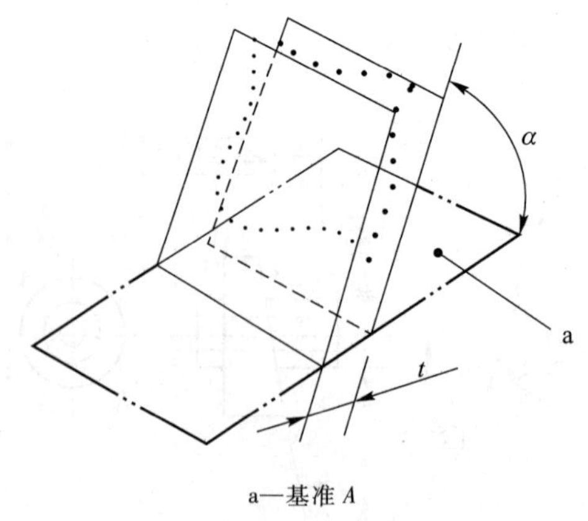

a—基准 A

图 3-122 倾斜度公差带的定义

3.4.3 位置公差

1. 位置度公差

被测要素可以是组成要素或导出要素，其公称被测要素的属性为一个组成要素或导出的点、直线或平面，或为导出曲线或导出曲面。

(1) 导出点的位置度公差

图 3-123 中，提取（实际）球心应限定在直径等于 $S\phi0.3$ 的球面内。该球面的中心与基准平面 A、基准平面 B、基准中心平面 C 及被测球所确定的理论正确位置一致。

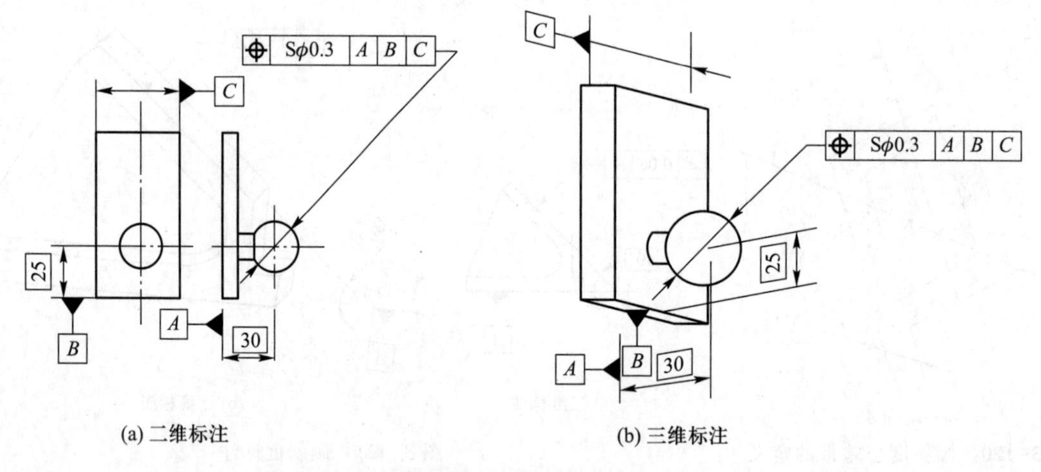

(a) 二维标注 (b) 三维标注

图 3-123 位置度标注

因为公差值前加注“$S\phi$”，所以由图 3-123 的规范所定义的公差带为直径等于公差值 $S\phi0.3$ 的球面所限定的区域。该球面的中心位置由相对于基准 A、B、C 的理论正确尺寸确定，见图 3-124。

(2) 中心线的位置度公差

图 3-125 中，各孔的提取（实际）中心线在给定方向上应各自限定在间距分别等于 0.05 mm 及 0.2 mm 且相互垂直的两对平行平面内。每对平行平面的方向由基准体系确定，且对称于基准平面 C、A、B 及被测孔所确定的理论正确位置。

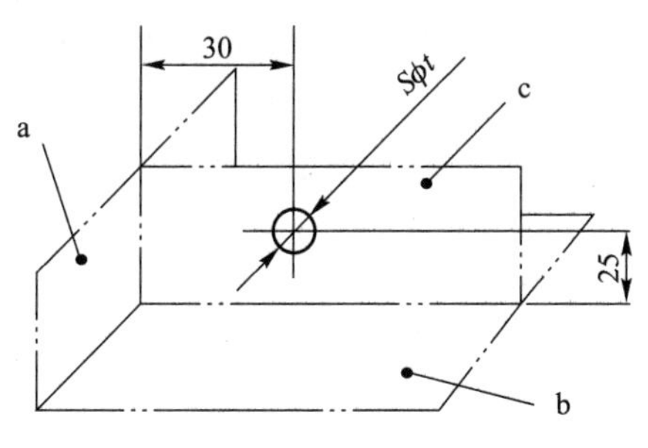

a—基准 A；b—基准 B；c—基准 C

图 3-124　位置度公差带的定义

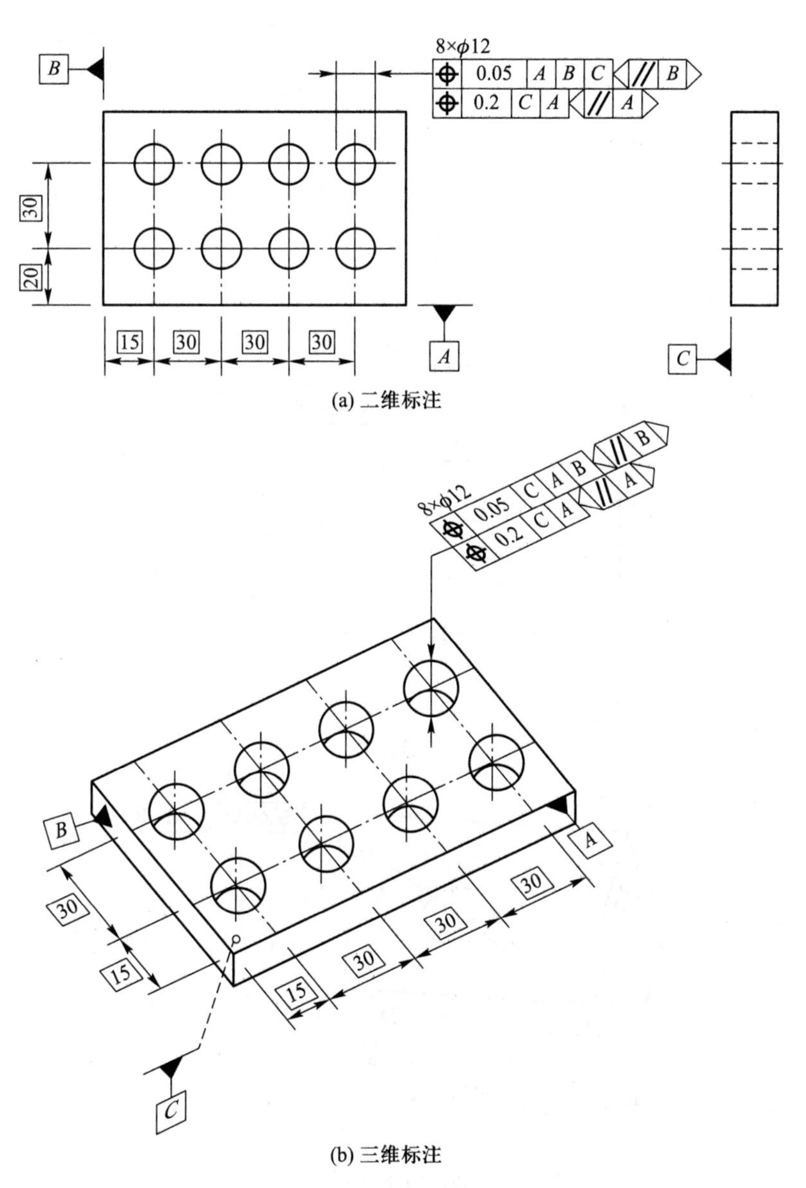

图 3-125　位置度标注

由图 3-125 的规范所定义的公差带为间距分别等于公差值 0.05 mm 与 0.2 mm、对称于理论正确位置的平行平面所限定的区域。该理论正确位置由相对于基准 *C*、*A*、*B* 的理论正确尺寸确定。该公差在基准体系的两个方向上给定，见图 3-126。

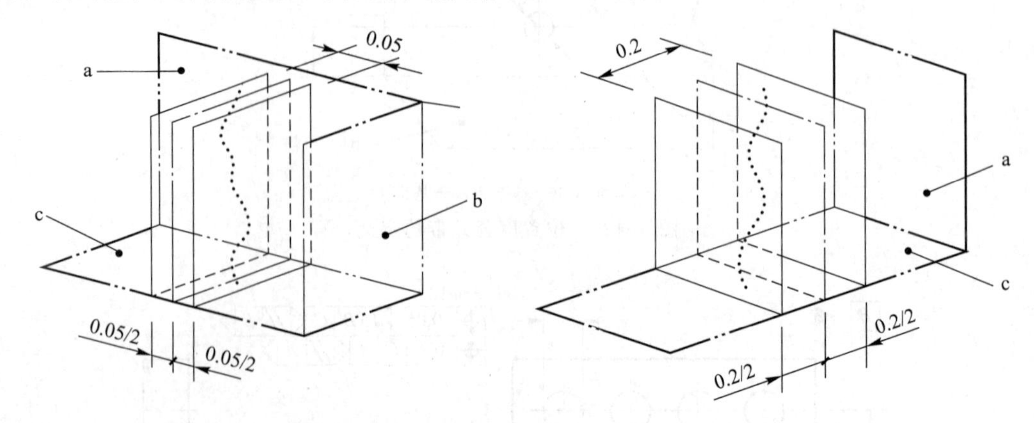

a—第二基准 *A*，与基准 *C* 垂直；b—第三基准 *B*，与基准 *C* 以及第二基准 *A* 垂直；c—基准 *C*

图 3-126　位置度公差带的定义

图 3-127 中，提取(实际)中心线应限定在直径等于 ϕ0.08 的圆柱面内。该圆柱面的轴线应处于由基准平面 *C*、*A*、*B* 与被测孔所确定的理论正确位置。

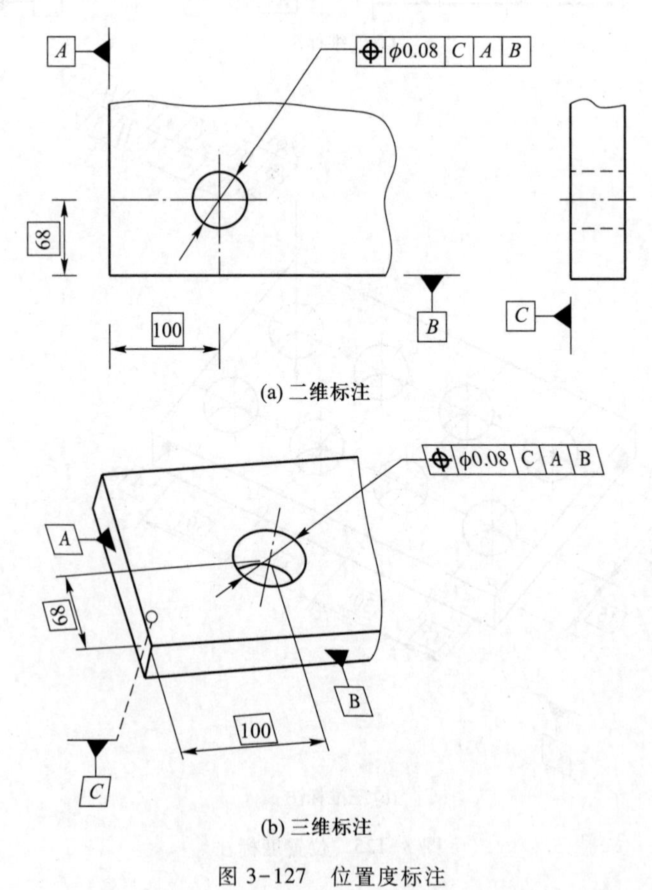

图 3-127　位置度标注

图 3-128 中,各孔的提取(实际)中心线应各自限定在直径等于 $\phi 0.1$ 的圆柱面内。该圆柱面的轴线应处于由基准 C、A、B 与被测孔所确定的理论正确位置。

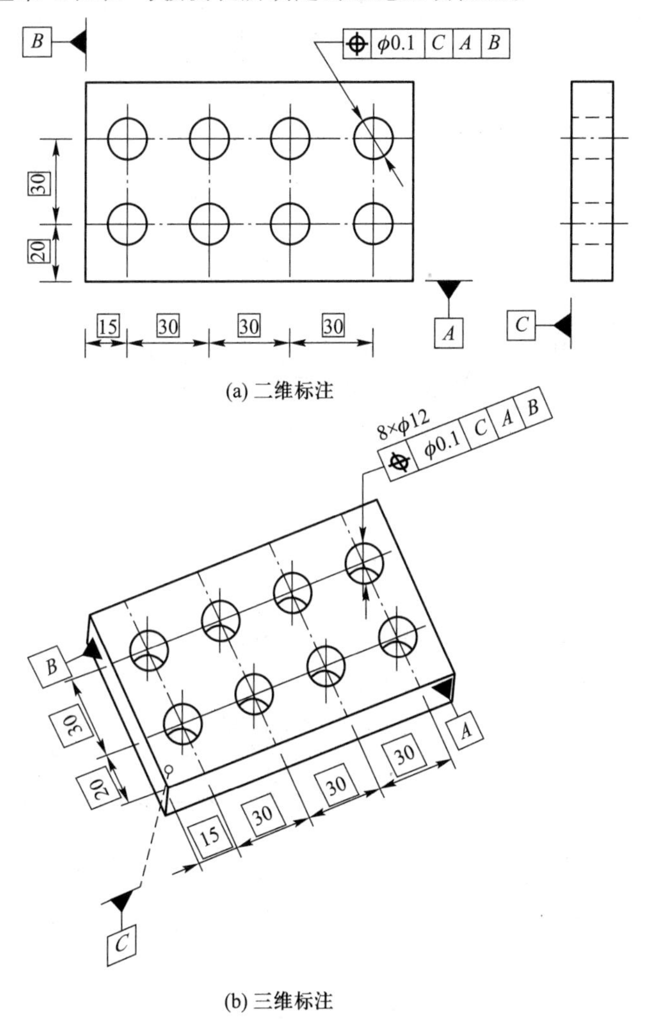

图 3-128　位置度标注

若公差值前加注符号"ϕ",则由图 3-127 与图 3-128 的规范所定义的公差带为直径等于公差值 ϕt 的圆柱面所限定的区域。该圆柱面轴线的位置由相对于基准 C、A、B 的理论正确尺寸确定,见图 3-129。

(3) 中心线的位置度公差

图 3-130 中,各条刻线的提取(实际)中心线应限定在距离等于 0.1,对称于基准面 A、B 与被测线所确定的理论正确位置的两平行平面之间。

由图 3-130 的规范所定义的六个被测要素的每个公差带为间距等于公差值 0.1 mm、对称于要素中心线的两

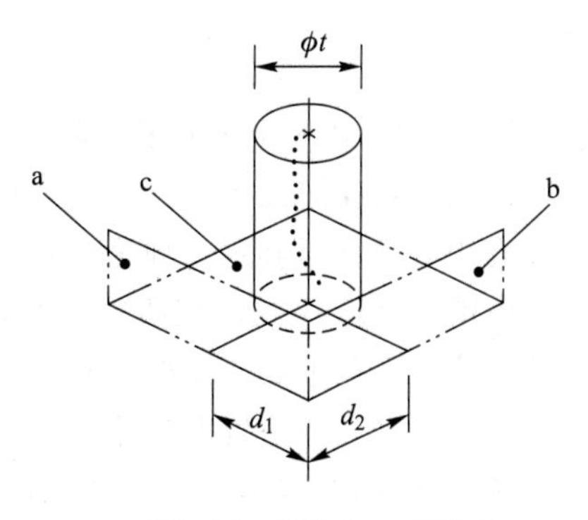

a—基准 A;b—基准 B;c—基准 C

图 3-129　位置度公差带的定义

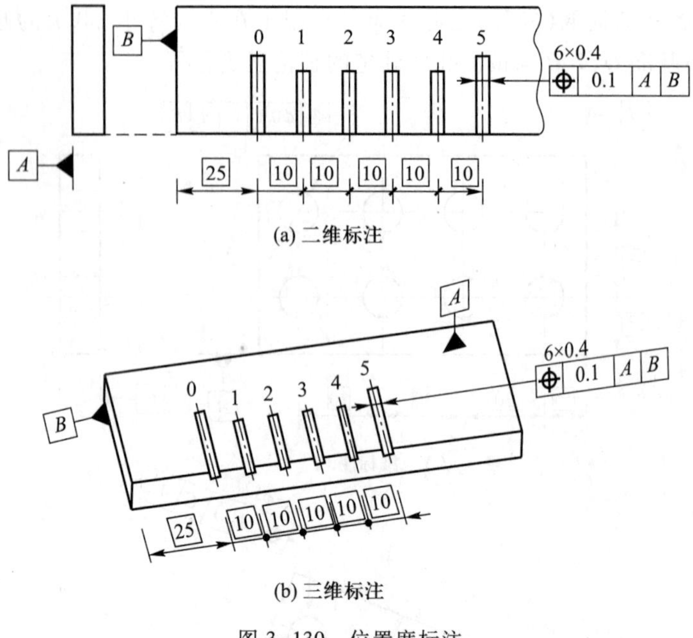

图 3-130　位置度标注

平行平面所限定的区域。中心平面的位置由相对于基准 A、B 的理论正确尺寸确定。规范仅适用于一个方向,见图 3-131。

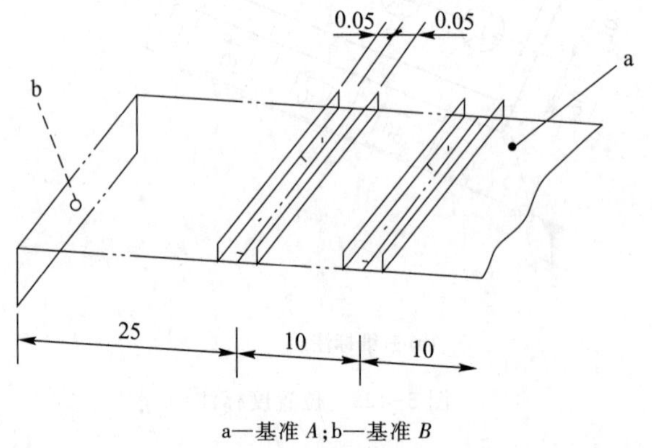

a—基准 A;b—基准 B

图 3-131　位置度公差的定义

图 3-132 中,8 个被测要素的每一个应单独考量(与其相互之间的角度无关),提取(实际)中心面应限定在间距等于公差值 0.05 mm 的两平行平面之间。该两平行平面对称于由基准轴线 A 与中心表面所确定的理论正确位置。

由图 3-132 中的规范所定义的公差带为间距等于公差值 0.05 mm 的两平行平面所限定的区域。该两平行平面绕基准 A 对称布置,见图 3-133。

(4) 平表面的位置度公差

图 3-134 中,提取(实际)表面应限定在间距等于 0.05 mm 的两平行平面之间。该两平行平面对称于由基准平面 A、基准轴线 B 与该被测表面所确定的理论正确位置。

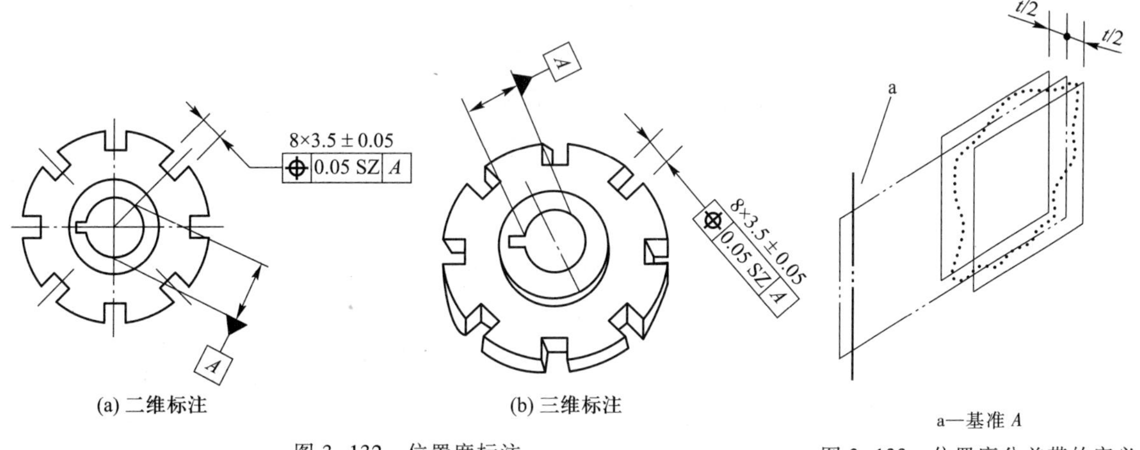

(a) 二维标注　(b) 三维标注

图 3-132　位置度标注

a—基准 *A*

图 3-133　位置度公差带的定义

由图 3-134 的规范所定义的公差带为间距等于公差值 t 的两平行平面所限定的区域。该两平行平面对称于由相对于基准 *A*、*B* 的理论正确尺寸所确定的理论正确位置，见图 3-135。

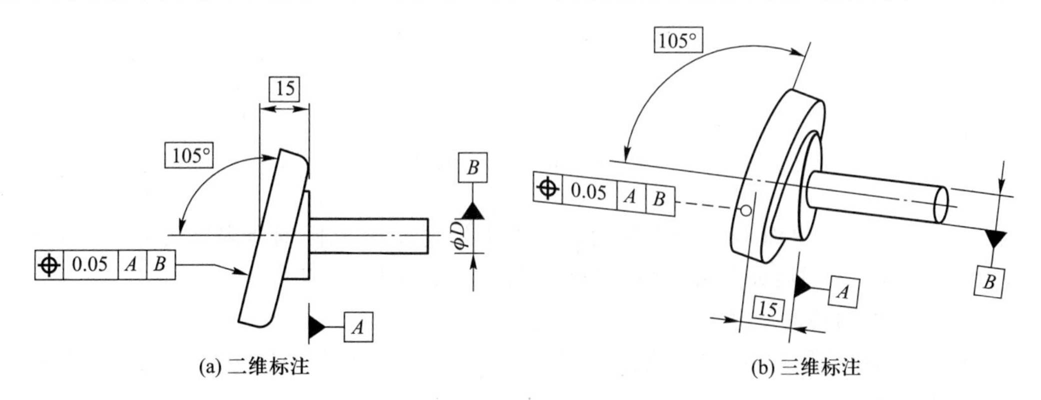

(a) 二维标注　(b) 三维标注

图 3-134　位置度标注

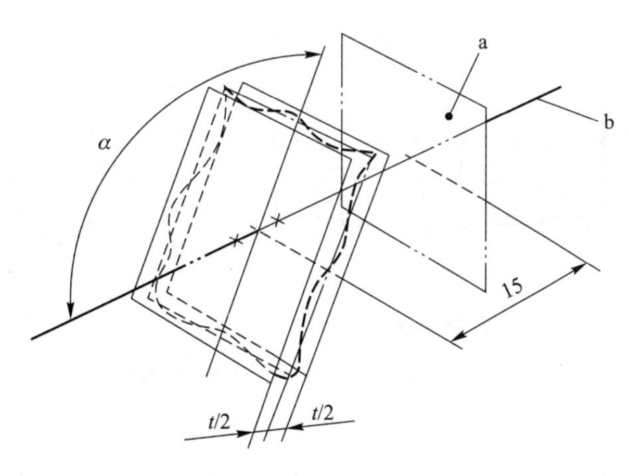

a—基准 *A*；b—基准 *B*

图 3-135　位置度公差的定义

2. 同心度和同轴度公差

被测要素可以是导出要素,其公称被测要素的属性与形状是点要素、一组点要素或直线要素。当所标注的要素的公称状态为直线且被测要素为一组点时,应标注“ACS”。此时,每个点的基准也是同一横截面上的一个点。锁定在公称被测要素与基准之间的角度与线性尺寸则由默认的 TED 给定。

(1) 点的同心度公差

图 3-136 中,在任意横截面内,内圆的提取(实际)中心应限定在直径等于 $\phi0.1$、以基准点 A(在同一横截面内)为圆心的圆周内。

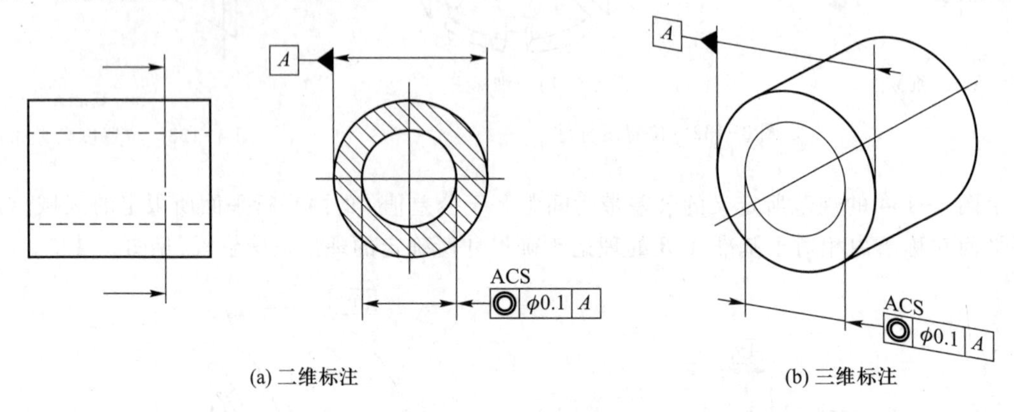

图 3-136 同心度标注

由图 3-136 的规范所定义的公差带为直径等于公差值 ϕt 的圆周所限定的区域。公差值之前应使用符号“ϕ”,该圆周公差带的圆心与基准点重合,见图 3-137。

(2) 中心线的同轴度公差

图 3-138 中,被测圆柱的提取(实际)中心线应限定在直径等于 $\phi0.08$、以公共基准轴线 $A-B$ 为轴线的圆柱面内。

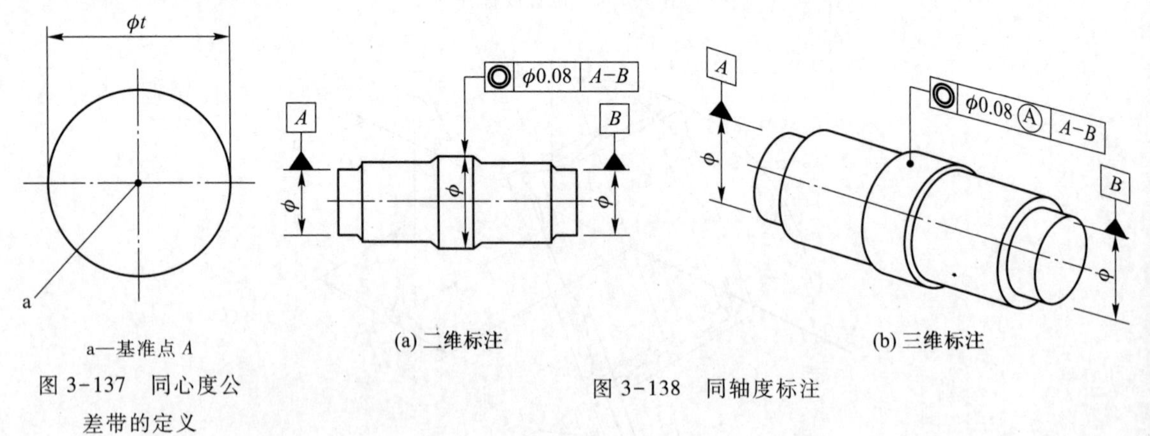

图 3-137 同心度公差带的定义

图 3-138 同轴度标注

图 3-139 中,被测圆柱的提取(实际)中心线应限定在直径等于 $\phi0.1$、以基准轴线 A 为轴线的圆柱面内。

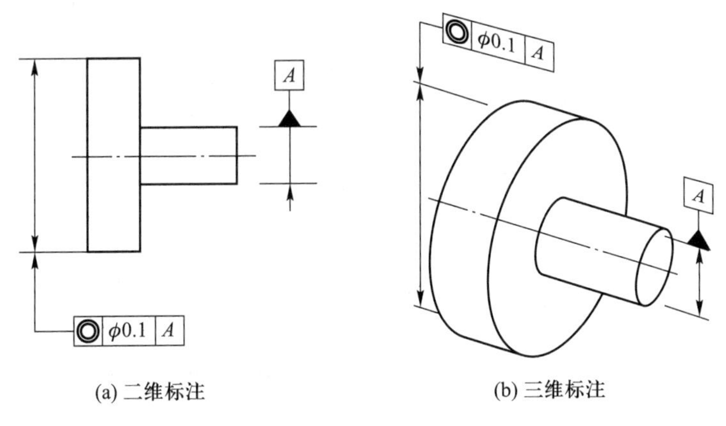

(a) 二维标注　　(b) 三维标注

图 3-139　同轴度标注

图 3-140 中，被测圆柱的提取（实际）中心线应限定在直径等于 ϕ0.1、以垂直于基准平面 A 的基准轴线 B 为轴线的圆柱面内。

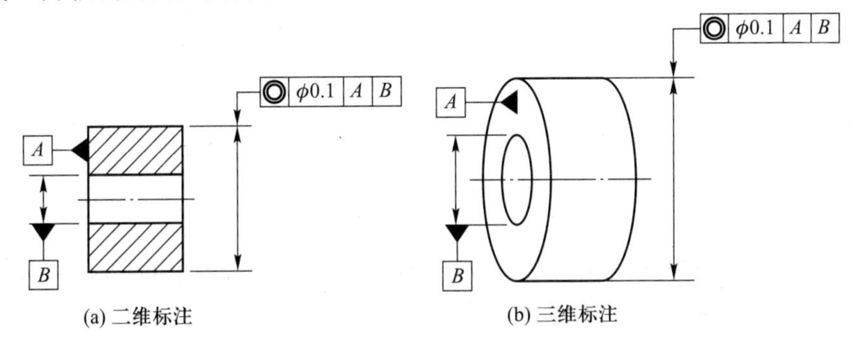

(a) 二维标注　　(b) 三维标注

图 3-140　同轴度标注

因为公差值之前使用了符号"ϕ"，由图 3-138～图 3-140 的规范所定义的公差带为直径等于公差值的圆柱面所限定的区域。该圆柱面的轴线与基准轴线重合，见图 3-141。

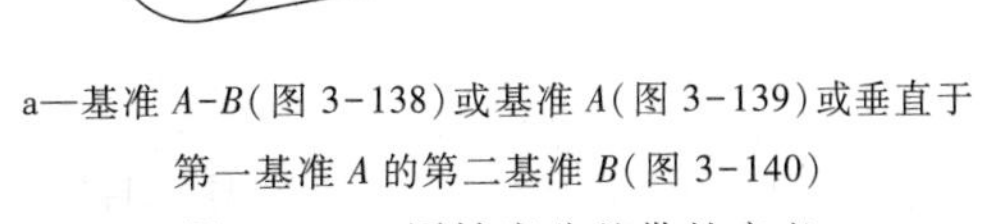

a—基准 A-B（图 3-138）或基准 A（图 3-139）或垂直于第一基准 A 的第二基准 B（图 3-140）

图 3-141　同轴度公差带的定义

3. 对称度公差

被测要素可以是组成要素或导出要素。其公称被测要素的形状与属性可以是点要素、一组点要素、直线、一组直线或平面。当所标注的要素的公称状态为平面，且被测要素为该表面上的一组直线时，应标注相交平面框格。当所标注的要素的公称状态为直线，且被测要素为线要素上的一组点要素时，应标注 ACS。此时，每个点的基准都是在同一横截面上的一个点。在公差框格中应至少标注一个基准，且该基准可锁定公差带的一个未受约束的转换。锁定公称被测要素与基准之间的角度与线性尺寸可由默认的 TED 给定。

如果所有相关的线性 TED 均为零，则对称度公差可应用在所有位置度公差的场合。

图 3-142 中，提取（实际）中心表面应限定在间距等于 0.08 mm，对称于基准中心平面 A 的两平行平面之间。

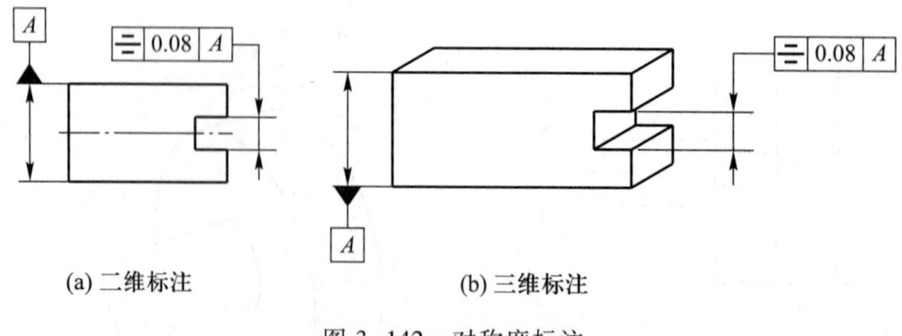

图 3-142 对称度标注

图 3-143 中，提取（实际）中心面应限定在间距等于 0.08 mm、对称于公共基准中心平面 *A*-*B* 的两平行平面之间。

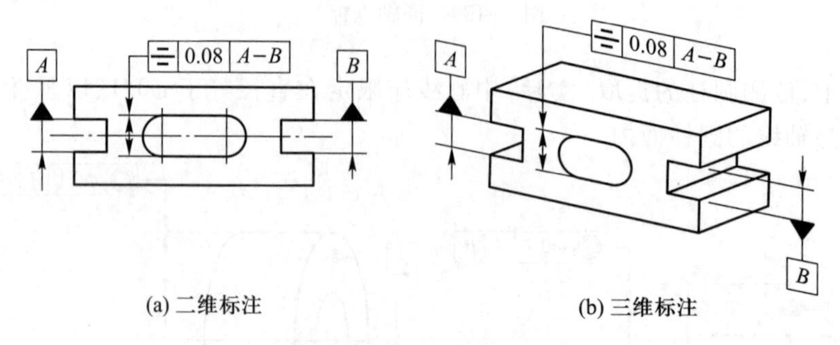

图 3-143 对称度标注

由图 3-142 与图 3-143 的规范所定义的公差带为间距等于公差值 0.08 mm、对称于基准中心平面的两平行平面所限定的区域，见图 3-144。

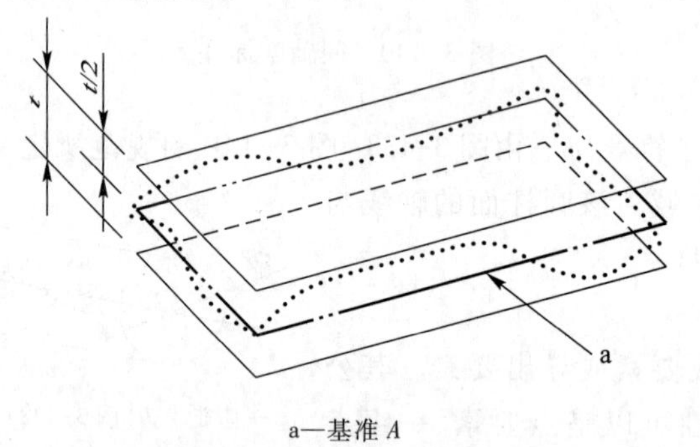

a—基准 *A*

图 3-144 对称度公差带的定义

3.4.4 跳动公差

1. 圆跳动公差

被测要素是组成要素，其公称被测要素的形状与属性由圆环线或一组圆环线明确给定，属线性要素。

(1) 径向圆跳动公差

图 3-145 中，在任一垂直于基准轴线 *A* 的横截面内，提取（实际）线应限定在半径差等于 0.1 mm、圆心在基准轴线 *A* 上的两共面同心圆之间。

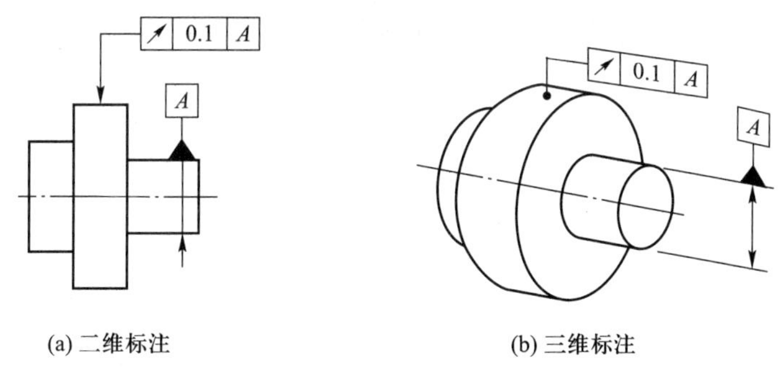

图 3-145 圆跳动标注

图 3-146 中,在任一平行于基准平面 *B*、垂直于基准轴线 *A* 的横截面上,提取(实际)圆应限定在半径差等于 0.1 mm、圆心在基准轴线 *A* 上的两共面同心圆之间。

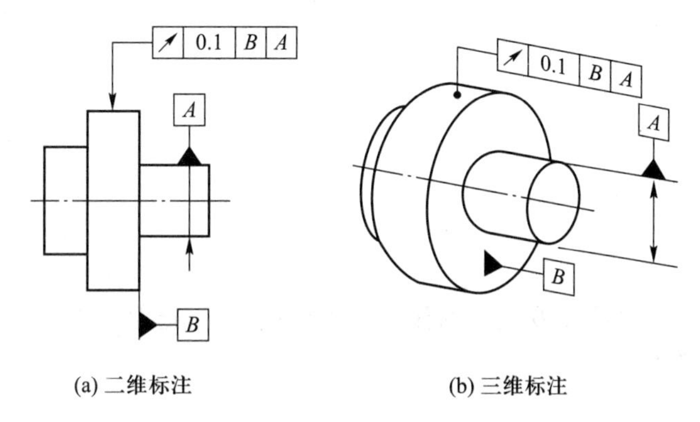

图 3-146 圆跳动标注

图 3-147 中,在任一垂直于公共基准直线 *A*-*B* 的横截面内,提取(实际)线应限定在半径差等于公差值 0. 1 mm、圆心在基准轴线 *A*-*B* 上的两共面同心圆之间。

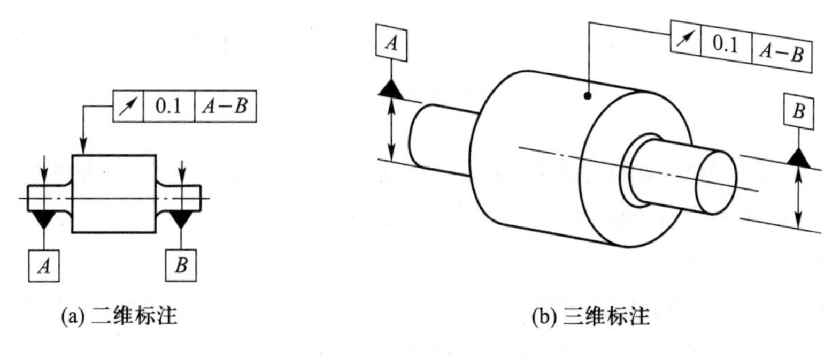

图 3-147 圆跳动标注

由图 3-145~图 3-147 的规范所定义的公差带为在任一垂直于基准轴线的横截面内、半径差等于公差值 t、圆心在基准轴线上的两同心圆所限定的区域,见图 3-148。

图 3-149 中,在任一垂直于基准轴线 A 的横截面内,提取(实际)线应限定在半径差等于 0.2 mm的共面同心圆之间。

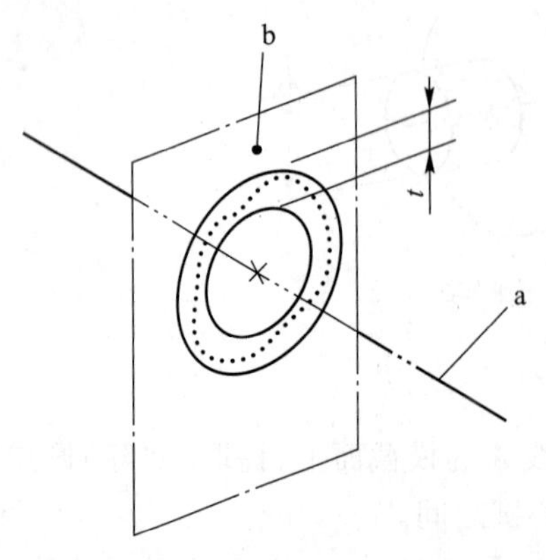

a—基准 A(图 3-145)或垂直于基准 B 的第二基准 A(图 3-146)或基准 $A-B$(图 3-147);
b—垂直于基准 A 的横截面(图 3-145)或平行于基准 B 的横截面(图 3-146)或垂直于基准 $A-B$ 的横截面

图 3-148　圆跳动公差带的定义

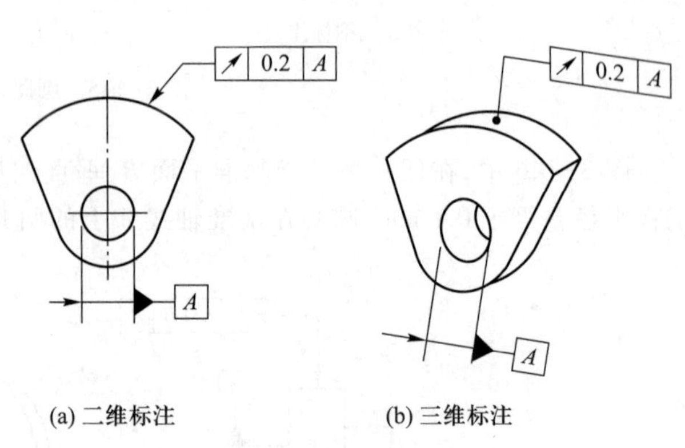

图 3-149　圆跳动标注

(2) 轴向圆跳动公差

图 3-150 中,在与基准轴线 D 同轴的任一圆柱形截面上,提取(实际)圆应限定在轴向距离等于 0.1 mm 的两个等圆之间。

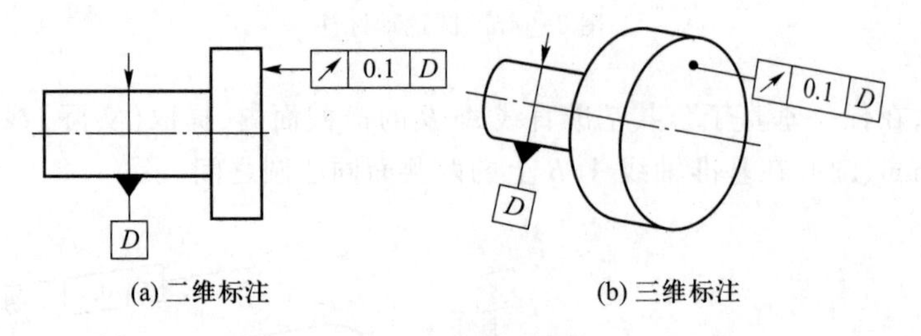

图 3-150　圆跳动标注

由图 3-150 的规范所定义的公差带为与基准轴线同轴的任一半径的圆柱截面上、间距等于公差值 0.1 mm 的两圆所限定的圆柱面区域,见图 3-151。

(3) 斜向圆跳动公差

图 3-152 中,在与基准轴线 C 同轴的任一圆锥截面上,提取(实际)线应限定在素线方向间距等于 0.1 mm 的两不等圆之间,并且截面的锥角与被测要素垂直。

如图 3-153 所示,当被测要素的素线不是直线时,圆锥截面的锥角要随所测圆的实际位置而改变,以保持与被测要素垂直。

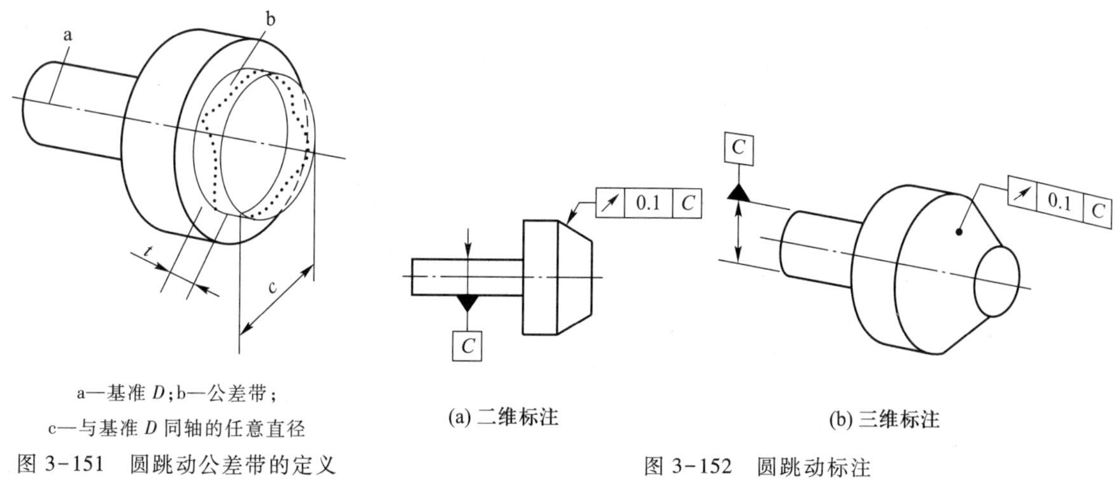

a—基准 D；b—公差带；
c—与基准 D 同轴的任意直径

图 3-151　圆跳动公差带的定义

(a) 二维标注

(b) 三维标注

图 3-152　圆跳动标注

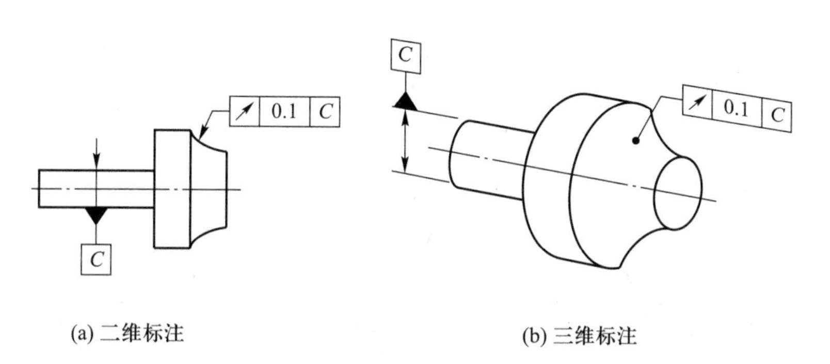

(a) 二维标注

(b) 三维标注

图 3-153　圆跳动标注

由图 3-153 的规范所定义的公差带为与基准轴线同轴的任一圆锥截面上、间距等于公差值 t 的两圆所限定的圆锥面区域，见图 3-154。

除非另有规定，公差带的宽度应沿规定几何要素的法向。

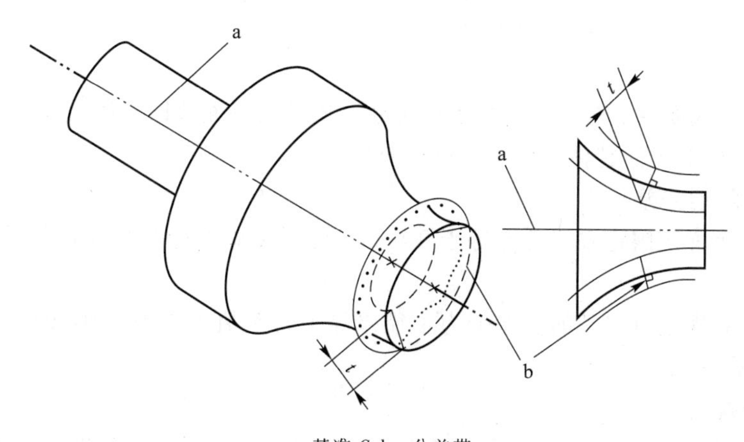

a—基准 C；b—公差带

图 3-154　圆跳动公差带的定义

(4) 给定方向的圆跳动公差

图 3-155 中,在相对于方向要素(给定角度 α)的任一圆锥截面上,提取(实际)线应限定在圆锥截面内间距等于 0.1 mm 的两圆之间。

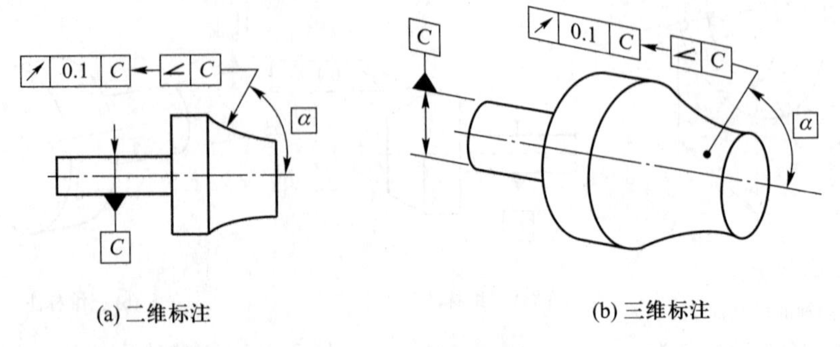

图 3-155 圆跳动标注

由图 3-155 的规范所定义的公差带为在轴线与基准轴线同轴的、具有给定锥角的任一圆锥截面上,间距等于公差值 t 的两不等圆所限定的区域,见图 3-156。

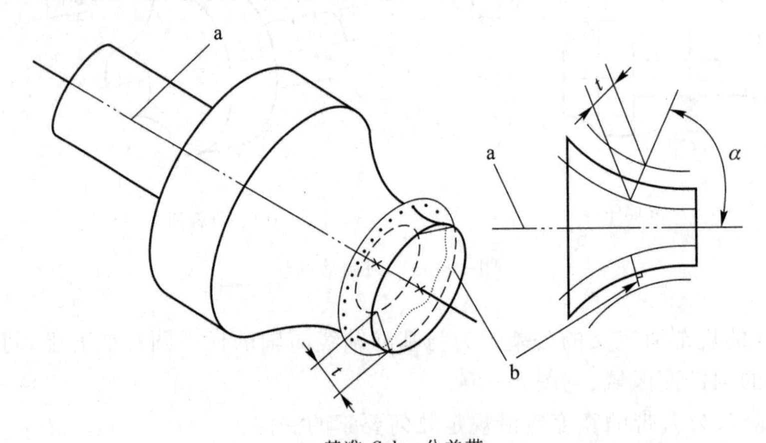

a—基准 C;b—公差带

图 3-156 圆跳动公差带的定义

2. 全跳动公差

被测要素是组成要素。公称被测要素的形状与属性为平面或回转体表面。公差带保持被测要素的公称形状,但对于回转体表面不约束径向尺寸。

(1) 径向全跳动公差

提取(实际)表面应限定在半径差等于 0.1 mm、与公共基准轴线 $A-B$ 同轴的两圆柱面之间,见图 3-157。

由图 3-157 的规范所定义的公差带为半径差等于公差值 t、与基准轴线同轴的两圆柱面所限定的区域,见图 3-158。

(2) 轴向全跳动公差

图 3-159 中,提取(实际)表面应限定在间距等于 0. 1 mm、垂直于基准轴线 D 的两平行平面之间。

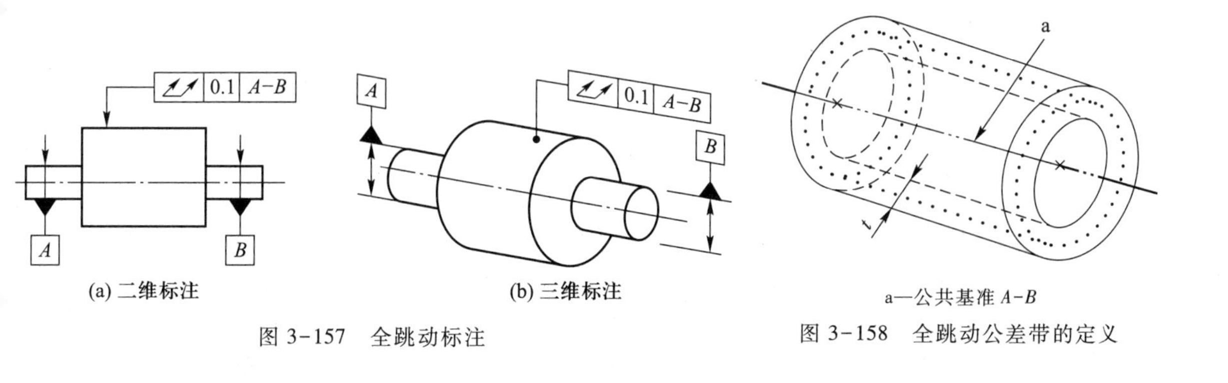

(a) 二维标注 (b) 三维标注

图 3-157 全跳动标注

a—公共基准 A−B

图 3-158 全跳动公差带的定义

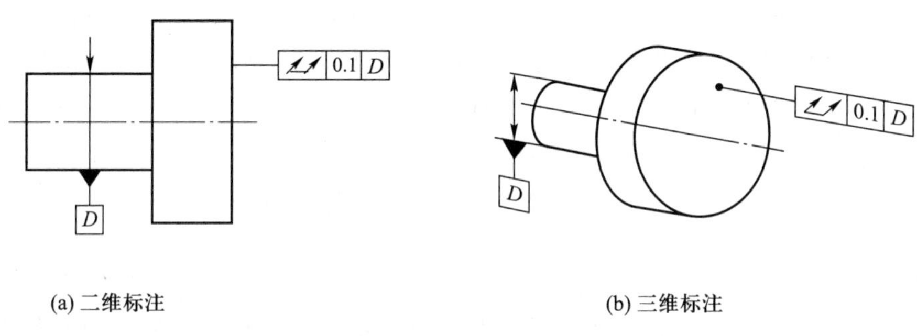

(a) 二维标注 (b) 三维标注

图 3-159 全跳动标注

由图 3-159 的规范所定义的公差带为间距等于公差值 0.1 mm、垂直于基准轴线的两平行平面所限定的区域,见图 3-160。

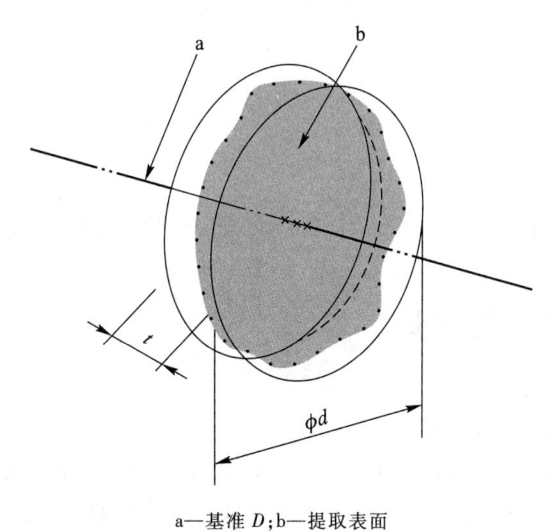

a—基准 D;b—提取表面

图 3-160 全跳动公差带的定义

3.5　公差原则

3.5.1　概述

机械零件几何特性的各个要素往往既有尺寸公差要求，又有几何公差要求。它们都是限制同一几何要素对其理想要素的变动。因此，必须研究几何公差与尺寸公差的关系，正确合理地判断实际被测要素的合格性。

GB/T 4249—2018 规定了确定尺寸公差和几何公差之间相互关系的原则，并称之为公差原则。尺寸公差与几何公差之间应该遵循的基本原则是独立原则。独立原则是指图样上给定的每一个尺寸和几何(形状、方向或位置)要求均是独立的，应分别满足要求。遵循独立原则的尺寸公差或几何公差在图样上不需任何附加标注，但应在图样或其他技术文件中注明：公差原则按GB/T 4249—2018。如图3-161所示，表示尺寸公差与几何公差遵守独立原则，圆柱的局部实际(组成)要素允许在99.96~100 mm范围内变动，圆柱提取(实际)中心线允许在一个直径为$\phi 0.01$ mm的圆柱面内变动，其尺寸公差与几何公差相互独立，彼此无关，各自在允许的公差范围内变动。

如果有特定的需要，尺寸要素的尺寸公差与其导出要素的几何公差可以不遵循独立原则，而采用相关要求。相关要求有包容要求、最大实体要求和最小实体要求三种。其中，最大实体要求和最小实体要求还可以附加可逆要求或不可逆要求。公差原则的分类如图3-162所示。

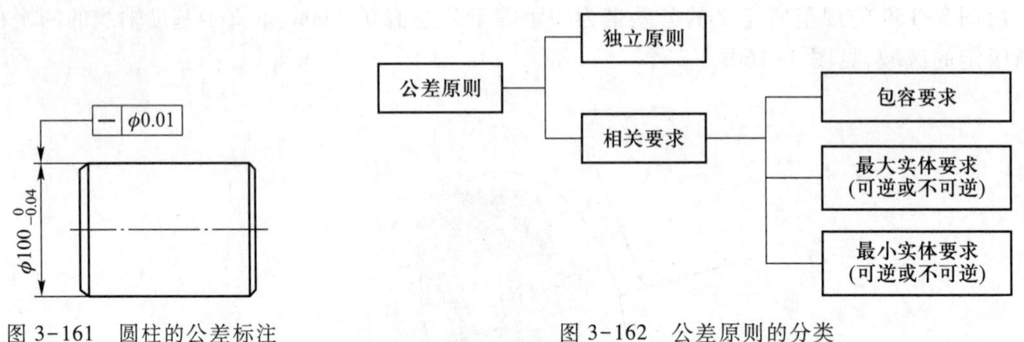

图3-161　圆柱的公差标注　　　　图3-162　公差原则的分类

3.5.2　有关的术语与定义

1. 拟合要素和拟合尺寸

(1) 体外拟合要素和体外拟合尺寸

体外拟合要素(external associated feature)分为单一体外拟合要素和关联体外拟合要素。在给定长度上，与实际(提取)外尺寸要素(轴)体外相接的最小理想面，或与实际(提取)内尺寸要素(孔)体外相接的最大理想面，可称为单一体外拟合要素。对于给定方向或位置公差的导出要素，其相应尺寸要素的体外拟合要素还应具有确定的方向或位置，可称为关联体外拟合要素。

体外拟合尺寸(external associated size)是指体外拟合要素的尺寸(直径或距离)。外尺寸要素(轴)的单一体外拟合尺寸用 d_{ae} 表示,内尺寸要素(孔)的单一体外拟合尺寸用 D_{ae} 表示;给出方向公差的外尺寸要素(轴)的定向关联体外拟合尺寸用 d'_{ae} 表示,内尺寸要素(孔)的定向关联体外拟合尺寸用 D'_{ae} 表示;给出位置公差的外尺寸要素(轴)的定位关联体外拟合尺寸用 d''_{ae} 表示,内尺寸要素(孔)的定位关联体外拟合尺寸用 D''_{ae} 表示。

图 3-163a 表示外尺寸要素(轴)的单一体外拟合要素及其体外拟合尺寸 d_{ae},图 3-163b 表示内尺寸要素(孔)的单一体外拟合要素及其体外拟合尺寸 D_{ae}。图 3-164a 表示给出了外尺寸要素(轴)ϕd 采用最大实体要求,其轴线对基准平面 A 的任意方向的垂直度公差为 ϕt,图3-164b 表示其定向体外拟合要素及其关联体外拟合尺寸 d'_{ae}。

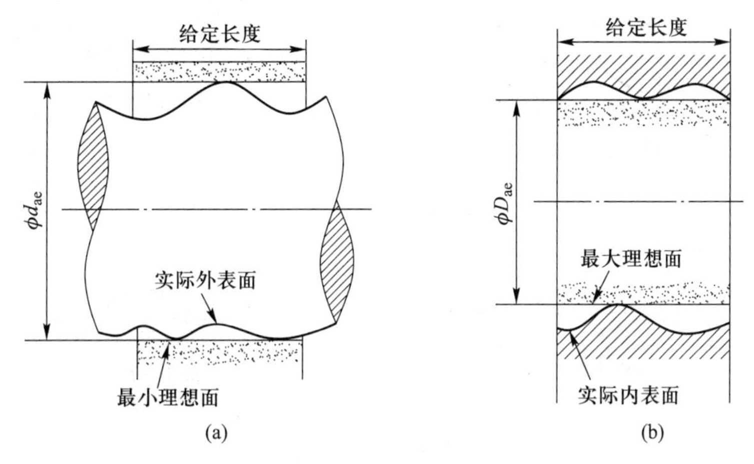

图 3-163 体外拟合尺寸

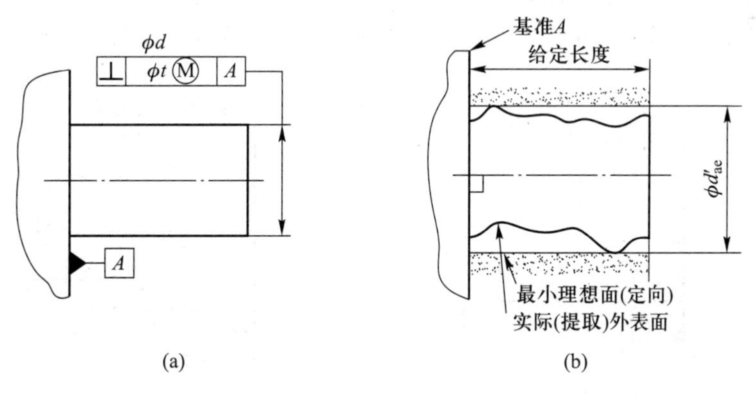

图 3-164 关联体外拟合尺寸

单一体外拟合要素没有方向和位置的要求,关联体外拟合要素则具有确定的方向或位置。

(2) 体内拟合要素和体内拟合尺寸

体内拟合要素(internal associated feature)是指在给定长度上,与实际(提取)外尺寸要素(轴)体内相接的最大理想面,或与实际(提取)内尺寸要素(孔)体内相接的最小理想面,可称为单一体内拟合要素。对于给出方向或位置公差的导出要素,其相应尺寸要素的体内拟合要素还应具有确定的方向或位置，可称为关联体内拟合要素。

体内拟合尺寸（internal associated size）是指体内拟合要素的尺寸（直径或距离）。外尺寸要素（轴）的单一体内拟合尺寸用 d_{ai} 表示，内尺寸要素（孔）的单一体内拟合尺寸用 D_{ai} 表示；给出方向公差的外尺寸要素（轴）的定向关联体内拟合尺寸用 d'_{ai} 表示，内尺寸要素（孔）的定向关联体内拟合尺寸用 D'_{ai} 表示；给出位置公差的外尺寸要素（轴）的定位关联体内拟合尺寸用 d''_{ai} 表示，内尺寸要素（孔）的定位关联体内拟合尺寸用 D''_{ai} 表示。

图 3-165a 表示外尺寸要素（轴）的单一体内拟合要素及其体内拟合尺寸 d_{ai}，图 3-165b 表示内尺寸要素（孔）的单一体内拟合要素及其体内拟合尺寸 D_{ai}。

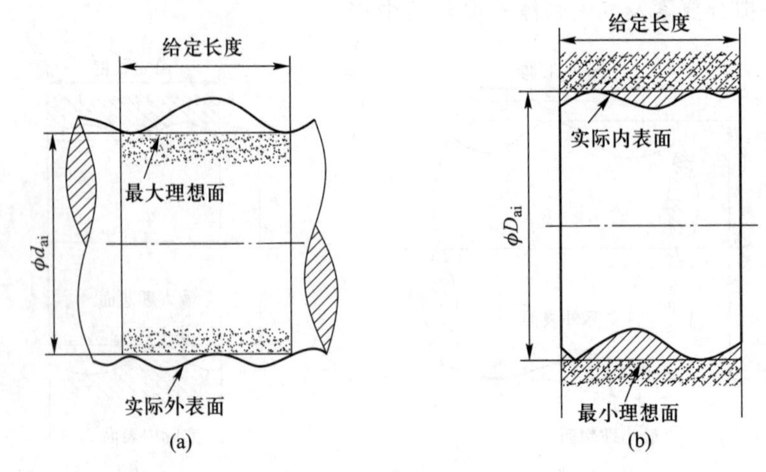

图 3-165　体内拟合尺寸

图 3-166a 表示采用最小实体要求的轴线对基准平面 A 的任意方向的垂直度公差 ϕt Ⓛ的外尺寸要素（轴）ϕd，图 3-166b 表示其定向关联体内拟合要素及定向关联体内拟合尺寸 d'_{ai}。

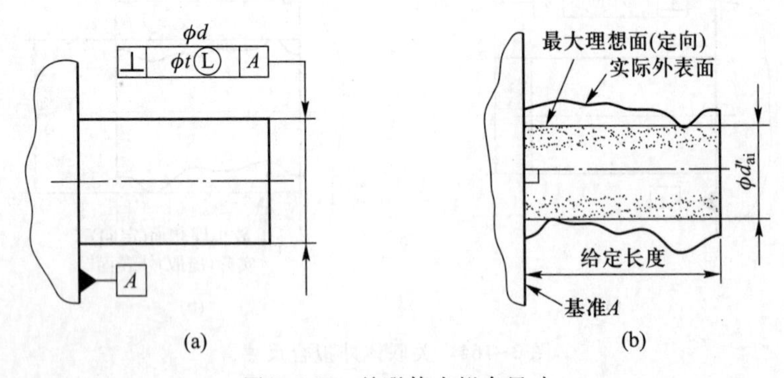

图 3-166　关联体内拟合尺寸

与体外拟合尺寸相似，单一体内拟合要素没有方向和位置的要求，关联体内拟合要素具有确定的方向和位置。

拟合尺寸是在实际（提取）要素上定义的。所以在一般情况下，不同实际（提取）要素的拟合尺寸是不同的，但任一实际（提取）要素的拟合尺寸则是唯一确定的。

2. 最大实体状态和最大实体尺寸

最大实体状态(maximum material condition)是指假定提取组成要素的局部尺寸处处位于极限尺寸,且使其具有实体最大时的状态。最大实体状态用"MMC"表示。只有尺寸要素才具有最大实体状态。最大实体状态就是尺寸要素处于允许材料量最多时的状态。由于最大实体状态只是从"实体最大"来定义的,所以它不要求最大实体状态下的尺寸要素具有理想形状。

最大实体尺寸(maximum material size)是指确定尺寸要素最大实体状态的尺寸。即外尺寸要素的上极限尺寸(d_{U})、内尺寸要素的下极限尺寸(D_{L})。最大实体尺寸用"MMS"表示。外尺寸要素(轴)的最大实体尺寸用 d_{MMS}表示,内尺寸要素(孔)的最大实体尺寸用 D_{MMS}表示。

图 3-167 为外尺寸要素(轴)的最大实体状态和最大实体尺寸示例,图 3-168 为内尺寸要素(孔)的最大实体状态和最大实体尺寸示例。两图中的图 a 均为图样标注,图 b 均为具有理想形状的最大实体状态,图 c 是具有某种非理想形状的最大实体状态的示例。

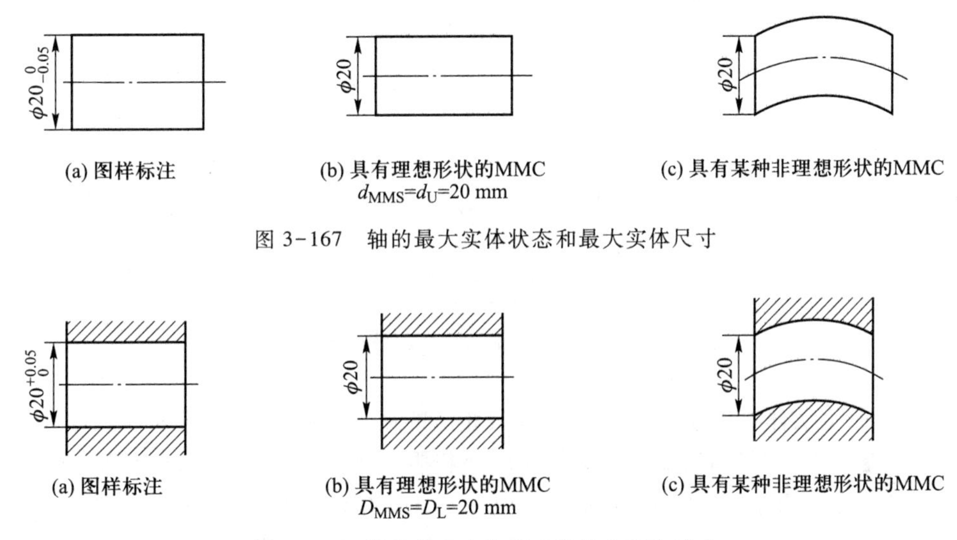

图 3-167 轴的最大实体状态和最大实体尺寸

图 3-168 孔的最大实体状态和最大实体尺寸

由图 3-167 和图 3-168 可见,导致尺寸要素形成某种非理想形状的最大实体状态(MMC)的一定是其导出要素(轴线)的形状误差(中心线直线度误差)。当局部尺寸处处相等时,圆柱形尺寸要素(孔和轴)的横截面一定具有理想形状(圆形),即无圆度误差。最大实体状态是尺寸要素强度最高的状态,也是装配最紧的状态。

3. 最小实体状态和最小实体尺寸

最小实体状态(least material condition)是指假定提取组成要素的局部尺寸处处位于极限尺寸,且使其具有实体最小时的状态。最小实体状态用"LMC"表示。同样,也只有尺寸要素才具有最小实体状态。最小实体状态就是尺寸要素处于允许材料量最小时的状态。由于最小实体状态只是从"实体最小"来定义的,所以它也不要求最小实体状态的尺寸要素具有理想形状。

最小实体尺寸(least material size)是指确定尺寸要素最小实体状态的尺寸,即外尺寸要素的下极限尺寸(d_{L})或内尺寸要素的上极限尺寸(D_{U})。最小实体尺寸用"LMS"表示。外尺寸要素(轴)的最小实体尺寸用 d_{LMS}表示,内尺寸要素(孔)的最小实体尺寸用 D_{LMS}表示。

图 3-169 为外尺寸要素(轴)的最小实体状态和最小实体尺寸示例,图 3-170 为内尺寸要素(孔)的最小实体状态和最小实体尺寸示例。两图中的图 a 均为图样标注,图 b 均为具有理想形状的最小实体状态,图 c 是具有某种非理想形状的最小实体状态的示例。

由图 3-169 和图 3-170 可见,导致尺寸要素形成非理想形状的 LMC 的一定是其导出要素(轴线)的形状误差(中心线直线度误差),而其横截面也一定具有某种理想形状(圆形),即无圆度误差。最小实体状态是尺寸要素强度最低的状态,也是装配最松的状态。

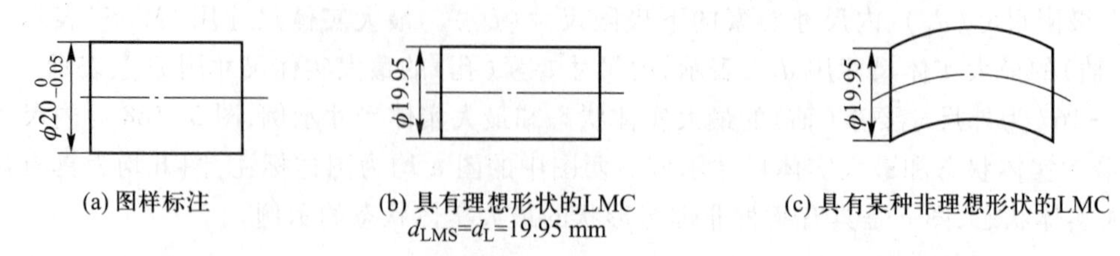

图 3-169　轴的最小实体状态和最小实体尺寸

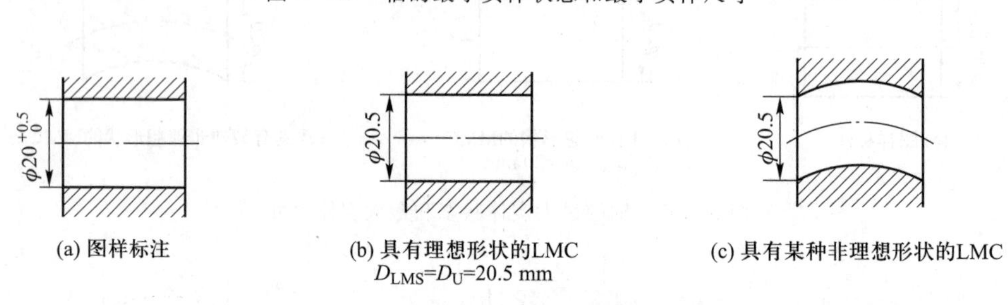

图 3-170　孔的最大实体状态和最小实体尺寸

应该指出,最大实体状态、最小实体状态及其相应的最大实体尺寸、最小实体尺寸是由设计给定的。当按功能要求由设计给定了尺寸要素的上、下极限尺寸时,其相应的最大实体状态、最小实体状态和最大实体尺寸、最小实体尺寸就已确定。但最大、最小实体状态的形状并不是唯一确定的。

最大实体状态和最小实体状态是对单一尺寸要素定义的。它们只有大小的特征而无形状、方向和位置特征。

4. 最大实体实效状态和最大实体实效尺寸

最大实体实效尺寸是指尺寸要素的最大实体尺寸与其导出要素的几何公差(形状、方向或位置公差)共同作用产生的尺寸。最大实体实效尺寸用"MMVS"表示。外尺寸要素(轴)的最大实体实效尺寸用 d_{MMVS} 表示,内尺寸要素(孔)的最大实体实效尺寸用 D_{MMVS} 表示。对于外尺寸要素(轴),最大实体实效尺寸等于尺寸要素的最大实体尺寸加上其导出要素的几何公差 t;对于内尺寸要素(孔),最大实体实效尺寸等于尺寸要素的最大实体尺寸减去其导出要素的几何公差 t,即

对于外尺寸要素(轴)　$d_{MMVS}=d_{MMS}+t=d_U+t$

对于内尺寸要素(孔)　$D_{MMVS}=D_{MMS}-t=D_L-t$

最大实体实效状态(maximum material virtual condition)是指拟合要素的尺寸为其最大实体实效尺寸时的状态。

当尺寸要素处于最大实体状态且其导出要素具有几何误差时,该尺寸要素的体外拟合要素

(对圆柱形的外尺寸要素为其最小外接圆柱面,对圆柱形的内尺寸要素为其最大内接圆柱面)的尺寸等于该要素的最大实体尺寸加上(对于外尺寸要素)或减去(对于内尺寸要素)其导出要素的几何误差。若导出要素的几何误差正好等于图样给出的几何公差,则该体外拟合要素的尺寸正好等于尺寸要素的最大实体实效尺寸。尺寸要素的这种状态就称为最大实体实效状态(MMVC)。

当对尺寸要素的导出要素给出了形状公差时,其最大实体实效状态取决于该形状公差,并可称为单一最大实体实效状态;当对尺寸要素的导出要素给出了方向公差时,其最大实体实效状态取决于该方向公差,并可称为定向最大实体实效状态;当对尺寸要素的导出要素给出了位置公差时,其最大实体实效状态取决于该位置公差,并可称为定位最大实体实效状态。

图 3-171 所示 $\phi30$ mm 轴的轴线给出了采用最大实体要求的任意方向的直线度公差 ϕt Ⓜ = $\phi0.03$ Ⓜ,则当轴的局部尺寸处处等于其最大实体尺寸 $\phi30$ mm(即轴处于最大实体状态),且其轴线的直线度误差等于给出的公差值,即 $\phi f=\phi t=\phi0.03$ mm 时,则该轴的体外拟合要素(最小外接圆柱面)的尺寸(体外拟合尺寸)ϕd_{ae} 等于其最大实体实效尺寸,即 $d_{MMVS}=d_U+t$ Ⓜ $=30$ mm$+0.03$ mm$=30.03$ mm。

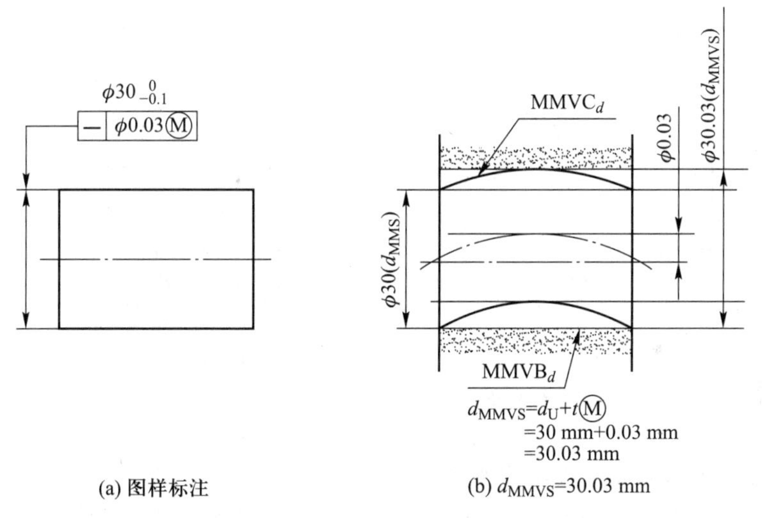

(a) 图样标注 (b) d_{MMVS}=30.03 mm

图 3-171 轴的最大实体实数状态和最大实体实效尺寸(一)

图 3-172 所示 $\phi30$ mm 孔的轴线给出了采用最大实体要求的任意方向的直线度公差,则当孔的局部尺寸处处等于其最大实体尺寸 $\phi30$ mm(即孔处于最大实体状态),且其轴线的直线度误差等于给出的公差值,即 $\phi f=\phi t=\phi0.03$ mm 时,则该孔的体外拟合要素(最大内接圆柱面)的尺寸(体外拟合尺寸)D_{ae} 等于其最大实体实效尺寸,即 $D_{MMVS}=D_L-t$ Ⓜ $=30$ mm-0.03 mm$=29.97$ mm。

又如图 3-173 所示 $\phi30$ mm 轴的轴线给出了采用最大实体要求的任意方向的垂直度公差 $\phi t=\phi0.08$ Ⓜ,则当轴的局部尺寸处处等于其最大实体尺寸 $d_{MMS}=d_U=30$ mm(即轴处于最大实体状态),且其轴线的垂直度误差等于其公差,即 $\phi f=\phi t=\phi0.08$ mm 时,则该轴的拟合要素(轴线垂直于基准平面 A 的最小外接圆柱面)的尺寸(定向体外拟合尺寸)d'_{ae} 等于其最大实体实效尺寸,即 $d_{MMVS}=d_U+t$ Ⓜ $=30$ mm$+0.08$ mm$=30.08$ mm。

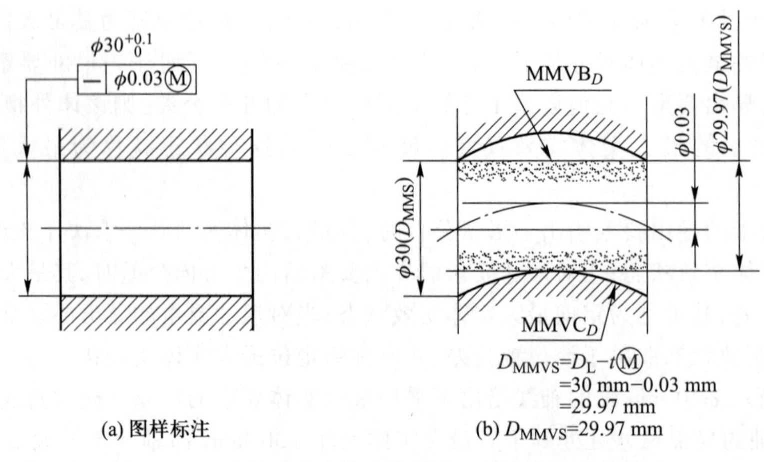

图 3-172　孔的最大实体实效状态和最大实体实效尺寸

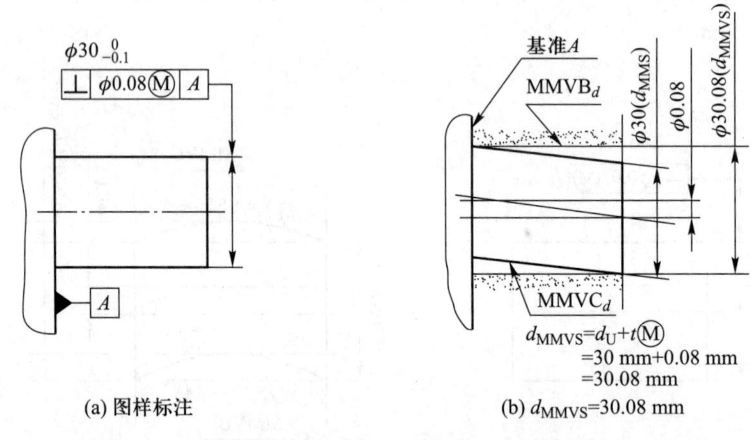

图 3-173　轴的最大实体实效状态和最大实体实效尺寸(二)

5. 最小实体实效状态和最小实体实效尺寸

最小实体实效尺寸(least material virtual size)是指尺寸要素的最小实体尺寸与其导出要素的几何公差(形状、方向或位置)共同作用产生的尺寸。最小实体实效尺寸用“LMVS”表示。外尺寸要素(轴)的最小实体实效尺寸用 d_{LMVS} 表示,内尺寸要素(孔)的最小实体实效尺寸用 D_{LMVS} 表示。对于外尺寸要素(轴),最小实体实效尺寸等于尺寸要素的最小实体尺寸减去其导出要素的几何公差 t;对于内尺寸要素(孔),最小实体实效尺寸等于尺寸要素的最小实体尺寸加上其导出要素的几何公差 t,即

对于外尺寸要素(轴)　$d_{LMVS}=d_{LMS}-t=d_L-t$

对于内尺寸要素(孔)　$D_{LMVS}=D_{LMS}+t=D_U+t$

最小实体实效状态(least material virtual condition)是指拟合要素的尺寸为其最小实体实效尺寸时的状态。最小实体实效状态用“LMVC”表示。

当尺寸要素处于最小实体状态且其导出要素具有几何误差时,该尺寸要素的体内拟合要素(对圆柱形的外尺寸要素为其最大内接圆柱面,对圆柱形的内尺寸要素为其最小外接圆柱面)的

尺寸等于该要素的最小实体尺寸减去(对外尺寸要素)或加上(对内尺寸要素)其导出要素的几何误差。若导出要素的几何误差正好等于图样给出的几何公差,则该体内拟合要素的尺寸正好等于尺寸要素的最小实体实效尺寸。尺寸要素的这种状态就称为最小实体实效状态(LMVC)。

当对尺寸要素的导出要素给出了形状公差时,其最小实体实效状态取决于该形状公差,并可称为单一最小实体实效状态;当对尺寸要素的导出要素给出了方向公差时,其最小实体实效状态取决于该方向公差,并可称为定向最小实体实效状态;当对尺寸要素的导出要素给出了位置公差时,其最小实体实效状态取决于该位置公差,并可称为定位最小实体实效状态。

图 3-174 所示 $\phi30$ mm 轴的轴线给出了采用最小实体要求的任意方向的直线度公差,则当轴的局部尺寸处处等于其最小实体尺寸(即轴处于最小实体状态),且其轴线的直线度误差等于给出的公差值,即 $\phi f=\phi t=\phi0.03$ mm 时,则该轴的体内拟合要素(最大内接圆柱面)的尺寸等于其最小实体实效尺寸。

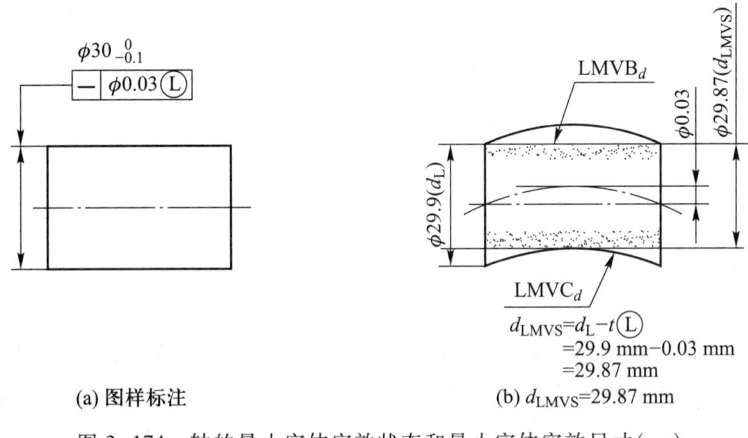

(a) 图样标注　(b) d_{LMVS}=29.87 mm

图 3-174　轴的最小实体实效状态和最小实体实效尺寸(一)

图 3-175a 所示 $\phi30$ mm 孔的轴线给出了采用最小实体要求的任意方向的直线度公差,则当孔的局部尺寸处处等于其最小实体尺寸(即孔处于最小实体状态),且其轴线的直线度误差等于给出的公差值时,则该孔的体内拟合要素(最小外接圆柱面)的尺寸等于其最小实体实效尺寸,如图 3-175b 所示。

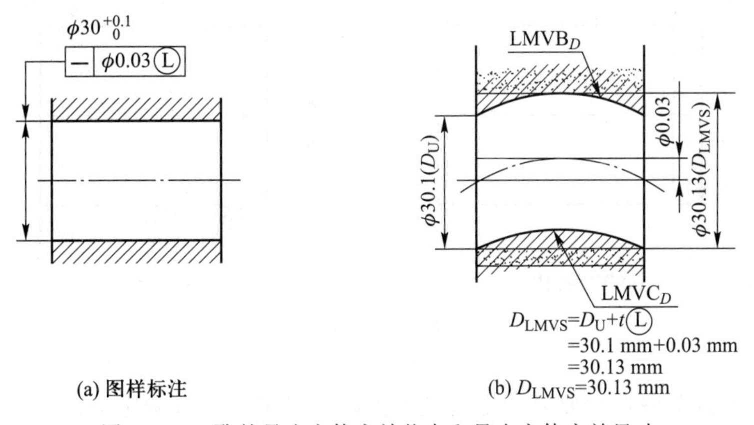

(a) 图样标注　(b) D_{LMVS}=30.13 mm

图 3-175　孔的最小实体实效状态和最小实体实效尺寸

又如图3-176a所示 $\phi30$ mm轴的轴线给出了采用最小实体要求的任意方向的垂直度公差，则当轴的局部尺寸处处等于其最小实体尺寸（即轴处于最小实体状态）且其轴线的垂直度误差等于给出的公差值即 $\phi f=\phi t=\phi0.08$ mm时，则该轴的体内拟合要素（轴线垂直于基准平面 A 的最大内接圆柱面）的尺寸（定向体内拟合尺寸 d'_{ai}）等于其最小实体实效尺寸，如图3-176b所示。

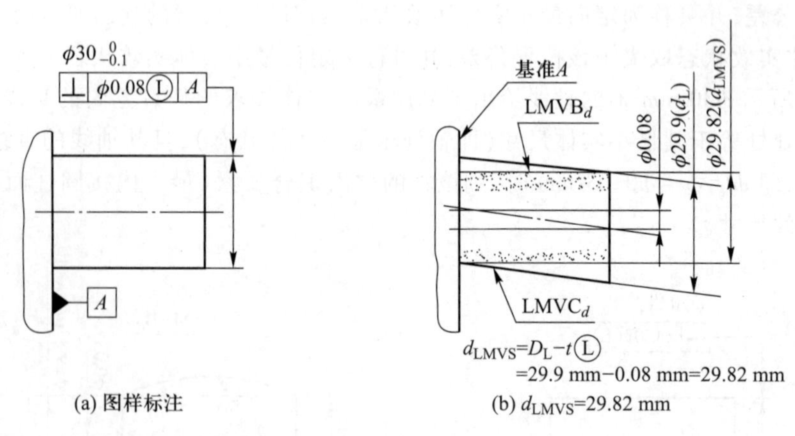

(a) 图样标注　　(b) d_{LMVS}=29.82 mm

图3-176　轴的最小实体实效状态和最小实体实效尺寸（二）

6. 最大实体边界和最小实体边界

（1）最大实体边界

最大实体边界（maximum material boundary）是指最大实体状态的理想形状的极限包容面。最大实体边界用“MMB”表示。外尺寸要素（轴）的最大实体边界用 d_{MMB} 表示，内尺寸要素（孔）的最大实体边界用 D_{MMB} 表示，最大实体边界的尺寸等于尺寸要素的最大实体尺寸。单一尺寸要素的最大实体边界具有确定的形状和大小，但其方向和位置是不确定的。

例如，图3-177a所示采用包容要求的轴的最大实体边界如图3-177b所示，它是直径等于轴的最大实体尺寸 $\phi30$ mm的理想圆柱面；图3-178a所示采用包容要求的孔的最大实体边界如图3-178b所示，它是直径等于孔的最大实体尺寸 $\phi30$ mm的理想圆柱面。

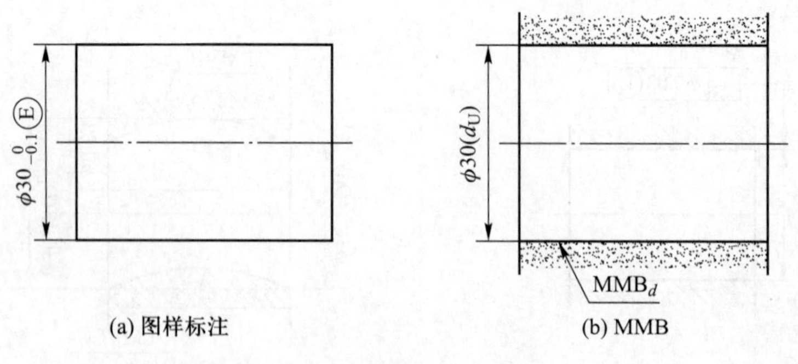

(a) 图样标注　　(b) MMB

图3-177　轴的最大实体边界（一）

给出方向公差的关联尺寸要素的定向最大实体边界不仅具有确定的形状和大小，而且其导出的要素应对基准保持图样给定的方向关系。

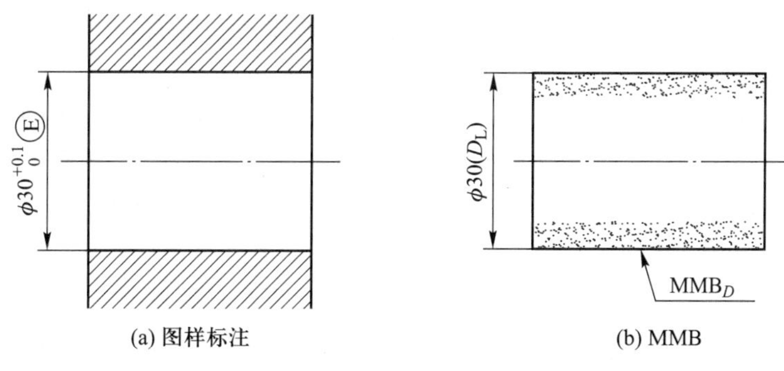

(a) 图样标注　　(b) MMB

图 3-178　孔的最大实体边界(一)

例如,图 3-179a 所示 $\phi20$ mm 孔的采用最大实体要求的轴线对基准平面 A 的零垂直度公差,其定向最大实体边界如图 3-179b 所示,它是直径等于孔的最大实体尺寸 $\phi20$ mm、轴线垂直于基准平面 A 的理想圆柱面。

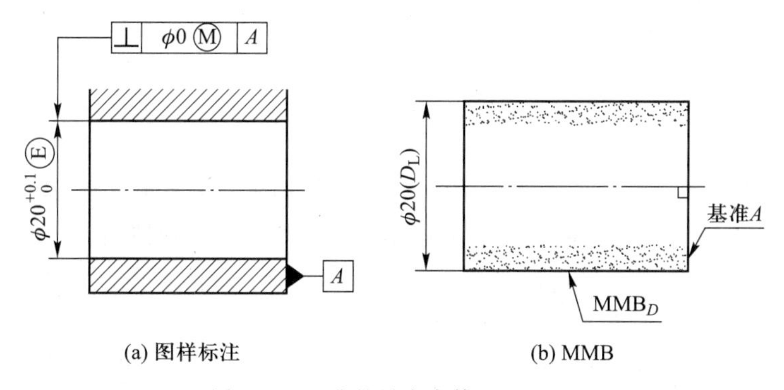

(a) 图样标注　　(b) MMB

图 3-179　孔的最大实体边界(二)

图 3-180a 所示 $\phi20$ mm 轴的采用最大实体要求的轴线对基准轴线 A 的零同轴度公差,其定位最大实体边界如图 3-180b 所示,它是直径等于轴的最大实体尺寸 $\phi20$ mm、轴线与基准轴线重合的理想圆柱面。

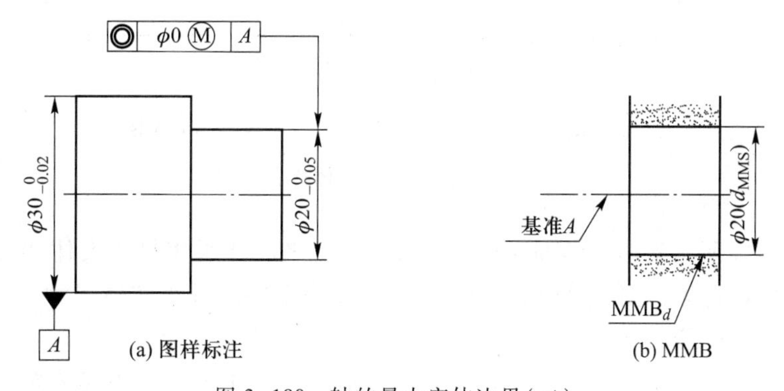

(a) 图样标注　　(b) MMB

图 3-180　轴的最大实体边界(二)

当设计要求被测尺寸要素遵守最大实体边界,分别按图 3-177a ~ 图 3-180a 标注时,被测尺寸要素的实际（提取）要素不得进入相应的图 b 中由点影限定的区域。

（2）最小实体边界

最小实体边界（least material boundary）是指最小实体状态的理想形状的极限包容面。最小实体边界用 LMB 表示。外尺寸要素（轴）的最小实体边界用 d_{LMB} 表示，内尺寸要素（孔）的最小实体边界用 D_{LMB} 表示，最小实体边界的尺寸等于尺寸要素的最小实体尺寸。单一尺寸要素的最小实体边界具有确定的形状和大小，但其方向和位置是不确定的。

例如，图 3-181a 所示 ϕ30 mm 轴的轴线采用最小实体要求的零直线度公差，其最小实体边界如图 3-181b 所示，它是直径等于轴的最小实体尺寸 ϕ29.9 mm 的理想圆柱面。

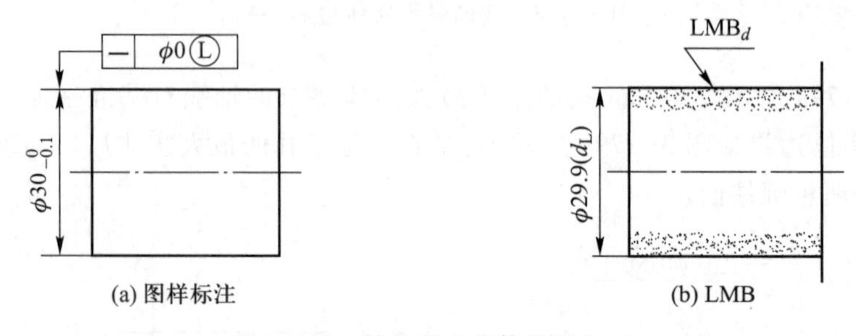

图 3-181 轴的最小实体边界（一）

图 3-182a 给出 ϕ30 mm 孔的轴线采用最小实体要求的零直线度公差，其最小实体边界如图 3-182b 所示，它是直径等于孔的最小实体尺寸 ϕ30.1 mm 的理想圆柱面。

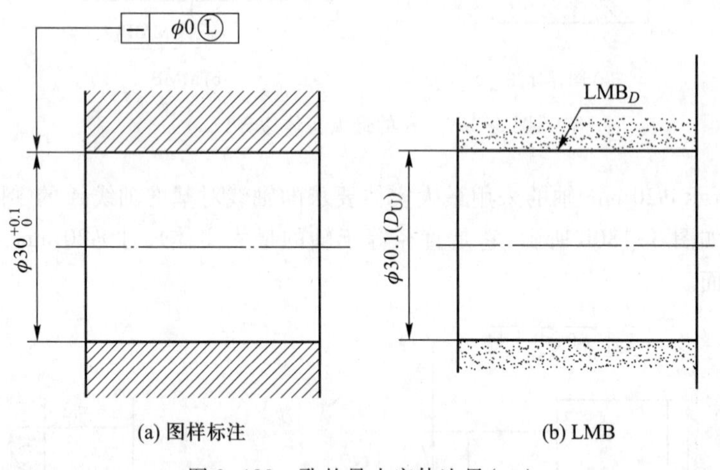

图 3-182 孔的最小实体边界（一）

又如图 3-183a 所示给出 ϕ20 mm 轴的轴线对基准平面 A 采用最小实体要求的零垂直度公差，其定向最小实体边界如图 3-183b 所示，它是直径等于轴的最小实体尺寸 ϕ19.9 mm 的理想圆柱面，该圆柱面的轴线与基准平面 A 垂直。

再如图 3-184a 所示给出 ϕ20 mm 孔的轴线对基准平面 A 采用最小实体要求的零位置度公差，其定位最小实体边界如图 3-184b 所示，它是直径等于孔的最小实体尺寸 ϕ20.1 mm，轴线平行于基准平面 A 且与之相距理论正确尺寸 24 mm 的理想圆柱面。

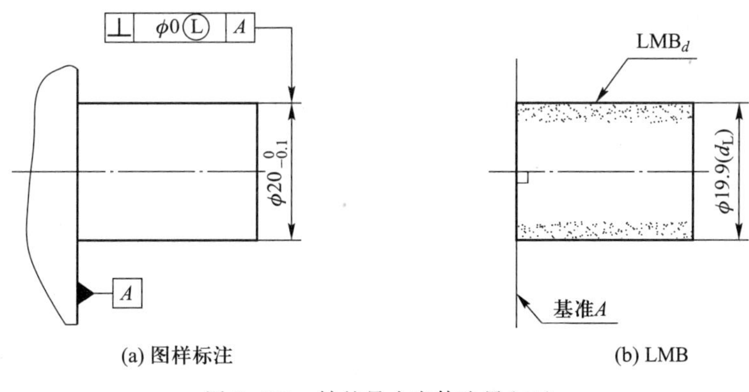

图 3-183 轴的最小实体边界(二)

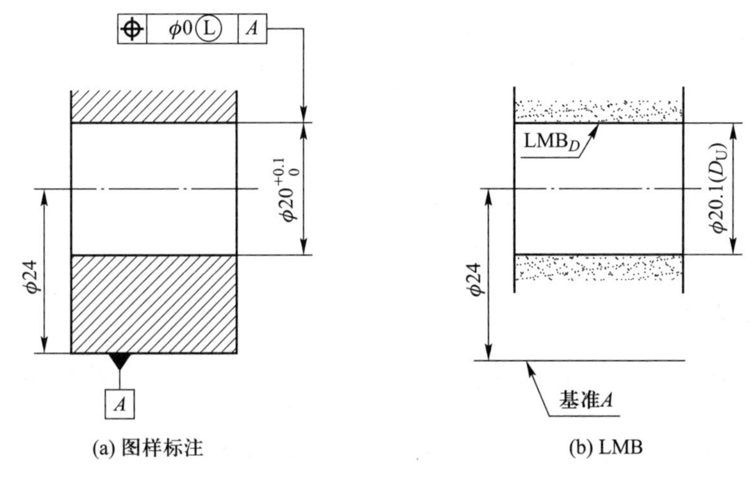

图 3-184 孔的最小实体边界(二)

当设计要求被测尺寸要素遵守最小实体边界，分别按图 3-181a～图 3-184a 标注时，被测尺寸要素的实际(提取)要素不得进入相应的图 b 中由点影限定的区域。

7. 最大实体实效边界和最小实体实效边界

(1) 最大实体实效边界

最大实体实效尺寸的边界称为最大实体实效边界(maximum material virtual boundary)，即最大实体实效状态对应的极限包容面称为最大实体实效边界。最大实体实效边界用“MMVB”表示。外尺寸要素(轴)的最大实体实效边界用 d_{MMVB} 表示，内尺寸要素(孔)的最大实体实效边界用 D_{MMVB} 表示。

与最大实体边界相类似，给出了采用最大实体要求的形状公差的导出要素，其相应尺寸要素的最大实体实效边界具有确定的形状和大小，但其方向和位置是不确定的，如图 3-171b 和图 3-172b所示；给出了采用最大实体要求的方向公差的导出要素，其相应尺寸要素的最大实体实效边界不仅具有确定的形状和大小，而且应对基准保持图样给定的方向关系，称为定向最大实体实效边界，如图 3-173b 所示；给出了采用最大实体要求的位置公差的导出要素，其相应尺寸要素的最大实体实效边界不仅具有确定的形状和大小，而且应对基准保持图样给定的位置关系，称为定位最大实体实效边界。

当给出导出要素的采用最大实体要求的几何公差为零(0 Ⓜ)时,其相应尺寸要素的最大实体实效状态等于具有理想形状、方向和(或)位置的最大实体状态。此时最大实体实效尺寸等于最大实体尺寸,最大实体实效边界等于最大实体边界。

(2) 最小实体实效边界

最小实体实效尺寸的边界称为最小实体实效边界(least material virtual boundary)。最小实体实效边界用“LMVB”表示。外尺寸要素(轴)的最小实体边界用 d_{LMVB} 表示,内尺寸要素(孔)的最小实体边界用 D_{LMVB} 表示。

与最小实体边界类似,给出了采用最小实体要求的形状公差的导出要素,其相应尺寸要素的最小实体实效边界具有确定的形状和大小,但其方向和位置是不确定的,如图 3-174b 和图 3-175b所示。

给出了采用最小实体要求的方向公差的导出要素,其相应尺寸要素的最小实体实效边界不仅具有确定的形状和大小,而且应对基准保持图样给定的方向关系,称为定位最小实体实效边界。

当给出导出要素的采用最小实体要求的几何公差为零(0 Ⓛ)时,其相应尺寸要素的最小实体实效状态等于具有理想形状、方向和(或)位置的最小实体状态。此时最小实体实效尺寸等于最小实体尺寸,最小实体实效边界等于最小实体边界。

3.5.3　包容要求

包容要求是适用于单一尺寸要素的尺寸公差与几何公差相互有关的一种相关要求。

1. 图样标注

采用包容要求的尺寸要素,在图样上的标注方法是:在其尺寸极限偏差或公差带代号后加注符号Ⓔ。

2. 含义

采用包容要求的尺寸要素,其实际(提取)轮廓应遵守(不超越)最大实体边界(MMB),即其体外拟合尺寸(d_{ae},D_{ae})不超出最大实体尺寸(d_{MMS},D_{MMS}),且其局部尺寸(d',D')不超出最小实体尺寸(d_{LMS},D_{LMS}),即

对于外尺寸要素(轴)　$d_{ae} \leqslant d_{MMS} = d_U$ 且 $d' \geqslant d_{LMS} = d_L$

对于内尺寸要素(孔)　$D_{ae} \geqslant D_{MMS} = D_L$ 且 $D' \leqslant D_{LMS} = D_U$

图 3-185a 所示轴的直径尺寸标注为 $\phi 60_{-0.03}^{\ 0}$Ⓔ,表示轴的尺寸公差采用包容要求,则该轴应满足下列要求:$d_{ae} \leqslant d_{MMS} = d_U = 60$ mm 且 $d' \geqslant d_{LMS} = d_L = 59.97$ mm。

图 3-185b、c、d 分别列出了该轴在满足上述条件下,轴向截面和横向截面内允许出现的几种典型的极限状况。

图 3-186a 所示孔的直径尺寸 $\phi 60$ Ⓔ表示孔的尺寸公差采用包容要求,则该孔应满足下列要求:$D_{ae} \geqslant D_{MMS} = D_L = \phi 60$ mm 且 $D' \leqslant D_{LMS} = D_U = \phi 60.03$ mm。

图 3-186b、c、d 分别列出了该孔在满足上述条件下,轴向截面和横向截面内允许出现的几种典型的极限状况。

在上述两例中,轴、孔的体外拟合尺寸不得超出最大实体尺寸,也就是轴、孔的实际(提取)

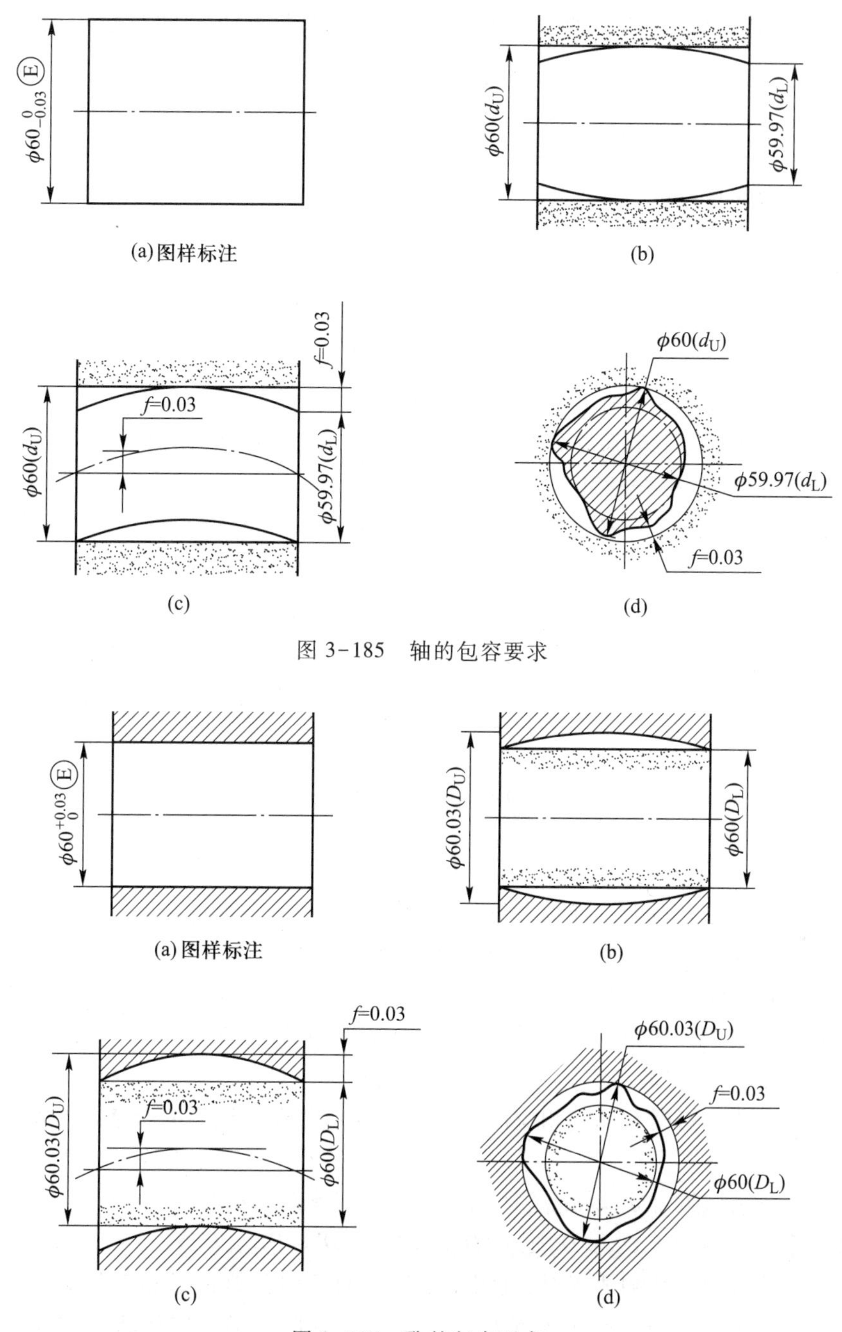

图 3-185　轴的包容要求

图 3-186　孔的包容要求

轮廓不得进入图中的点影限定区域。

由此可见，当圆柱要素的直径尺寸公差采用包容要求时，其几何误差（如圆度误差、轴线直线度误差、素线直线度误差、相对素线的平行度误差和圆柱度误差等）都可由尺寸公差控制，即不得超出给出的尺寸公差值。

对于单一尺寸要素，尺寸公差采用包容要求时，相当于其导出要素（轴线或中心平面）的形状公差采用最大实体要求，且给出的公差值为零，即 $\phi 0$ Ⓜ或 0 Ⓜ。所以，包容要求是最大实体要求的一种特例。

3.5.4 最大实体要求

最大实体要求（maximum material requirement）是一种导出要素的几何公差与相应的尺寸要素的尺寸公差相互有关的设计要求。最大实体要求既可以应用于被测要素，也可以应用于基准要素。

1. 图样标注

最大实体要求单独应用于被测要素时，在被测导出要素几何公差框格第 2 格的几何公差数值后加注符号Ⓜ，如图 3-187a 所示。

最大实体要求单独应用于基准导出要素时，在被测导出要素的几何公差框格内相应基准字母代号后加注符号Ⓜ，如图 3-187b 所示。

最大实体要求同时应用于被测要素和基准导出要素时，在被测导出要素的几何公差框格内的公差数值后和相应的基准字母代号后都加注符号Ⓜ，如图 3-187c 所示。

可逆的最大实体要求应用于被测要素时，在被测导出要素几何公差框格内的公差数值后加注ⓂⓇ，如图 3-187d 所示。

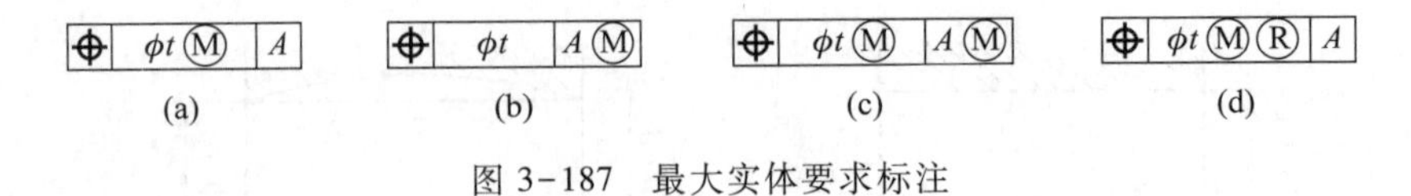

图 3-187 最大实体要求标注

2. 含义

（1）最大实体要求应用于被测要素

最大实体要求应用于被测要素时，被测导出要素的几何公差与其相应的尺寸要素的尺寸公差相关。该尺寸要素的实际（提取）轮廓应遵守最大实体实效边界（MMVB），即其体外拟合尺寸（d_{ae}，D_{ae}）不得超出其最大实体实效尺寸（d_{MMVS}，D_{MMVS}）；同时，其局部尺寸（d'，D'）不得超出其最大实体尺寸（d_{MMS}，D_{MMS}）和最小实体尺寸（d_{LMS}，D_{LMS}）。

被测导出要素的几何误差及其相应的尺寸要素的尺寸误差综合的合格条件可用表达式表达如下：

对于外尺寸要素（轴） $d_{ae} \leqslant d_{MMVS}$ 且 $d_{MMS}(d_U) \geqslant d' \geqslant d_{LMS}(d_L)$

对于内尺寸要素（孔） $D_{ae} \geqslant D_{MMVS}$ 且 $D_{MMS}(D_L) \leqslant D' \leqslant D_{LMS}(D_U)$

最大实体要求应用于被测要素时，其图样标注出的几何公差值是在其相应的尺寸要素处于最大实体状态时给出的。当该尺寸要素的实际（提取）轮廓向最小实体状态方向偏离最大实体状态时，即其局部尺寸向最小实体尺寸方向偏离最大实体尺寸时，其导出要素（中心线或中心面）的几何误差可以增大，增大量最大不得超出被测实际（提取）要素对其最大实体状态的偏离量。

1）最大实体要求应用于被测要素的形状公差

最大实体要求应用于被测导出要素的形状公差时，其相应尺寸要素实际（提取）轮廓应遵守最大实体实效边界，即其体外拟合尺寸不得超出最大实体实效尺寸，同时其局部尺寸不得超出最大和最小实体尺寸。用表达式表达如下：

对于外尺寸要素(轴) $d_{ae} \leqslant d_{MMVS}$且$d_{MMS}(d_U) \geqslant d' \geqslant d_{LMS}(d_L)$

对于内尺寸要素(孔) $D_{ae} \geqslant D_{MMVS}$且$D_{MMS}(D_L) \leqslant D' \leqslant D_{LMS}(D_U)$

图3-188a所示为一公称尺寸等于$\phi 35$ mm的圆柱配合。图3-188b表示该配合的轴的轴线直线度公差采用最大实体要求($\phi 0.1$Ⓜ)。当轴处于最大实体状态(MMC)时，其轴线的直线度公差为ϕtⓂ$=\phi 0.1$ mm。若轴的局部尺寸向最小实体尺寸方向偏离最大实体尺寸，即小于最大实体尺寸$d_{MMS}=\phi 35$ mm，则其轴线的直线度误差可以超出图样中给出的公差值，但是保证该轴的体外拟合尺寸d_{ae}不超出(不大于)最大实体实效尺寸$d_{MMVS}=\phi 35.1$ mm，即其实际(提取)轮廓不得进入图3-188c中点影区域。所以，当轴的局部尺寸处处等于其最小实体尺寸$d_{LMS}=\phi 34.9$ mm，即处于最小实体状态(LMC)时，其直线度公差可达到最大值，即等于给出的轴线直线度公差ϕtⓂ和尺寸要素(轴)的尺寸公差T_d之和，$t_{max}=\phi t$Ⓜ$+T_d=0.1$ mm$+0.1$ mm$=0.2$ mm。

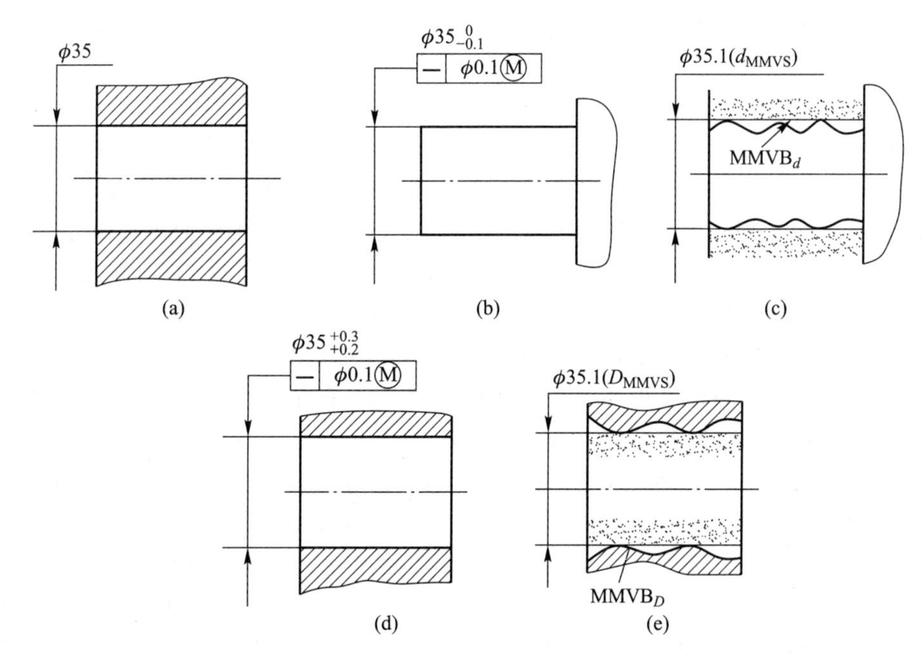

图3-188 被测要素形状公差的最大实体要求

图3-188d表示该配合的孔的轴线直线度公差采用最大实体要求($\phi 0.1$Ⓜ)。当该孔处于最大实体状态(MMC)时，其轴线的直线度公差为ϕtⓂ$=\phi 0.1$ mm。若孔的局部尺寸向最小实体尺寸方向偏离最大实体尺寸D_{MMS}，即大于最大实体尺寸$\phi 35.2$ mm，则其轴线的直线度误差可以超出图样给出的公差值$\phi 0.1$ mm，但是必须保证该孔的体外拟合尺寸D_{ae}不超出(不小于)孔的最大实体实效尺寸$D_{MMVS}=\phi 35.1$ mm，如图3-188e所示。所以，当孔的局部尺寸处处相等时，它对最大实体尺寸的偏离量就等于其轴线直线度公差的增加值。当孔的局部尺寸处处等于其最小实体尺寸，即处于最小实体状态(LMC)时，其直线度公差可达到最大值，即等于给出的孔的直线度公差ϕtⓂ和尺寸要素(孔)的尺寸公差T_D之和，$t_{max}=\phi t$Ⓜ$+T_D=0.1$ mm$+0.1$ mm$=0.2$ mm。

上述圆柱形孔、轴的导出要素(轴线)的直线度误差和相应尺寸要素的尺寸误差的综合合格条件是:其实际(提取)轮廓分别不得超出最大实体实效边界(D_{MMVB},d_{MMVB})而进入图3-188c、e中的点影区域,且孔、轴的局部尺寸不超出其最大和最小实体尺寸,即

对于轴 $d_{ae} \leqslant d_{MMVS} = \phi 35.1$ mm 且 $d_{MMS}(d_U) = \phi 35$ mm $\geqslant d' \geqslant d_{LMS}(d_L) = \phi 34.9$ mm

对于孔 $D_{ae} \geqslant D_{MMVS} = \phi 35.1$ mm 且 $D_{MMS}(D_L) = \phi 35.2$ mm $\leqslant D' \leqslant D_{LMS}(D_U) = \phi 35.3$ mm

2) 最大实体要求应用于被测要素的方向公差

最大实体要求应用于被测导出要素的方向公差时,其相应尺寸要素的实际(提取)轮廓应遵守其定向最大实体实效边界,即其定向体外拟合尺寸不得超出定向最大实体实效尺寸。同时,其局部尺寸不得超出最大和最小实体尺寸。用表达式表达如下:

对于外尺寸要素(轴) $d'_{ae} \leqslant d_{MMVS}$ 且 $d_{MMS}(d_U) \geqslant d' \geqslant d_{LMS}(d_L)$

对于内尺寸要素(孔) $D'_{ae} \geqslant D_{MMVS}$ 且 $D_{MMS}(D_L) \leqslant D' \leqslant D_{LMS}(D_U)$

图3-189a所示为一公称尺寸等于 $\phi 35$ mm,以右侧面定位的圆柱配合。

图3-189b表示轴 $\phi 35$ mm的轴线对基准平面 A 的任意方向垂直度公差采用最大实体要求($\phi 0.1$ Ⓜ),当该轴处于最大实体状态(MMC)时,其轴线对基准平面 A 的任意方向垂直度公差为 ϕt Ⓜ$=\phi 0.1$ mm。若轴的局部尺寸向最小实体尺寸方向偏离最大实体尺寸,即小于最大实体尺寸 $d_{MMS} = \phi 35$ mm,则其轴线对基准平面 A 的任意方向垂直度误差可以超出图样给出的公差值 $\phi 0.1$ mm,但是必须保证该轴的定向体外拟合尺寸 d'_{ae} 不超出(不大于)轴的定向最大实体实效尺寸 $d_{MMVS} = d_{MMS} + \phi t$ Ⓜ$= \phi 35.1$ mm,即其实际(提取)轮廓不得进入图3-189c中的圆柱面定向最大实体实效边界(d_{MMVB})外的点影区域。所以,当局部尺寸处处相等时,它对最大实体尺寸的偏离量就等于其轴线对基准平面 A 的任意方向垂直度公差的增加值。当轴的局部尺寸处处等于其最小实体尺寸,即处于最小实体状态(LMC)时,其轴线对基准平面 A 的任意方向垂直度公差可达最大值,即等于给出的轴线对基准平面 A 的任意方向垂直度公差 ϕt Ⓜ和尺寸要素(轴)的尺寸公差 T_d 之和,$t_{max} = \phi t$ Ⓜ$+T_d = 0.1$ mm$+0.1$ mm$=0.2$ mm。

图3-189d表示 $\phi 35$ mm孔的轴线对基准平面 A 的任意方向垂直度公差采用最大实体要求($\phi 0.1$ Ⓜ)。当该孔处于最大实体状态(MMC)时,其轴线对基准平面 A 的任意方向垂直度公差为 ϕt Ⓜ$=\phi 0.1$ mm。若孔的局部尺寸向最小实体尺寸方向偏离最大实体尺寸,即大于最大实体尺寸 $D_{MMS} = \phi 35.2$ mm,则其轴线对基准平面 A 的任意方向垂直度误差可以超出图样给出的公差值 $\phi 0.1$ mm,但是必须保证该孔的定向体外拟合尺寸 D'_{ae} 不超出(不小于)孔的定向最大实体实效尺寸 $D_{MMVS} = D_{MMS} - \phi t$ Ⓜ$= 35.2$ mm-0.1 mm$=35.1$ mm,即其实际(提取)轮廓不得进入图3-189e中圆柱面定向最大实体实效边界(D_{MMVB})内的点影区域。所以当孔的局部尺寸处处相等时,它对最大实体尺寸的偏离量就等于其轴线对基准平面 A 的任意方向垂直度公差的增加值。当孔的局部尺寸处处等于其最小实体尺寸,即处于最小实体状态(LMC)时,其轴线对基准平面 A 的任意方向垂直度公差可达最大值,即等于给出的轴线对基准平面 A 的任意方向垂直度公差 ϕt Ⓜ和尺寸要素(孔)的尺寸公差 T_D 之和,$t_{max} = \phi t$ Ⓜ$+ T_D = 0.1$ mm$+0.1$ mm$=0.2$ mm。

图3-189b、d所示轴、孔的轴线对基准平面 A 的任意方向垂直度误差和尺寸误差的综合合格条件是其实际(提取)轮廓分别不得超出图3-189c、e中的圆柱定向最大实体实效边界(d_{MMVB},D_{MMVB})而进入点影区域,且轴、孔的局部尺寸不超出其上、下极限尺寸,即

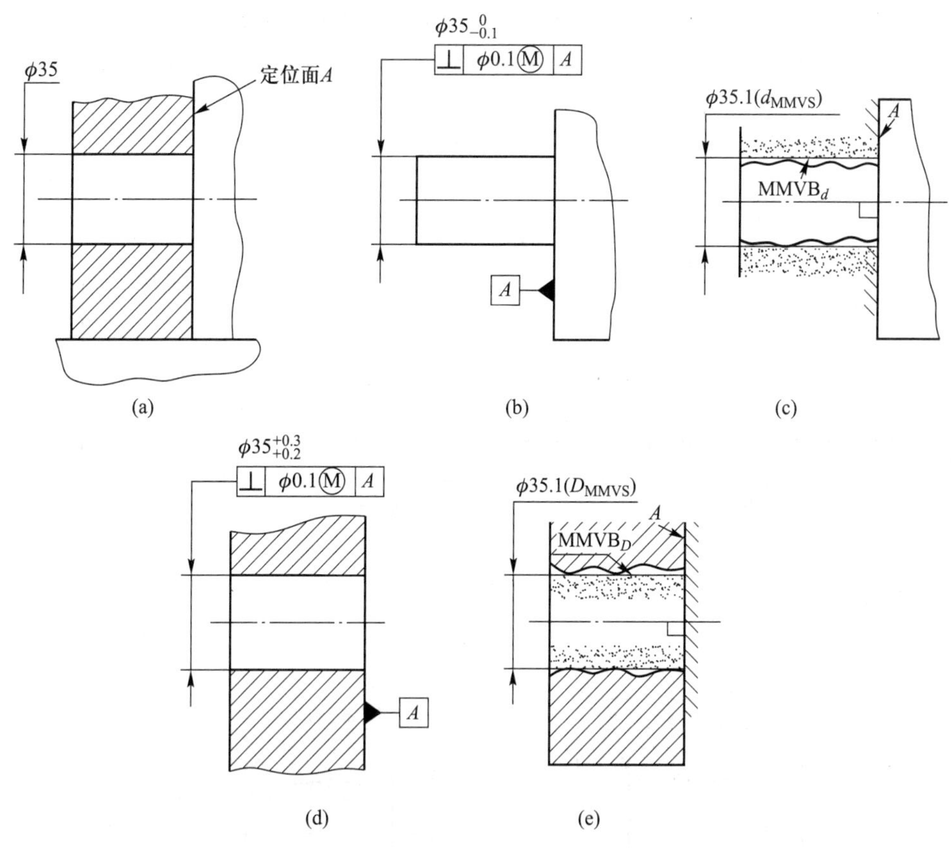

图 3-189 被测要素方向公差的最大实体要求

对于轴 $d'_{ae} \leqslant d_{MMVS} = \phi 35.1$ mm 且 $d_{MMS}(d_U) = \phi 35$ mm $\geqslant d' \geqslant d_{LMS}(d_L) = \phi 34.9$ mm

对于孔 $D'_{ae} \geqslant D_{MMVS} = \phi 35.1$ mm 且 $D_{MMS}(D_L) = \phi 35.2$ mm $\leqslant D' \leqslant D_{LMS}(D_U) = \phi 35.3$ mm

3）最大实体要求应用于被测要素的位置公差

最大实体要求应用于被测导出要素的位置公差时,其相应尺寸要素的实际(提取)轮廓应遵守其定位最大实体实效边界,即定位体外拟合尺寸不得超出定位最大实体实效尺寸,同时其局部尺寸不得超出最大和最小实体尺寸。其合格条件如下:

对于外尺寸要素(轴) $d''_{ae} \leqslant d_{MMVS}$ 且 $d_{MMS}(d_U) \geqslant d' \geqslant d_{LMS}(d_L)$

对于内尺寸要素(孔) $D''_{ae} \geqslant D_{MMVS}$ 且 $D_{MMS}(D_L) \leqslant D' \leqslant D_{LMS}(D_U)$

图 3-190a 所示为一公称尺寸等于 $\phi 35$ mm、以右侧端面和底面定位的圆柱配合。图 3-190b 表示轴 $\phi 35$ mm 的轴线对由两个基准平面 A、B 组成的基准体系的任意方向位置度公差采用最大实体要求($\phi 0.1$ Ⓜ)。当该轴处于最大实体状态(MMC)时,其轴线对基准平面 A、B 的任意方向位置度公差为 ϕt Ⓜ$=\phi 0.1$ mm。若轴的局部尺寸向最小实体尺寸方向偏离最大实体尺寸,即小于最大实体尺寸 $D_{MMS} = \phi 35$ mm,则其轴线对基准平面 A、B 的任意方向位置度误差可以超出图样给出的公差值 $\phi 0.1$ mm,但是必须保证该轴的定位体外拟合尺寸 d''_{ae} 不超出(不大于)轴的定位最大实体实效尺寸 $d_{MMVS} = d_{MMS} + \phi t$ Ⓜ$= \phi 35.1$ mm。所以,当轴的局部尺寸处处相等时,它对最大实体尺寸的偏离量就等于其轴线对基准平面 A、B 的任意方向位置度公差的增加值。当轴的局

部尺寸处处等于其最小实体尺寸 $d_{LMS}=\phi34.9$ mm，即处于最小实体状态（LMC）时，其轴线对基准平面 A、B 的任意方向位置度公差可达最大值，即等于图样给出的轴线对基准平面 A、B 的任意方向位置度公差 ϕt Ⓜ和尺寸要素（轴）的尺寸公差 T_d 之和，$t_{max}=\phi t$ Ⓜ$+T_d=0.1$ mm$+0.1$ mm$=0.2$ mm。

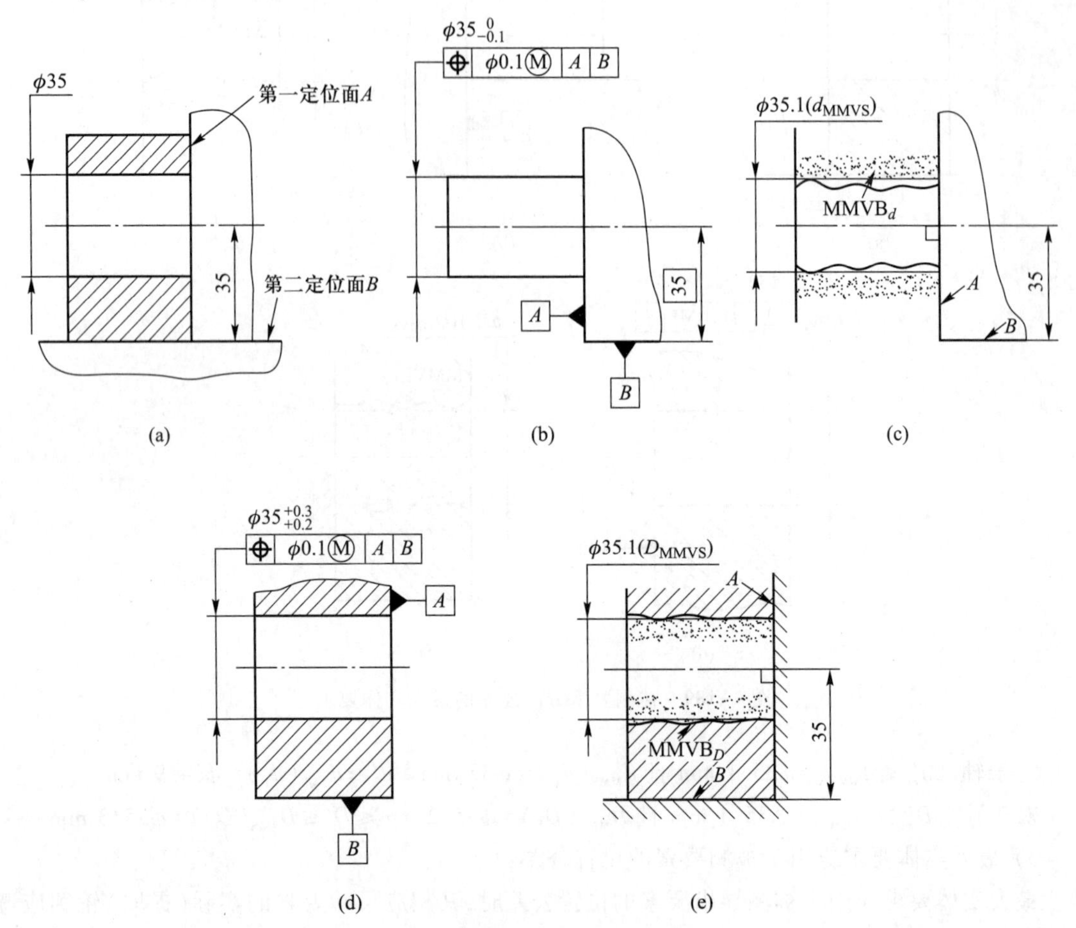

图3-190　被测要素位置公差的最大实体要求

图3-190d表示孔 $\phi35$ mm 的轴线对由两个基准平面 A、B 组成的基准体系的任意方向位置度公差采用最大实体要求（$\phi0.1$ Ⓜ）。当该孔处于最大实体状态（MMC）时，其轴线对基准平面 A、B 的任意方向位置度公差为 ϕt Ⓜ$=\phi0.1$ mm。若孔的局部尺寸向最小实体尺寸方向偏离最大实体尺寸，即大于最大实体尺寸 $D_{MMS}=\phi35.2$ mm，则其轴线对基准平面 A、B 的任意方向位置度误差可以超出图样给出的公差值 $\phi0.1$ mm。但是必须保证该孔的定位体外拟合尺寸 D''_{ae} 不超出（不小于）孔的定位最大实体实效尺寸 $D_{MMVS}=D_{MMS}-\phi t$ Ⓜ$=35.2$ mm-0.1 mm$=35.1$ mm。所以，当孔的局部尺寸处处相等时，它对最大实体尺寸的偏离量就等于其轴线对基准平面 A、B 的任意方向位置公差的增加值，当孔的局部尺寸处处等于其最小实体尺寸，即处于最小实体状态（LMC）时，其轴线对基准平面 A、B 的任意方向位置度公差可达最大值，即等于图样给出的轴线对基准平面 A、B 的任意方向位置度公差 ϕt 和尺寸要素（孔）的尺寸公差 T_D 之和，$t_{max}=\phi t$ Ⓜ+

$T_D = 0.1\ mm + 0.1\ mm = 0.2\ mm$。

图 3-190b、d 所示轴、孔的轴线对基准平面 A、B 的任意方向位置度误差和尺寸误差的综合合格条件是:其实际(提取)轮廓分别不得超出图 3-190c、e 中圆柱定位最大实体实效边界(d_{MMVB},D_{MMVB})而进入点影限定的区域,且轴、孔的局部尺寸不超出其上、下极限尺寸,即

对于轴　$d''_{ae} \leqslant d_{MMVS} = \phi 35.1\ mm$ 且 $d_{MMS}(d_U) = \phi 35\ mm \geqslant d' \geqslant d_{LMS}(d_L) = \phi 34.9\ mm$

对于孔　$D''_{ae} \geqslant D_{MMVS} = \phi 35.1\ mm$ 且 $D_{MMS}(D_L) = \phi 35.2\ mm \leqslant D' \leqslant D_{LMS}(D_U) = \phi 35.3\ mm$

(2) 可逆的最大实体要求应用于被测要素

可逆要求(reciprocity requirement,RPR)是最大实体要求(MMR)或最小实体要求(LMR)的附加要求,表示被测提取要素的实际几何误差小于其几何公差时,被测要素的尺寸公差可以增大。

可逆的最大实体要求应用于被测要素时,被测导出要素相应尺寸要素的实际(提取)轮廓应遵守其最大实体实效边界。不仅当其局部尺寸向最小实体尺寸方向偏离最大实体尺寸时,允许其几何误差值超出图样给出的几何公差值,即几何公差值可以增大;而且当被测导出要素的几何误差值小于给出的几何公差值时,也允许其相应组成要素的局部尺寸超出最大实体尺寸,即相应的尺寸要素的尺寸公差也可以增大。若被测导出要素的几何误差为零,则其相应组成要素的局部尺寸可以获得最大的增加量,这个最大的增加量就等于被测导出要素图样上给出的几何公差。可逆的最大实体要求应用于被测要素时,被测导出要素的几何误差和其相应尺寸要素的尺寸误差的综合合格条件是:体外拟合尺寸(D_{ae},d_{ae})不超出最大实体实效尺寸(D_{MMVS},d_{MMVS}),且局部尺寸(D',d')不超出最小实体尺寸(D_{LMS},d_{LMS}),即

对于外尺寸要素(轴)　$d_{ae} \leqslant d_{MMVS}$ 且 $d' \geqslant d_{LMS}(d_L)$

对于内尺寸要素(孔)　$D_{ae} \geqslant D_{MMVS}$ 且 $D' \leqslant D_{LMS}(D_U)$

(3) 最大实体要求应用于基准要素

最大实体要求应用于基准要素时,基准导出要素的尺寸要素应遵守规定的边界。若该相应尺寸要素的实际(提取)轮廓偏离其规定的边界,即其体外拟合尺寸偏离其规定的边界尺寸,并不允许被测导出要素的几何公差增大,而只允许实际(提取)基准导出要素相对于理想基准导出要素在一定范围内浮动,其浮动范围等于实际基准导出要素的相应尺寸要素的体外拟合尺寸与其规定的边界尺寸之差。

由此可知,最大实体要求应用于基准导出要素的含义与最大实体要求应用于被测导出要素的含义是完全不同的。前者是当基准导出要素相应的尺寸要素的实际(提取)轮廓偏离规定的边界时,允许实际基准导出要素的浮动,从而允许基准尺寸要素的边界相对于实际基准中心要素在一定范围内浮动。由于这种允许浮动并不相应地改变被测导出要素相应的尺寸要素的边界尺寸,因此基准导出要素的实际(提取)轮廓对其规定边界的偏离并不允许增大被测要素的方向或位置公差值,而只允许其方向或位置公差带产生浮动。而后者(最大实体要求应用于被测要素)是被测导出要素相应的尺寸要素的实际(提取)轮廓向最小实体状态方向对最大实体状态的偏离,将允许被测导出要素的几何公差值增大。

最大实体要求应用于基准导出要素时,其相应尺寸要素的实际(提取)轮廓应遵守的边界有两种情况:

1) 基准导出要素本身没有标注几何公差,或虽已标注几何公差,但未采用最大实体要求(即

未标注Ⓜ)时,其相应的尺寸要素应遵守最大实体边界(MMB)。此时,基准代号应标注在该尺寸要素的尺寸线处,基准代号的连线应与该尺寸线对齐。

2)基准导出要素本身的几何公差采用最大实体要求时,其相应尺寸要素应遵守最大实体实效边界(MMVB)。此时,基准代号应直接标注在形成该最大实体实效边界的基准要素的几何公差框格的正下方。

例如,图3-191a表示4×ϕ8均布4孔的孔组对基准轴线A的任意方向位置度公差采用最大实体要求ϕ0.2Ⓜ,且基准轴线A本身没有标注几何公差,所以基准轴线A相应的尺寸要素ϕ20 mm轴应遵守其最大实体边界d_{MMB},边界尺寸为其最大实体尺寸$d_{\mathrm{MMS}}=\phi 20$ mm,基准代号标注在ϕ20 mm轴的尺寸线上,其连线与该尺寸线对齐;图3-191b表示4×ϕ8均布4孔的孔组对基准轴线A的任意方向位置度公差采用最大实体要求ϕ0.2Ⓜ,且基准轴线A本身已标注不采用最大实体要求的直线度公差ϕ0.05(遵守独立原则),所以基准轴线A相应的尺寸要素ϕ20 mm轴应遵守其最大实体边界d_{MMB},边界尺寸为其最大实体尺寸$d_{\mathrm{MMS}}=\phi 20$ mm,基准代号也应标注在ϕ20 mm轴的尺寸线上,其连线与该尺寸线对齐;图3-191c表示4×ϕ8均布4孔的孔组对基准平面A(第一基准)和基准轴线B(第二基准)的任意方向位置度公差采用最大实体要求ϕ0.2Ⓜ,且基准轴线B本身已标注不采用最大实体要求的垂直度公差ϕ0.05(遵守独立原则),所以基准轴线B相应的尺寸要素ϕ20 mm轴应遵守其定向最大实体边界d_{MMB}(轴线垂直于第一基准A的圆柱面),边界尺寸为其最大实体尺寸$d_{\mathrm{MMS}}=\phi 20$ mm,基准代号也应标注在ϕ20 mm轴的尺寸线上,其连线与该尺寸线对齐。

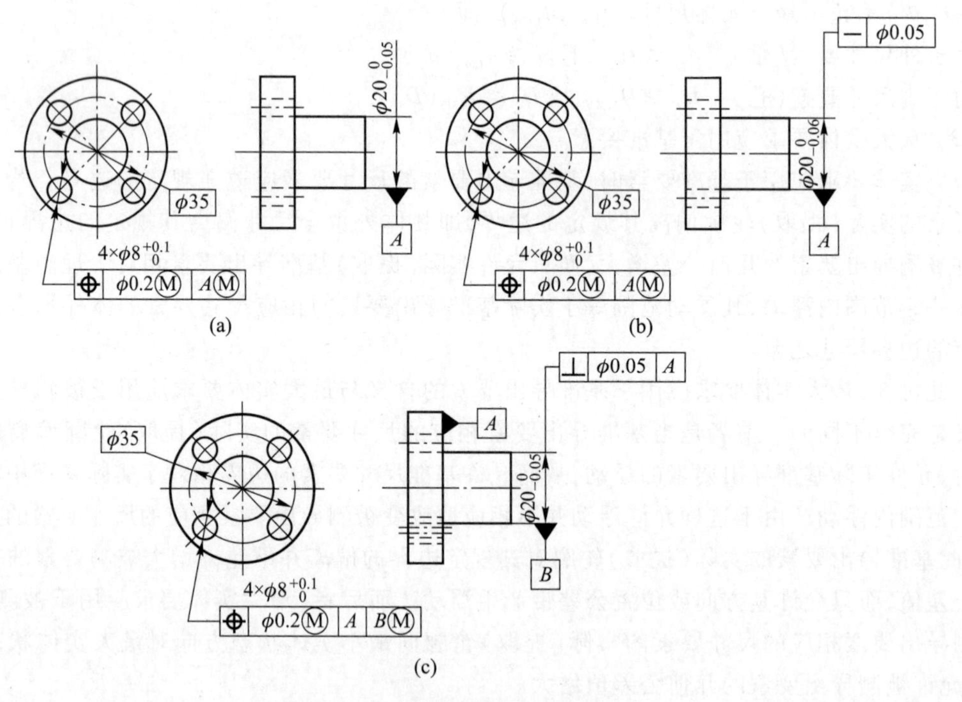

图3-191　基准导出要素最大实体要求(一)

再如,图3-192a表示4×ϕ8均布4孔的孔组对基准轴线A的任意方向位置度公差采用最大

实体要求 $\phi0.2$ Ⓜ，且基准轴线 A 本身标有采用最大实体要求的直线度公差 $\phi0.05$ Ⓜ，所以基准轴线 A 相应的尺寸要素 $\phi20$ mm 轴应遵守其最大实体实效边界 d_{MMVB}，边界尺寸为其最大实体实效尺寸 $d_{MMVS}=\phi20.05$ mm，基准代号标注在该直线度公差框格的下方；图 3-192b 表示均布 4 孔的孔组对基准平面 A（第一基准）和基准轴线 B（第二基准）的任意方向位置度公差采用最大实体要求 $\phi0.2$ Ⓜ，且基准轴线 B 本身标注两项采用最大实体要求的几何公差：直线度公差 $\phi0.05$ Ⓜ和对基准平面 A 的垂直度公差 $\phi0.1$ Ⓜ，所以基准轴线 B 相应的尺寸要素轴应遵守其定向最大实体实效边界 d_{MMVB}，边界尺寸为其由轴线垂直度公差 $\phi0.1$ Ⓜ确定的最大实体实效尺寸 $d_{MMVS}=\phi20.1$ mm，基准代号应标注在该垂直度公差框格的下方；图 3-192c 表示 $4\times\phi8$ 均布 4 孔的孔组对基准平面 A（第一基准）和基准轴线 B（第二基准）的任意方向位置度公差采用最大实体要求 $\phi0.2$ Ⓜ，且基准轴线 B 本身标注两项采用最大实体要求的几何公差：对基准平面 A 的垂直度公差 $\phi0.08$ Ⓜ和对基准中心平面 D 的对称度公差 0.1 Ⓜ，由于该垂直度公差与被测要素的位置度公差属于同一基准体系，而对称度公差则属于另一基准体系，所以基准轴线 B 相应的尺寸要素 $\phi20$ mm 轴应遵守其由垂直度公差 $\phi0.08$ Ⓜ确定的定向最大实体实效边界 d_{MMVB}，边界尺寸为其最大实体实效尺寸 $d_{MMVS}=\phi20.08$ mm，基准代号也应标注在该垂直度公差框格的下方。

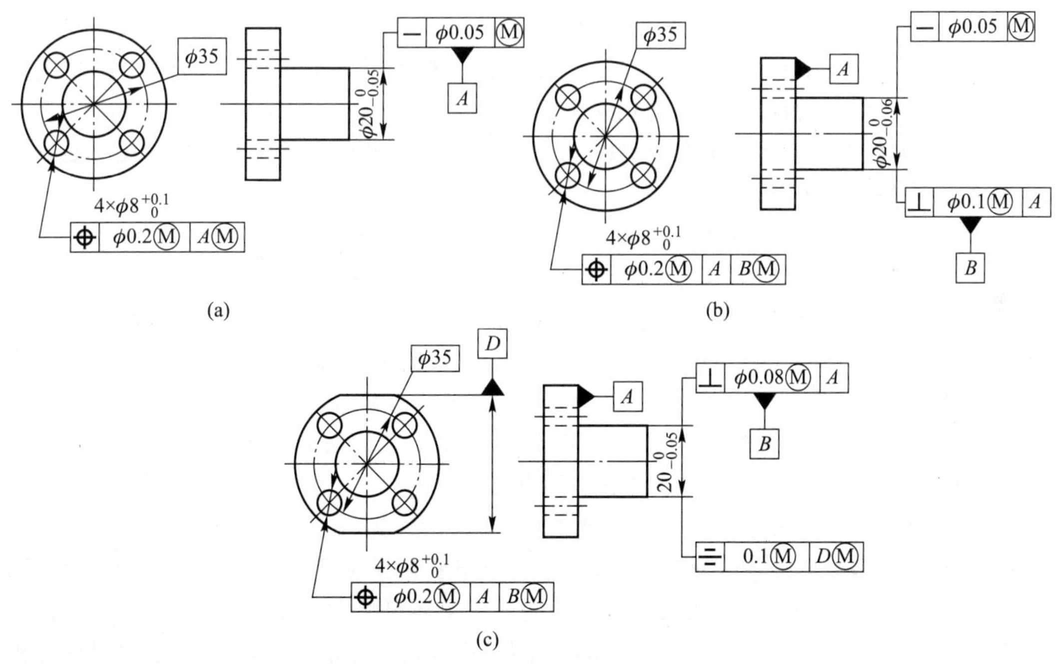

图 3-192 基准导出要素最大实体要求（二）

3.5.5 最小实体要求

最小实体要求（least material requirement，LMR）是另一种被测导出要素的几何公差与相应的尺寸要素的尺寸公差相互有关的设计要求。

最小实体要求既可应用于被测要素,也可应用于基准要素。

1. 图样标注

最小实体要求单独应用于被测要素时,在被测导出要素几何公差框格第2格的几何公差值后面加注符号Ⓛ,如图3-193a所示。最小实体要求单独应用于基准导出要素时,在被测要素几何公差框格内相应基准字母代号后加注符号Ⓛ,如图3-193b所示。最小实体要求同时应用于被测要素和基准导出要素时,在被测要素几何公差框格内公差数值后和相应基准字母代号后加注符号Ⓛ,如图3-193c所示。

可逆的最小实体要求应用于被测要素时,在被测导出要素的几何公差框格中的公差值后加注符号ⓁⓇ,如图3-193d所示。

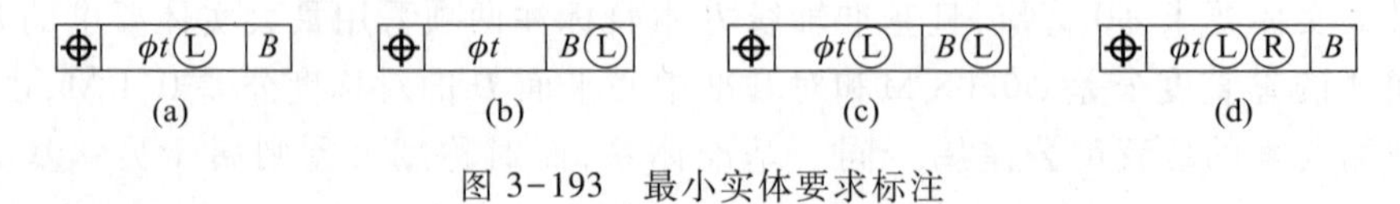

图3-193　最小实体要求标注

2. 含义

(1) 最小实体要求应用于被测要素

最小实体要求应用于被测要素时,被测导出要素的几何公差与其相应的尺寸要素的尺寸公差相关。该尺寸要素的实际(提取)轮廓应遵守最小实体实效边界(LMVB),即其体内拟合尺寸(d_{ai},D_{ai})不得超出其最小实体实效尺寸(d_{LMVS},D_{LMVS});同时,其局部尺寸(d',D')不得超出其最大实体尺寸(d_{MMS},D_{MMS})和最小实体尺寸(d_{LMS},D_{LMS})。

因此,最小实体要求应用于被测要素时,被测导出要素的几何误差及其相应的尺寸要素的尺寸误差的综合合格条件可以表达如下:

对于外尺寸要素(轴):$d_{ai} \leqslant d_{LMVS}$且$d_{MMS}(d_U) \geqslant d' \geqslant d_{LMS}(d_L)$

对于内尺寸要素(孔):$D_{ai} \geqslant D_{LMVS}$且$D_{MMS}(D_L) \leqslant D' \leqslant D_{LMS}(D_U)$

最小实体要求应用于被测导出要素时,其图样标注的几何公差值是在其相应的尺寸要素处于最小实体状态时给出的。当该尺寸要素的实际(提取)轮廓向最大实体状态偏离最小实体状态时,即其局部尺寸向最大实体尺寸方向偏离最小实体尺寸时,其导出要素(中心线或中心面)的几何误差允许增大,超出图样中给出的几何公差值tⓁ。允许增大的量值,最大不得超过被测(提取)要素的尺寸要素对其最小实体状态的偏离量。

(2) 可逆的最小实体要求应用于被测要素

可逆的最小实体要求应用于被测要素时,被测导出要素相应尺寸要素的实际(提取)轮廓应遵守其最小实体实效边界。不仅当其局部尺寸向最大实体尺寸方向偏离最小实体尺寸时,允许其几何误差值超出在最小实体状态下给出的公差值,即几何公差值可以增大,而且当被测导出要素的几何误差值小于给出的几何公差值时,也允许其相应组成要素的局部尺寸超出最小实体尺寸,即相应的尺寸要素的尺寸公差也可以增大。此时,被测导出要素的几何误差和其相应尺寸要素的尺寸误差的综合合格条件是:体内拟合尺寸(d_{ai},D_{ai})不超出最小实体实效尺寸(d_{LMVS},D_{LMVS}),且局部尺寸(d',D')不超出最大实体尺寸(d_{MMS},D_{MMS}),即

对于外尺寸要素(轴)　$d' \leqslant d_{MMS}(d_U)$且$d_{ai} \geqslant d_{LMVS}(d_L)$

对于内尺寸要素(孔)　$D' \geqslant D_{MMS}(D_L)$且$D_{ai} \leqslant D_{LMVS}(D_U)$

(3) 最小实体要求应用于基准要素

最小实体要求应用于基准要素时,基准导出要素的相应尺寸要素应遵守规定的边界。若该相应尺寸要素的实际(提取)轮廓偏离其规定的边界,即其体内拟合尺寸偏离其规定的边界尺寸,并不允许被测导出要素的几何公差增大,而只允许实际(提取)基准导出要素相对于理想导出要素在一定范围内浮动,其浮动范围等于实际基准导出要素的相应尺寸要素的体内拟合尺寸与其规定的边界尺寸之差。

由此可知,最小实体要求应用于基准导出要素的含义与最小实体要求应用于被测导出要素的含义是完全不同的。前者是当基准导出要素相应尺寸要素的实际(提取)轮廓偏离规定的边界时,允许实际基准导出要素的浮动,从而允许基准尺寸要素的边界相对于实际基准中心要素在一定范围内浮动。由于这种允许浮动并不相应地改变被测导出要素相应尺寸要素规定的边界尺寸,因此基准导出要素的相应尺寸要素的实际(提取)轮廓对其规定边界的偏离并不允许增大被测导出要素的方向或位置公差值,而只允许其方向或位置公差带产生浮动。而后者(最小实体要求应用于被测要素)是被测导出要素相应的尺寸要素的实际(提取)组成要素由最小实体状态向最大实体状态的偏离,将允许被测导出要素的几何公差值增大。

最小实体要求应用于基准导出要素时,其相应尺寸要素的实际(提取)轮廓应遵守的边界有两种情况。

第一种情况:基准导出要素本身没有标注几何公差,或虽已标注几何公差,但未采用最小实体要求(即未标注Ⓛ)时,其相应的尺寸要素应遵守最小实体边界(LMB)。此时,基准代号应标注在该尺寸要素的尺寸线处,基准代号的连线应与该尺寸线对齐。

第二种情况:基准导出要素本身的几何公差采用最小实体要求时,其相应尺寸要素应遵守最小实体实效边界(LMVB)。此时,基准代号应直接标注在形成该最小实体实效边界的基准要素的几何公差框格的正下方。

最小实体要求的含义与最大实体要求是相似的,只要把最大实体要求的各项规定中的"最大"对应改为"最小"和"体外"对应改为"体内"即可。

3.6 几何公差的选择及一般几何公差

3.6.1 几何公差的选择

几何公差的选择包括几何公差项目的确定、基准要素的选择、几何公差值的确定和公差原则的选择四方面。

1. 几何公差项目的确定

根据零件在机器中所处的地位和作用,确定该零件必须控制的几何公差项目。特别对装配后在机器中起传动、导向或定位等重要作用的,或对机器的各种动态性能如噪声、振动有重要影响的,在设计时必须逐一分析,认真确定其几何公差项目。

当同样满足功能要求时,应该选用测量简便的项目代替测量较难的项目。例如,同轴度公差常常可以用径向圆跳动公差或径向全跳动公差代替,这样对测量带来了方便。不过应注意,径向跳动是由同轴度误差与圆柱面形状误差综合作用的结果,故当同轴度由径向跳动代替时,给出的跳动公差值应略大于同轴度公差值,否则就会要求过严。用端面圆跳动代替端面垂直度有时并不可靠,而端面全跳动与端面垂直度因其公差带相同,故可以等价替换。

2. 基准要素的选择

基准要素的选择包括基准部位、基准数量和基准顺序的选择,力求使设计、工艺和检测三者基准一致,合理选择基准能提高零件的精度。

3. 几何公差值的确定

设计产品时,应按国家标准提供的统一数系选择几何公差值。国家标准对圆度、圆柱度、直线度、平面度、平行度、垂直度、倾斜度、同轴度、对称度、圆跳动、全跳动等划分为12个等级,数值见表3-4~表3-7;对位置度没有划分等级,只提供了位置度数系,见表3-8。没有对线轮廓度和面轮廓度规定公差值。

表3-4 直线度、平面度(摘自GB/T 1184—1996)

主参数 L/mm	公差等级											
	1	2	3	4	5	6	7	8	9	10	11	12
	公差值/μm											
≤10	0.2	0.4	0.8	1.2	2	3	5	8	12	20	30	60
>10~16	0.25	0.5	1	1.5	2.5	4	6	10	15	25	40	80
>16~25	0.3	0.6	1.2	2	3	5	8	12	20	30	50	100
>25~40	0.4	0.8	1.5	2.5	4	6	10	15	25	40	60	120
>40~63	0.5	1	2	3	5	8	12	20	30	50	80	150
>63~100	0.6	1.2	2.5	4	6	10	15	25	40	60	100	200
>100~160	0.8	1.5	3	5	8	12	20	30	50	80	120	250
>160~250	1	2	4	6	10	15	25	40	60	100	150	300
>250~400	1.2	2.5	5	8	12	20	30	50	80	120	200	400
>400~630	1.5	3	6	10	15	25	40	60	100	150	250	500
>630~1 000	2	4	8	12	20	30	50	80	120	200	300	600
>1 000~1 600	2.5	5	10	15	25	40	60	100	150	250	400	800
>1 600~2 500	3	6	12	20	30	50	80	120	200	300	500	1 000
>2 500~4 000	4	8	15	25	40	60	100	150	250	400	600	1 200
>4 000~6 300	5	10	20	30	50	80	120	200	300	500	800	1 500
>6 300~10 000	6	12	25	40	60	100	150	250	400	600	1 000	2 000

表 3-5 圆度、圆柱度(摘自 GB/T 1184—1996)

主参数 $d(D)$/mm	公差等级												
	0	1	2	3	4	5	6	7	8	9	10	11	12
	公差值/μm												
≤3	0.1	0.2	0.3	0.5	0.8	1.2	2	3	4	6	10	14	25
>3~6	0.1	0.2	0.4	0.6	1	1.5	2.5	4	5	8	12	18	30
>6~10	0.12	0.25	0.4	0.6	1	1.5	2.5	4	6	9	15	22	36
>10~18	0.15	0.25	0.5	0.8	1.2	2	3	5	8	11	18	27	43
>18~30	0.2	0.3	0.6	1	1.5	2.5	4	6	9	13	21	33	52
>30~50	0.25	0.4	0.6	1	1.5	2.5	4	7	11	16	25	39	62
>50~80	0.3	0.5	0.8	1.2	2	3	5	8	13	19	30	46	74
>80~120	0.4	0.6	1	1.5	2.5	4	6	10	15	22	35	54	87
>120~180	0.6	1	1.2	2	3.5	5	8	12	18	25	40	63	100
>180~250	0.8	1.2	2	3	4.5	7	10	14	20	29	46	72	115
>250~315	1.0	1.6	2.5	4	6	8	12	16	23	32	52	81	130
>315~400	1.2	2	3	5	7	9	13	18	25	36	57	89	140
>400~500	1.5	2.5	4	6	8	10	15	20	27	40	63	97	155

表 3-6 平行度、垂直度、倾斜度(摘自 GB/T 1184—1996)

主参数 $L,d(D)$/mm	公差等级											
	1	2	3	4	5	6	7	8	9	10	11	12
	公差值/μm											
≤10	0.4	0.8	1.5	3	5	8	12	20	30	50	80	120
>10~16	0.5	1	2	4	6	10	15	25	40	60	100	150
>16~25	0.6	1.2	2.5	5	8	12	20	30	50	80	120	200
>25~40	0.8	1.5	3	6	10	15	25	40	60	100	150	250
>40~63	1	2	4	8	12	20	30	50	80	120	200	300
>63~100	1.2	2.5	5	10	15	25	40	60	100	150	250	400
>100~160	1.5	3	6	12	20	30	50	80	120	200	300	500
>160~250	2	4	8	15	25	40	60	100	150	250	400	600
>250~400	2.5	5	10	20	30	50	80	120	200	300	500	800
>400~630	3	6	12	25	40	60	100	150	250	400	600	1000
>630~1 000	4	8	15	30	50	80	120	200	300	500	800	1 200
>1 000~1 600	5	10	20	40	60	100	150	250	400	600	1 000	1 500
>1600~2500	6	12	25	50	80	120	200	300	500	800	1 200	2 000
>2 500~4 000	8	15	30	60	100	150	250	400	600	1 000	1 500	2 500
>4 000~6 300	10	20	40	80	120	200	300	500	800	1 200	2 000	3 000
>6 300~10 000	12	25	50	100	150	250	400	600	1 000	1 500	2 500	4 000

表3-7 同轴度、对称度、圆跳动、全跳动(摘自GB/T 1184—1996)

主参数 $d(D)$,B,L/mm	公差等级											
	1	2	3	4	5	6	7	8	9	10	11	12
	公差值/μm											
≤1	0.4	0.6	1.0	1.5	2.5	4	6	10	15	25	40	60
>1~3	0.4	0.6	1.0	1.5	2.5	4	6	10	20	40	60	120
>3~6	0.5	0.8	1.2	2	3	5	8	12	25	50	80	150
>6~10	0.6	1	1.5	2.5	4	6	10	15	30	60	100	200
>10~18	0.8	1.2	2	3	5	8	12	20	40	80	120	250
>18~30	1	1.5	2.5	4	6	10	15	25	50	100	150	300
>30~50	1.2	2	3	5	8	12	20	30	60	120	200	400
>50~120	1.5	2.5	4	6	10	15	25	40	80	150	250	500
>120~250	2	3	5	8	12	20	30	50	100	200	300	600
>250~500	2.5	4	6	10	15	25	40	60	120	250	400	800
>500~800	3	5	8	12	20	30	50	80	150	300	500	1 000
>800~1 250	4	6	10	15	25	40	60	100	200	400	600	1 200
>1 250~2 000	5	8	12	20	30	50	80	120	250	500	800	1 500
>2 000~3 150	6	10	15	25	40	60	100	150	300	600	1 000	2 000
>3 150~5 000	8	12	20	30	50	80	120	200	400	800	1 200	2 500
>5 000~8 000	10	15	25	40	60	100	150	250	500	1 000	1 500	3 000
>8 000~10 000	12	20	30	50	80	120	200	300	600	1 200	2 000	4 000

注:B为被测要素的宽度。

在保证零件功能的前提下,尽可能选用最经济的公差值,通过类比或计算,并考虑加工的经济性和零件的结构、刚性等情况确定几何公差值。各种公差值之间要协调合理,比如同一要素上给出的形状公差值应小于位置公差值;圆柱形零件的形状公差值(轴线的直线度除外)一般情况下应小于其尺寸公差值;平行度公差值应小于被测要素和基准要素之间的距离公差值等。

到目前为止,几何公差值给定的主要方法仍然是经验设计,尚无实用、有效的精确设计的方法。一般说来,几何公差在图样上的标注可以采用三种方法:

1) 框格标注;

2) 采用一般公差(未注公差);

3) 用文字说明。

表 3-8 位置度数系(摘自 GB/T 1184—1996) μm

1	1.2	1.5	2	2.5	3	4	5	6	8
1×10^n	1.2×10^n	1.5×10^n	2×10^n	2.5×10^n	3×10^n	4×10^n	5×10^n	6×10^n	8×10^n

注:n 为正整数。

4. 公差原则的选择

选择公差原则时,应根据被测要素的功能要求,充分发挥给出公差的职能和采取该种公差原则的可行性、经济性。表 3-9 列出了三种公差原则的应用场合和示例,供选择公差原则时参考。

表 3-9 公差原则选择参考表

公差原则	应用场合	示例
独立原则	尺寸精度与几何精度需要分别满足要求	齿轮箱体孔的尺寸精度与两孔轴线的平行度;连杆活塞销孔的尺寸精度与圆柱度;滚动轴承内、外圈滚道的尺寸精度与形状精度
	尺寸精度与几何精度相差较大	滚筒类零件尺寸精度要求很低,形状精度要求很高;平板的尺寸精度要求不高,形状精度要求很高;冲模架的下模座尺寸精度要求不高,平行度要求较高;通油孔的尺寸精度有一定要求,形状精度无要求
	尺寸精度与几何精度无关系	滚子链条的套筒或滚子内、外圆柱面的轴线同轴度与尺寸精度;齿轮箱体孔的尺寸精度与孔轴线间的位置度;发动机连杆上的尺寸精度与孔轴线间的位置度
	保证运动精度	导轨的形状精度要求严格,尺寸精度要求次要
	保证密封性	气缸套的形状精度要求严格,尺寸精度要求次要
	未注公差	凡未注尺寸公差和未注几何公差都采用独立原则,如退刀槽倒角、圆角等
包容要求	保证规定的配合性质	ϕ20H7 Ⓜ孔与 ϕ20h6 Ⓜ轴的配合,可以保证配合的最小间隙等于零
	尺寸公差与几何公差间无严格比例关系要求	一般的孔与轴配合, 只要求拟合尺寸不超越最大实体尺寸,局部实际(组成)要素不超越最小实体尺寸
	保证关联拟合尺寸不超越最大实体尺寸	关联要素的孔与轴性质要求,标注 0 Ⓜ
最大实体要求	被测中心要素	保证自由装配,如轴承盖上用于穿过螺钉的通孔,法兰盘上用于穿过螺栓的通孔
	基准中心要素	基准轴线或中心平面相对于理想边界的中心允许偏离时,如同轴度的基准轴线

3.6.2 一般几何公差

1. 基本概念

凡是某种加工方法的常用精度能满足要素的功能要求的几何公差,不必在设计图样上用公差框格的形式标出，只需以适当的方式加以说明。这种几何公差称为“一般公差”。由于它不必在图样上用框格单独标出，在我国又称为“未注公差”。

高于一般公差的精度要求，应用框格单独标出，必要时也可用文字说明。

低于一般公差的精度要求，一般不需要单独标出，除非其较大的几何公差值对零件的加工具有显著的经济效益，才将大于一般公差的几何公差值在图样上单独标出。

规定和采用一般公差有图样简明、设计省时、检验方便、重点明确、减少争议等优点。

为了正确采用一般公差，企业必须：① 掌握设备能达到的常用精度；② 未注公差值应等于或大于设备能达到的常用精度；③ 应采用抽样检验的方法，以保证设备经常保持常用精度。

2. 一般几何公差的标准公差值

GB/T 1184—1996 对直线度、平面度、垂直度、对称度和圆跳动的未注公差值进行了规定，见表 3-10～表 3-13。其他项目如线轮廓度、面轮廓度、位置度和全跳动均应由各要素的注出或未注的几何公差、线性尺寸公差或角度公差控制。

(1) 直线度和平面度

直线度和平面度的未注公差值见表 3-10。

表 3-10 直线度和平面度的未注公差值 mm

公差等级	基本长度范围					
	≤10	>10～30	>30～100	>100～300	>300～1 000	>1 000～3 000
H	0.02	0.05	0.1	0.2	0.3	0.4
K	0.05	0.1	0.2	0.4	0.6	0.8
L	0.1	0.2	0.4	0.8	1.2	1.6

(2) 垂直度

表 3-11 给出了垂直度的未注公差值。取形成直角的两边中较长的一边作为基准，较短的一边作为被测要素。若两边的长度相等，则可取其中的任意一边作为基准。

表 3-11 垂直度的未注公差值 mm

公差等级	基本长度范围			
	≤100	>100～300	>300～1 000	>1 000～3 000
H	0.2	0.3	0.4	0.5
K	0.4	0.6	0.8	1
L	0.6	1	1.5	2

(3) 对称度

表 3-12 给出了对称度的未注公差值，应取两要素中较长者作为基准，较短者作为被测要素；若两要素长度相等，则可选任一要素为基准。

对称度的未注公差值用于至少两个要素中的一个是中心平面，或两个要素的轴线相互垂直。

表 3-12 对称度的未注公差值 mm

公差等级	基本长度范围			
	≤100	>100～300	>300～1 000	>1 000～3 000
H	0.5			
K	0.6		0.8	1
L	0.6	1	1.5	2

(4) 圆跳动

表 3-13 给出了圆跳动(径向、端面和斜向)的未注公差值。

对于圆跳动的未注公差值,应以设计或工艺给出的支承面作为基准,否则应取两要素中较长的一个作为基准;若两要素的长度相等,则可选任一要素为基准。

表 3-13 圆跳动的未注公差值 mm

公差等级	圆跳动公差值
H	0.1
K	0.2
L	0.5

(5) 圆度

圆度的未注公差值等于标准的直径公差值,但不能大于表 3-13 中的径向圆跳动公差值。

(6) 圆柱度

圆柱度的未注公差值不做规定。

1) 圆柱度误差由三个部分组成:圆度、直线度和相对素线的平行度误差,而其中每一项误差均由它们的注出公差或未注公差控制。

2) 如因功能要求,圆柱度应小于圆度、直线度和平行度的未注公差的综合结果,应在被测要素上按 GB/T 1182—2018 的规定注出圆柱度公差值。

3) 采用包容要求。

(7) 平行度

平行度的未注公差值等于给出的尺寸公差值,或是直线度和平面度未注公差值中的相应公差值取大者。应取两要素中的较长者作为基准,若两要素的长度相等,则可选任一要素。

(8) 同轴度

同轴度的未注公差值未作规定。

在极限状况下,同轴度的未注公差值可以和表 3-13 中规定的径向圆跳动的未注公差值相等。应选两要素中的较长者为基准,若两要素长度相等,则可选任一要素为基准。

3. 未注公差值的图样表示法

若采用 GB/T 1182—2018 规定的未注公差值,应在标题栏附近或在技术要求、技术文件(如企业标准)中注出标准代号及公差等级代号。

4. 未注公差值的示例

图 3-194 表示某回转面的横截面轮廓,其最大局部尺寸正好等于上极限尺寸 d_U,最小局部尺寸正好等于下极限尺寸 d_L,则圆度误差 $f=d_U-d_L=T_d$,即最大圆度误差等于直径尺寸公差 T_d。同时,因为径向圆跳动是圆度误差和同轴度误差的综合,且一般不小于圆度误差,因此圆度公差应不大于径向圆跳动公差。

图 3-195a 所示圆柱直径尺寸标注 $\phi20^{\ 0}_{-0.05}$,则其未注圆度公差值为其尺寸公差 0.05 mm;图 3-195b 所示圆柱直径为 $\phi40$,且按 m 级未注线性尺寸公差,则由 GB/T 1804 可得其极限偏差为 ±0.3 mm,即尺寸公差为 0.6 mm。另按未注几何公差为 L 级,由表 3-13 可得其未注径向圆跳动公差值为 0.5 mm,则其未注圆度公差值取两者中较小者 0.5 mm。

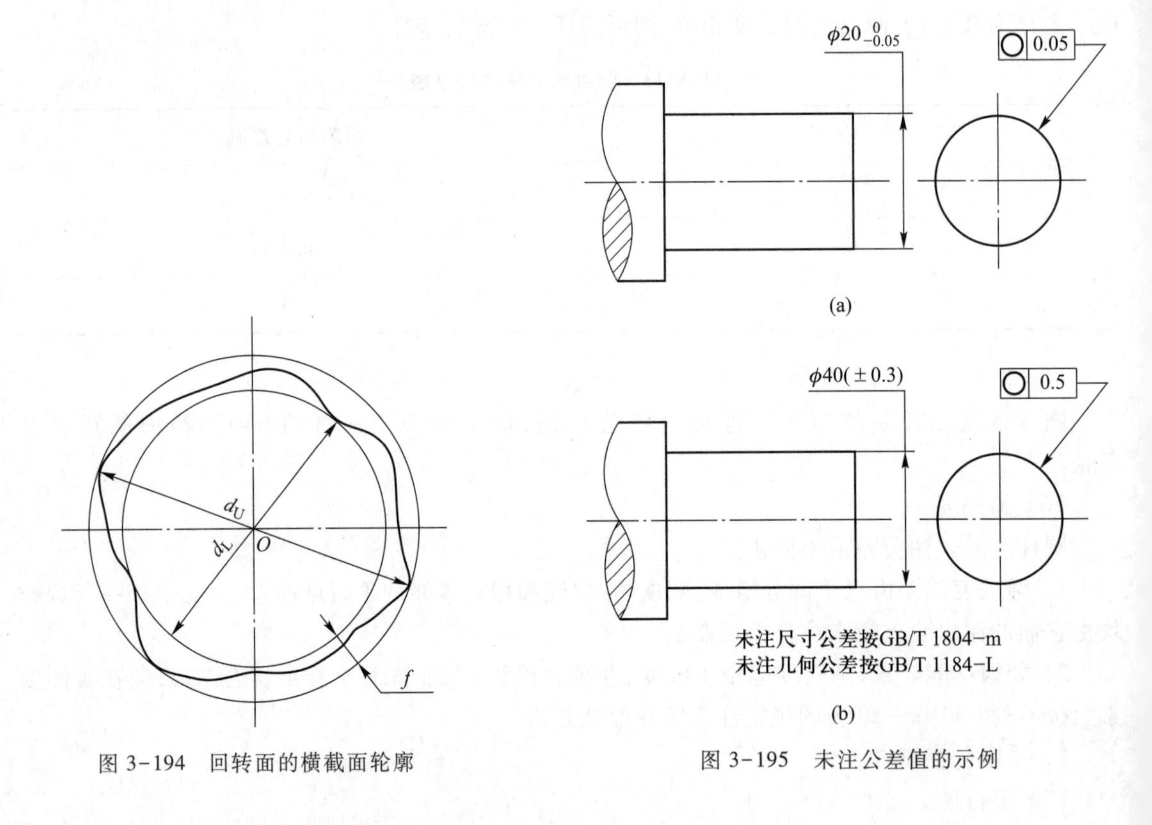

图 3-194 回转面的横截面轮廓

图 3-195 未注公差值的示例

3.7 几何误差评定及其检测原则

几何误差为零件上被测提取要素对其拟合要素的变动量。工件在加工过程中受到各种因素的影响,如加工设备本身的误差,工件的安装、调整等人为因素的误差,加工过程中夹紧力、切削力使工件和加工装备产生弹性变形。温度变化、刀具磨损、切削时的振动,以及内应力、热处理变形等都会对工件几何特征产生影响。由于各种影响因素客观存在,因此在加工过程中产生几何误差不可避免。由于加工完成后的工件必然存在几何误差,因此必须对其进行验证。所谓验证,是指对工件上的实际表面按照验证操作集进行有序操作，求得正确的测量结果。经与工件非理想表面模型的特征规范值比较，以判断其符合性，即通过几何误差检测进而评估工件的几何特征是否在允许极限的范围内。因此，几何误差检测是保证工件加工质量以满足产品设计要求的一个重要手段。

3.7.1　几何误差的评定

1. 形状误差的评定

（1）直线度误差评定

在给定平面内的直线度公差要求被测要素上各点相对其理想线的距离应等于或小于给定的公差值。理想线的方向由最小条件确定，即两平行直线包容被测线且其间距离为最小，如图3-196所示。

将被测实际要素与其理想要素比较时，理想要素与实际要素间的相对位置关系不同，则评定的形状误差值也不同。图3-196所示为评定给定平面内的直线度误差，当理想要素分别处于 A_1-B_1、A_2-B_2、A_3-B_3时，相应评定的直线误差值分别为 h_1、h_2、h_3。为了对评定的形状误差有一确定的数值，因此规定被测实际要素与其理想要素间的相对关系应符合最小条件，即被测实际要素对理想要素的最大距离为最小。从图3-196可以看出，理想线可能的方向为 A_1-B_1、A_2-B_2、A_3-B_3，相应的距离为 h_1、h_2、h_3。在图3-196中 $h_1<h_2<h_3$，因此理想线应选择符合最小条件的方向 A_1-B_1，h_1必须小于或等于给定的公差值。

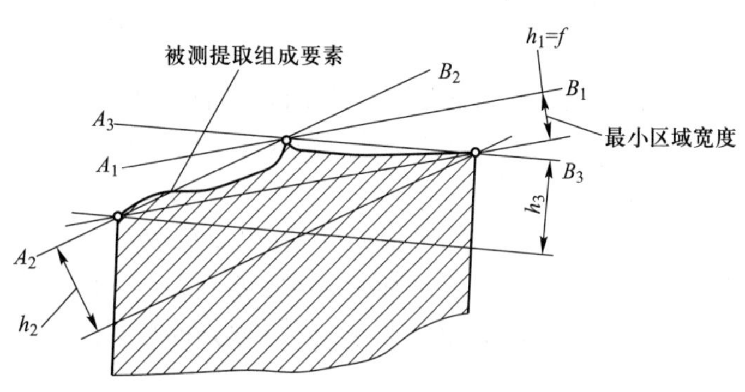

图3-196　直线度误差评定

（2）平面度误差评定

平面度公差要求被测要素上的各点相对其理想平面的距离等于或小于给定的公差值，理想平面的方向由最小条件确定，即两平行平面包容被测面且其间距离为最小，如图3-197所示。

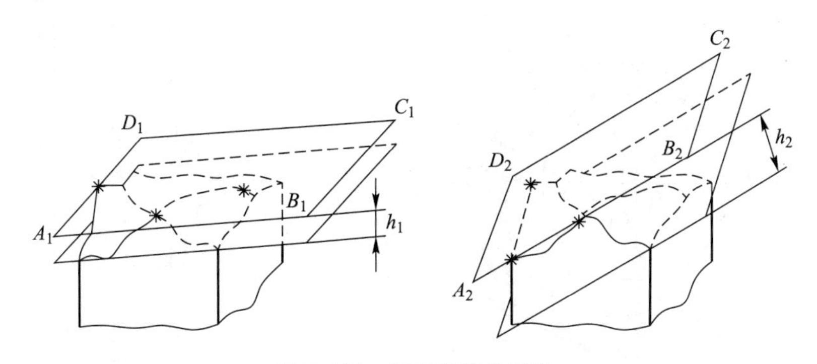

图3-197　平面度误差评定

在图 3-197 中，平面可能的方向为 $A_1-B_1-C_1-D_1$ 和 $A_2-B_2-C_2-D_2$，相应距离为 h_1、h_2，从图中可知 $h_1<h_2$。

因此，理想平面应选择符合最小条件方向的 $A_1-B_1-C_1-D_1$，h_1 必须小于或等于给定的公差值。

(3) 圆度误差评定

圆度公差要求被测要素处于两个同心圆间的区域内，两圆的半径差应小于或等于给定的公差值。该两圆圆心的位置和半径差值的选择应符合最小条件，即必须使两圆间的半径差为最小，如图 3-198 所示。

图 3-198 中，以 A_1 圆的圆心 C_1 定位的两个同心圆的半径差为 Δr_1；以 A_2 圆的圆心 C_2 定位的两个同心圆的半径差为 Δr_2。由图可知 $\Delta r_2<\Delta r_1$，因此两同心圆的正确位置是 A_2 组，半径 Δr_2 必须小于或等于给定的公差值。

(4) 圆柱度误差评定

圆柱度公差要求被测要素处于两个同轴圆柱面之间的区域内，两圆柱面的半径差应小于或等于给定的公差值。该两圆柱面轴线的位置和半径差值的选择应符合最小条件，即必须使两同轴圆柱面间的半径差为最小，如图 3-199 所示。

图 3-199 中，以 A_1 圆柱面的轴线 Z_1 定位的两个同轴圆柱面的半径差为 Δr_1；以 A_2 圆柱面的轴线 Z_2 定位的两个同轴圆柱面的半径差为 Δr_2。由图可知 $\Delta r_2<\Delta r_1$，因此两同轴圆柱面的正确位置是 A_2 组，半径差 Δr_2 必须小于或等于给定的公差值。

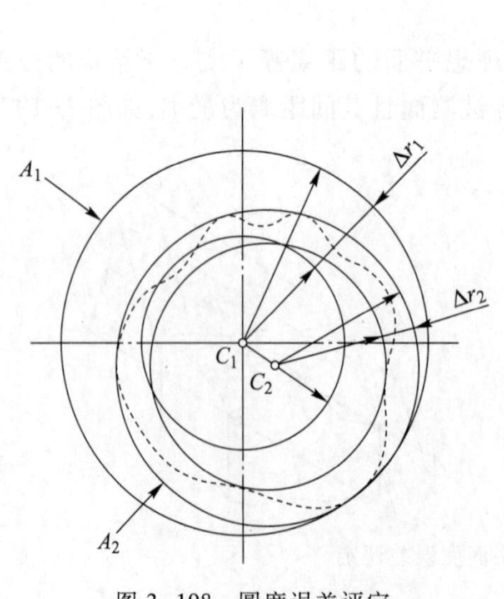

图 3-198 圆度误差评定

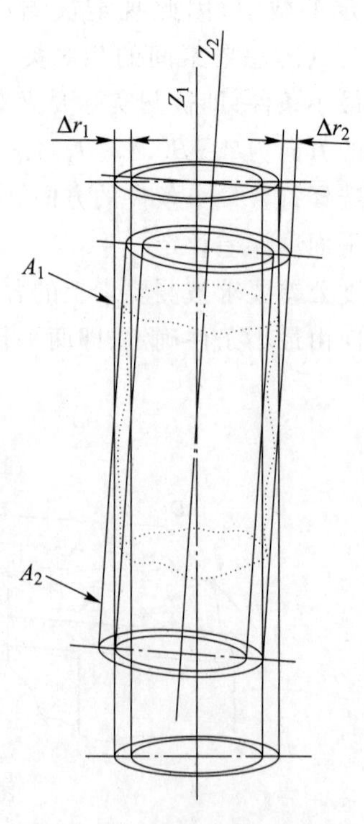

图 3-199 圆柱度误差评定

2. 方向误差的评定

评定方向误差时，理想要素相对于基准保持零件图样所要求的方向关系。在理想要素方向确定的前提下，应使被测实际要素 F 至其理想要素的最大距离为最小，来评定方向误差，如图 3-200所示。

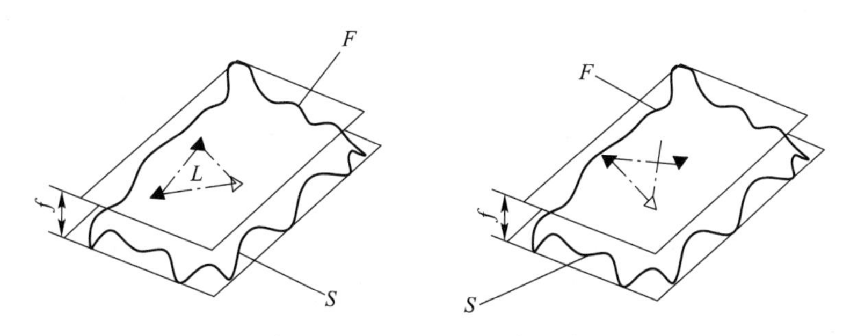

图 3-200　平面最小区域判别法

方向误差可以用对基准保持所要求方向的定向最小包容区域的宽度或直径来表示。定向最小区域的形状与定向公差带的形状相同。图 3-201 是由两条平行于基准 A 的直线构成的定向最小区域 S。定向最小区域的宽度为定向误差 f。

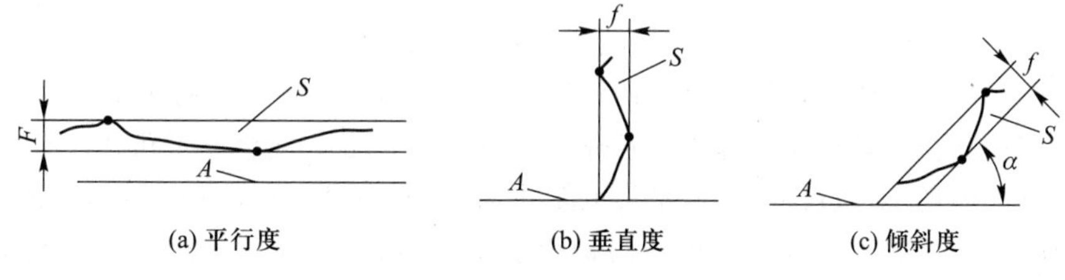

图 3-201　定向最小区域

3. 位置误差的评定

评定位置误差时，理想要素相对于基准的位置由理论正确尺寸来确定。在理想要素位置确定的前提下，应使实际要素至其理想要素的最大距离为最小，来确定定位最小包容区域。其宽度和直径表示定位误差的大小。定位最小区域的形状与定位公差带的形状相同。如图 3-202a 所示，评定平面上一条线的位置度误差。定位最小区域 S 由两条平行直线构成，理想直线的位置由理论正确尺寸"$\boxed{L}$"决定，实际线 F 上至少有一点与该两平行直线之一接触，其宽度为定位误差 f。图 3-202b 为评定平面上一个点 P 的位置度误差，定位最小区域 S 由一个圆构成。该圆的圆心（被测点的理想位置）由基准 A、B 和理论正确尺寸"$\boxed{L_x}$、$\boxed{L_y}$"确定，直径 f 由 OP 确定。$f=2OP$，即点 P 的位置度误差。测量几何误差时，被测轮廓要素可以在其上取一定数量的测点来代替。测量定向或定位误差时，被测轴线可以用心轴、V 形块来体现，被测中心平面可以用定位块或量块来体现。

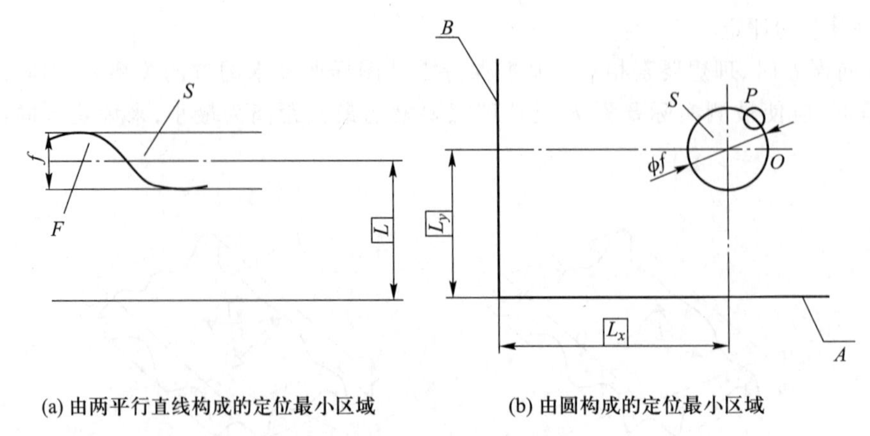

(a) 由两平行直线构成的定位最小区域 (b) 由圆构成的定位最小区域

图 3-202 定位最小区域

3.7.2 几何误差的检测原则

几何误差可以运用下列五种检测原则来检测。

1. 与拟合要素比较原则

与拟合要素比较原则是指测量时将被测实际要素与相应的理想要素作比较,在比较过程中获得数据,按这些数据来评定几何误差。该检测原则在几何误差测量中的应用最为广泛。

运用该检测原则时,必须要有理想要素作为测量时的标准。理想要素可用不同的方法来体现,例如用实物来体现:刀口尺的刃口、平尺的工作面、一条拉紧的钢丝都可作为理想直线;平台和平板的工作面、样板的轮廓等也都可作为理想要素。图 3-203a 所示用刀口尺测量直线度误差,就是以刃口作为理想直线,被测要素与之比较,根据光隙的大小来判断直线度误差。理想要素还可能用一束光线、水平面等体现,例如用自准直仪和水平仪测量直线度和平面度误差时就是应用这样的理想要素。理想要素也可用运动的轨迹来体现,例如纵向、横向导轨的移动构成了一个平面;一个点绕一轴线作等距回转运动构成了一个理想圆,如图 3-203b 所示,由此形成了圆度误差的测量方案。

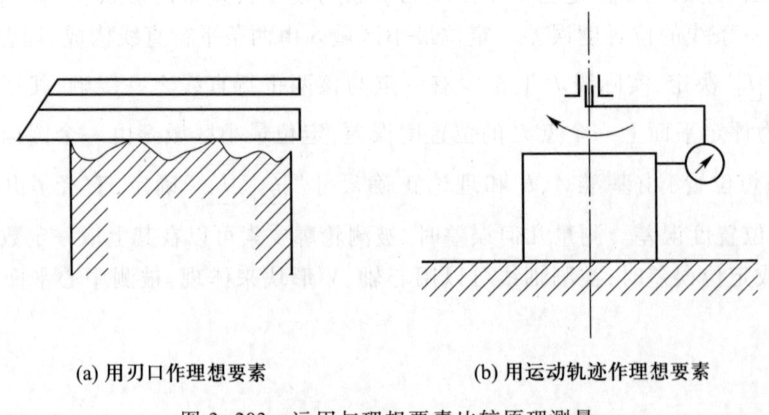

(a) 用刃口作理想要素 (b) 用运动轨迹作理想要素

图 3-203 运用与理想要素比较原理测量

下面举一个运用该检测原则来测量一零件的平行度误差和直线度误差的例子。

如图 3-204 所示，以平板为测量基准，对被测要素用指示表作等距布点测量。在各测点上指示表的示值见表 3-14。

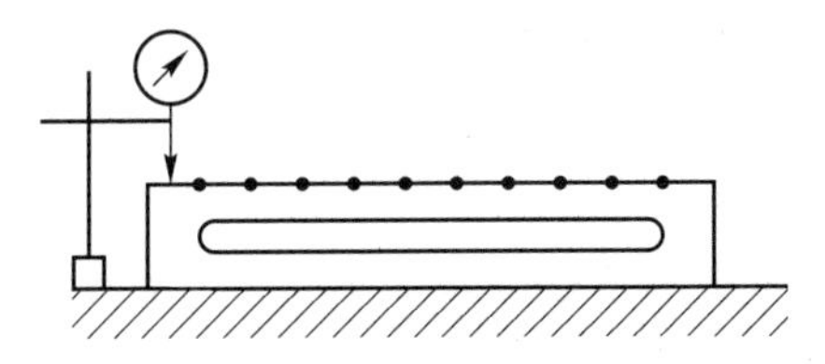

图 3-204 用指示表测量平行度和直线度误差

表 3-14 各测点的示值

测量点序号	0	1	2	3	4	5	6	7	8
指示表示值/μm	0	+2	+3	−1	−2	0	+2	+4	+2

根据表 3-14 所列的测量数据，按适当的比例作图求解误差值，如图 3-205 所示。在图上横坐标和纵坐标的比例不相同。纵坐标反映指示表的示值 M，在图上要表示清楚，必须采用放大的比例。而横坐标反映被测要素的长度，通常采用缩小的比例。

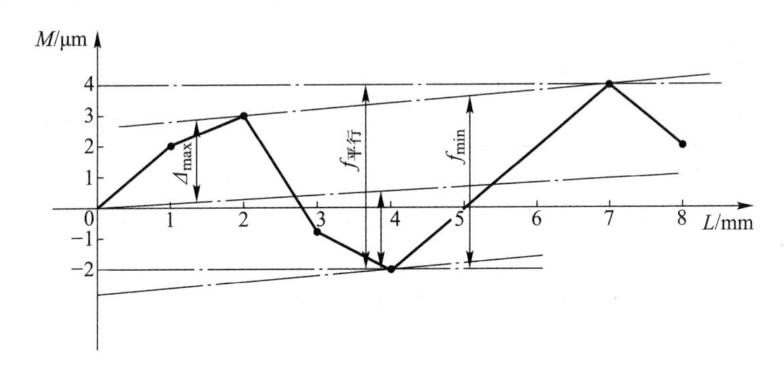

图 3-205 作图求解误差值

按图 3-204 的测量方法，测量基准与被测要素的基准重合。指示表在平板上移动时，其测头移动的轨迹就是理想要素，它应平行于基准。因此，指示表最大示值 M_{max} 与最小示值 M_{min} 之差即为平行度误差值 $f_{平行}$。由图 3-205 或表 3-14 的数据可知：

$$f_{平行}=M_{max}-M_{min}=4\ \mu m-(-2\ \mu m)=6\ \mu m$$

在图 3-205 上，过坐标为(2,+3)和(7,+4)两个最高点作一条直线，再过坐标为(4,-2)的最低点作一条平行于该直线的直线，这两条平行线间的纵坐标距离 f_{min} 代表最小包容区域的宽度。从图上量得

$$f_{min}=5.4\ \mu m$$

f_{min} 即为按最小条件评定的直线度误差值。

在图 3-205 上，过坐标为(0,0)和(8,+2)的两个端点连一条直线。可以用两端点连线作为评定基准。由图可知，最高点(2,+3)和最低点(4,-2)分别至评定基准的纵坐标距离的绝对值

$|\Delta_{max}|$、$|\Delta_{min}|$之和，即为按两端点连线法评定的直线度误差值 $f_{端点}$。从图上量得：

$$f_{端点}=|\Delta_{max}|+|\Delta_{min}|=|+2.5\ \mu m|+|-3.2\ \mu m|=5.7\ \mu m$$

2. 测量坐标值原则

由于几何要素的特征总是可以在坐标系中反映出来，因此测得被测要素上各测点的坐标值后，就可以评定几何误差。测量坐标值原则是几何误差检测中的重要检测原则，尤其在轮廓度和位置度误差测量中的应用更为广泛。

图 3-206 为用测量坐标值原则测量位置度误差的示例。测量时，以零件的下侧面、左侧面为测量基准 A、B，测量出各孔实际位置的坐标值(x_1,y_1)、(x_2,y_2)、(x_3,y_3)和(x_4,y_4)，将实际坐标值减去确定孔理想位置的理论正确尺寸(X_i,Y_i) $(i=1,2,3,4)$，得

$$\begin{cases}\Delta x_i=x_i-X_i\\ \Delta y_i=y_i-Y_i\end{cases}$$

于是，各孔的位置度误差可按下式求得：

$$f_i=2\sqrt{(\Delta x_i)^2+(\Delta y_i)^2}$$

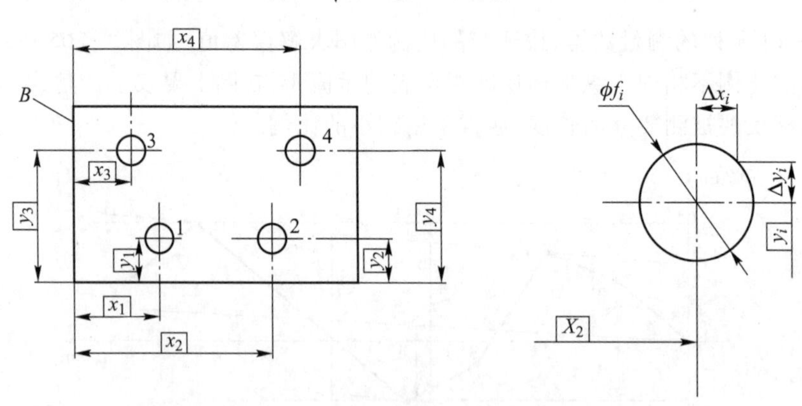

图 3-206　运用测量坐标值原则测量位置度误差

3. 测量特征参数原则

特征参数是指能近似反映几何误差的参数。应用测量特征参数原则测得的几何误差，与按定义确定的几何误差相比，只是一个近似值。例如用两点法测量圆度误差，在一个横截面内的几个方向上测量直径，取最大的直径差值的二分之一作为该截面内的圆度误差。测量特征参数原则在生产中易于实现，是一种应用较为普遍的检测原则。

4. 测量跳动原则

测量跳动原则是针对测量圆跳动和全跳动的需要而提出的检测原则。例如，测量径向圆跳动如图 3-207 所示，在被测实际要素绕基准轴线回转一周的过程中，被测实际要素的形状和位置误差使位置固定的指示表的测头移动，指示表最大与最小示值之差，即为在该测量截面内的径向圆跳动。

5. 控制实效边界原则

按最大实体要求给出几何公差时，意味着给出了一个理想边界——实效边界，要求被测实体不得超越该理想边界。判断被测实体是否超越实效边界的有效方法是综合量规检验法。综合量

规是模拟实效边界的全形量规。若被测实体能被综合量规通过，则表示合格，否则不合格。图3-208是用综合量规检验零件的同轴度误差。

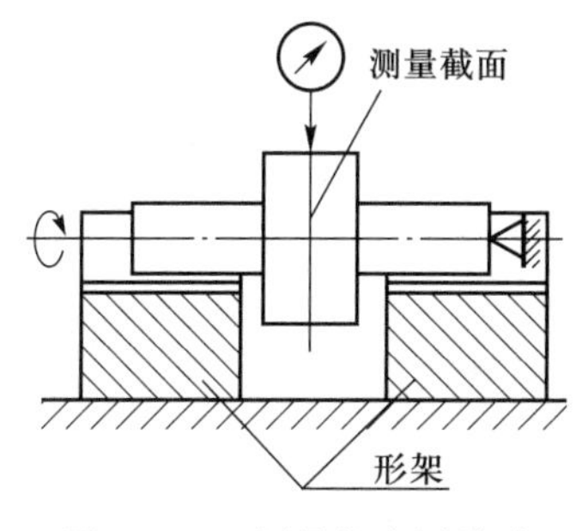

图 3-207 测量径向圆跳动

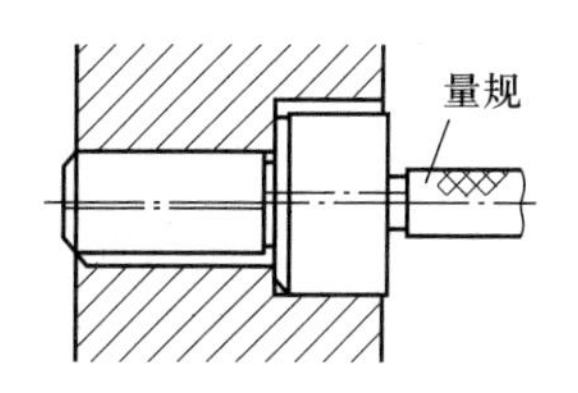

图 3-208 用综合量规检验同轴度误差

如图 3-209 所示，工件被测要素的最大实体实效尺寸为 $\phi12.04$ mm，故量规测量部分的定形尺寸也为 $\phi12.04$ mm。工件基准要素遵守包容要求，故该要素的拟合尺寸不允许超越最大实体尺寸，因此量规定位部分的定形尺寸即为最大实体尺寸 $\phi25$ mm。显然，当工件被测要素的实体未超越其实效边界，基准要素的实体未超越其最大实体边界时，工件就能被综合量规所通过。

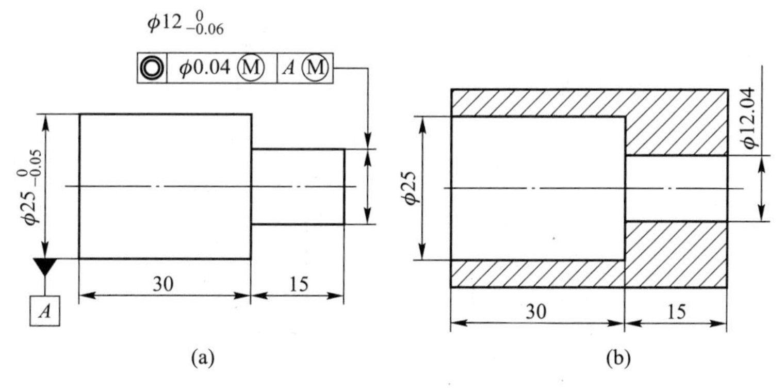

图 3-209 用综合量规检验同轴度误差

实训习题与思考题

1. 长零件的直线度必须加以限制，试按下列直线度要求画出被测要素的几何误差代号：1）给定距离左端长度 20 mm 以外的 300 mm 范围内的直线度误差不大于 0.1 mm；2）在全长范围内其误差不大于 0.13 mm；3）任意 100 mm 长度内其误差不大于 0.13 mm。

2. 如图 3-210 所示销轴的三种几何公差标注，它们的公差带有何不同？

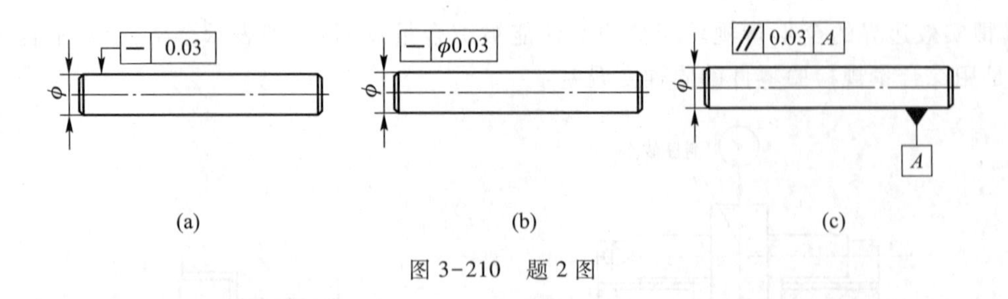

图 3-210 题 2 图

3. 如图 3-211 所示的零件标注位置公差不同，它们所要控制的位置度误差有何区别？加以分析说明。

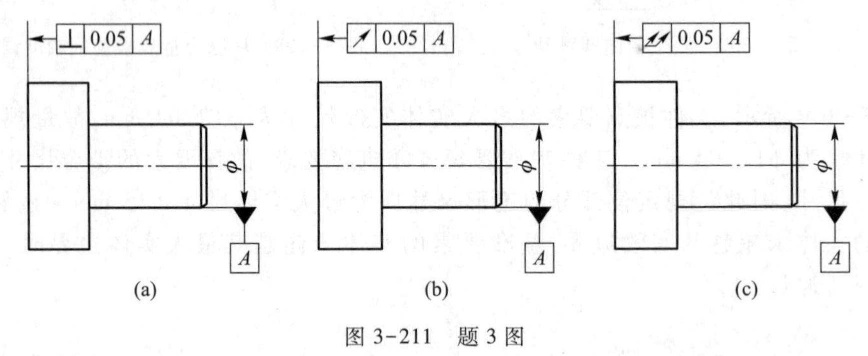

图 3-211 题 3 图

4. 如图 3-212 所示的零件，要求两孔对公共轴线的同轴度公差为 0.005 mm，在图上标注出来。

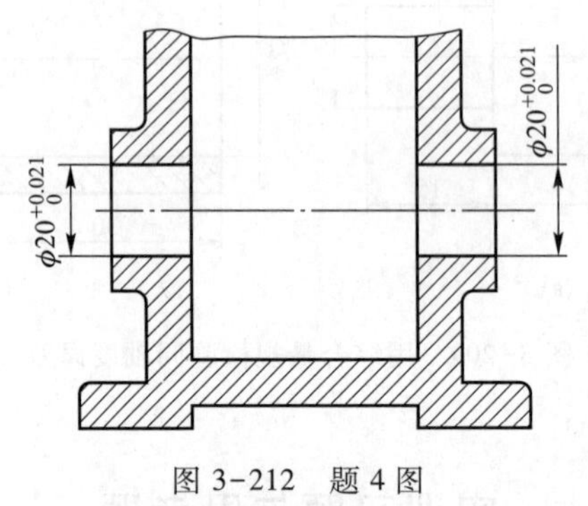

图 3-212 题 4 图

5. 试指出图 3-213 中各图例标注的错误。

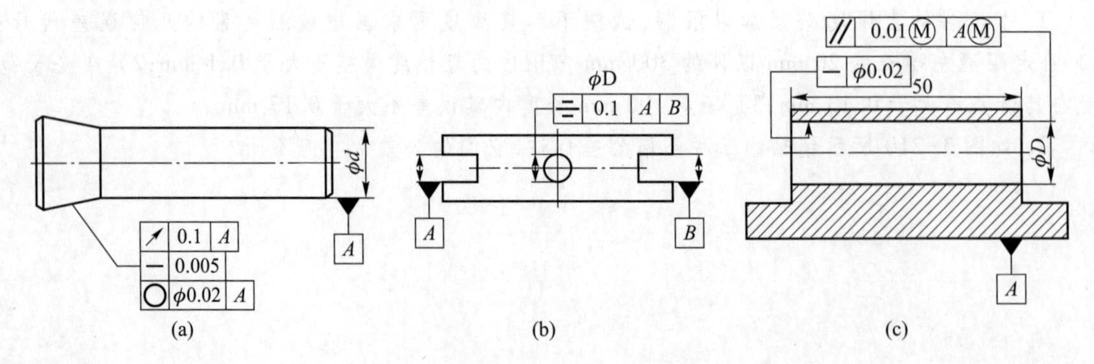

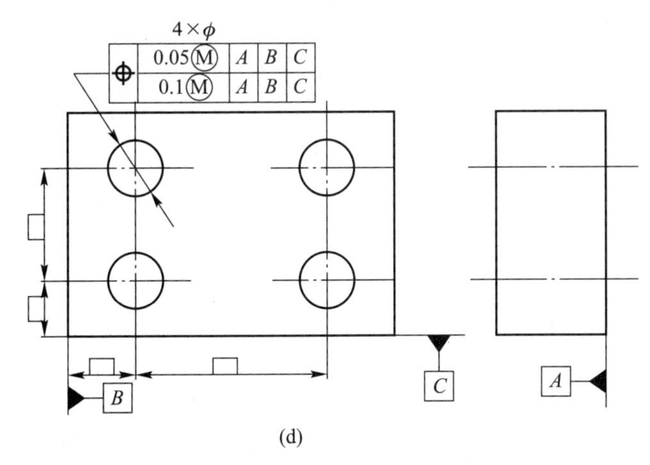

(d)

图 3-213 题 5 图

6. 以表 3-15 中的序号 1 的形式说明图 3-214 所示的其余各框格的意义，并列于表3-15中。

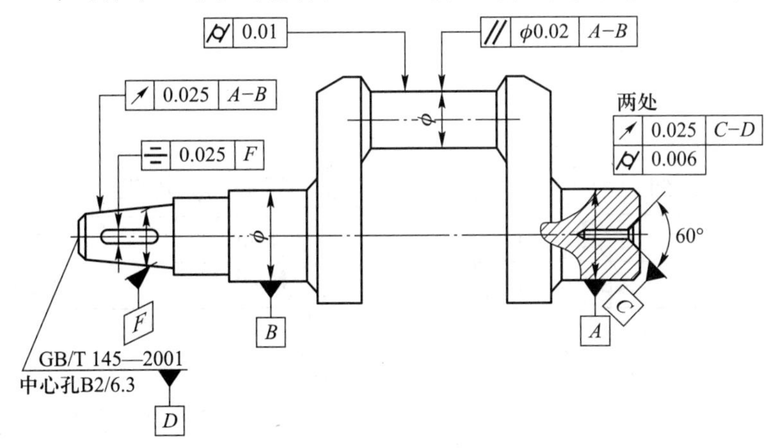

图 3-214 题 6 图

表 3-15 题 6 表

序号	代号	解释	公差带
1	↗ 0.025 A−B	圆锥表面对基准轴线 $A-B$ 的斜向圆跳动公差为 0.025 mm	在与基准线同轴，且母线垂直于被测圆锥母线的测量圆锥面上，沿母线方向宽度为 0.025 mm 的圆锥面区域
2			
3			
4			
5			
6			

7. 将下列各项公差值要求标注在图3-215上:1) 左端面的平面度公差为0.01 mm;2) 右端面对左端面的平行度公差为0.01 mm;3) ϕ70 mm按H7遵守包容要求,但ϕ210 mm外圆按h7遵守独立原则;4) ϕ70 mm孔的轴线对左端面的垂直度公差为0.02 mm;5) ϕ210 mm外圆对ϕ70 mm孔的同轴度公差为0.03 mm;6) 4×ϕ20H8对左端面(第一基准)及ϕ70 mm孔的轴线位置度公差为0.15 mm,被测要素均采用最大实体要求。

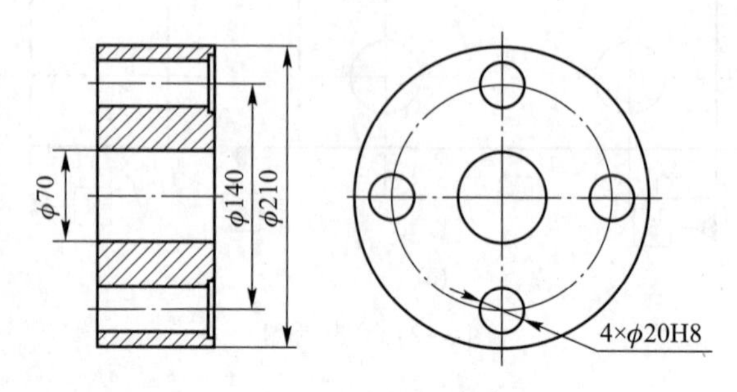

图3-215 题7图

8. 分析图3-216所示零件,计算其中心距变化范围。

9. 分析图3-217所示零件,计算其中心距变化范围。

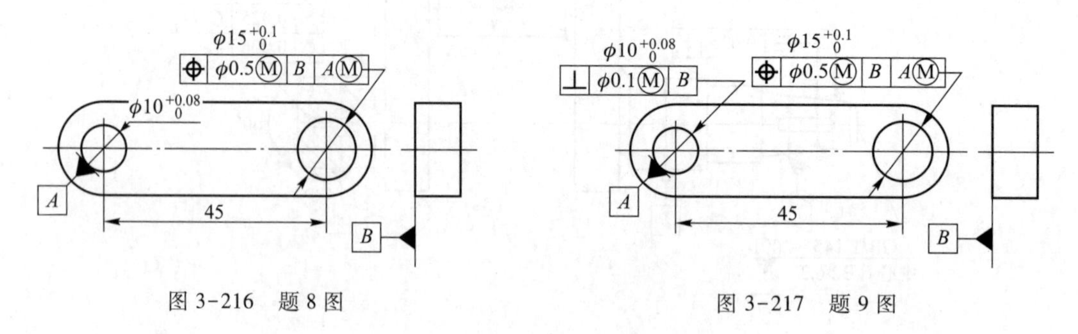

图3-216 题8图　　图3-217 题9图

10. 图3-218所示为减速器的输出轴,分析其几何公差的选用。

1) 两轴颈ϕ55j6与PO级滚动轴承的内圈相配合,为保证配合性质,采用了包容要求,为保证轴承的旋转精度,在遵循包容要求的前提下,又进一步提出圆柱度公差的要求,由GB/T 275—2015查得其公差值为0.005 mm,该两轴颈上安装滚动轴承后,将分别与减速器箱体的两孔配合,因此需要限制两轴颈的同轴度误差,以保证轴承外圈和箱体孔的安装精度。为检测方便,实际给出了两轴颈的径向圆跳动公差0.025 mm(跳动公差7级)。

2) ϕ62 mm处的两轴肩都是止推面,起一定的定位作用,为保证定位精度,提出了两轴肩相对于基准轴线的端面圆跳动公差要求,由GB/T 275—2015查得其公差值为0.015 mm。

3) ϕ55r6和ϕ45m6分别与齿轮和带轮配合,为保证配合性质,也采用了包容要求。为保证齿轮的运动精度,对与齿轮配合的ϕ55r6圆柱又进一步提出了对基准轴线的径向圆跳动公差为0.025 mm(跳动公差7级)。

4) 为保证键槽的安装精度和安装后的受力状态,对ϕ55r6和ϕ45m6轴颈上的键槽16N9和12N9都提出了对称度公差为0.02 mm(对称度公差8级)。

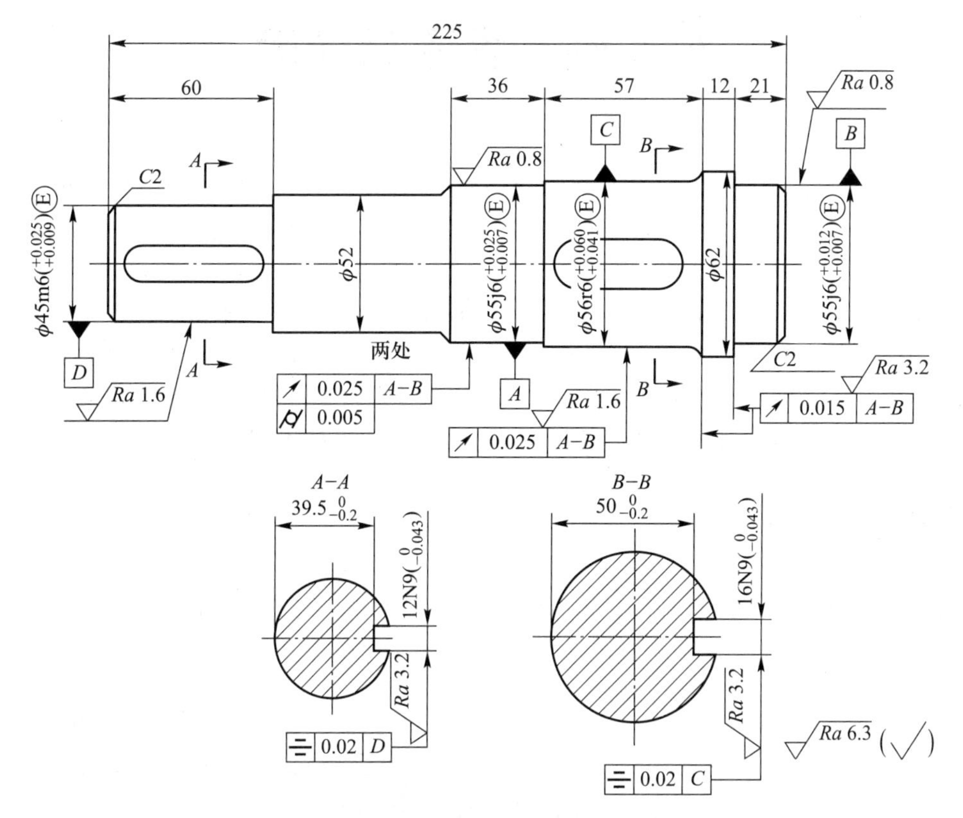

图 3-218　题 10 图

拓展阅读

压力容器被称为核电站的心脏，它是高十余米，质量接近 400 t，加工误差小于 0.05 mm 的大国重器，其加工精度仰仗于高精密重型数控机床。然而在美国的指挥下，美国、德国、日本、瑞士都对中国搞高精度数控机床技术进行封锁。“十二五”期间，经过科研人员的努力奋斗，我国在高精度数控机床领域取得了飞跃。我国最新式的超重型卧式数控机床的加工误差仅为头发丝的十分之一，自主研发生产的 16 m 立式机床的误差为 0.05 mm。在顶尖操纵员的使用下，我国核装备核心部件即核压力容器，就是由这种机床加工而成的，这种机床的加工能力不仅达到全球领先水平，而且也为我国的核事业做出了巨大贡献。4 个机床大国对我们搞技术封锁又如何？我们照样突破了这样的封锁，在高端大型机床上闯出了自己的天地。这表明要掌握最先进的工业之母，利用机械制造业的发展推动我国工业特别是国防工业的发展，只能靠我们自己。

第 4 章　表面粗糙度

产品精度设计除了保证尺寸、形状和位置等精度的同时,对表面结构也提出了相应的要求。表面粗糙度对机械零件的配合性质、使用性能和使用寿命等有着密切关系。现有国家标准有:GB/T 3505—2009《产品几何技术规范(GPS) 表面结构 轮廓法 术语、定义及表面结构参数》,GB/T 1031—2009《产品几何技术规范(GPS) 表面结构 轮廓法 表面粗糙度参数及其数值》,GB/T 10610—2009《产品几何技术规范(GPS) 表面结构 轮廓法 评定表面结构的规则和方法》,GB/T 16747—2009《产品几何技术规范(GPS) 表面结构 轮廓法 表面波纹度词汇》,GB/T 131—2009《产品几何技术规范(GPS) 技术产品文件中表面结构的表示方法》。

4.1　概述

经过加工所获得的零件表面,在其表面产生微小的峰谷。这些微小峰谷的高低程度和间距状态,就称为表面粗糙度。按其几何形状特征的不同,把机加工零件表面形貌分为表面粗糙度、表面波纹度和形状误差,如图 4-1 所示。

1) 表面粗糙度。波距小于 1 mm,属于微观几何形状误差。

2) 表面波纹度。波距介于 1~10 mm,并呈周期性变化。

3) 形状误差。波距在 10 mm 以上,且不呈明显周期性变化。

相比表面波纹度和形状误差,表面粗糙度实际上是极细微的不平,波距小于 1 mm,肉眼已无法精确识别,必须借助工具才能观察清楚。对表面粗糙度、表面波纹度和形状误差的划分,现在尚无标准,只能按波距划分。

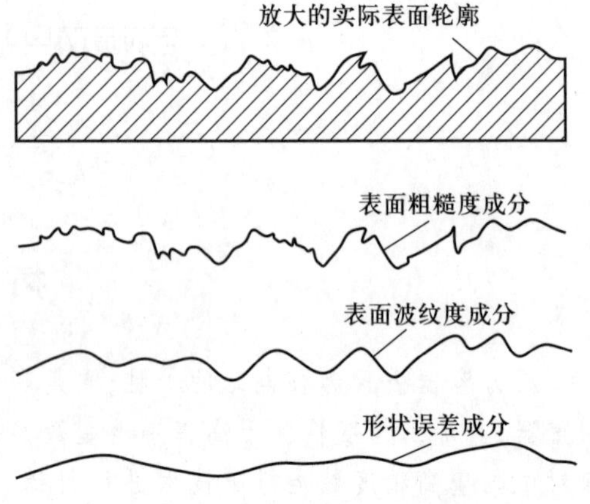

图 4-1　长度尺寸量值传递系统

被加工零件表面产生的微小峰谷,主要是由在工件表面上留下的刀痕、积屑瘤的形成和脱落,切屑分离时的塑性变形以及工艺系统的高频振动等引起。

零件的表面粗糙度对机器零件的使用有重要影响:

(1) 对配合性质的影响

表面粗糙度的存在影响测量的准确性,使配合性质不稳定。

对于间隙配合,配合表面经跑合后,表面容易磨损,扩大了实际间隙,改变了配合性质;对于过盈配合,由于在压入装配时把粗糙表面凸峰挤平,会减小实际有效过盈,降低了连接强度。

(2) 对摩擦和磨损的影响

在有峰谷的两个表面,接触时首先凸峰接触,如图 4-2 所示。当两个表面产生相对运动时,凸峰之间的接触就会对运动产生摩擦阻力(凸峰的弹性、塑性变形和剪切),增大摩擦系数。两个表面越粗糙，其配合表面间的实际有效接触面积越小，单位面积压力就越大，越容易磨损。

（3）对接触刚度的影响

由于表面粗糙度使两个表面接触时的实际面积减少，受力后局部变形增大，降低了接触刚度，因而影响零件的工作精度和抗振性。

（4）对疲劳的影响

零件表面粗糙度越大，表面微小不平度的凹痕就越深，底部曲率半径越小，对应力集中的敏感性越大。在交变载荷作用下，其疲劳强度会降低。因此，降低表面粗糙度的允许值可提高疲劳强度。不同材料对应力集中的敏感性影响不同，对钢件影响大，铸铁件次之，有色金属最小。

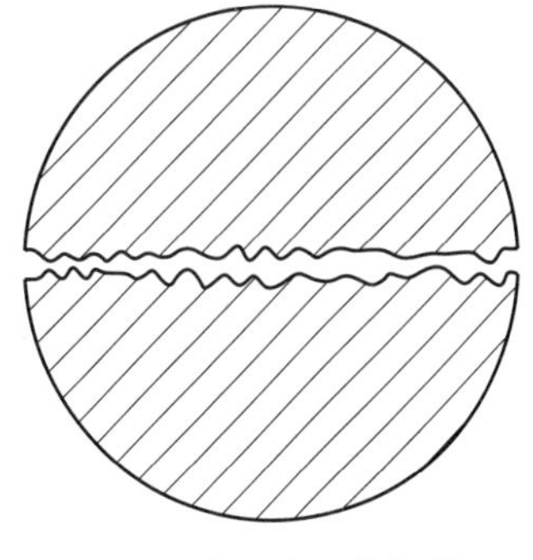

图 4-2　实际表面接触情况

（5）对耐蚀性的影响

表面越粗糙，则积累在零件表面上的腐蚀性气体和液体也越多，并通过微观凹谷向零件表层渗透，使腐蚀加剧。

（6）对接合密封性的影响

当两个表面接触时，由于表面粗糙度的存在，只在局部点上接触，中间缝隙影响密封性。降低表面粗糙度的允许值，可提高零件的密封性。

此外，表面粗糙度对零件外形的美观等都有影响。

4.2　表面粗糙度的评定参数

4.2.1　基本术语

1. 表面轮廓（surface profile）

表面轮廓是指一个指定平面与实际表面相交所得的轮廓。按照平面相截的方向不同，又可分为 X 向表面轮廓和 Y 向表面轮廓。表面轮廓通常是指 X 向表面轮廓，即与加工纹理方向垂直的截面上的轮廓，如图 4-3 所示。在评定或测量表面粗糙度时，一般均指 X 向表面轮廓。

2. 取样长度（sample length）

在 X 轴方向判别被评定轮廓不规则特征的长度称为取样长度，用符号“lr”表示，如图 4-4 所示。

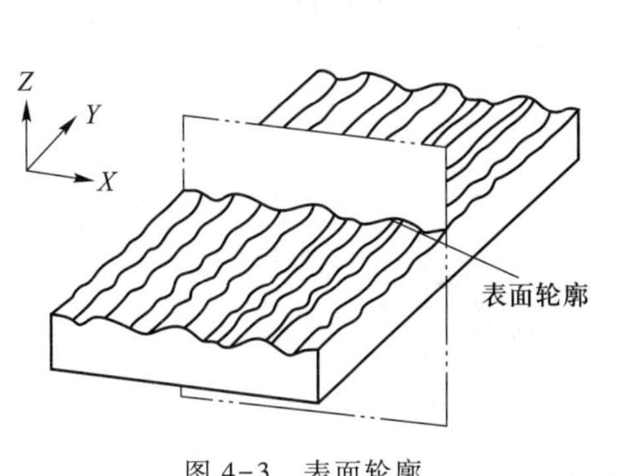

图 4-3　表面轮廓

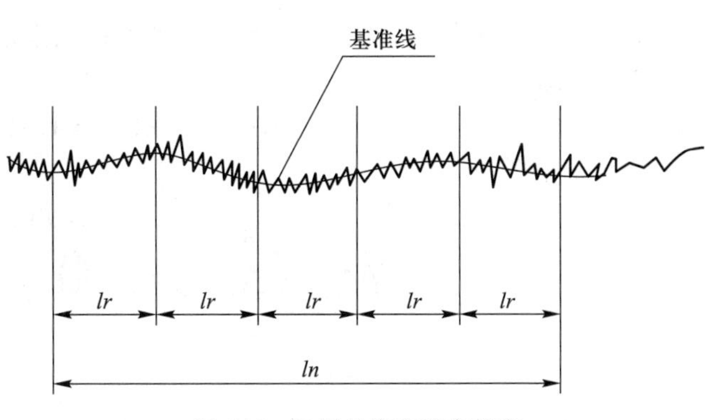

图 4-4　取样长度和评定长度

规定和选择取样长度是为了限制和减弱表面波纹度，排除形状误差对表面粗糙度测量结果的影响。lr 过大，表面粗糙度的测量值则可能含有表面波纹度成分；lr 过小，表面粗糙度的测量值则不能客观地反映表面粗糙度的实际情况。

取样长度应与表面粗糙度的大小相适应，见表 4-1。所选取的取样长度一般应包含 5 个以上的轮廓峰和轮廓谷，而取样长度的大小取决于表面粗糙度的疏密程度。

表 4-1　取样长度与表面结构评定参数的对应关系(摘自 GB/T 1031—2009)

Ra/μm	Rz/μm	lr/mm	ln/mm
≥0.008~0.02	≥0.025~0.10	0.08	0.4
>0.02~0.1	>0.10~0.50	0.25	1.25
>0.1~2.0	>0.50~10.0	0.8	4
>2.0~10.0	>10.0~50.0	2.5	12.5
>10.0~80.0	>50~320	8.0	40.0

3. 评定长度(evaluation length)

由于加工表面有着不同程度的不均匀性，为了充分、合理地反映某一表面的粗糙度特性，规定在评定时所必需的一段表面长度，它包含一个或几个连续的取样长度，称这一段表面长度为评定长度，用符号“ln”表示，如图 4-4 所示。

评定长度与取样长度之间的数量关系取决于表面粗糙度的均匀程度和加工方法，表面粗糙度比较规则均匀，可以规定比较小的评定长度；反之，则可规定较大的评定长度。一般情况下取评定长度为 5 倍的取样长度，即

$$ln = 5lr \tag{4-1}$$

式中：ln——评定长度；

lr——取样长度。

4. 中线(mean line)

中线是具有几何轮廓形状并划分轮廓的基准线。中线有以下两种：

(1) 算术平均中线(arithmetic average line)

在取样长度范围内，划分实际轮廓为上、下两部分，且使上、下两部分面积相等的线，如图 4-5所示。即

$$A_1+A_3+\cdots+A_{2n-1}=A_2+A_4+\cdots+A_{2n} \tag{4-2}$$

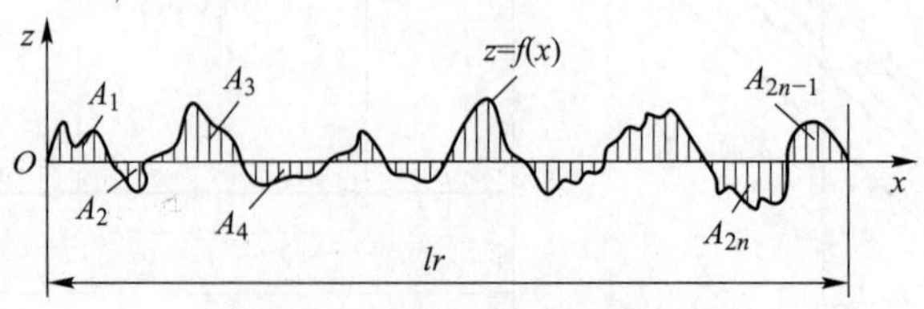

图 4-5　轮廓的算术平均中线

(2) 最小二乘中线(least squares line)

具有几何轮廓形状,是划分轮廓的基准线,在取样长度内,使轮廓线上各点的轮廓偏距的平方和最小,如图 4-6 所示。直线 m 就是所表示的轮廓最小二乘中线。

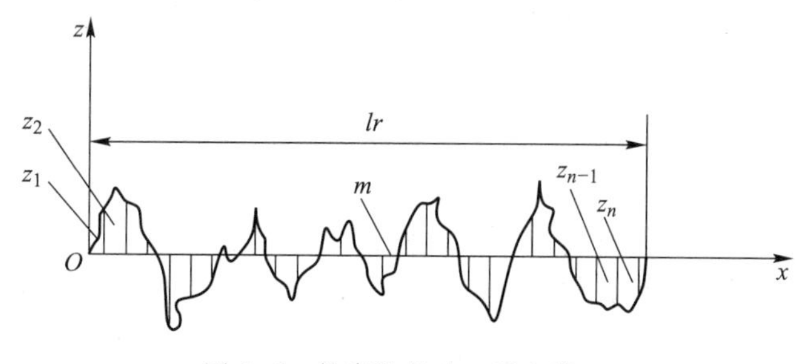

图 4-6 轮廓的最小二乘中线

轮廓偏距是指轮廓线上各点与基准线之间的距离,如 z_1、z_2、…、z_n,其表达式为

$$\sum_{i=1}^{n} z_i^2 = \min \tag{4-3}$$

用最小二乘法确定的中线是唯一的,但比较复杂。用算术平均法确定的中线,是一种近似的图解方法,但很方便,得到了广泛应用。

当轮廓不具有明显的周期性时,其总方向在某一范围就不确定。因而其算术平均中线就不是唯一的,有可能在该范围内作一簇上、下面积相等的中线,但其中只有一条与最小二乘中线重合。实际工作中由于二者相差很小,一般用算术平均值代替最小二乘中线。

轮廓的最小二乘中线和算术平均中线是测量或评定表面粗糙度的基准,因此称为基准线。

5. 轮廓峰(profile peak)

被评定轮廓上连接轮廓与 X 轴两相邻交点的向外(从材料到周围介质)的轮廓部分,如图 4-7所示。

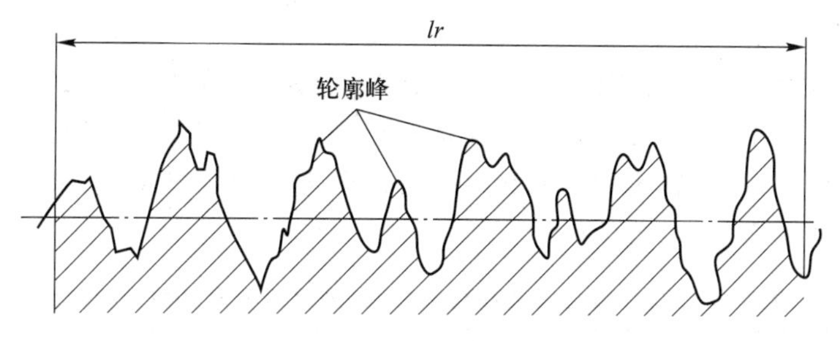

图 4-7 轮廓峰

6. 轮廓谷(profile valley)

被评定轮廓上连接轮廓与 X 轴两相邻交点的向内(从周围介质到材料)的轮廓部分,如图 4-8所示。

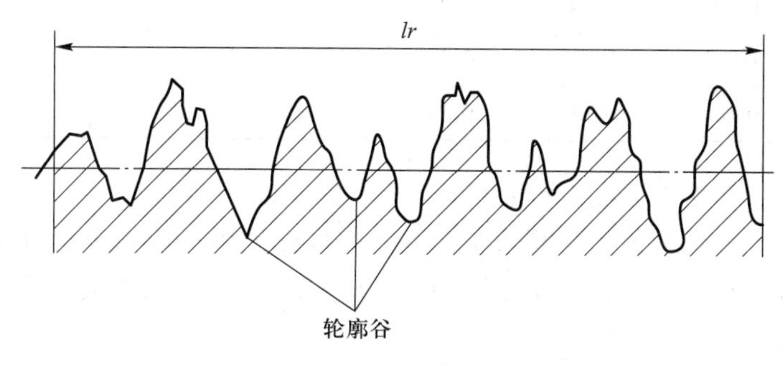

图 4-8 轮廓谷

4.2.2 表面粗糙度评定参数及参数值

国家标准 GB/T 3505—2009 规定表面粗糙度的有幅度参数（*Ra* 和 *Rz*）、间距参数（*Rsm*）和混合参数［*Rmr*（*c*）］等方面规定了相应的评定参数，以满足机械产品对零件表面的各种功能要求。

（1）轮廓的算术平均偏差 *Ra*（幅度参数）

在取样长度 *lr* 范围内，轮廓线上各点至轮廓中线的距离的算术平均值，称为轮廓算术平均偏差 *Ra*（图 4-9）。用公式表示为

$$Ra = \frac{1}{lr}\int_{0}^{lr} |z(x)| \mathrm{d}x \tag{4-4}$$

或近似为

$$Ra = \frac{1}{n}\sum_{i=1}^{n} |z_i| \tag{4-5}$$

式中：n——在取样长度内所测点的数目。

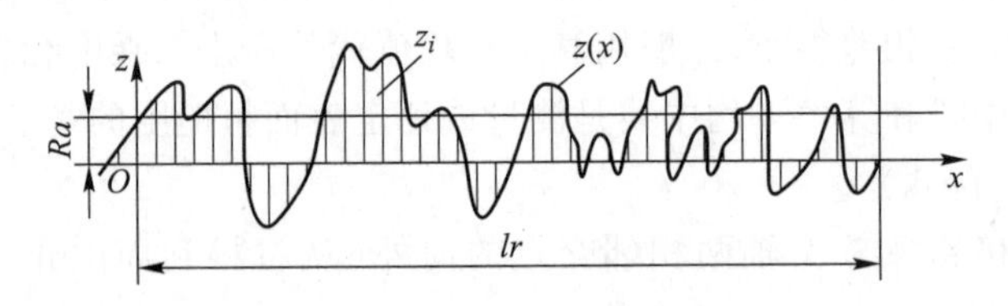

图 4-9 轮廓算术平均偏差 *Ra*

测得的 *Ra* 值越大，则表面越粗糙。评定参数 *Ra* 能充分、客观地反映表面微观几何形状高度方向的特性，且测量方便，为国家标准推荐优先选用的评定参数。一般用电动轮廓仪进行测量。*Ra* 的数值见表 4-2。根据表面功能和生产的合理性，当 *Ra* 的数值不能满足要求时，可选取其补充系列值，见表 4-2。

表 4-2 *Ra* 的数值及其补充系列值（摘自 GB/T 1031—2009） μm

Ra	0.012	0.05	0.2	0.8	3.2	12.5	50
	0.025	0.1	0.4	1.6	6.3	25	100
Ra 的补充系列	0.008	0.032	0.125	0.50	2	8	32
	0.01	0.04	0.16	0.63	2.5	10	40
	0.016	0.063	0.25	1	4	16	63
	0.02	0.08	0.32	1.25	5	20	80

（2）轮廓的最大高度 *Rz*（幅度参数）

如图 4-10 所示，轮廓的最大高度 *Rz* 是指在一个取样长度内，最大轮廓峰高和最大轮廓谷深之和的高度，指在一个取样长度内，最大轮廓峰高 *Rp* 等于轮廓峰高的最大值 Zp_{max}，最大轮廓谷深 *Rv* 等于轮廓谷深的最大值 Zv_{max}，即有

$$Rz = Rp + Rv = Zp_{\max} + Zv_{\max} \tag{4-6}$$

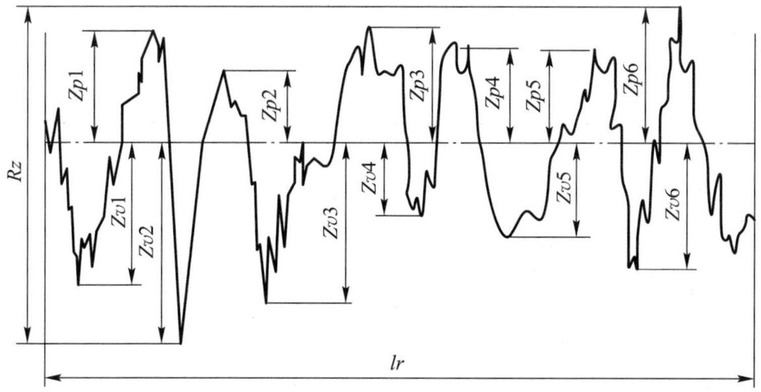

图 4-10　轮廓最大高度 Rz

轮廓峰高是指在一个取样长度 lr 范围内，被评定轮廓上各个轮廓峰点至中线的距离，用符号 Zp 表示，其中最大的距离叫做最大轮廓峰高 Rp（图中 $Rp=Zp6$）；轮廓谷深是指在一个取样长度 lr 范围内，被评定轮廓上各个轮廓谷底至中线的距离，用符号 Zv 表示，其中最大的距离称为最大轮廓谷深 Rv（图中 $Rv=Zv2$）。旧国家标准中 Rz 为轮廓微观不平度十点高度，即 5 个最大的轮廓峰高的平均值与五个最大的轮廓谷深的平均值之和。

评定参数 Rz 反映表面粗糙度高度方面的几何形状特性不如 Ra 充分，但可用于控制不允许出现较深加工痕迹的表面，常标注于容易产生应力集中作用的工作表面。此外，当被测表面很小（不足一个取样长度），不适宜采用 Ra 评定时，也常采用 Rz 评定参数。

（3）轮廓单元的平均宽度 Rsm（间距参数）

轮廓单元的平均宽度是指在一个取样长度内，所有轮廓单元宽度 Xs_i 的平均值，如图 4-11 所示。其计算公式为

$$Rsm = \frac{1}{m}\sum_{i=1}^{m} Xs_i \tag{4-7}$$

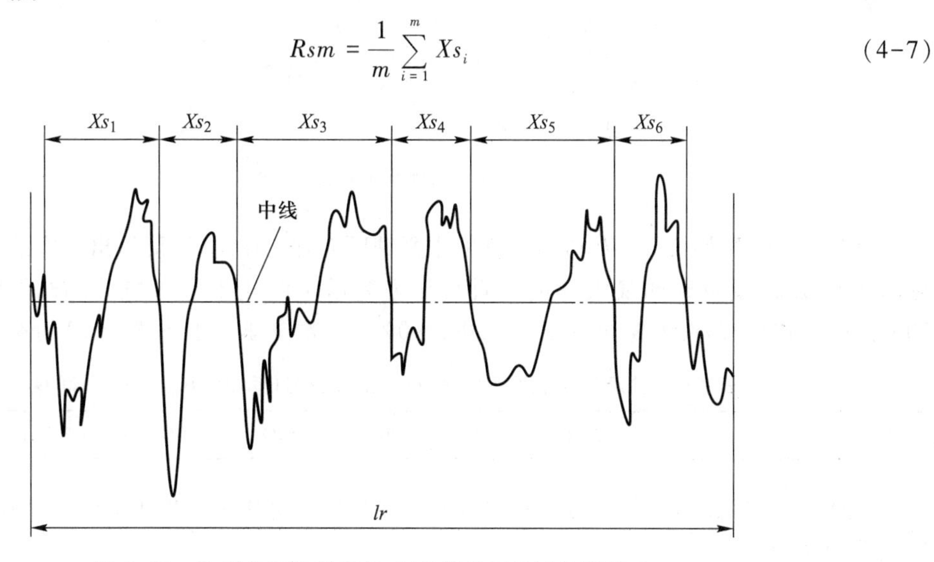

图 4-11　轮廓单元的宽度 Xs_i 与轮廓单元的平均宽度 Rsm

轮廓单元宽度是指在一个取样长度 lr 范围内，中线与各个轮廓单元相交线段的长度，用符号 Xs_i 表示，它反映了轮廓表面峰谷的疏密程度。Rsm 越小，峰谷越密，密封性就越好。轮廓单元的平均宽度值及其补充系列值见表 4-3。

表 4-3 Rsm 的数值及其补充系列值(摘自 GB/T 1031—2009) μm

Rsm	0.006	0.025	0.1	0.4	1.6	6.3	
	0.012 5	0.05	0.2	0.8	3.2	12.5	
Rsm 的补充系列	0.002	0.008	0.032	0.125	0.50	2.0	
	0.003	0.010	0.040	0.160	0.63	2.5	8.0
	0.004	0.016	0.063	0.25	1.00	4.0	10.0
	0.005	0.020	0.080	0.32	1.25	5.0	

(4) 轮廓的支承长度率 $Rmr(c)$(曲线参数)

在评定长度 ln 内，一根平行于中线的直线与轮廓相截，所得轮廓的实体材料长度 $Ml(c)$ 与评定长度 ln 之比。此平行线与轮廓峰顶线之间的距离称为截距 c(见图 4-12，图中为一个取样长度)。用公式表示为

$$Rmr(c)=\frac{Ml(c)}{ln} \tag{4-8}$$

轮廓支承长度率 $Rmr(c)$ 的值是对应于不同的水平截距(c)而给出的。当 c 一定时，$Rmr(c)$ 值越大，则表面的支承能力及耐磨性越好。

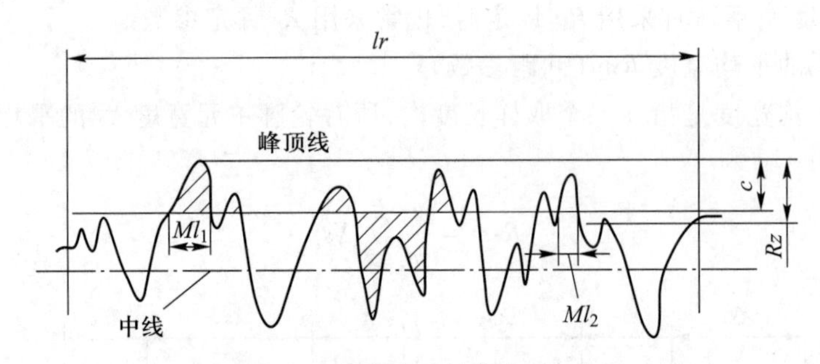

图 4-12 轮廓支承长度率 $Rmr(c)$

轮廓的实体材料长度 $Ml(c)$ 与轮廓的水平截距 c 有关评定时，要给出对应的水平截距 c。它可用微米(μm)或轮廓的最大高度的百分比来表示。百分数系列如下：Rz 的 5%、10%、15%、20%、25%、30%、40%、50%、60%、70%、80%、90%。轮廓支承长度率 $Rmr(c)$ 的参数值见表 4-4。

表 4-4 轮廓的支承长度率 $Rmr(c)$ 的参数值(摘自 GB/T 1031—2009)

10%	15%	20%	25%	30%	40%	50%	60%	70%	80%	90%

另外，表面粗糙度新、旧国家标准 GB/T 1031—2009 和 GB/T 1031—1983 的参数符号比较见表 4-5。

表 4-5 表面粗糙度新、旧标准 GB/T 1031—2009 和 GB/T 1031—1983 的参数符号比较

基本术语	2009 版	1983 版	基本术语	2009 版	1983 版
取样长度	lr	l	轮廓的最大高度	Rz	R_y
纵坐标值	$Z(x)$	y	轮廓单元的平均宽度	Rsm	S_m
轮廓峰高	Zp	y_p	轮廓支承长度率	$Rmr(c)$	t_p
轮廓谷深	Zv	y_v	微观不平度十点高度		R_z
轮廓单元宽度	Xs	S			

4.3 表面粗糙度的标注

4.3.1 表面粗糙度的符号

按 GB/T 131—2006,在图样上表示表面粗糙度可用几种不同的图形符号,每种图形符号都有特定的含义。表面粗糙度的图形符号分为基本图形符号、扩展图形符号、完整图形符号和工件轮廓各表面的图形符号,如表 4-6 所示。

1) 基本图形符号(简称基本符号):是指对表面结构有要求的图形符号,仅用于简化代号标注,没有补充说明时不能单独使用。

2) 扩展图形符号:是指对表面结构有指定要求(去除材料或不去除材料)的图形符号。

3) 完整图形符号(简称完整符号):是指对基本图形符号或扩展图形符号扩充后的图形符号,用于对表面结构特征有补充要求的标注。

4) 工件轮廓各表面的图形符号:当在图样某个视图上构成封闭轮廓的各表面有相同的表面结构要求时,应在完整图形符号上加一圆圈,标注在图样中工件的封闭轮廓线上。当标注会引起歧义时,各表面应分别标注。

表 4-6 表面粗糙度符号及含义

分类	图形符号	含义
基本图形符号		未指定工艺方法的表面,当通过一个注释解释时可单独使用
扩展图形符号		用去除材料方法获得的表面,仅当其含义是"被加工表面"时可单独使用
		不去除材料的表面,也可用于表示保持上道工序形成的表面,不管这种状况是通过去除材料或不去除材料形成的
完整图形符号		在上述三个符号的长边上加一横线,用于标注表面粗糙度特征的补充信息
工件轮廓各表面的图形符号		在完整图形符号上加一圆圈,表示对视图上构成封闭轮廓的各表面有相同的表面粗糙度要求

4.3.2　表面粗糙度的代号

在表面粗糙度符号的基础上，注出表面粗糙度数值及其有关的规定项目后就形成了表面粗糙度代号。表面粗糙度数值及其有关的规定在符号中注写的位置如图 4-13 所示。

位置 a：标注粗糙度参数代号、极限值和传输带或取样长度。为避免误解，在参数代号与极限值之间插入空格，传输带或取样长度后应有一斜线“/”，之后为粗糙度参数代号及数值。传输带指两个定义的滤波器之间的波长范围。

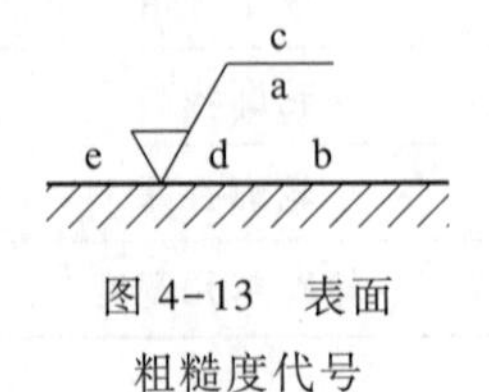

图 4-13　表面粗糙度代号

位置 b：标注两个或多个粗糙度要求。

位置 c：标注加工方法、表面处理、涂层或其他加工要求等。如车、磨、镀等加工方法。

位置 d：标注加工纹理方向符号。

位置 e：标注加工余量（单位为 mm）

1. 高度参数的标注

标注高度特征参数值分为上限值、下限值、最大值（max）和最小值（min）。当在图样上标注一个参数值时，表示只要求上限值。当图样上同时标注上限值和下限值时，表示所有测量值中超过规定值的个数应少于总数的 16%（即 16%规则，默认）。当在图样上同时标注最大值（max）和最小值（min）时，表示所有实测值不得超过规定值。当粗糙度参数后标注“max”，表示应满足最大规则，即不允许参数值超过规定值。表面粗糙度高度参数标注示例见表 4-7。

表 4-7　表面粗糙度高度参数标注示例（摘自 GB/T 131—2006）

序号	代号示例	含义/解释	补充说明
1	*Ra* 1.6	表示不允许去除材料，单向上限值，默认传输带，R 轮廓，算术平均偏差 1.6 μm，评定长度为 5 个取样长度（默认），“16%规则”（默认）	参数代号与极限值之间应留空格，本例未标注传输带，应理解为默认传输带，此时取样长度可由表 4-1 中查取
2	*Rz* max 0.4	表示去除材料，单向上限值，默认传输带，R 轮廓，粗糙度最大高度的最大值 0.4 μm，评定长度为 5 个取样长度（默认），“最大规则”	示例 1~4 均为单向极限要求，且均为单向上限值，则均可不加注“U”，若为单向下限值，则应加注“L”
3	0.008−0.8/*Ra* 3.2	表示去除材料，单向上限值，传输带 0.008~0.8 mm，R 轮廓，算术平均偏差 3.2 μm，评定长度为 5 个取样长度（默认），“16%规则”（默认）	传输带“0.008~0.8 mm”中的前、后数值分别为短波和长波滤波器的截止波长，以示波长范围，此时取样长度等于长波波长 0.8 mm
4	−0.8/*Ra*3 3.2	表示去除材料，单向上限值，取样长度 0.8 mm，R 轮廓，算术平均偏差 3.2 μm，评定长度为 3 个取样长度，“16%规则”（默认）	传输带仅注出一个截止波长值时，另一截止波长值应理解成默认值 0.002 5 mm，由 GB/T 6062 中查知

续表

序号	代号示例	含义/解释	补充说明
5	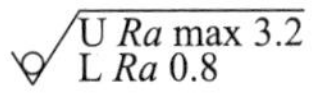 U *Ra* max 3.2 L *Ra* 0.8	表示不允许去除材料,双向极限值,两极限值均使用默认传输带,R 轮廓,上限值;算术平均偏差 3.2 μm,评定长度为 5 个取样长度(默认),"最大规则",下限值;算术平均偏差 0.8 μm,评定长度为 5 个取样长度(默认),"16%规则"(默认)	本例为双向极限要求,用"U"和"L"分别表示上限值和下限值,在不致引起歧义时,可不加注"U""L"
6	 铣 5 *Ra* 3.2 ⊥	表示去除材料,单向上限值,默认传输带,R 轮廓,算术平均偏差 3.2 μm,评定长度为 5 个取样长度(默认),"16%规则"(默认),表面粗糙度通过铣削加工获得,加工余量为 5 mm,加工纹理方向垂直于标注代号的视图的投影面	如果需要,可以标注加工余量、加工方法、表面纹理方向等其他标注
7	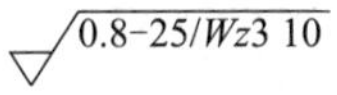 0.8-25/*Wz*3 10	表示去除材料,单向上限值,传输带 0.8-25 mm,W 轮廓,波纹度最大高度 10 μm,评定长度包含 3 个取样长度,"16%规则"(默认)	W 轮廓对应波纹度参数

2. 带补充注释的符号标注

带补充注释的符号标注示例见表 4-8。

表 4-8　带补充注释的符号标注示例

符号	含义	符号	含义
 铣	加工方法:铣削	 M	表面纹理:纹理呈多方向
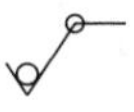	对投影视图上封闭的轮廓线所表示的各表面有相同的表面结构要求	 3	加工余量 3 mm

3. 加工纹理符号标注

表面加工纹理方向是指表面纹理结构的主要方向,有时需要作出规定。如密封表面,加工纹理需呈同心圆状;相互移动的表面,加工纹理按一定方向呈直线状比较合理。常见加工纹理方向的符号及标注如表 4-9 所示。

表 4-9　表面纹理方向符号及标注

符号	示意图	符号	示意图
=	m 纹理方向 纹理平行于标注代号的视图的投影面	C	纹理呈近似同心圆且圆心与表面中心相关
⊥	⊥ 纹理方向 纹理垂直于标注代号的视图的投影面	M	纹理呈多方向
×	× 纹理方向 纹理呈两斜向交叉且与视图所在的投影面相交		
M	R 纹理呈近似放射状且与表面圆心相关	P	P 纹理呈颗粒、凸起，无方向

4.3.3　表面粗糙度在图样上的标注

表面粗糙度要求在图样上的标注示例见表 4-10。

表 4-10　表面粗糙度要求在图样上的标注示例

应用场合	图例	说明
表面粗糙度要求的注写方向	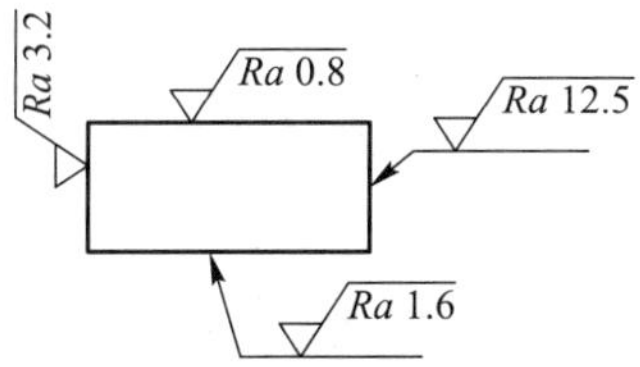	表面粗糙度的注写和读取方向与尺寸的注写和读取方向一致
表面粗糙度要求在轮廓线上或指引线上的标注	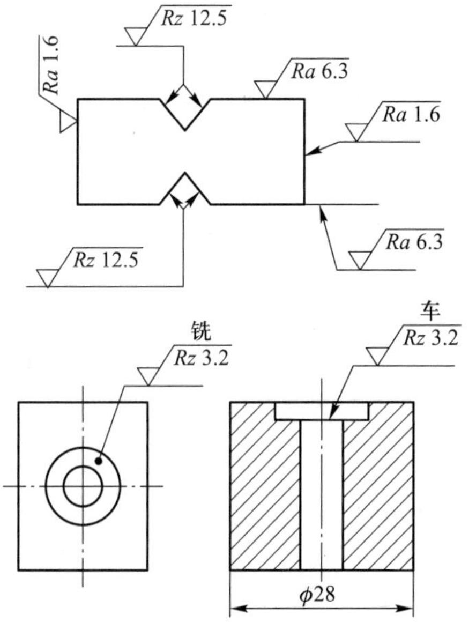	表面粗糙度要求可标注在轮廓线上，其符号应从材料外指向并接触表面。必要时，表面粗糙度符号也可用带箭头或黑点的指引线引出标注
表面粗糙度要求在尺寸线上的标注	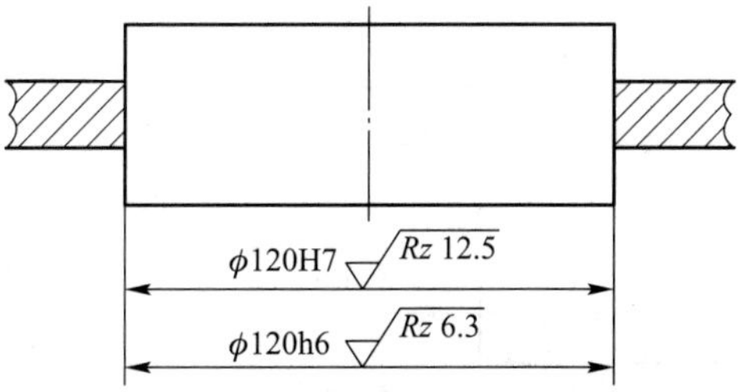	在不引起误解时，表面粗糙度要求可以标注在给定的尺寸线上
表面粗糙度要求在几何公差框格上的标注	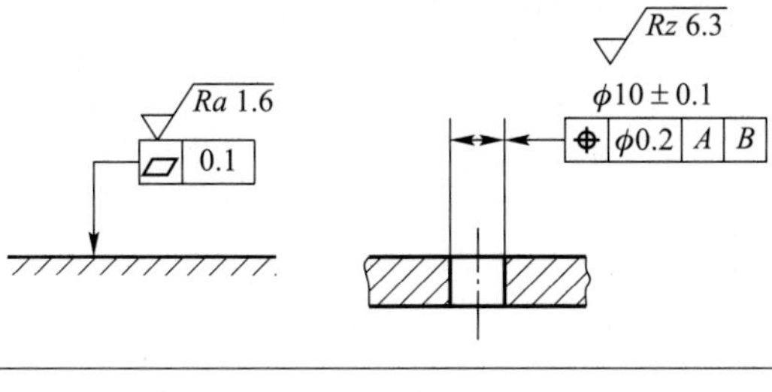	表面粗糙度要求可标注在几何公差框格的上方

续表

应用场合	图例	说明
表面粗糙度要求在延长线上的标注	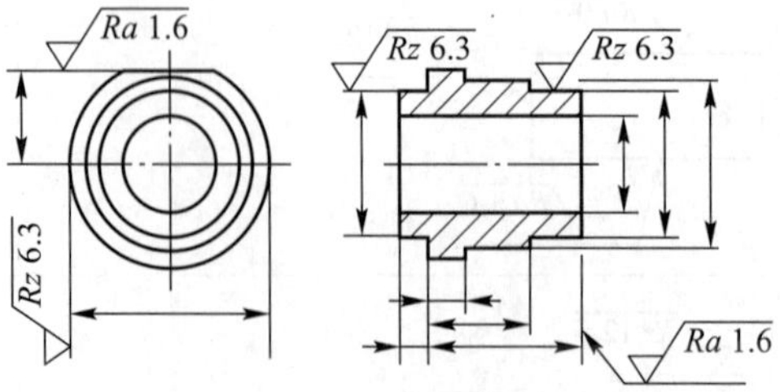 (a) 表面粗糙度要求标注在圆柱特征的延长线上 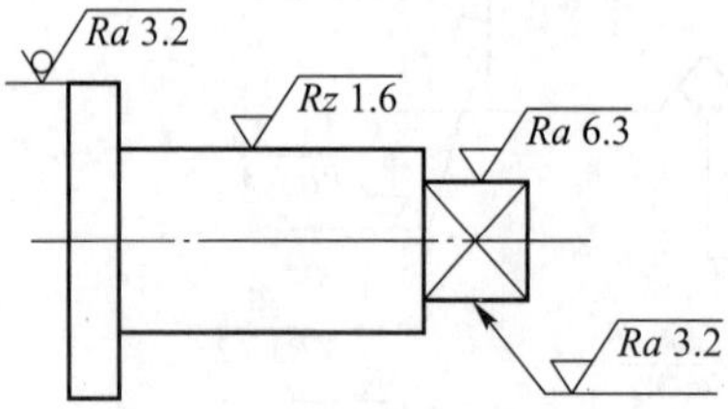 (b) 圆柱和棱柱的表面粗糙度要求的注法	表面粗糙度要求可以直接标注在延长线上； 圆柱和棱柱表面的表面粗糙度要求只标注一次（图 a）；如果每个棱柱表面有不同的表面粗糙度要求，则应分别单独标注（图 b）
大多数表面有相同表面粗糙度要求的简化注法	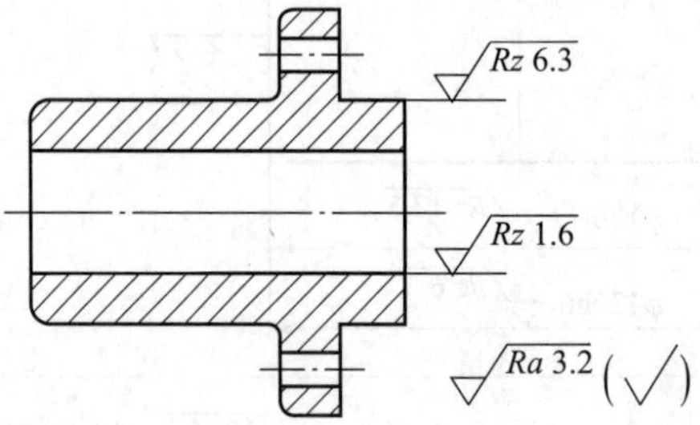	如果工件的多数（包括全部）表面有相同的表面粗糙度要求，则其表面粗糙度要求可统一标注在图样的标题栏附近。此时（除全部表面有相同要求的情况外），表面粗糙度要求的符号后面应有在圆括号内给出无任何其他标注的基本符号

续表

应用场合	图例	说明
多个表面有共同表面粗糙度要求的注法	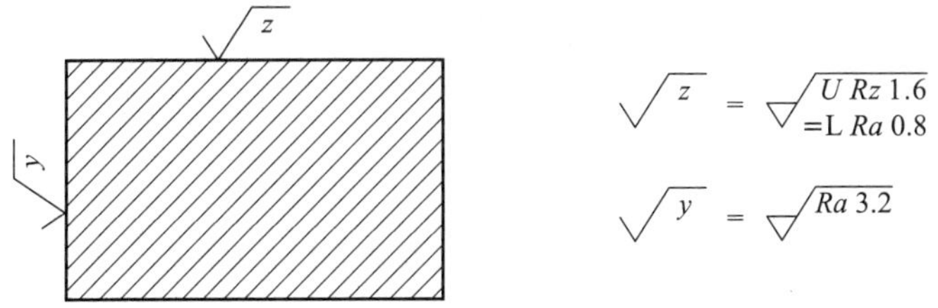 z y z = U Rz 1.6 =L Ra 0.8 y = Ra 3.2 (a) 在图纸空间有限时的简化注法  = Ra 3.2 (b) 未指定工艺方法的多个表面粗糙度要求的简化注法  = Ra 3.2 (c) 要求去除材料的多个表面粗糙度要求的简化注法  = Ra 3.2 (d) 不允许去除材料的多个表面粗糙度要求的简化注法	当多个表面具有相同的表面粗糙度要求或图纸空间有限时，可以采用简化注法： ① 可用带字母的完整符号，以等式的形式，在图形或标题栏附近，对有相同表面粗糙度要求的表面进行简化标注（图 a）； ② 可用表面粗糙度基本图形符号和扩展图形符号以等式的形式给出多个表面共同的表面粗糙度要求（图 b～图 d）
两种或者多种工艺获得的同一表面的注法	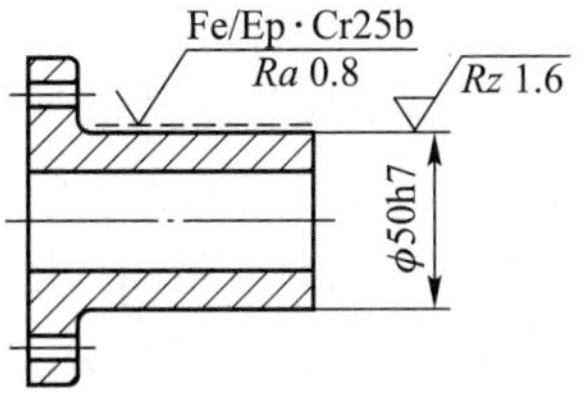 Fe/Ep·Cr25b Ra 0.8 Rz 1.6 φ50h7 同时给出镀覆前后的表面粗糙度要求的注法	由几种不同的工艺方法获得的同一表面，当需要明确每种工艺方法的表面结构要求时，可按照左图进行标注

在同一图样上，表面粗糙度的要求尽量应与其他技术要求（如尺寸精度、几何精度等）标注在同一视图中。一个表面一般只标注一次，并标注在可见轮廓线、尺寸界线、引出线或它们的延长线上。表面粗糙度符号的尖端必须从材料外垂直指向被标注面，数字注写和读取方向与尺寸的注写和读取方向一致。

简化标注可以在某些特定的情况下使用。例如，表面粗糙度要求在图样上的标注示例见表4-10。

表 4-10 表示出了部分表面的表面粗糙度 *Rz* 值为 1.6 μm 和 6.3 μm，其余表面粗糙度 *Ra* 值为 3.2 μm 的标注示例。相同表面粗糙度的符号应标注在标题栏附近，有些标注受空间限制时也可采用简化标注。

4.4 零件表面粗糙度参数值的选择

表面粗糙度轮廓的评定参数及参数值的大小应根据零件的功能要求和经济性要求来选择。表面粗糙度的选择主要包括评定参数的选择和参数值的选择。

4.4.1 评定参数的选择

表面粗糙度的评定参数中，*Ra*、*Rz* 幅度参数为基本参数，*Rsm*、*Rmr*(*c*)为附加参数。这些参数从不同角度反映了零件的表面形貌特征，但也存在不同程度的不完整性，因此在选用时要根据零件的功能要求、材料特性、结构特点及测量的条件等情况适当选用一个或几个作为评定参数。

1) 如无特殊要求，一般仅选用幅度参数。一般情况下可从 *Ra*、*Rz* 中任选一个，在常用值范围内(*Ra* 为 0.025~6.3 μm、*Rz* 为 0.1~25 μm)，应优先选用 *Ra*，因为 *Ra* 能较充分、合理地反映零件表面的粗糙度特征。但在下面两种情况下除外：

① 当表面过于粗糙(*Ra*>6.3 μm)或太光滑(*Ra*<0.025 μm)时，可选用 *Rz*；

② 当零件材料较软时，不能选用 *Ra*。因为 *Ra* 一般采用触针测量，材料较软时易划伤零件表面，且测量不准确。

2) 附加评定参数的选用。附加评定参数一般情况下不作为独立的参数选用，只有零件的表面有特殊使用要求时，才在选用了幅度参数的基础上，附加选用间距参数。一般情况下，当表面要求耐磨、承受交变应力或当表面着重要求外观质量和可漆性时，可选用 *Rsm*。对于有较高支承刚度和耐磨性的表面，应规定 *Rmr*(*c*)参数。

4.4.2 参数值的选择

表面粗糙度的评定参数值的选择合理与否，不仅与零件的使用性能有关，还与零件的制造及经济性有关。选用的原则：在满足零件表面功能的前提下，评定参数的允许值尽可能大[除 *Rmr*(*c*)外]，以减小加工困难，降低生产成本。在实际工作中，通常采用类比法选择确定评定参数值的大小。可先参考经验统计资料，如表 4-11、表 4-12 所示。

选择评定参数值的大小，然后根据实际工作条件进行调整。调整时应考虑以下几点：

1) 同一零件上工作表面比非工作表面的表面粗糙度参数值小。

2) 摩擦表面比非摩擦表面，滚动摩擦表面比滑动摩擦表面的表面粗糙度参数值小。

3) 承受交变载荷的表面及易引起应力集中的部分(如圆角、沟槽等)，表面粗糙度参数值应小些。

4) 要求配合稳定可靠时，配合面的表面粗糙度参数值应小些。小间隙配合表面，受重载作用的过盈配合表面，其表面粗糙度参数值要小。

5) 表面粗糙度与尺寸及形状公差应协调。通常，尺寸及形状公差小，表面粗糙度参数值也要小，同一尺寸公差的轴比孔的表面粗糙度参数值要小。设表面形状公差为 t，尺寸公差为 T，则它们之间通常按以下关系来设计。

普通精度：$t \approx 0.6T$，$Ra \leqslant 0.05T$；

较高精度：$t \approx 0.4T$，$Ra \leqslant 0.025T$；

高精度：$t\approx0.25T$，$Ra\leqslant0.012T$；

超高精度：$t<0.25T$，$Ra\leqslant0.15T$。

必须说明，表面粗糙度的参数值和尺寸公差、形状公差之间并不存在确定的函数关系，如机器、仪器上的手轮、手柄，外壳等部位，其尺寸和形状精度要求并不高，但表面粗糙度参数值要求却较小。

6）对于密封性、防腐性要求高的表面或外形美观的表面，其表面粗糙度参数值都应小些。

7）凡有关标准已对表面粗糙度要求作出规定者（如轴承、量规、齿轮等），应按标准规定选取表面粗糙度参数值。

表 4-11 表面粗糙度 *Ra* 的推荐选用值 μm

应用场合			公称尺寸/mm					
			≤50		50~120		120~150	
经常装拆零件的配合表面		公差等级	轴	孔	轴	孔	轴	孔
		IT5	≤0.2	≤0.4	≤0.4	≤0.8	≤0.4	≤0.8
		IT6	≤0.4	≤0.8	≤0.8	≤1.6	≤0.8	≤1.6
		IT7	≤0.8		≤1.6		≤1.6	
		IT8	≤0.8	≤1.6	≤1.6	≤3.2	≤1.6	≤3.2
过盈配合	压入装配	IT5	≤0.2	≤0.4	≤0.4	≤0.8	≤0.4	≤0.8
		IT6，IT7	≤0.4	≤0.8	≤0.8	≤1.6	≤1.6	
		IT8	≤0.8	≤1.6	≤1.6	≤3.2	≤3.2	
	热装		≤0.8	≤1.6	≤1.6	≤3.2	≤1.6	≤3.2
滑动轴承的配合表面		公差等级	轴			孔		
		IT6~IT9	≤0.8			≤1.6		
		IT10~IT12	≤1.6			≤3.2		
		液体湿摩擦条件	≤0.4			≤0.8		
圆锥接合的工作面			密封接合		对中接合		其他	
			≤0.4		≤1.6		≤6.3	
密封材料处的孔、轴表面		密封形式	速度/(m/s)					
			≤3		3~5		≥5	
		橡胶密封圈	0.8~1.6（抛光）		0.4~0.8（抛光）		0.2~0.4（抛光）	
		毛毡密封	0.8~1.6（抛光）					
		迷宫式密封	3.2~6.3					
		涂油槽式密封	3.2~6.3					

续表

<table>
<tr><td colspan="3" rowspan="2">应用场合</td><td colspan="6">公称尺寸/mm</td></tr>
<tr><td colspan="2">≤50</td><td colspan="2">50~120</td><td colspan="2">120~150</td></tr>
<tr><td rowspan="3">精密定心零件的配合表面</td><td rowspan="3">IT5~IT8</td><td>径向跳动</td><td>2.5</td><td>4</td><td>6</td><td>10</td><td>16</td><td>25</td></tr>
<tr><td>轴</td><td>≤0.05</td><td>≤0.1</td><td>≤0.1</td><td>≤0.2</td><td>≤0.4</td><td>≤0.8</td></tr>
<tr><td>孔</td><td>≤0.1</td><td>≤0.2</td><td>≤0.2</td><td>≤0.4</td><td>≤0.8</td><td>≤1.6</td></tr>
<tr><td colspan="3" rowspan="3">V带和平带轮工作表面</td><td colspan="6">带轮直径/mm</td></tr>
<tr><td colspan="2">≤120</td><td colspan="2">120~315</td><td colspan="2">>315</td></tr>
<tr><td colspan="2">1.6</td><td colspan="2">3.2</td><td colspan="2">6.3</td></tr>
<tr><td rowspan="3"></td><td>类型</td><td colspan="4">有垫圈</td><td colspan="3">无垫圈</td></tr>
<tr><td>需要密封</td><td colspan="4">3.2~6.3</td><td colspan="3">0.8~1.6</td></tr>
<tr><td>不需要密封</td><td colspan="7">6.3~12.5</td></tr>
</table>

表4-12 表面粗糙度的表面特征、经济加工方法及应用举例

<table>
<tr><td colspan="2">表面微观特征</td><td>Ra/μm</td><td>Rz/μm</td><td>加工方法</td><td>应用举例</td></tr>
<tr><td rowspan="2">粗糙表面</td><td>可见刀痕</td><td>>20~40</td><td>>80~160</td><td rowspan="2">粗车、粗刨、粗铣、钻、锯断</td><td rowspan="2">半成品粗加工过的表面,非配合加工表面,如轴的端面、倒角、齿轮及带轮的侧面、键槽的底面,垫圈接触面等</td></tr>
<tr><td>微见刀痕</td><td>>10~20</td><td>>40~80</td></tr>
<tr><td rowspan="3">半光表面</td><td>微见加工痕迹</td><td>>5~10</td><td>>20~40</td><td>车、刨、铣、钻、镗、粗铰</td><td>轴上不安装轴承及齿轮处的表面,紧固件的自由装配表面,轴和孔的退刀槽等</td></tr>
<tr><td>微见加工痕迹</td><td>>2.5~5</td><td>>10~20</td><td>车、刨、铣、镗、磨、拉、粗刮、滚压</td><td>半精加工表面,箱体、支架、盖面、套筒等和其他零件接合而无配合要求的表面,需发蓝的表面</td></tr>
<tr><td>看不清加工痕迹</td><td>>1.25~2.5</td><td>>6.3~10</td><td>车、刨、铣、镗、磨、拉、刮、滚压、铣齿</td><td>接近于精加工的表面,箱体上安装轴承的内孔表面,齿轮的工作面</td></tr>
<tr><td rowspan="2">光表面</td><td>可辨加工痕迹的方向</td><td>>0.63~1.25</td><td>>3.2~6.3</td><td>车、镗、拉、磨、刮、精铰、磨齿滚压</td><td>圆柱销、圆锥销,轴上与滚动轴承配合的表面,普通车床导轨面,内、外花键定位表面,齿面</td></tr>
<tr><td>微辨加工痕迹的方向</td><td>>0.32~0.63</td><td>>1.6~3.2</td><td>精铰、磨、精镗、刮、滚压</td><td>要求配合性质稳定的配合表面,工作时承受交变应力的重要表面,较高精度的车床导轨面,高精度齿轮齿面</td></tr>
</table>

续表

表面微观特征		Ra/μm	Rz/μm	加工方法	应用举例
光表面	不可辨加工痕迹的方向	>0.16~0.32	>0.8~1.6	精磨、研磨、珩磨、超精加工	精密机床主轴锥孔、顶尖圆锥面。发动机曲轴的轴颈表面，凸轮轴的凸轮工作面，高精度齿面
极光表面	暗光泽面	>0.08~0.16	>0.4~0.8	精磨、研磨、普通抛光	精密机床主轴轴颈表面，一般量规工作表面，气缸套内表面，活塞销表面
	亮光泽面	>0.04~0.08	>0.2~0.4	超精磨、精抛光、镜面磨削	精密机床主轴轴颈表面，滚动轴承的滚珠表面，高压油泵中柱塞和柱塞孔的配合面
	镜状光泽面	>0.01~0.04	>0.05~0.2		
	镜面	<0.01	<0.05	镜面磨削、超精研	高精度量仪、量块的工作面，光学仪器中的金属镜面

通常尺寸公差、表面形状公差小时，表面粗糙度参数值也小。表面粗糙度与尺寸公差、形状公差的对应关系如表4-13所示。当机器零件尺寸、几何公差确定以后，可参照表4-13选取合适的表面粗糙度。当然，在一些特殊的场合，如机器、仪器的手柄，机器、仪器的某些面板灯，其尺寸公差要求和几何公差要求均不高，但对表面粗糙度的要求却比较高。

表4-13 表面粗糙度与尺寸公差、形状公差的对应关系

尺寸公差等级		IT5			IT6			IT7			IT8		
相应的形状公差		Ⅰ	Ⅱ	Ⅲ	Ⅰ	Ⅱ	Ⅲ	Ⅰ	Ⅱ	Ⅲ	Ⅰ	Ⅱ	Ⅲ
公称尺寸/mm		表面粗糙度参数值/μm											
≤18	Ra	0.20	0.10	0.05	0.40	0.20	0.10	0.80	0.40	0.20	0.80	0.40	0.20
	Rz	1.00	0.50	0.25	2.00	1.00	0.50	4.00	2.00	1.00	4.00	2.00	1.00
>18~50	Ra	0.40	0.20	0.10	0.80	0.40	0.20	1.60	0.80	0.40	1.60	0.80	0.40
	Rz	2.00	1.00	0.50	4.00	2.00	1.00	6.30	4.00	2.00	6.30	4.00	2.00
>50~120	Ra	0.80	0.40	0.20	0.80	0.40	0.20	1.60	0.80	0.40	1.60	1.60	0.80
	Rz	4.00	2.00	1.00	4.00	2.00	1.00	6.30	4.00	2.00	6.30	6.30	4.00
>120~500	Ra	0.80	0.40	0.20	1.60	0.80	0.40	1.60	1.60	0.80	1.60	1.60	0.80
	Rz	4.00	2.00	1.00	6.30	4.00	2.00	6.30	6.30	4.00	6.30	6.30	4.00

续表

尺寸公差等级		IT9			IT10			IT11			IT12 IT13		IT14 IT15	
相应的形状公差		Ⅰ,Ⅱ	Ⅲ	Ⅳ	Ⅰ,Ⅱ	Ⅲ	Ⅳ	Ⅰ,Ⅱ	Ⅲ	Ⅳ	Ⅰ,Ⅱ	Ⅲ	Ⅰ,Ⅱ	Ⅲ
公称尺寸/mm	表面粗糙度参数值/μm													
≤18	*Ra*	1.60	0.80	0.40	1.60	0.80	0.40	3.20	1.60	0.80	6.30	3.20	6.30	3.20
	Rz	6.30	4.00	2.00	6.30	4.00	2.00	12.5	6.30	4.00	25.0	12.5	25.0	25.0
>18~50	*Ra*	1.60	1.60	0.80	3.20	1.60	0.80	3.20	1.60	0.80	6.30	3.20	12.5	6.30
	Rz	6.30	6.30	4.00	12.5	6.30	4.00	12.5	6.30	4.00	25.0	21.5	50.0	25.0
>50~120	*Ra*	3.20	1.60	0.80	3.20	1.60	0.80	6.30	3.20	1.60	12.5	6.30	25.0	21.5
	Rz	12.5	6.30	4.00	12.5	6.30	4.00	25.0	12.5	6.30	50.0	25.0	100.0	50.0
>120~500	*Ra*	3.20	3.20	1.60	3.20	3.20	1.60	6.30	3.20	1.60	12.5	6.30	25.0	21.5
	Rz	12.5	12.5	6.30	12.5	12.5	6.30	25.0	12.5	6.30	50.0	25.0	100.0	50.0

注：Ⅰ为形状公差在尺寸极限之内；Ⅱ为形状公差相当于尺寸公差的60%；Ⅲ为形状公差相当于尺寸公差的40%；Ⅳ为形状公差相当于尺寸公差的25%。

4.5 表面粗糙度的测量

测量表面粗糙度参数值时，应注意不要将零件的表面缺陷（如气孔、划痕和沟槽等）包括进去。当图样上注明了表面粗糙度参数值的测量方向时，应按规定的方向测量。若图样上无特别注明测量方向，则应该按测量数值最大的方向进行测量。常用的表面粗糙度测量的方法有比较法、触针法、光切法、干涉法和印模法。

1. 比较法

将被测表面与已知高度特征参数值的粗糙度样板相比较的方法属于比较法，如被测表面精度较高时，可以用放大镜、显微镜进行比较，从而检测表面粗糙度。所用粗糙度样板的材料、形状及加工方法应尽可能与被测表面相同。图4-14所示为车削加工用比较样板。

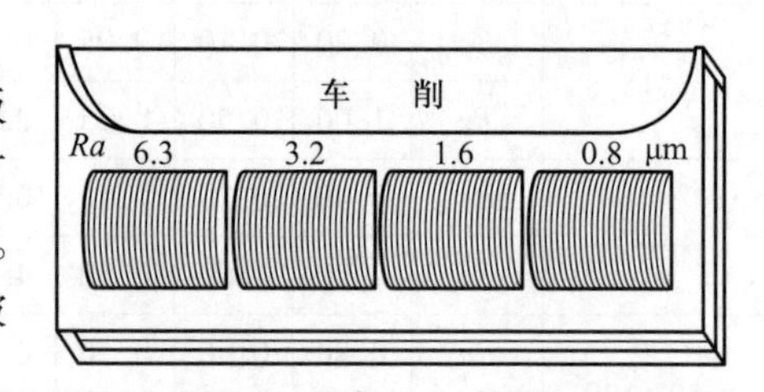

图4-14　车削加工用比较样板

比较法仅适用于评定表面粗糙度要求不高的工件。其测量范围 *Ra* 值为0.1~50 μm。比较法评定结果的准确程度与检测人员的技术熟练程度有关。

2. 触针法

触针法一般用于测量 *Ra* 值为0.025~3.2 μm。图4-15所示为某一种型号的电动轮廓仪。触针法又称感触法或针描法。触针法是利用仪器的触针在被测表面上轻轻划过，被测表面的微观不平使触针在垂直于表面轮廓方向上产生上下移动，将触针的移动量通过机械、电学、光学的转换，再经放大和积分运算，在显示器上直接读出粗糙度参数值或用记录仪描绘被测轮廓曲线的方法。

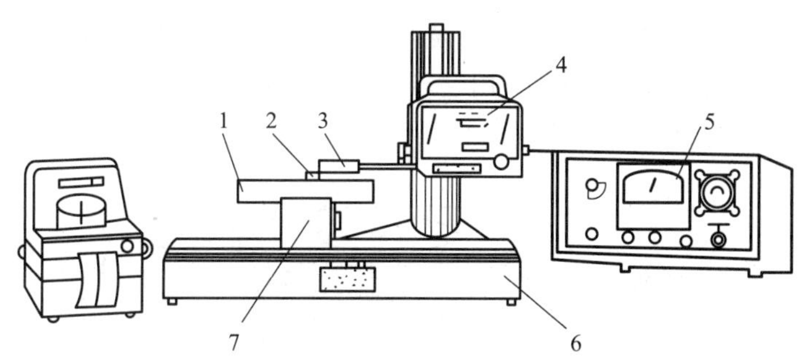

1—检测工件；2—触针；3—传感器；4—驱动箱；5—指示表；6—工作台；7—定位块

图 4-15 BCJ-2 电动轮廓仪

采用触针法测量表面粗糙度的仪器称为轮廓仪。轮廓仪使用简便，效率高，可以测量内、外表面和曲面。但接触式触针轮廓仪不适合测量柔软和易划伤的表面。

除以上轮廓仪外，还有光学触针轮廓仪，适用于非接触测量，能防止划伤零件表面，这种仪器通常直接显示 Ra 值，其测量范围为 0.02～5 μm。

3. 光切法

利用光切原理测量表面粗糙度的方法称为光切法，属于非接触测量的方法。采用光切原理制成的表面粗糙度轮廓测量仪称为光切显微镜（或称双管显微镜），测量范围 Rz 值为 0.8～80 μm，如图 4-16 所示。

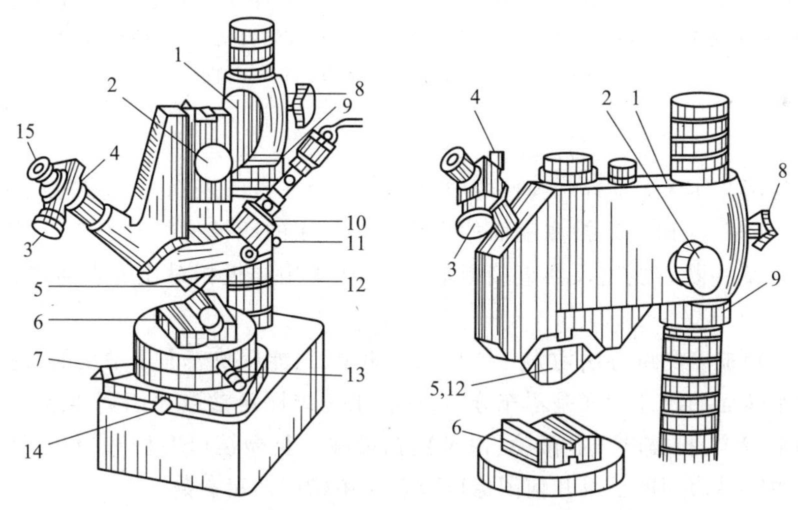

1—横臂；2—手轮；3—目镜千分尺；4,8,11,14—螺钉；5,12—物镜；
6—V 形块；7,13—千分尺；9—螺母；10—调焦环；15—目镜

图 4-16 光切显微镜

4. 干涉法

利用光波干涉原理制造的表面粗糙度仪器是干涉显微镜，如图 4-17 所示。由于这种仪器

具有高的放大倍数及鉴别率，故可以测量表面粗糙度要求高的表面。通常用于测量极光滑的表面，它适宜测量 Rz 值为 0.025～0.8 μm 的平面、外圆柱面和球面。

干涉法是指利用光波干涉原理和显微系统测量精密加工表面粗糙度轮廓的方法，属于非接触测量的方法。被测表面直接参与光路，用它与标准反射镜比较，以光波波长来度量干涉条纹的弯曲程度，从而测得该表面的粗糙度值。

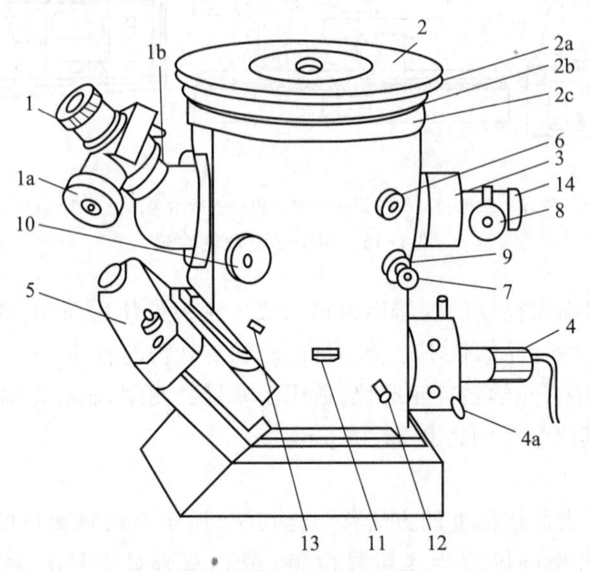

1—目镜千分尺；1a—刻度筒；1b—螺钉；2—圆工作台；2a—移动阀工作台滚花环；2b—转动圆工作台滚花环；2c—升降圆工作台滚花环；3—参考部件；4—光源；4a—调节螺钉；5—照相机；6—转遮光板手轮；7,8,9,14—干涉带调节手轮；10—目视照相转换手轮；11—光阑调节手轮；12—滤光片调节手轮；13—照相机紧固螺钉

图 4-17　干涉显微镜外形及结构示意图

5. 印模法

印模法是利用一些无流动性和弹性的塑料材料贴合在被测表面上，将被测表面的轮廓复制成模，然后测量印模，从而评定被测表面的粗糙度。常用的印模材料有川蜡、石蜡、低熔点合金等。适用于对于某些既不能用仪器直接测量，也不便于用样板相对比的表面，如深孔、盲孔、凹槽、内螺纹等。

上述的表面粗糙度测量方法均为一维和二维测量，只能反映表面不平度的某些几何特征，把它作为表征整个表面的统计特征是不充分的，只有用三维评定参数才能真实地反映被测表面的实际特征。如形貌仪、扫描电子显微镜（SEM）、扫描隧道显微镜（STM）和原子力显微镜（AFM）等仪器均可获得零件表面的三维几何图像以及表面粗糙度评定参数。

实训习题与思考题

1. 评定表面粗糙度时，为什么要规定取样长度？有了取样长度为什么规定评定长度？
2. 评定表面粗糙度的主要幅度参数有哪些？分别论述其含义及其代号。
3. 表面粗糙度的含义是什么？对零件使用性能有哪些要求？

4. 表面粗糙度的评定参数有哪些？各自含义是什么？

5. 表面粗糙度检测方法有哪几种？

6. 试用比较法确定轴 ϕ80h5 和孔 ϕ80H6 的表面粗糙度 Ra 的上限值。

7. 针对 ϕ50H7/d6 与 ϕ50H7/h6 如何选用表面粗糙度参数值？为什么？

8. 比较下列每组中两孔的表面粗糙度高度特性参数值的大小(哪个孔的参数值较小)并说明原因:1) 70H7 与 30H7 的孔;2) 40H7/k6 与 40H7/g6 中的两个 H7 孔;3) 圆柱度公差分别为 0.01 mm 和 0.02 mm 的两个 30H7 孔。

9. 试将下列表面粗糙度要求标注在图 4-18 上。

1) 圆锥面 a 的表面粗糙度参数 Ra 的上限值为 3.2 μm;

2) 端面 c 和端面 b 的表面粗糙度参数 Ra 的最大值为 3.2 μm;

3) ϕ30 mm 孔采用拉削加工,表面粗糙度参数 Ra 的最大值为 6.3 μm,并标注加工纹理方向;

4) 8 mm±0.018 mm 键槽两侧面的表面粗糙度参数 Rz 的上限值为 12.5 μm;

5) 其余表面的表面粗糙度参数 Ra 的上限值为 12.5 μm。

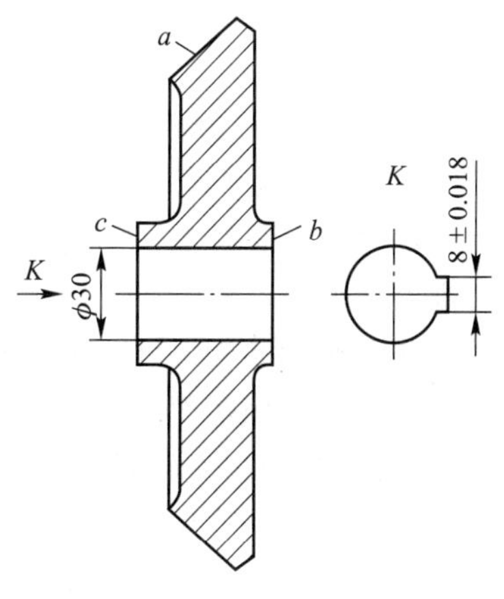

图 4-18　习题 9 图

拓展阅读

在技术交流中,很多人习惯使用"表面光洁度"指标。其实,"表面光洁度"是按人的视觉观点提出来的,而"表面粗糙度"是按表面微观几何形状的实际提出来的。因为要与国际标准(ISO)接轨,国家标准中早已不再使用"表面光洁度"这个表达术语,正规、严谨的表达均应使用"表面粗糙度"一词。

表面粗糙度值越小,则表面越光滑。表面粗糙度一般是由加工过程中刀具与零件表面间的摩擦、切屑分离时表面层金属的塑性变形以及工艺系统中的高频振动等引起。由于加工方法和工件材料的不同,被加工表面留下痕迹的深浅、疏密、形状和纹理都有差别。表面粗糙度与机械零件的配合性质、耐磨性、疲劳强度、接触刚度、振动和噪声等有密切关系,对机械产品的使用寿命和可靠性有重要影响。

《大国重器(第二季)》第七集《智造先锋》中指出中国研制出超精密数控机床,加工精度可达 0.01 μm,实现了超镜面加工。超精密镜面加工是金属切削加工的最高境界,刀具接触表面造成的划痕,称为粗糙度。在机床主轴转速达到 24 000 r/min 的超高速度下,可把零件的粗糙度控制在 0.02 μm 以下。这是头发丝直径的万分之一,也是超精密加工系统必须达到的标准之一。零件表面加工精度达到了 0.01 μm,这相当于汽车在 100 km/h 的速度下,轮胎运行偏差只有 3 根头发丝,而轮胎的抖动误差不到头发丝的万分之一。

第5章　滚动轴承的公差与配合

5.1　概述

滚动轴承是现代机器中广泛应用的零件之一，它是依靠主要元件间的滚动接触来支承转动零件的。常用的滚动轴承绝大多数已经标准化，由专业工厂大量制造并供应各种规格常用的轴承。滚动轴承的类型很多，按滚动体可分为球、滚子及滚针轴承；按承受载荷形式又可分为向心、推力及向心推力轴承等。向心球轴承的结构如图5-1所示，包括内圈、外圈、滚动体和保持架。其内圈内径 d 用来和轴颈装配，外圈外径 D 用来和轴承座孔装配。通常是内圈随轴颈回转，外圈固定，但也可以用于外圈回转而内圈不动，或是内、外圈同时回转的场合。当内、外圈相对转动时，滚动体即在内、外圈的滚道内滚动。保持架的作用主要是均匀地隔开滚动体。

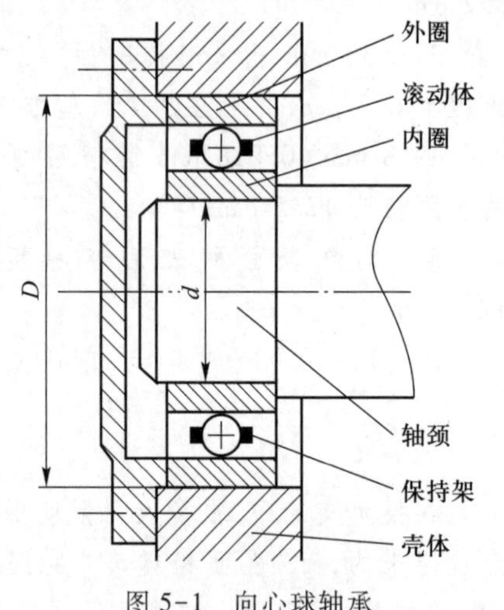

图5-1　向心球轴承

轴承外径 D 与内径 d 为轴承的公称尺寸，分别与轴承座孔及轴颈配合。其配合尺寸应是完全互换，滚动体和两套圈之间的配合采用分组装配法，通常为不完全互换。轴承的工作性能和使用寿命不仅取决于轴承本身的制造精度，还与轴承相配合的轴颈和轴承座孔的尺寸公差、几何公差和表面粗糙度以及安装正确与否等因素有关。为此，国家标准 GB/T 307.1—2005、GB/T 307.2—2005、GB/T 307.3—2005、GB/T 307.4—2012 对配合的基本尺寸 D、d 的精度、几何公差及表面粗糙度都做了规定。

5.2　滚动轴承的公差等级及其应用

5.2.1　滚动轴承公差等级

国家标准 GB/T 307.3—2005 规定，向心轴承（圆锥滚子轴承除外）分为普通级、6、5、4、2五级，圆锥滚子轴承分为普通级、6X、5、4、2五级，推力轴承分为普通级、6、5、4四级。公差等级依次由低到高排列，普通级最低，2级最高。

5.2.2　滚动轴承精度

滚动轴承的公称尺寸精度是指轴承内径 d、外径 D 和轴承宽度 B 的制造精度（图5-2）及圆锥滚子轴承的装配高度 T（图5-3）的精度。

滚动轴承旋转精度是指轴承内、外圈径向跳动；轴承内、外圈的端面对滚道的跳动；轴承内圈端面对内孔的跳动；轴承外径母线对基准端面的倾斜度等。

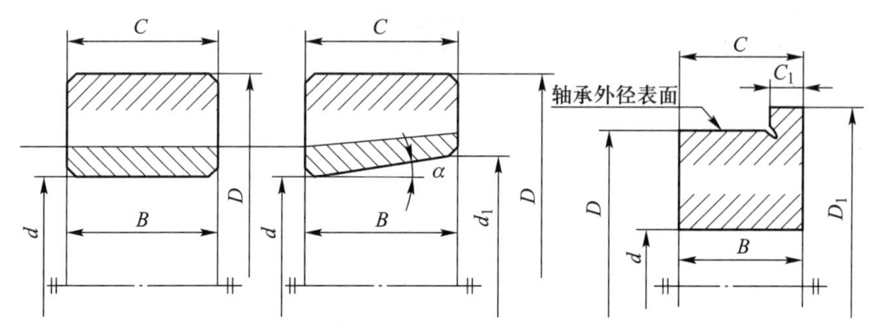

图 5-2　外形尺寸符号

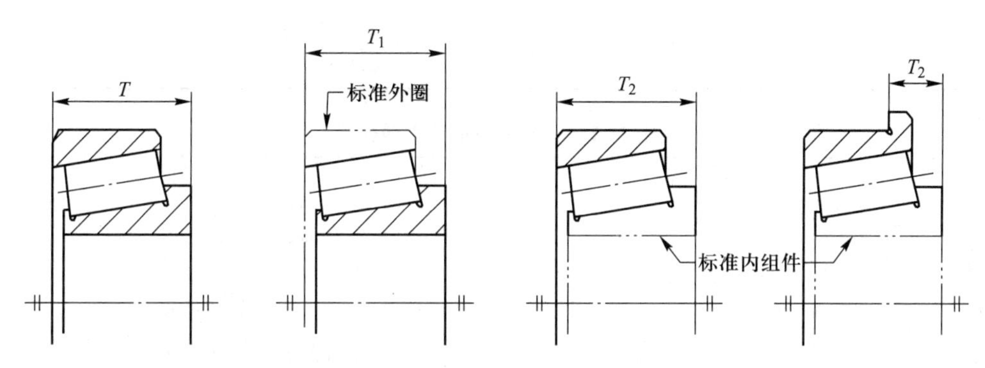

图 5-3　圆锥滚子轴承外形尺寸符号

5.2.3　滚动轴承的应用

普通级轴承应用在中等负荷、中等转速和对旋转精度要求不高的一般机械中。如普通车床的变速、进给机构，汽车、拖拉机的变速机构，普通电机、水泵、压缩机、汽轮机中的旋转机构等。

6 级轴承应用于旋转精度和转速较高的旋转机构中。如普通机床的主轴轴承、精密机床传动轴所用的轴承等。

5、4 级轴承应用于旋转精度高的机构中，如精密机床的主轴轴承、精密仪器中所用的轴承等。

2 级轴承应用于旋转精度和转速均很高的旋转机构中，如精密坐标镗床的主轴轴承、高精度仪器和高转速机构中使用的轴承。

5.2.4　滚动轴承的代号

滚动轴承代号是表示其结构、尺寸、公差等级和技术性能等特征的产品符号，由字母和数字组成。按 GB/T 272—2017《滚动轴承 代号方法》的规定，轴承代号由前置代号、基本代号和后置代号构成，其表达方式见表 5-1。

（1）基本代号

基本代号是表示轴承的类型、结构尺寸的符号。基本代号由轴承类型代号、尺寸系列代号和内径代号三部分构成。

1）类型代号。类型代号用阿拉伯数字（以下简称数字）或大写拉丁字母（以下简称字母）表示，见表 5-2。

表 5-1　滚动轴承代号的构成

前置代号	基本代号				后置代号
字母	字母和数字				字母和数字
成套轴承的分部件	××	×××		××	内部结构 密封、防尘与外部形状变化 保持架及其材料 轴承零件材料 公差等级 游隙 配置 振动及噪声 其他
	类型代号	宽（高）度系列代号	直径系列代号	内径代号	

表 5-2　一般滚动轴承类型代号

代号	轴承类型	代号	轴承类型
0	双列角接触球轴承	N	圆柱滚子轴承
1	调心球轴承		双列或多列用字母 NN 表示
2	调心滚子轴承和推力调心滚子轴承	U	外球面球轴承
3	圆锥滚子轴承	QJ	四点接触球轴承
4	双列深沟球轴承	C	长弧面滚子轴承(圆环轴承)
5	推力球轴承		
6	深沟球轴承		
7	角接触球轴承		
8	推力圆柱滚子轴承		

注:在代号后或前加字母或数字表示该类轴承中的不同结构。

2) 尺寸系列代号。尺寸系列代号由轴承的宽(高)度系列代号和直径系列代号组成,见表5-3。直径系列代号表示内径相同的同类轴承是由几种不同的外径和宽度组成。宽度系列代号表示内、外径相同的同类型轴承宽度的变化。

表 5-3　向心轴承、推力轴承尺寸系列代号

直径系列代号	向心轴承								推力轴承			
	宽度系列代号								高度系列代号			
	8	0	1	2	3	4	5	6	7	9	1	2
	尺寸系列代号											
7	—	—	17	—	37	—	—	—	—	—	—	—
8	—	08	18	28	38	48	58	68	—	—	—	—
9	—	09	19	29	39	49	59	69	—	—	—	—
0	—	00	10	20	30	40	50	60	70	90	10	—
1	—	01	11	21	31	41	51	61	71	91	11	—
2	82	02	12	22	32	42	52	62	72	92	12	22
3	83	03	13	23	33	—	—	—	73	93	13	23
4	—	04	—	24	—	—	—	—	74	94	14	24
5	—	—	—	—	—	—	—	—	—	95	—	—

3）内径代号。内径代号表示轴承的内径大小，见表 5-4。

表 5-4 轴承内径代号

轴承公称内径/mm		内径代号	示例
0.6~10(非整数)		用公称内径毫米数直接表示，在其与尺寸系列代号之间用“/”分开	深沟球轴承 617/0.6 d =0.6 mm 深沟球轴承 618/2.5 d = 2.5 mm
1~9(整数)		用公称内径毫米数直接表示，对深沟及角接触球轴承直径系列 7、8、9，内径与尺寸系列代号之间用“/”分开	深沟球轴承 625 d= 5 mm 深沟球轴承 618/5 d=5 mm 角接触球轴承 707 d= 7 mm 角接触球轴承 719/7 d= 7 mm
10~17	10	00	深沟球轴承 6200 d=10 mm
	12	01	调心球轴承 1201 d=12 mm
	15	02	圆柱滚子轴承 NU 202 d=15 mm
	17	03	推力球轴承 51103 d =17 mm
20~480(22,28,32 除外)		公称内径除以 5 的商数，商数为个位数，需在商数左边加“0”，如 08	调心滚子轴承 22308 d=40 mm 圆柱滚子轴承 NU 1096 d=480 mm
≥500 以及 22,28,32		用公称内径毫米数直接表示，但在与尺寸系列之间用“/”分开	调心滚子轴承 230/500 d=500 mm 深沟球轴承 62/22 d=22 mm

（2）前置代号和后置代号

前置代号和后置代号是轴承在结构形状、尺寸、公差、技术要求等有改变时，在其基本代号左、右添加的补充代号。

前置代号用字母表示，经常用于表示轴承分部件(轴承组件)。代号及其含义按表 5-5 的规定。

表 5-5 前置代号

代号	含义	示例
L	可分离轴承的可分离内圈或外圈	LNU 207，表示 NU 207 轴承的内圈； LN 207，表示 N 207 轴承的外圈
LR	带可分离内圈或外圈与滚动体的组件	—
R	不带可分离内圈或外圈的组件 (滚针轴承仅适用于 NA 型)	RNU 207，表示 NU 207 轴承的外圈和滚子组件； RNA 6904，表示无内圈的 NA 6904 滚针轴承
K	滚子和保持架组件	K 81107，表示无内圈和外圈的 81107 轴承
WS	推力圆柱滚子轴承轴圈	WS 81107
GS	推力圆柱滚子轴承座圈	GS 81107
F	带凸缘外圈的向心球轴承(仅适用于 $d \leqslant$ 10 mm)	F 618/4
FSN	凸缘外圈分离型微型角接触球轴承(仅适用于 $d \leqslant 10$ mm)	FSN 719/5-Z
KIW-	无座圈的推力轴承组件	KIW-51108
KOW-	无轴圈的推力轴承组件	KOW-51108

后置代号用字母(或加数字)表示，后置代号所表示轴承的特性及排列顺序按表 5-6 的规定，各后置代号及含义见 GB/T 272—2017。

表5-6　后置代号

组别	1	2	3	4	5	6	7	8	9
含义	内部结构	密封与防尘与外部形状	保持架及其材料	轴承零件材料	公差等级	游隙	配置	振动及噪声	其他

后置代号置于基本代号的右边并与基本代号空半个汉字距(代号中有符号“-”“/”除外)。当改变项目多,具有多组后置代号时,按表5-6所列从左至右的顺序排列。若改变为第4组(含第4组)以后的内容,则在其代号前用“/”与前面代号隔开。

5.3　滚动轴承内、外圈的公差带

5.3.1　滚动轴承内、外径公差带

为了便于互换性和大量生产,轴承内圈与轴颈配合按基孔制。一般要求具有过盈,以保证内圈和轴一起旋转,但过盈量不能太大,否则不便装配并会使内圈材料产生过大的应力。因此,GB/T 307.1—2017中规定:轴承内圈内径公差带移至零线下方。轴承外径与轴承座配合采用基轴制,其公差带与一般基准轴公差带的位置相同,在零线下方,如图5-4所示。

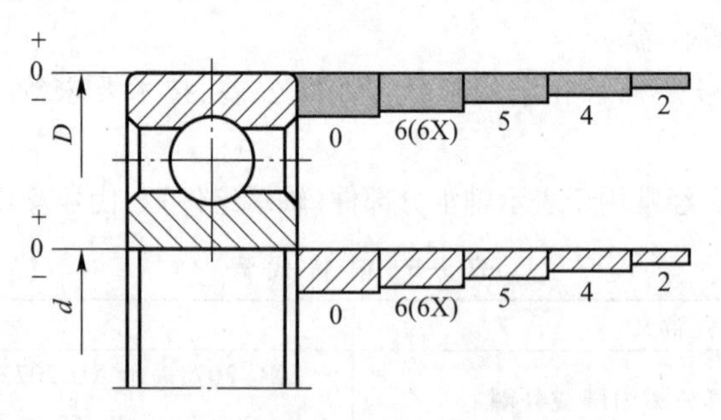

图5-4　滚动轴承内、外径公差带分布图

另外,滚动轴承的内圈和外圈都是薄壁零件,在制造和保管过程中容易产生变形。当轴承内圈与轴、外圈与轴承座装配后,这种变形容易矫正,在一般情况下不影响工作性能。

GB/T 307.1—2017中,对轴承内径和外径尺寸公差做了两种规定:一是规定了内、外径尺寸的最大值和最小值所允许的偏差,即单一内、外径偏差。其主要目的是为了限制变形量。二是规定了内、外径实际尺寸的最大值和最小值的平均值偏差,即单一平面平均内、外径偏差。其目的是用于轴承配合。

5.3.2　滚动轴承内、外径公差带的特点

轴承内、外径公差带的特点是:所有公差等级的公差带都单向偏置在零线之下,即上极限偏差为零,下极限偏差为负。GB/T 1800.2—2020《产品几何技术规范(GPS) 线性尺寸公差ISO代号体系 第2部分:标准公差带代号和孔、轴极限偏差表》中规定基准孔的公差带在零线上,而轴承内孔与轴的配合也是基孔制,但其所有公差等级的公差带都在零线之下。其原因主要是轴承

配合的特殊需要。在大多数情况下,轴承内孔要随轴一起转动,二者之间的配合必须有一定的过盈。由于内圈是薄壁件,易变形,使用一段时间后轴承往往要拆换,因此过盈的数值又不能太大。如果轴承内孔的公差带与一般基准孔的公差带一样,单向偏差值在零线上,与 GB/T 1800.1—2020 推荐的常用或优先的过盈配合相比,所取得的过盈太大,如改用过渡配合,又担心孔、轴接合得不可靠;采用非标准设计又不符合互换性原则,为此轴承标准将内径的公差带偏置在零线下方。再与 GB/T 1800.1—2020 中推荐的常用或优先过渡配合中某些轴的公差带接合时,完全能满足轴承内孔与轴的配合性能要求,即得到过盈量较大的过渡配合或过盈量较小的过盈配合。

轴承外径与轴承座配合采用基轴制,轴承孔外径的公差带与 GB/T 1800.2—2020 基轴制的基准轴的公差带虽然都在零线下方,即上极限偏差为零,下极限偏差为负值,但是轴承外径的公差值是特殊规定的。因此,轴承外圈与轴承座的配合与 GB/T 1800.1—2020 基轴制同名配合相比,配合松紧略有不同。

5.4 滚动轴承配合及其选择

5.4.1 轴颈和外壳的公差带

GB/T 275—2015《滚动轴承 配合》对与轴承配合的钢制和铸铁制的实体轴,厚壁空心轴的轴颈规定 17 种常用公差带;对钢制、铸铁制的轴承座规定 16 种常用公差带,其公差带如图 5-5、图 5-6 所示。它们分别选自 GB/T 1800.2 中的轴、孔公差带。

5.4.2 滚动轴承的配合选择

滚动轴承的配合选择,实际上就是确定与轴承配合的轴颈和轴承座的公差带。在选择配合时,原则上轴承的两个套圈应选择紧密配合,包括最小间隙或过盈等于零的配合在内。但轴承配合又不能太紧,因内圈的弹性胀大和外圈的收缩会使轴内部间隙减小,甚至完全消除,并产生

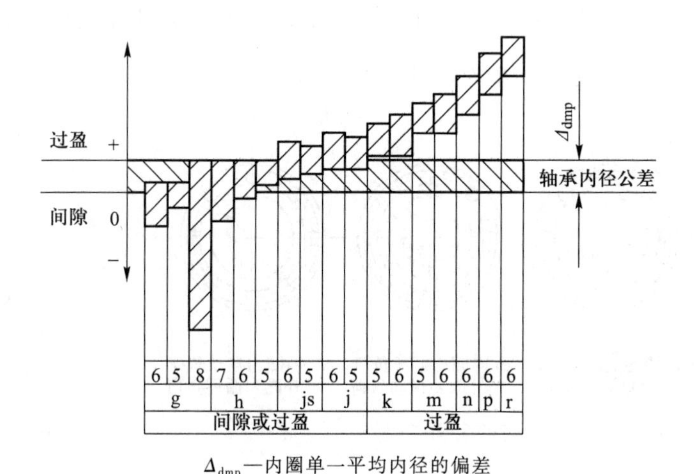

Δ_{dmp}—内圈单一平均内径的偏差

图 5-5 轴承与轴配合的常用公差带关系图

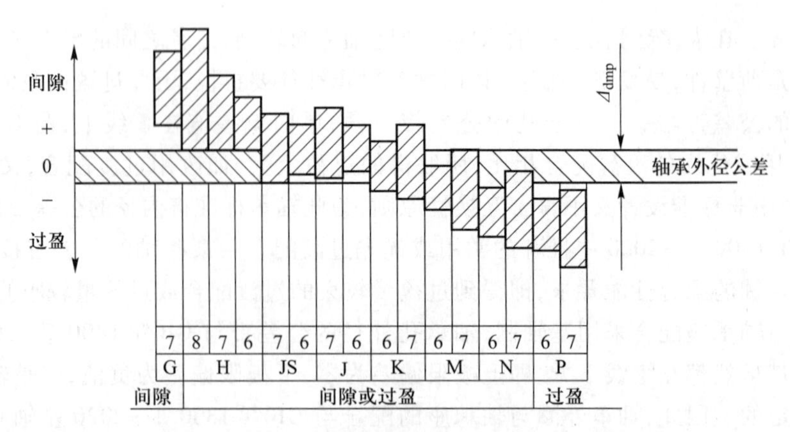

图 5-6 轴承与外壳配合的常用公差带关系图

过盈,不仅影响正常运转,还会使套圈的材料产生较大的应力,以致降低其使用寿命。因此,必须恰当地选取轴颈与轴承座的公差带。

选择配合的基本原则:要考虑轴承套圈相对于负荷的状况;负荷类型和大小;轴承尺寸的大小;轴承游隙及其他因素的影响。

(1) 负荷类型

根据作用于轴承的合成径向负荷对套圈相对运动情况,将套圈的负荷分为三类:

1) 局部负荷。轴承运转时,作用于轴承上的合成径向负荷,始终作用于套圈滚道为局部区域,这种负荷称为局部负荷,如图 5-7 a、b 所示。轴承受一个方向不变的径向负荷 R_g,固定不转的套圈所受的负荷就是局部负荷。

2) 循环负荷。轴承运转时,作用于轴承上的径向负荷顺次地作用于套圈滚道整个圆周上,这种负荷称为循环负荷,如图 5-7 a、b 动圈上所承受的负荷,其特点是负荷与套圈相对转动。

3) 摆动负荷。在轴承上,同时作用一个方向不变的径向负荷与一个数值较小的旋转负荷,这两种负荷合成就称为摆动负荷,如图 5-7 c、d 所示。

R_x是不变的径向负荷,R_g是旋转的径向负荷,$R_g>R_x$,其合成的径向负荷 R 仅在 180°范围内的滚道上摆动,如图 5-8 所示。$\overset{\frown}{AB}$ 为摆动负荷的作用区域。

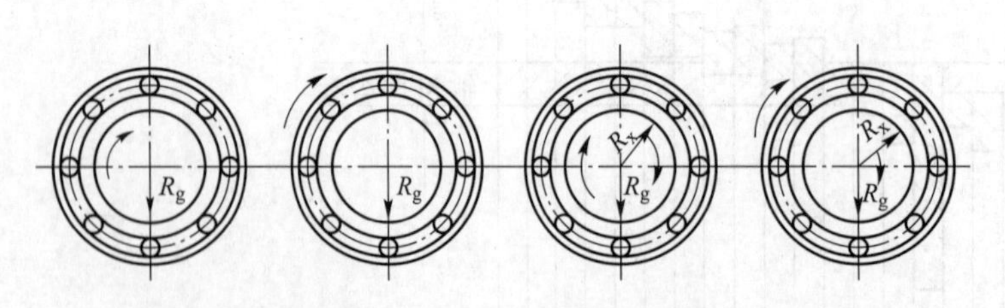

(a) 内圈为循环负荷,外圈为局部负荷 (b) 内圈为局部负荷,外圈为循环负荷 (c) 内圈为循环负荷,外圈为摆动负荷 (d) 内圈为摆动负荷,外圈为循环负荷

图 5-7 轴承承受的负荷类型

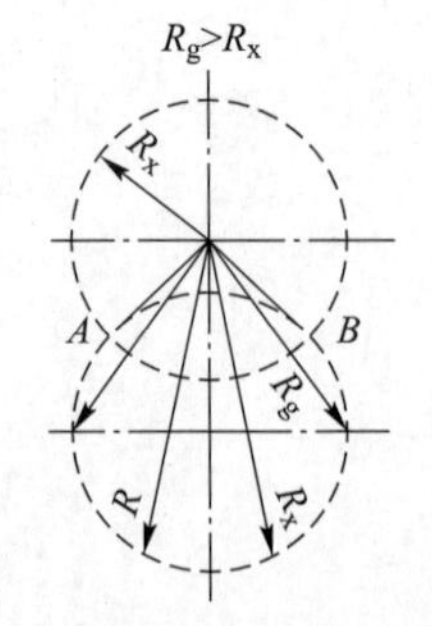

图 5-8 摆动负荷的作用区域

(2) 负荷大小

滚动轴承套圈与轴或轴承座配合的最小过盈取决于负荷大小。一般根据径向负荷 P_r 与额

定负荷 C_r 之比可分为轻负荷、正常负荷和重负荷三类，如表 5-7 所示。

表 5-7　当量径向动载荷 P_t 的类型

负荷类型	P_r 值的大小		
	球轴承	滚子轴承(圆锥轴承除外)	圆锥滚子轴承
轻负荷	$P_r \leqslant 0.07C_r$	$P_r \leqslant 0.08C_r$	$P_r \leqslant 0.13C_r$
正常负荷	$0.07C_r < P_r \leqslant 0.15C_r$	$0.08C_r < P_r \leqslant 0.18C_r$	$0.13C_r < P_r \leqslant 0.26C_r$
重负荷	$P_r > 0.15C_r$	$P_r > 0.18C_r$	$P_r > 0.26C_r$

当套圈受局部负荷时，配合应稍松，可以有不大的间隙，以便在滚动体摩擦力带动下，使套圈相对于轴颈或轴承座孔有偶尔周期游动的可能。从而消除局部滚道磨损，装拆也方便。一般可选用过渡配合或间隙较小的间隙配合。

当套圈受循环负荷时，不会导致滚道局部磨损。此时要防止套圈相对于轴颈或轴承座孔引起配合面的磨损、发热。套圈与轴颈配合应较紧，一般选用过渡配合或过盈配合。

当套圈承受较重负荷或冲击负荷时，将引起轴承较大的变形，使接合面间实际过盈减小和轴承内部实际间隙增大。为了使轴承正常运转，应选较大的过盈。

(3) 工作温度影响

轴承运转时，由于摩擦发热和其他热源影响，使轴承套圈的温度经常高于与其相接合零件的温度。因此，轴承内圈因热膨胀而与轴的配合可能松动，外圈因热膨胀而与轴承座的配合可能变紧，从而影响轴承游动。所以在选配时必须考虑温度影响。

(4) 轴承游隙

采用过盈配合会导致轴承游隙的减小；应检验安装后轴承的游隙是否满足使用要求，以便正确选择配合及轴承游隙。

(5) 轴承尺寸大小

随着轴承尺寸的增加，选择的过盈配合过盈越大，间隙配合的间隙越大。

(6) 旋转精度和速度的影响

当机器要求有较高的旋转精度时，要选用较高等级轴承。与轴承相配合的轴和轴承座也要选具有较高的精度等级。

对负荷较大、旋转精度要求较高的轴承，为消除弹性变形和振动的影响，应避免采用间隙配合。而对精密机床的轻负荷轴承，为避免孔与轴的形状误差对轴承精度的影响，常采用间隙配合。

(7) 其他因素影响

1) 轴承座和轴的结构和材料

开式轴承座与轴承外圈配合时，宜采用较松的配合，但也不应使外圈在轴承座内转动，以防止由于轴承座或轴的形状误差引起的轴承内、外圈的不正常变形。当轴承装于薄壁外壳，轻合金轴承座或空心轴上时，应采用比厚壁轴承座、铸体轴承座或实心轴更紧的配合，以保证轴承有足够的连接强度。

2) 安装与拆卸

为了安装和拆卸方便，对重型机械采用较松的配合；若拆卸方便而又要用紧配合，可采用分离式轴承或内圈带锥孔和紧定套或退卸套的轴承。

3) 轴向位移要求

当轴承一个套圈(外圈或内圈)在运转中能沿轴向游动时，该套圈与轴和轴承座的配合应较松。

滚动轴承与轴和轴承座的配合，要综合考虑上述等因素，采用类比的方法选取公差带。

向心轴承和轴的配合——轴公差带按表5-8选择；向心轴承和轴承座孔的配合——孔的公差带按表5-9选择；推力轴承和轴的配合——轴公差带按表5-10选择；推力轴承和轴承座孔的配合——孔公差带按表5-11选择。

表5-8 向心轴承和轴的配合——轴公差带

圆柱孔轴承							
载荷情况			举例	深沟球轴承、调心球轴承和角接触球轴承	圆柱滚子轴承和圆锥滚子轴承	调心滚子轴承	公差带
				轴承公称内径/mm			
内圈承受旋转载荷或方向不定载荷	轻载荷		输送机、轻载齿轮箱	≤18	—	—	h5
				>18~100	≤40	≤40	j6①
				>100~200	>40~140	>40~100	k6①
				—	>140~200	>100~200	m6①
	正常载荷		一般通用机械、电动机、泵、内燃机、正齿轮传动装置	≤18	—	—	j5、js5
				>18~100	≤40	≤40	k5②
				>100~140	>40~100	>40~65	m5②
				>140~200	>100~140	>65~100	m6
				>200~280	>140~200	>100~140	n6
				—	>200~400	>140~280	p6
				—	—	>280~500	r6
	重载荷		铁路机车车辆轴箱、牵引电机、破碎机等	—	>50~140	>50~100	n6③
					>140~200	>100~140	p6③
					>200	>140~200	r6③
					—	>200	r7③
内圈承受固定载荷	所有载荷	内圈需在轴向易移动	非旋转轴上的各种轮子	所有尺寸			f6 g6
		内圈不需在轴向易移动	张紧轮、绳轮				h6 j6
仅有轴向载荷				所有尺寸			j6、js6

圆锥孔轴承				
所有载荷	铁路机车车辆轴箱	装在退卸套上	所有尺寸	h8(IT6)④⑤
	一般机械传动	装在紧定套上	所有尺寸	h9(IT7)④⑤

① 凡精度要求较高的场合，应用j5、k5、m5代替j6、k6、m6。

② 圆锥滚子轴承、角接触球轴承配合对游隙影响不大，可用k6、m6代替k5、m5。

③ 重载荷下轴承游隙应选大于N组。

④ 凡精度要求较高或转速要求较高的场合，应选用h7(IT5)代替h8(IT6)等。

⑤ IT6、IT7表示圆柱度公差数值。

表 5-9 向心轴承和轴承座孔的配合——孔公差带

<table>
<tr><th colspan="2" rowspan="2">载荷情况</th><th rowspan="2">举例</th><th rowspan="2">其他状况</th><th colspan="2">公差带①</th></tr>
<tr><th>球轴承</th><th>滚子轴承</th></tr>
<tr><td rowspan="2">外圈承受固定载荷</td><td>轻、正常、重</td><td rowspan="2">一般机械、铁路机车车辆轴箱</td><td>轴向易移动，可采用剖分式轴承座</td><td colspan="2">H7、G7②</td></tr>
<tr><td>冲击</td><td rowspan="2">轴向能移动，可采用整体或剖分式轴承座</td><td colspan="2" rowspan="2">J7、JS7</td></tr>
<tr><td rowspan="4">方向不定载荷</td><td>轻、正常</td><td rowspan="2">电动机、泵、曲轴主轴承</td></tr>
<tr><td>正常、重</td><td rowspan="5">轴向不移动，采用整体式轴承座</td><td colspan="2">K7</td></tr>
<tr><td>重、冲击</td><td>牵引电动机</td><td colspan="2">M7</td></tr>
<tr><td>轻</td><td>传动带张紧轮</td><td>J7</td><td>K7</td></tr>
<tr><td rowspan="2">外圈承受旋转载荷</td><td>正常</td><td rowspan="2">轮毂轴承</td><td>M7</td><td>N7</td></tr>
<tr><td>重</td><td>—</td><td>N7、P7</td></tr>
</table>

① 并列公差带随尺寸的增大从左至右选择。对旋转精度有较高要求时，可相应提高一个公差等级。

② 不适用于剖分式轴承座。

表 5-10 推力轴承和轴的配合——轴公差带

<table>
<tr><th colspan="2">载荷情况</th><th>轴承类型</th><th>轴承公称内径/mm</th><th>公差带</th></tr>
<tr><td colspan="2">仅有轴向载荷</td><td>推力球轴承和推力圆柱滚子轴承</td><td>所有尺寸</td><td>j6、js6</td></tr>
<tr><td rowspan="2">径向和轴向联合载荷</td><td>轴圈承受固定载荷</td><td rowspan="2">推力调心滚子轴承、推力角接触球轴承、推力圆锥滚子轴承</td><td>≤250
>250</td><td>j6
js6</td></tr>
<tr><td>轴圈承受旋转载荷或方向不定载荷</td><td>≤200
>200~400
>400</td><td>k6①
m6
n6</td></tr>
</table>

① 要求较小过盈时，可分别用 j6、k6、m6 代替 k6、m6、n6。

表 5-11 推力轴承和轴承座孔的配合——孔公差带

<table>
<tr><th colspan="2">载荷情况</th><th>轴承类型</th><th>公差带</th></tr>
<tr><td colspan="2" rowspan="3">仅有轴向载荷</td><td>推力球轴承</td><td>H8</td></tr>
<tr><td>推力圆柱、圆锥滚子轴承</td><td>H7</td></tr>
<tr><td>推力调心滚子轴承</td><td>—①</td></tr>
<tr><td rowspan="3">径向和轴向联合载荷</td><td>座圈承受固定载荷</td><td rowspan="3">推力角接触球轴承、推力调心滚子轴承、推力圆锥滚子轴承</td><td>H7</td></tr>
<tr><td rowspan="2">座圈承受旋转载荷或方向不定载荷</td><td>K7②</td></tr>
<tr><td>M7③</td></tr>
</table>

① 轴承座孔与座圈间间隙为 $0.001D$（D 为轴承公称外径）。

② 一般工作条件。

③ 有较大径向载荷时。

5.4.3　配合面及端面的形状和位置公差

如图 5-9、图 5-10 所示，轴颈和轴承座孔表面的圆柱度公差、轴肩及轴承座孔肩的端面圆跳动按表 5-12 的规定。

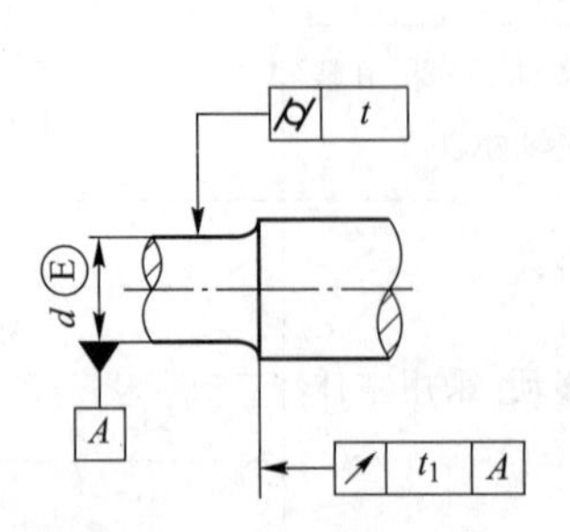

图 5-9　轴颈几何公差标注

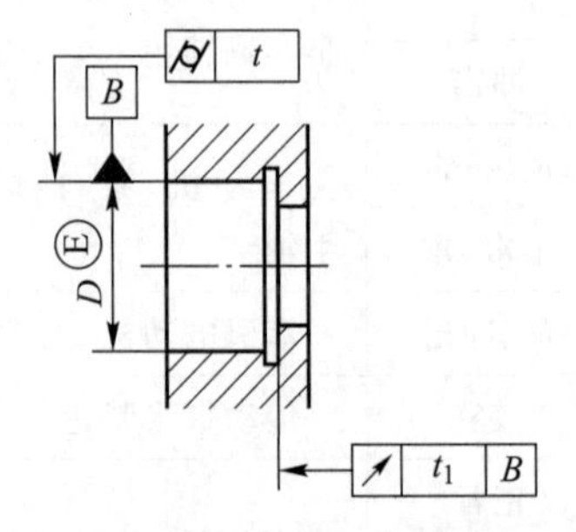

图 5-10　轴承座孔几何公差标注

表 5-12　轴和轴承座孔的几何公差

公称尺寸/mm		圆柱度 t/μm				轴向圆跳动 t_1/μm			
		轴颈		轴承座孔		轴肩		轴承座孔肩	
		轴承公差等级							
>	≤	0	6(6X)	0	6(6X)	0	6(6X)	0	6(6X)
—	6	2.5	1.5	4	2.5	5	3	8	5
6	10	2.5	1.5	4	2.5	6	4	10	6
10	18	3	2	5	3	8	5	12	8
18	30	4	2.5	6	4	10	6	15	10
30	50	4	2.5	7	4	12	8	20	12
50	80	5	3	8	5	15	10	25	15
80	120	6	4	10	6	15	10	25	15
120	180	8	5	12	8	20	12	30	20
180	250	10	7	14	10	20	12	30	20
250	315	12	8	16	12	25	15	40	25
315	400	13	9	18	13	25	15	40	25
400	500	15	10	20	15	25	15	40	25
500	630	—	—	22	16	—	—	50	30
630	800	—	—	25	18	—	—	50	30
800	1 000	—	—	28	20	—	—	60	40
1 000	1 250	—	—	33	24	—	—	60	40

当轴颈和轴承座孔存在较大的形状误差时，轴承安装后将引起薄壁套圈的滚动变形；轴肩和轴承座孔肩端面是安装轴承的轴向定位面，若存在较大的端面跳动，轴承安装后产生歪斜，导致

滚动体与滚道接触不良，轴承旋转时引起噪声和振动，影响运动精度，造成局部磨损。

因此，对轴颈和轴承座孔及轴肩和轴承座孔肩的端面，要相应规定其圆柱度公差和端面跳动公差，见表 5-12。

5.4.4　配合面的表面粗糙度

轴颈和轴承座孔的表面粗糙度将会影响轴承配合的可靠性，其参数值见表 5-13。

表 5-13　配合面的表面粗糙度

轴或轴承座孔直径/mm		轴或轴承座孔配合表面直径公差等级					
		IT7		IT6		IT5	
		表面粗糙度 Ra/μm					
>	≤	磨	车	磨	车	磨	车
—	80	1.6	3.2	0.8	1.6	0.4	0.8
80	500	1.6	3.2	1.6	3.2	0.8	1.6
500	1 250	3.2	6.3	1.6	3.2	1.6	3.2
端面		3.2	6.3	6.3	6.3	6.3	3.2

5.4.5　滚动轴承的配合、轴颈及轴承座孔的图样标注

由于滚动轴承是标准件，所以装配图上在滚动轴承的配合部位不标注其内、外径的代号，而标注与之相配的轴颈和轴承座孔的尺寸及公差代号，如图 5-11 所示。

表面粗糙度及几何公差标注如图 5-11 所示。

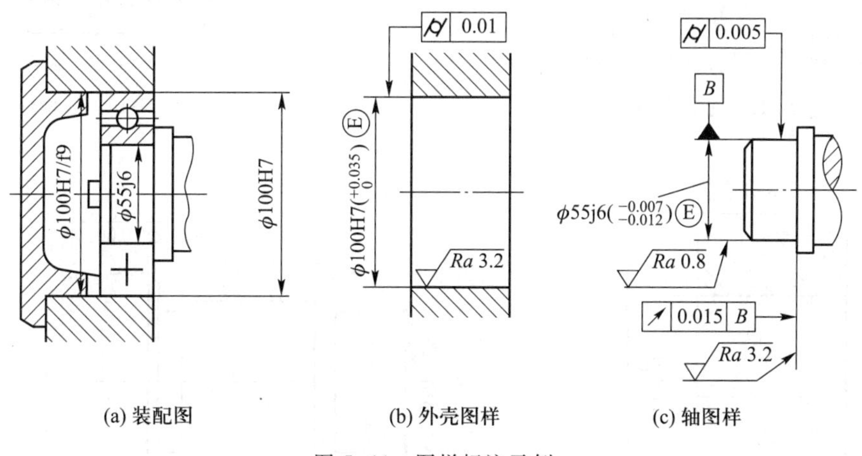

图 5-11　图样标注示例

【例 5-1】　在 C616 车床主轴后支承上装有两个单列向心球轴承，其外形尺寸为 $d \times D \times B = 50\ \text{mm} \times 90\ \text{mm} \times 20\ \text{mm}$。试选用轴承的精度等级、轴承与轴和轴承座孔的配合，并标注在图样上。

解：(1) 确定轴承的公差等级

① C616 车床属于轻载普通车床，主轴承受轻载荷；

② C616 车床的旋转精度和转速较高，选择 6 级精度的滚动轴承。

（2）根据 C616 车床的工况特点，确定轴承与轴、轴承与轴承座孔的配合

① 轴承内圈与主轴配合一起旋转，外圈装在轴承座孔中不运动；

② 主轴后支承主要承受齿轮传递力，故轴承内圈承受旋转负荷，配合应选紧些；外圈承受局部旋转负荷，配合略松；

③ 参考表 5-12、表 5-13 选出轴公差带为 ϕ50j5，轴承座孔公差带为 ϕ90J6；

④ 机床主轴前轴承已轴向定位，若后轴承外圈与轴承座孔配合无间隙，则不能补偿主轴由于温度变化引起的主轴的伸缩性，若外圈与轴承座孔配合有间隙，则会引起主轴跳动，影响车床的加工精度。为了满足使用要求，将壳体公差带提高一挡，改用 ϕ90K6；

⑤ 根据公差与配合国家标准查得：6 级轴承单一平均内径偏差（Δ_{dmp}）为 $\phi 50_{-0.01}^{\ 0}$ mm，单一平均外径偏差（Δ_{dmp}）为 $\phi 90_{-0.013}^{\ 0}$ mm，根据公差与配合国家标准查得，轴为 $\phi 50j5_{-0.05}^{+0.06}$ mm，壳体孔为 $\phi 90K6_{-0.018}^{+0.040}$ mm；

⑥ 绘出 C616 车床主轴后轴承的公差与配合图解，如图 5-12 所示，并将所选择的配合正确地标注在装配图上，如图 5-13 所示。注意在滚动轴承与轴、轴承座孔的配合处只标注轴或轴承座孔的公差带代号。

（3）按表 5-12、表 5-13 查出轴和壳体孔的几何公差和表面粗糙度允许值，标注在零件图上，如图 5-14 所示。

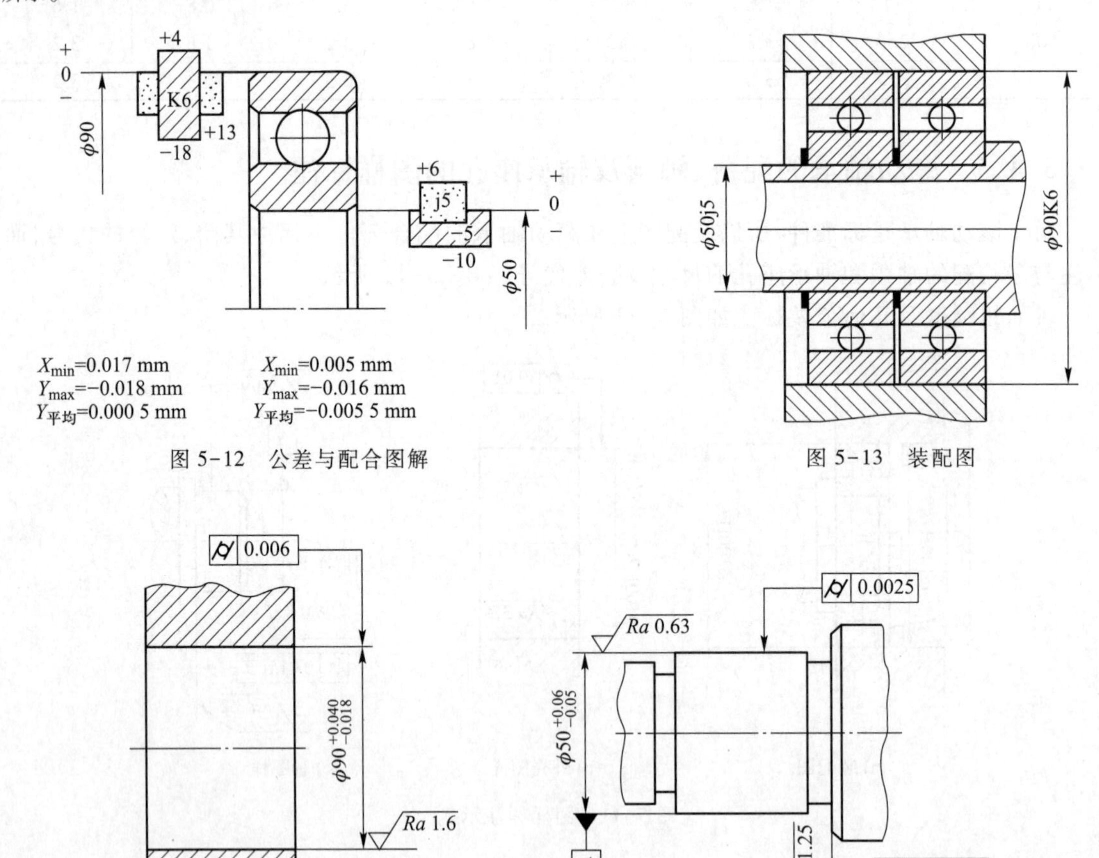

图 5-12　公差与配合图解

图 5-13　装配图

图 5-14　轴和轴承座孔零件图

实训习题与思考题

1. 滚动轴承是如何分类的?

2. 滚动轴承各公差等级的适用范围如何?

3. 滚动轴承所承受的三种负荷是如何定义的?

4. 某机床转轴上安装6级深沟球轴承,其内径为40 mm,外径为90 mm,该轴承受一个4 000 N的定向径向负荷,轴承的额定动负荷为30 000 N,内圈随轴一起转动,外圈固定。试确定:1) 与轴承配合的轴颈、轴承座孔的公差带代号;2) 画出公差带图,计算出内圈与轴、外圈与轴承座孔配合的极限间隙和极限过盈;3) 把所选的公差带代号、几何公差和表面粗糙度标注在零件图5-15上。

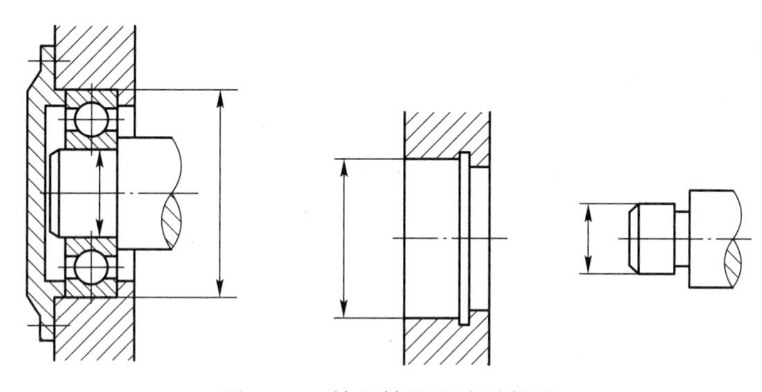

图5-15　轴和轴承座孔零件图

拓展阅读

隧道掘进机是当前地下空间施工最先进的装备,但有掘进机的“心脏”之称的主轴承在我国要全部依赖进口。掘进机主轴承承担着掘进机运转过程的主要载荷,是刀盘驱动系统的关键部件,工作环境非常恶劣,要承受高速旋转、巨大载荷和强烈温升。

我国是一个钢铁大国,钢铁产量已经连续数年位居世界榜首,但相对于高端轴承,世界轴承市场70%以上的份额,由日本NSK等五大公司、瑞典SKF公司、德国FAG等两家公司、美国Timken等全球知名公司所垄断,这些公司让高端轴承在全世界运转,中国则集中了广大的中低端市场。而且,进口的高端轴承的材料还是欧美大国从中国回收的废弃钢铁,经过这些国外公司的核心技术加工制造后,再以数十倍的价格倾销到中国市场。

高端轴承具有高运转、高载荷能力、长寿命、高可靠性、低振动噪声和低摩擦性能,是大飞机、高档汽车、高铁、重载型武器、电梯、高档数控机床、风电设备以及其他机械设备中的关键核心器件,主要功能是支承机械旋转体,降低摩擦系数并保证回转精度。通俗讲,轴承与轴之间的摩擦越小,振荡越少,发热越少,这个轴承也就越好。

要想完成高端质量的国产轴承制造,除了克服轴承钢材料、热处理、焊接工艺等技术难题外,还要突破(超)精密加工问题。(超)精密加工主要提高和改善高端轴承零件表面的微观质量,这些微观质量除了包括表面粗糙度、沟形、圆度和金属条纹的走向,还体现在高端轴承零件磨削特别是批量加工精度和精度的一致性问题上。

以需求最大的滚动轴承为例,滚动轴承由四元件:滚动体(球、滚子)、外圈、内圈、保持架组成。其中滚动体是构成轴承的核心元件,直接影响轴承运行效率和使用寿命。高端轴承必须使用Ⅰ级甚至0级的精密滚动体,但限于目前国内技术瓶颈和超精研机进口价格昂贵,无法保证完成精密圆锥滚子的批量生产;另外,也不能保证外圈、内圈、保持架等零件的尺寸稳定性得到良好的控制。

国产轴承的尺寸偏差和旋转精度虽然和进口轴承已经非常接近。但是与德国进口轴承在离散度上还有一定的差距。国外早已开始研究和应用"不可重复跳动"这样精细的旋转精度指标,而中国在此方面的研究还是空白。由于精度的工艺差异,导致国产轴承在振动、噪声与异响方面与进口轴承存在差距,日本已推出静音及超静音轴承,而中国轴承的振动极值水平与日本轴承相比一般要相差10 dB以上。高端轴承国产化,任重而道远。

第 6 章　键、花键的公差与配合

6.1　概述

键和花键连接在机械工程中应用广泛，通常用于连接轴与齿轮、带轮、飞轮和联轴器等各种可拆卸接合件，用以传递扭矩和运动，有时也作轴向滑动的导向，特殊场合还能起到定位和保证安全的作用。

6.1.1　键连接的种类、特点及应用场合

键分为平键、半圆键和楔键三大类型，其中平键包括普通平键、导向平键和薄型平键；楔键包括普通楔键、钩头楔键和切向键。键连接如图 6-1 所示。

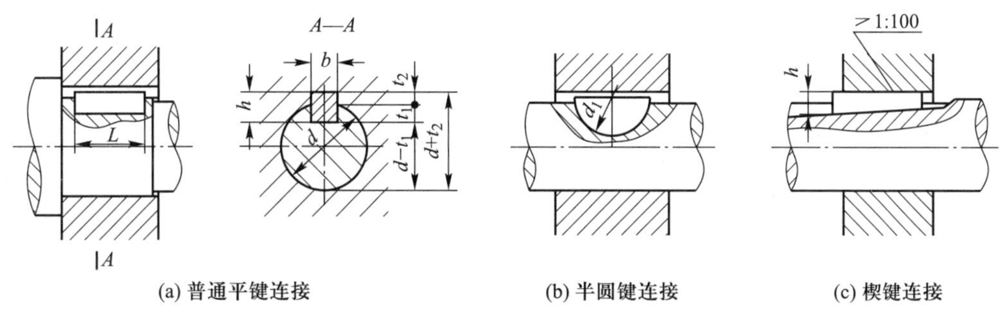

图 6-1　平键、半圆键、楔键连接

平键是靠键侧传递扭矩，其对中良好、装拆方便，普通平键在各种机器上应用最广泛。

半圆键靠侧面传递扭矩，装配方便，适用于轻载和锥形轴端。

楔键以其上、下两面作为工作面，装配时打入轮毂，靠楔紧作用传递扭矩，适用于低速重载、低精度场合。

6.1.2　花键连接的种类、特点及应用场合

花键连接是机器设备中使用较多的零件连接方式。它是同轴连成整体的几个固定键，与轮毂上切出的凹型键槽相配合。与平键连接相比，花键连接具有传递扭矩大、定心精度高、导向性好等优点。

花键有内花键（花键孔）和外花键（花键轴）之分，按其齿形不同，花键又可分为矩形花键、渐开线花键和三角形花键，如图 6-2 所示，其中矩形花键应用最为广泛。

矩形花键键数少，键槽剖面简单，只有 6 键、8 键和 10 键三种键数；各键齿均匀分布，轴与轮毂受力对称；适用于精度高、传递中等载荷的场合，在机床、汽车、拖拉机、工程机械、重型机械、通用机械和兵器等行业广泛应用。

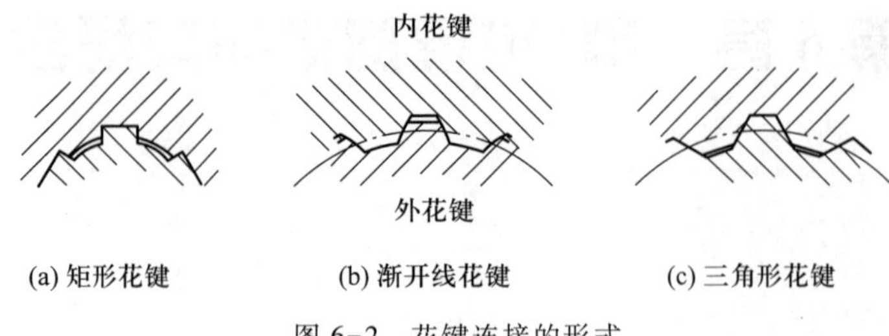

图 6-2 花键连接的形式

6.2 平键连接的公差与配合

平键连接是通过键的侧面与键槽的侧面相互接触来传递扭矩,因此它们的宽度尺寸 b 是主要配合尺寸,其公差带如图 6-3 所示。

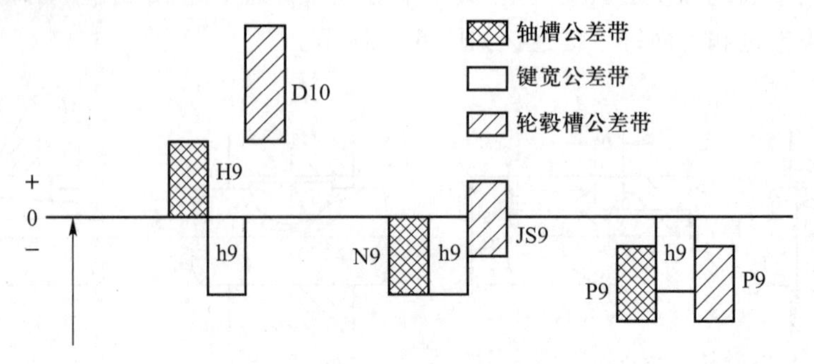

图 6-3 键宽与键槽宽 b 的公差带

键由型钢制成,是标准件。在平键连接中,键相当于“轴”,键槽相当于“孔”,考虑到工艺上的特点,为尽量使不同配合所用键的规格统一起来,便于采用精拔型钢来制作,因此平键连接采用基轴制配合,通过规定键槽不同的公差带来满足不同的配合性能要求。国家标准 GB/T 1095—2003《平键 键槽的剖面尺寸》对轴键槽和轮毂键槽各规定了三组公差带,构成三组配合,即正常连接、紧密连接和松连接,其公差带值从 GB/T 1801 中选取。三组配合的应用场合见表6-1。

表 6-1 平键连接的三组配合及其应用

配合种类	尺寸 b 的公差			配合性质及应用
	键	轴槽	轮毂槽	
松连接	h9	H9	D10	主要用于导向平键,轮毂可在轴上作轴向移动
正常连接		N9	JS9	键在轴上及轮毂中均固定,用于载荷不大的场合
紧密连接		P9	P9	键在轴上及轮毂中均固定,而比上一种配合更紧,主要用于载荷较大,或载荷具有冲击性及双向传递扭矩的场合

轴键槽深 t_1 和轮毂键槽深 t_2 的公差带由 GB/T 1095—2003 专门规定,普通平键键槽的剖面尺寸及键槽公差见表 6-2,普通平键公差见表 6-3。普通平键连接的非配合尺寸中,键高 h 的公差带采用 h11,键长 L 的公差带采用 h14,轴键槽长度的公差带采用 H14,如表 6-4 所示。

表 6-2 普通平键键槽的剖面尺寸及键槽公差 mm

轴	键	键槽									
		宽度 b						深度			
公称直径 d	公称尺寸 $b\times h$	公称尺寸 b	极限偏差					轴 t_1		毂 t_2	
			松连接		正常连接		紧密连接				
			轴 H9	毂 D10	轴 N9	毂 JS9	轴和毂 P9	公称尺寸	极限偏差	公称尺寸	极限偏差
>22~30	8×7	8	+0.036 0	+0.098 +0.040	0 -0.036	±0.018	-0.015 -0.051	4.0	+0.20	3.3	+0.20
>30~38	10×8	10						5.0		3.3	
>38~44	12×8	12	+0.043 0	+0.120 +0.050	0 -0.043	±0.021 5	-0.018 -0.061	5.0		3.3	
>44~50	14×9	14						5.5		3.8	
>50~58	16×10	16						6.0		4.3	
>58~65	18×11	18						7.0		4.4	

表 6-3 普通平键公差 mm

b	公称尺寸	8	10	12	14	16	18	20	22	25	28
	偏差 h9	0 -0.036		0 -0.043				0 -0.052			
h	公称尺寸	7	8	8	9	10	11	12	14	14	16
	偏差 h11	0 -0.090					0 -0.110				

表 6-4 普通平键连接中非配合尺寸的公差带

各部分尺寸	键高 h	键长 L	轴槽长
公差带代号	h11(h9)	h14	H14

注:括号中的公差带代号 h9 用于 B 型键。

此外,为了保证键宽和键槽宽之间具有足够的接触面积和避免装配困难,国家标准还规定了轴键槽对轴的轴线和轮毂键槽对孔的轴线的对称度公差和键的两个配合侧面的平行度公差。轴键槽和轮毂键槽的对称度公差按 GB/T 1184—1996《形状和位置公差 未注公差值》中附录 B 注出对称度公差 7~9 级选取。当键长 L 与键宽 b 之比大于或等于 8 时,键的两侧面的平行度应符合 GB/T 1184—1996 的规定,当 $b\leqslant6$ mm 时按 7 级,$b\geqslant8$~36 mm 时按 6 级,$b\geqslant40$ mm 时按 5 级。

同时,还规定轴键槽、轮毂键槽宽 b 的两侧面的表面粗糙度参数 Ra 的最大值为 1.6~3.2 μm,

轴键槽底面、轮毂键槽底面的表面粗糙度参数 Ra 的最大值为 6.3 μm。

6.3 矩形花键连接的公差与配合

6.3.1 矩形花键的定心方式

矩形花键是圆柱形轴、孔上制成多个等距分布的键齿或键槽，键的两侧为平行平面且与轴线平行。其主要尺寸有小径 d、大径 D、键宽和键槽宽 B，如图 6-4 所示。

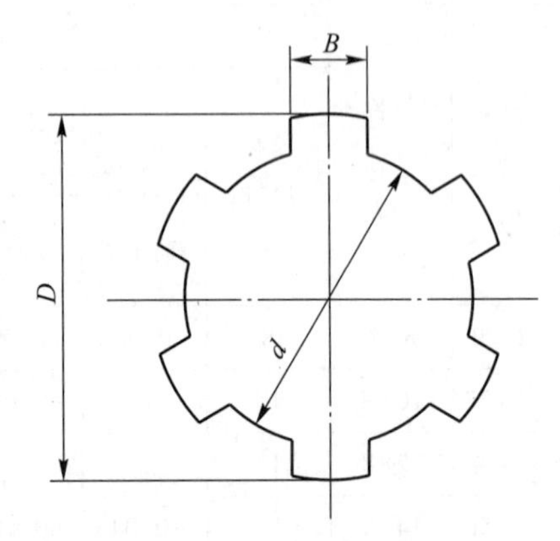

图 6-4 矩形花键主要尺寸

GB/T 1144—2001《矩形花键尺寸、公差和检验》中规定矩形花键连接采用小径定心。这是因为随着科学技术的发展，现代工业对机械零件的质量要求不断提高，对花键连接的机械强度、硬度、耐磨性和几何精度的要求都提高了。例如，工作时每小时相对滑动 15 次以上的内、外花键，要求硬度在 40 HRC 以上；相对滑动频繁的内、外花键，则要求硬度为 56~60 HRC。因此，在内、外花键制造过程中，需要进行热处理（淬硬）来提高硬度和耐磨性。淬硬后，应采用磨削来修正热处理变形，以保证定心表面的精度要求。如果采用大径定心，则内花键大径表面很难磨削。如果采用小径定心，则磨削内花键小径表面就很容易，磨削外花键小径表面也比较方便。此外，内花键尺寸精度要求高时，如 IT5 级和 IT6 级精度齿轮的花键孔，定心表面尺寸的标准公差等级分别为 IT5 和 IT6。采用大径定心则拉削内花键不能达到高精度大径要求，而采用小径定心就可以通过磨削达到高精度小径要求。所以，矩形花键连接采用小径定心可以获得更高的定心精度，并能保证和提高花键的表面质量。

6.3.2 矩形花键的公差与配合

国家标准 GB/T 1144—2001 规定，矩形花键的尺寸公差采用基孔制，不同的配合性质或装配形式通过改变外花键的小径和键宽的尺寸公差带达到。按用途分为一般用矩形花键和精密传动用矩形花键，其公差带见表 6-5。

6.3.3 矩形花键几何公差

内、外花键加工时，不可避免地会产生形状和位置误差。为在花键连接中避免装配困难，并使键侧和键槽侧受力均匀，国家标准对矩形花键规定了几何公差，包括小径 d 的形状公差和花键的位置度公差等。当花键较长时，还可根据产品性能自行规定键侧对轴线的平行度公差。

1）小径 d 的极限尺寸遵守包容要求Ⓔ。

小径 d 是花键连接中的定心配合尺寸，保证花键的配合性能，其定心表面的形状公差和尺寸公差的关系遵守包容要求，即当小径 d 的实际尺寸处于最大实体状态时，它必须具有理想形状，只有当小径 d 的实际尺寸偏离最大实体状态时，才允许有形状误差。

表 6-5　矩形内、外花键的尺寸公差带

<table>
<tr><th colspan="4">内花键</th><th colspan="3" rowspan="2">外花键</th><th rowspan="3">装配形式</th></tr>
<tr><th rowspan="2">d</th><th rowspan="2">D</th><th colspan="2">B</th></tr>
<tr><th>拉削后不热处理</th><th>拉削后热处理</th><th>d</th><th>D</th><th>B</th></tr>
<tr><td colspan="8">一般用</td></tr>
<tr><td rowspan="3">H7</td><td rowspan="3">H10</td><td rowspan="3">H9</td><td rowspan="3">H11</td><td>f7</td><td rowspan="3">a11</td><td>d10</td><td>滑动</td></tr>
<tr><td>g7</td><td>f9</td><td>紧滑动</td></tr>
<tr><td>h7</td><td>h10</td><td>固定</td></tr>
<tr><td colspan="8">精密传动用</td></tr>
<tr><td rowspan="3">H5</td><td rowspan="6">H10</td><td colspan="2" rowspan="6">H7,H9</td><td>f5</td><td rowspan="6">a11</td><td>d8</td><td>滑动</td></tr>
<tr><td>g5</td><td>f7</td><td>紧滑动</td></tr>
<tr><td>h5</td><td>h8</td><td>固定</td></tr>
<tr><td rowspan="3">H6</td><td>f6</td><td>d8</td><td>滑动</td></tr>
<tr><td>g6</td><td>f7</td><td>紧滑动</td></tr>
<tr><td>h6</td><td>h8</td><td>固定</td></tr>
</table>

2）花键的位置度公差遵守最大实体要求Ⓜ。

花键的位置度公差综合控制花键各键之间的角位置、各键对轴线的对称度误差以及各键对轴线的平行度误差等。在大批、大量生产条件下，一般用花键综合量规检验。因此，位置度公差遵守最大实体要求，其图样标注如图 6-5 所示。

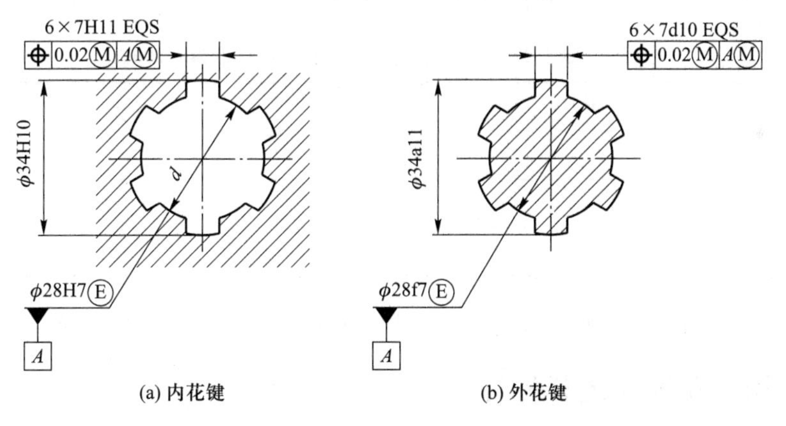

图 6-5　矩形花键主要尺寸

国家标准对键和键槽规定的位置度公差见表 6-6。

表 6-6　矩形花键位置度公差（摘自 GB/T 1144—2001）　mm

<table>
<tr><th colspan="2" rowspan="2">键槽宽或键宽 B</th><th>3</th><th>3.5～6</th><th>7～10</th><th>12～18</th></tr>
<tr><th colspan="4">t₁</th></tr>
<tr><td colspan="2">键槽宽</td><td>0.010</td><td>0.015</td><td>0.020</td><td>0.025</td></tr>
<tr><td rowspan="2">键宽</td><td>滑动、固定</td><td>0.010</td><td>0.015</td><td>0.020</td><td>0.025</td></tr>
<tr><td>紧滑动</td><td>0.006</td><td>0.010</td><td>0.013</td><td>0.016</td></tr>
</table>

3）键和键槽的对称度公差和等分度公差遵守独立原则。

为了保证内、外花键装配，并能传递转矩或运动，一般应使用综合花键量规检验，控制其形状和位置误差。但在单件、小批生产条件下或当产品试生产时，没有综合量规，这时为了控制花键形状和位置误差，一般应在图样上分别规定花键的对称度和等分度公差。其对称度公差图样标注如图6-6所示。

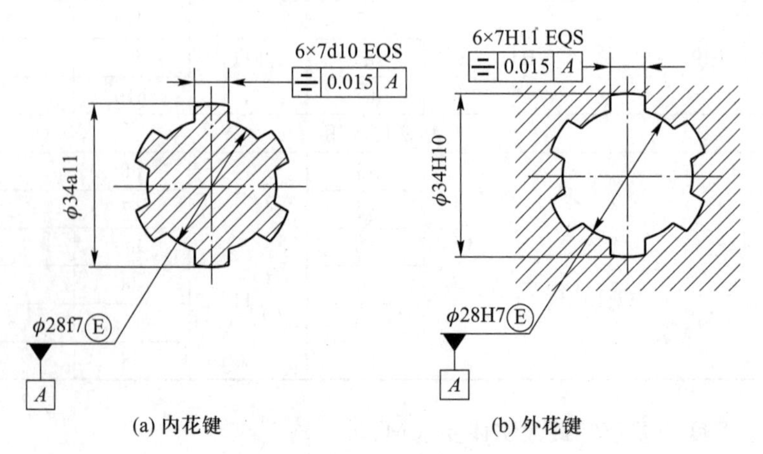

(a) 内花键　　(b) 外花键

图6-6　花键对称度公差标注

花键的对称度公差、等分度公差均遵守独立原则，国家标准规定，花键的等分度公差等于花键的对称度公差值。表6-7为矩形花键的对称度公差。

表6-7　矩形花键对称度公差（摘自GB/T 1144—2001）　　mm

键槽宽或键宽 B	3	3.5~6	7~10	12~18
	t_2			
一般用	0.010	0.012	0.015	0.018
精密传动用	0.006	0.008	0.009	0.011

4）对于较长的花键，可根据产品性能自行规定键侧对轴线的平行度公差。

6.3.4　矩形花键的图样标注

国家标准规定图样上矩形花键的配合代号和尺寸公差带代号应按花键规格所规定的次序标注，依次包括下列项目：键数 N、小径 d、大径 D、键宽 B 以及花键的公差代号。

例如，矩形花键数为8，小径 d 为42H7/f7，大径 D 为46H10/a11，键宽（键槽宽）B 为8H11/d10，其标记如下。

花键规格：$N \times d \times D \times B$　8×42×46×8；

花键副：　$8\times42\dfrac{H7}{f7}\times46\dfrac{H10}{a11}\times8\dfrac{H11}{d10}$；

内花键：　8×42H7×46H10×8H11；

外花键：　8×42f7×46a11×8d10。

6.4 键、花键的检测

6.4.1 平键的测量

键和键槽的尺寸可以用千分尺、游标卡尺等普通计量器具测量，键槽宽度可以用量块或极限量规检验。如图 6-7a 所示，轴键槽对基准轴线的对称度公差采用独立原则。这时键槽对称度误差可按图 6-7b 所示的方法测量。被测零件（轴）以其基准部位放置在 V 形支承座上，以平板作为测量基准，用 V 形支承座体现轴的基准轴线，它平行于平板。用定位块（或量块）模拟体现键槽中心平面。将置于平板上的指示器的测头与定位块的顶面接触，沿定位块的一个横截面移动，并稍微转动被测零件来调整定位块的位置，使指示器沿定位块这个横截面移动的过程中示值始终稳定为止，此时确定定位块的这个横截面内的素线平行于平板。

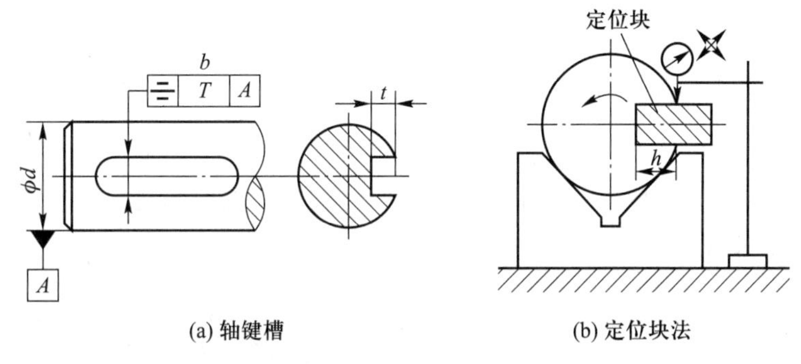

(a) 轴键槽 (b) 定位块法

图 6-7 轴键槽对称度误差测量

如图 6-8a 所示，轴键槽对称度公差与键槽宽度的尺寸公差的关系采用最大实体要求，而该对称度公差与轴径的尺寸公差的关系采用独立原则。这时，键槽对称度误差可用图 6-8b 所示的量规检验。该量规以其 V 形表面作为定心表面体现基准轴线，来检验键槽对称度误差，若 V 形表面与轴表面接触，且量杆能够进入被测键槽，则合格。

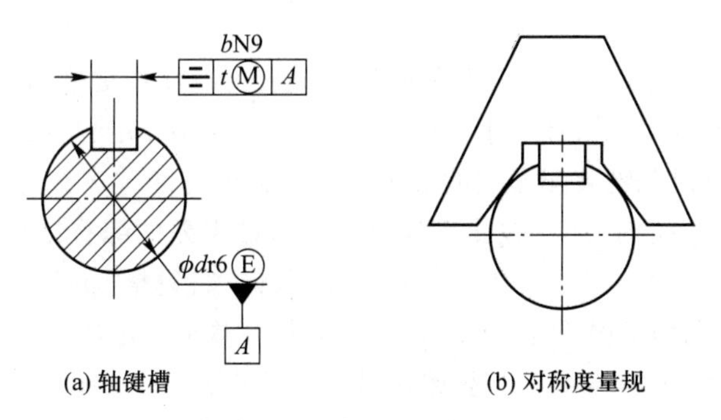

(a) 轴键槽 (b) 对称度量规

图 6-8 轴键槽对称度量规

如图 6-9a 所示，轮毂键槽对称度公差与键槽宽度的尺寸公差及基准孔孔径的尺寸公差的关系皆采用最大实体要求。这时，键槽对称度误差可用图 6-9b 所示的键槽对称度量规检验。

该量规以圆柱面作为定位表面模拟体现基准轴线，来检验键槽对称度误差，若它能够同时自由通过轮毂的基准孔和被测键槽，则合格。

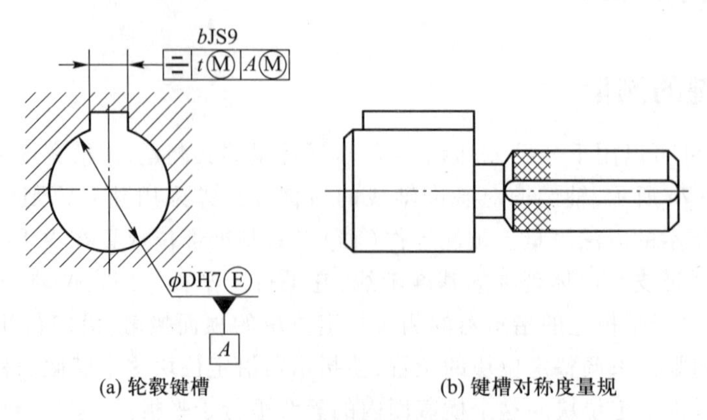

(a) 轮毂键槽　　(b) 键槽对称度量规

图 6-9　轮毂键槽对称度量规

6.4.2　花键的测量

图 6-10a 所示为花键塞规，其前端的圆柱面用来引导花键塞规进入内花键，其后端的花键则用来检验内花键各部位。图 6-10b 所示为花键环规，其前端的圆孔用来引导花键环规进入外花键，其后端的花键则用来检验外花键各部位。

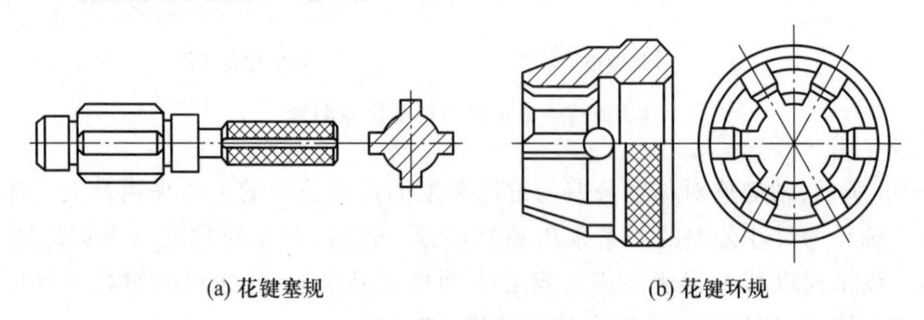
(a) 花键塞规　　(b) 花键环规

图 6-10　花键综合量规

如图 6-11 所示，当花键小径定心表面采用包容要求，各键（各键槽）位置度公差与键宽（键槽宽）的尺寸公差的关系采用最大实体要求，且该位置度公差与小径定心表面尺寸公差的关系也采用最大实体要求时，为了满足花键装配形式的要求，验收内、外花键应该首先使用花键塞规和花键环规（均系全形通规）分别检验内、外花键的实际尺寸和形位误差的综合结果，即同时检验花键的小径、大径、键宽（键槽宽）表面的实际尺寸和形状误差、各键（各键槽）的位置度误差，以及大径表面轴线对小径表面轴线的同轴度误差等的综合结果。花键量规能自由通过被测花键，才是合格。

被测花键用花键量规检验合格后，还要分别检验其小径、大径和键宽（键槽宽）的实际尺寸是否超出各自的最小实体尺寸。按内花键小径、大径及键槽宽的上极限尺寸和外花键小径、大径及键宽的下极限尺寸，分别选用单项止端塞规和单项止端卡规检验它们的实际尺寸，或者使用普通计量器具测量它们的实际尺寸，单项止端量规不能通过才合格。如果被测花键不能被花键量规通过，或者能够被单项止端量规通过，则表示被测花键不合格。

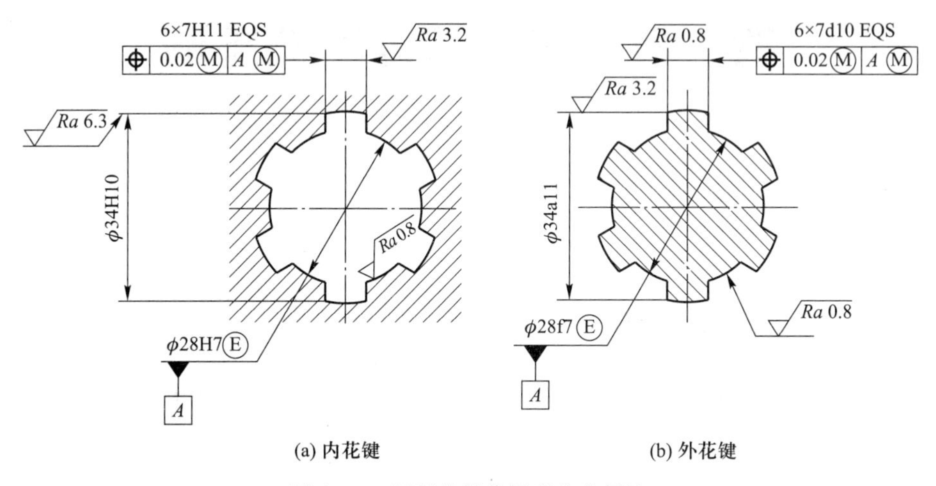

图 6-11 矩形花键位置度公差标注

如图 6-12 所示,当花键小径定心表面采用包容要求,各键(各键槽)的对称度公差以及花键各部位的公差皆遵守独立原则时,花键小径、大径和各键(各键槽)应分别测量或检验。小径定心表面应该用光滑极限量规检验,大径和键宽(键槽宽)用两点法测量,键(键槽)的对称度误差和大径表面轴线对小径表面轴线的同轴度误差都使用普通计量器具来测量。

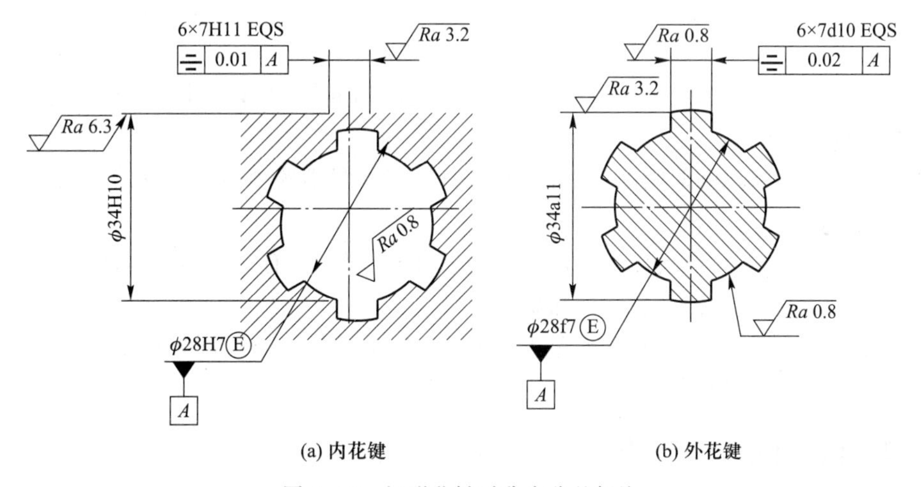

图 6-12 矩形花键对称度公差标注

实训习题与思考题

1. 各种键连接的特点是什么？其主要使用场合有哪些？
2. 花键连接的特点是什么？其主要应用场合有哪些？
3. 为什么矩形花键只规定小径定心一种定心方式？其优点何在？
4. 试按 GB/T 1144—2001 确定矩形花键 $6\times23\frac{\mathrm{H7}}{\mathrm{g7}}\times26\frac{\mathrm{H10}}{\mathrm{a11}}\times6\frac{\mathrm{H11}}{\mathrm{f9}}$ 中内、外花键的小径、大径、键宽、键槽宽的极限偏差和位置度公差,并指出各自应遵守的公差原则。

第7章　圆锥的公差与检测

7.1　概述

7.1.1　圆锥配合的特点

圆锥配合是机械产品中常见的典型结构，如图 7-1 所示。它与圆柱配合相比，具有如下特点：

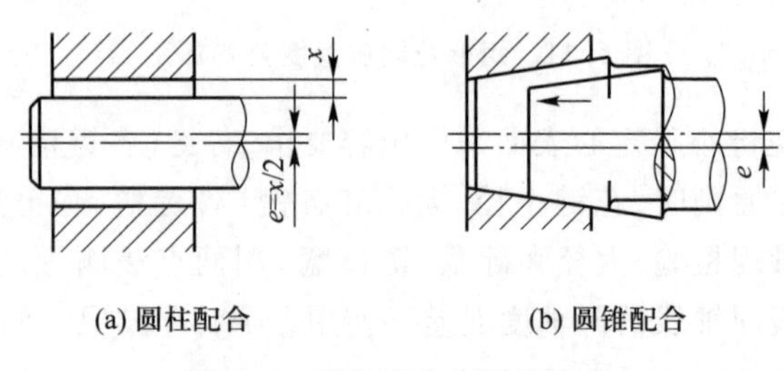

(a) 圆柱配合　　(b) 圆锥配合

图 7-1　圆柱配合与圆锥配合

1）内、外配合圆锥的轴线易于对中，能保证有较高的同轴度，且装拆方便，同时经多次装拆仍能保持其同轴度。

2）配合性质可以调整，即间隙或过盈量可通过内、外圆锥的轴向相对移动来调整，以满足不同的工作要求。

3）配合紧密，内、外圆锥表面经过配对研磨后，配合起来具有良好的自锁性和密封性。

4）能以较小的过盈量传递较大的扭矩。

圆锥配合虽然有以上优点，但与圆柱配合相比，圆锥配合的结构较为复杂，加工和检测也较为困难，故不如圆柱配合应用广泛。

7.1.2　圆锥配合的种类

根据内、外圆锥直径之间配合的不同，圆锥配合可分为三种：

1. 紧密配合

这类配合的内、外圆锥接触很紧密，可防止漏气、漏水和漏油。为了保证良好的密封性，通常需要将内、外圆锥配对研磨，故这种配合的零件一般没有互换性。如各种气密或水密装置。

2. 间隙配合

这类配合是指具有一定间隙的配合。在装配和使用过程中，间隙大小可借助内、外圆锥的相对轴向位移进行调整。一般用于有相对转动的机构中，如车床主轴圆锥轴颈与圆锥轴承衬套的配合。

3. 过盈配合

这类配合是指具有一定过盈量的配合，过盈大小可借助内、外圆锥的轴向移动来调整。在承载情况下能借助于内、外圆锥间的摩擦力自锁,可传递较大的扭矩。如带柄铰刀、扩孔钻的锥柄与机床主轴锥孔的配合。

7.2　圆锥几何参数误差对圆锥配合互换性的影响

7.2.1　圆锥配合的基本参数及其代号

与轴线成一定角度且相交于轴线的一条直线(母线),围绕该轴线旋转一周所形成的回转面称为圆锥,圆锥分内圆锥和外圆锥两种。内、外圆锥接合的基本参数及其代号如图 7-2 所示。

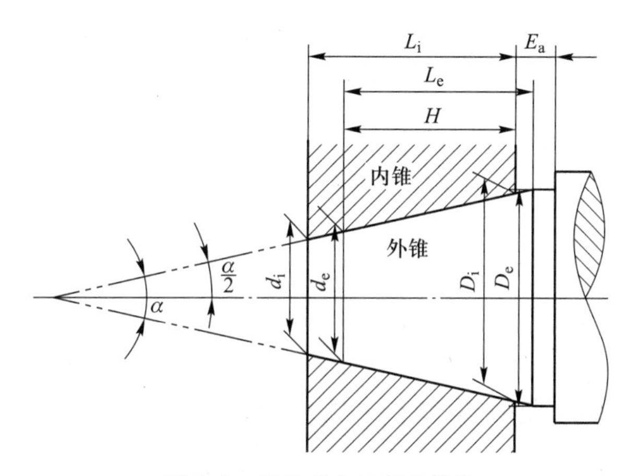

图 7-2　圆锥接合的基本参数

1. 圆锥直径

圆锥在垂直于轴线截面上的直径。包括最大圆锥直径 D(内圆锥直径 D_i,外圆锥直径 D_e),最小圆锥直径 d(内圆锥直径 d_i,外圆锥直径 d_e),给定截面圆锥直径 d_x。

2. 圆锥长度

指最大圆锥直径(D)截面与最小圆锥直径(d)截面之间的轴向距离。内圆锥长度为 L_i,外圆锥长度为 L_e。

3. 圆锥配合长度 H

指内、外圆锥配合部分的轴向距离。

4. 圆锥角 α

简称锥角,指在通过圆锥轴线的截面内,两条素线(母线)间的夹角。一条圆锥素线(母线)与轴线的夹角为圆锥角半角($\alpha/2$),也称为圆锥素线角(或斜角)。

5. 锥度 C

指两个垂直于圆锥轴线截面的圆锥直径差与该两截面间的轴向距离之比。

锥度 C 的关系式为最大圆锥直径 D 与最小圆锥直径 d 之差与圆锥长度 L 之比,即

$$C=\frac{D-d}{L} \tag{7-1}$$

锥度 C 与圆锥角 α 的关系为

$$C = 2\tan\frac{\alpha}{2} = 1 : \frac{1}{2}\cot\frac{\alpha}{2} \tag{7-2}$$

锥度 C 一般用比例或分式形式表示，例如 1∶100 或 1/100。

6. 基面距 E_a

指相互配合的内、外圆锥的基准平面之间的距离。在圆锥配合中，基面距用来确定内、外圆锥之间的轴向相对位置，如图 7-3 所示。

基面距的位置取决于所选的圆锥接合的基本直径，即内圆锥的大端直径 D_i 或外圆锥的小端直径 d_e。若以 D_i 为基本直径，则基面距的位置在圆锥的大端；若以 d_e 为基本直径，则基面距的位置在圆锥的小端。

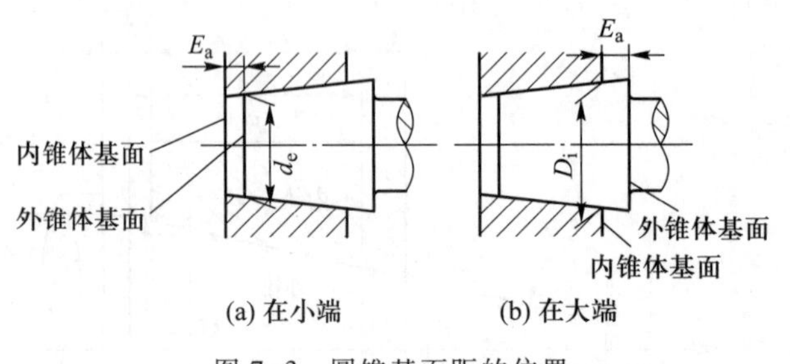

图 7-3　圆锥基面距的位置

7.2.2　圆锥各参数误差对互换性的影响

圆锥在加工过程中，由于直径、圆锥角和长度都可能有误差，从而在圆锥配合中将会造成基面距偏差和影响配合表面的接触质量。

1. 圆锥直径误差对互换性的影响

如内、外圆锥的锥角均无误差，仅有直径误差，并以内锥大端直径 D_i 为基本直径，即基面距位于大端，如图 7-4 所示。显然，圆锥直径误差对相互配合的圆锥面间接触均匀性没有影响，只对基面距有影响。假设其内圆锥大端直径极限偏差为 ΔD_i，外圆锥大端直径极限偏差为 ΔD_e，则基面距变动量为

$$\Delta E_a = \frac{\Delta D_e - \Delta D_i}{2\tan\frac{\alpha}{2}} = \frac{1}{C}(\Delta D_e - \Delta D_i) \tag{7-3}$$

由图 7-4a 可知，当 $\Delta D_e < \Delta D_i$ 时，$\Delta D_e - \Delta D_i$ 的值为负，则 ΔE_a 为负，基面距减小；同理由图 7-4b 可知，当 $\Delta D_e > \Delta D_i$ 时，$\Delta D_e - \Delta D_i$ 的值为正，则 ΔE_a 为正，基面距增大。

2. 圆锥角误差对互换性的影响

设基面距位置仍在大端，内圆锥大端直径 D_i 为基本直径，且内、外圆锥大端直径均无误差，仅圆锥角有误差。此时分两种情况，如图 7-5 所示。

1）外圆锥角偏差 $\Delta\alpha_e$ 大于内圆锥角偏差 $\Delta\alpha_i$，即 $\alpha_e/2 > \alpha_i/2$，如图 7-5a 所示。

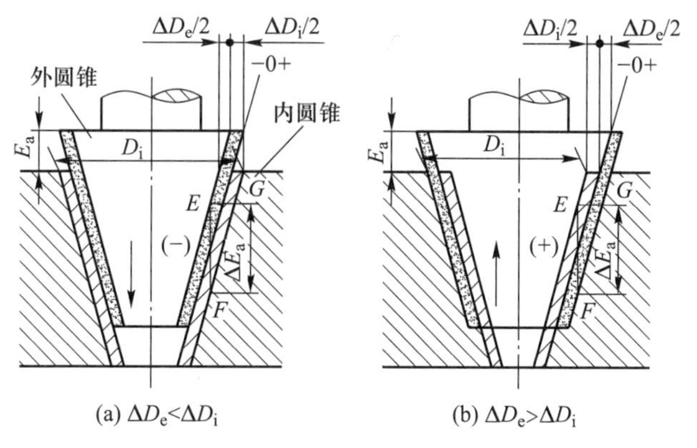

(a) $\Delta D_e < \Delta D_i$　　(b) $\Delta D_e > \Delta D_i$

图 7-4　圆锥直径偏差对基面距的影响

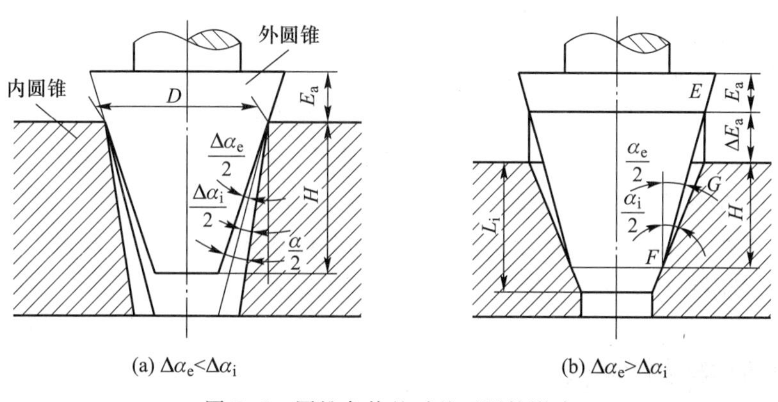

(a) $\Delta\alpha_e < \Delta\alpha_i$　　(b) $\Delta\alpha_e > \Delta\alpha_i$

图 7-5　圆锥角偏差对基面距的影响

此时，内、外圆锥在大端接触，圆锥角偏差对基面距的影响很小，可忽略不计。但由于内、外圆锥在大端局部接触，接触面积小，将使磨损加剧，且可能导致内、外圆锥相对倾斜，影响其使用性能。

2）外圆锥角偏差 $\Delta\alpha_e$ 小于内圆锥角偏差 $\Delta\alpha_i$，即 $\alpha_e/2<\alpha_i/2$，如图 7-5b 所示。

此时，内、外圆锥将在小端接触，不但影响接触均匀性，而且对基面距有影响。设基面距变动量为 ΔE_a，由图中 $\triangle EFG$ 可知

$$\Delta E_a = EG = \frac{FG\sin\left(\frac{\alpha_i}{2}-\frac{\alpha_e}{2}\right)}{\sin\frac{\alpha_e}{2}} = \frac{H\sin\left(\frac{\alpha_i}{2}-\frac{\alpha_e}{2}\right)}{\cos\frac{\alpha_i}{2}\sin\frac{\alpha_e}{2}} \tag{7-4}$$

一般圆锥角偏差很小，故 $\cos\frac{\alpha_i}{2}\approx\cos\frac{\alpha}{2}$，$\sin\frac{\alpha_i}{2}\approx\sin\frac{\alpha}{2}$，$\sin\left(\frac{\alpha_i}{2}-\frac{\alpha_e}{2}\right)\approx\frac{\alpha_i}{2}-\frac{\alpha_e}{2}$，代入得

$$\Delta E_a = \frac{2H\left(\frac{\alpha_i}{2}-\frac{\alpha_e}{2}\right)}{\sin\alpha} \tag{7-5}$$

当圆锥角较小时，可认为 $C=2\tan\frac{\alpha}{2}\approx\sin\alpha$，则

$$\Delta E_a=\frac{0.6\times10^{-3}\times\left(\frac{\alpha_i}{2}-\frac{\alpha_e}{2}\right)}{C} \tag{7-6}$$

式中：ΔE_a和 H 的单位为 mm，α_i和 α_e的单位为(′)(1′=0.000 3 rad)。

实际上，一般情况下直径误差和圆锥角误差同时存在，故在 $\alpha_i/2>\alpha_e/2$ 时，基面距的最大可能变动量为

$$\Delta E_a=\frac{(\Delta D_e-\Delta D_i)+0.6\times10^{-3}\times\left(\frac{\alpha_i}{2}-\frac{\alpha_e}{2}\right)}{C} \tag{7-7}$$

式(7-7)为圆锥配合中基面距变动量与内、外圆锥直径偏差及锥角偏差之间的一般关系式，通常可按工艺条件确定其中两个参数的公差，再由式(7-7)计算出第三个参数的公差。基面距允许的变动量可根据圆锥配合的具体功能确定。

3. 圆锥形状误差对互换性的影响

圆锥形状误差是指在任一轴向截面内圆锥素线直线度误差和任一横向截面内的圆度误差，它们主要影响配合表面的接触精度。对间隙配合，使其配合间隙大小不均匀；对过盈配合，由于接触面积减少，使传递扭矩减小，连接不可靠；对紧密配合，影响其密封性。

综上所述，圆锥直径、锥角和形状误差将影响轴向位移或配合性质，为此在设计时对其应规定适当的公差或极限偏差。

7.3　圆锥公差与配合

7.3.1　锥度与锥角系列

为了减少加工圆锥零件所用的定值刀具、量具的种类和规格，国家标准规定了锥度和锥角的系列，设计时应采用标准系列中列出的标准锥度 C 和标准锥角 α。表 7-1 为 GB/T 157—2001 给出的一般用途圆锥的锥度和锥角系列。设计时应优先选用第 1 系列，不满足要求时才选用第 2 系列。表 7-2 为 GB/T 157—2001 给出的特殊用途圆锥的锥度和锥角系列。

表 7-1　一般用途圆锥的锥度与锥角系列

基本值		推算值			应用举例
系列 1	系列 2	锥角 α		锥角 C	
120°		—	—	1∶0.288 675	节气阀，汽车、拖拉机阀门
90°		—	—	1∶0.500 000	重型顶尖，重型中心孔，阀的阀销锥体
	75°	—	—	1∶0.651 613	埋头螺钉，小于 10 的螺锥
60°		—	—	1∶0.866 025	顶尖，中心孔，弹簧夹头，埋头钻
45°		—	—	1∶1.207 107	埋头、半埋头铆钉
30°		—	—	1∶1.866 025	摩擦轴节，弹簧卡头，平衡块

续表

基本值		推算值			应用举例
系列 1	系列 2	锥角 α		锥角 C	
1 : 3		18°55′28.7″	18.924 644°	—	受力方向垂直于轴、线易拆开的连接
	1 : 4	14°15′0.1″	14.250 033°	—	
1 : 5		11°25′16.3″	11.421 186°	—	受力方向垂直于轴线的连接，锥形摩擦离合器、磨床主轴
	1 : 6	9°31′38.2″	9.527 283°	—	
	1 : 7	8°10′16.4″	8.171 234°	—	
	1 : 8	7°9′9.6″	7.152 669°	—	重型机床主轴
1 : 10		5°43′29.3″	5.724 810°	—	受轴向力和扭转力的连接处，主轴承受轴向力
	1 : 12	4°46′18.8″	4.771 888°	—	
	1 : 15	3°49′15.9″	3.818 305°	—	承受轴向力的机件，如机车十字头轴
1 : 20		2°51′51.1″	2.864 192°	—	机床主轴，刀具刀杆尾部，锥形铰刀，心轴
1 : 30		1°54′34.9″	1.909 683°		锥形铰刀，套式铰刀，扩孔钻的刀杆，主轴颈
1 : 50		1°8′45.2″	1.145 877°	—	锥销，手柄端部，锥形铰刀，量具尾部
1 : 100		34′22.6″	0.572 953°	—	受静变负载不拆开的连接件，如心轴等
1 : 120		17′11.3″	0.286 478°	—	导轨镶条，受振动及冲击负载不拆开的连接件
1 : 500		6′52.5″	0.114 592°	—	

表 7-2　特殊用途圆锥的锥度与锥角系列

基本值	推算值				标准号 GB/T (ISO)	用途
	圆锥角 α			锥度 C		
	(°)(′)(″)	(°)	rad			
11° 54′	—	—	0.207 694 18	1 : 4.797 451 1	(5237) (8489-5)	纺织机械和附件
8° 40′	—	—	0.151 261 87	1 : 6.598 441 5	(8489-3) (8489-4) (324.575)	
7°	—	—	0.122 175 05	1 : 8.174 927 7	(8489-2)	
1 : 38	1°30′27.7080″	1.507 696 67°	0.026 314 27	—	(368)	
1 : 64	0°53′42.8220″	0.895 228 34°	0.015 624 68	—	(368)	
7 : 24	16°35′39.4443″	16.594 290 08°	0.289 625 00	1 : 3.428 571 4	3 837.3 (297)	机床主轴工具配合
1 : 12.262	4°40′12.1514″	4.670 042 05°	0.081 507 61	—	(239)	贾各锥度 No.2

续表

基本值	推算值				标准号 GB/T (ISO)	用途
	圆锥角 α			锥度 C		
	(°)(′)(″)	(°)	rad			
1∶12.972	4°24′52.9039″	4.414 695 52°	0.077 050 97	—	(239)	贾各锥度 No.1
1∶15.748	3°38′13.4429″	3.637 067 47°	0.063 478 80	—	(239)	贾各锥度 No.33
6∶100	3°26′12.1776″	3.436 716 00°	0.059 982 01	1∶16.666 666 7	1962 (594-1) (595-1) (595-2)	医疗设备
1∶18.779	3°3′1.2070″	3.050 335 27°	0.053 238 39	—	(239)	贾各锥度 No.3
1∶19.002	3°0′52.3956″	3.014 554 34°	0.052 613 90	—	1443(296)	莫氏锥度 No.5
1∶19.180	2°59′11.7258″	2.986 590 50°	0.052 125 84	—	1443(296)	莫氏锥度 No.6
1∶19.212	2°58′53.5288″	2.981 618 20°	0.052 039 05	—	1443(296)	莫氏锥度 No.0
1∶19.254	2°58′30.4217″	2.975 117 13°	0.051 925 59	—	1443(296)	莫氏锥度 No.4
1∶19.264	2°58′24.8644″	2.973 573 43°	0.051 898 65	—	(239)	贾各锥度 No.6
1∶19.922	2°52′31.4463″	2.875 401 76°	0.050 185 23	—	1443 (296)	莫氏锥度 No.3
1∶20.020	2°51′40.7960″	2.861 332 23°	0.049 939 67	—	1443 (296)	莫氏锥度 No.2
1∶20.047	2°51′26.9283″	2.857 480 08°	0.049 872 44	—	1443 (296)	莫氏锥度 No.1
1∶20.288	2°49′24.7802″	2.823 550 06°	0.049 280 25	—	(239)	贾各锥度 No.0
1∶23.904	2°23′47.6244″	2.396 562 32°	0.041 827 90	—	1443 (296)	布朗夏普锥度 No.1 至 No.3
1∶28	2°2′45.8174″	2.046 060 38°	0.035 710 49	—	(8382)	复苏器(医用)
1∶36	1°35′29.2096″	1.591 447 11°	0.027 775 99	—	(5356-1)	麻醉器具
1∶40	1°25′56.3516″	1.432 319 89°	0.024 998 70	—		

1. 一般用途圆锥的锥度与锥角

GB/T 157—2001 中对一般用途圆锥的锥度与锥角规定了 22 个基本值系列。锥角从 120°到小于 1°,或锥度从 1∶0. 289 到 1∶500。

2. 特殊用途圆锥的锥度与锥角

GB/T 157—2001 中对特殊用途圆锥的锥度与锥角规定了 24 个基本值系列。它主要用于表中最后一栏所指定的用途。

7.3.2 圆锥公差标准

国家标准 GB/T 11334—2005《产品几何量技术规范(GPS)圆锥公差》适用于锥度 C 为 1∶3~1∶500、圆锥长度 L 为 6~630 mm 的光滑圆锥。

1. 圆锥公差的项目

圆锥是一个多参数零件，为了满足功能要求，国家标准 GB/T 11334—2005 规定了以下四项圆锥公差的项目。

（1）圆锥直径公差 T_D

圆锥直径公差 T_D 是指圆锥直径的允许变动量，如图 7-6 所示。其公差值是以基本圆锥直径作为公称尺寸，按 GB/T 1800.1 规定的标准公差选用，适用于圆锥长度 L 范围内的所有圆锥直径。

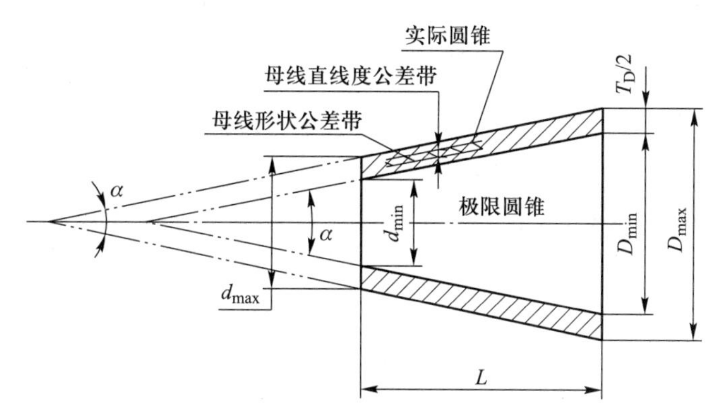

图 7-6　圆锥直径公差带

（2）圆锥角公差 AT

圆锥角公差 AT 是指圆锥角的允许变动量，如图 7-7 所示，以角度值 AT_α 或线值 AT_D 给定。AT_α 是以角度单位微弧度（μrad）或以度、分、秒表示圆锥角公差值。AT_D 是以长度单位 μm（微米）表示圆锥公差值。

圆锥角公差 AT 共分 12 个公差等级，用 $AT1$、$AT2$、$AT3$……$AT12$ 表示，其中 $AT1$ 为最高公差等级，$AT12$ 为最低公差等级，各等级的公差数值见表 7-3。

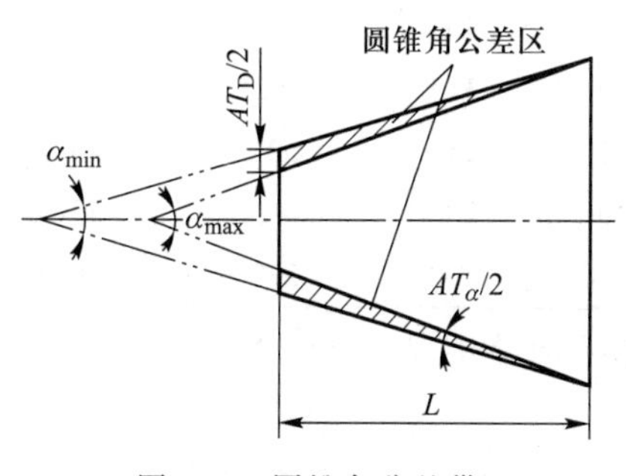

图 7-7　圆锥角公差带

AT_α 与 AT_D 的关系为：$AT_D = AT_\alpha \times L \times 10^{-3}$

式中：AT_D 的单位为 μm，AT_α 的单位为 μrad，L 的单位为 mm。

1 μrad 等于半径为 1 m、弧长为 1 μm 所对应的圆心角。5 μrad≈1″，300 μrad≈1′。

表 7-3 圆锥角公差(部分)

公称圆锥长度 L/mm	圆锥角公差等级								
	$AT4$			$AT5$			$AT6$		
	AT_{α}		AT_{D}	AT_{α}		AT_{D}	AT_{α}		AT_{D}
	μrad	(°)(′)(″)	μm	μrad	(°)(′)(″)	μm	μrad	(°)(′)(″)	μm
6~10	200	41″	>1.3~2	315	1′05″	>2~3.2	500	1′43″	>3.2~5
10~16	160	33″	>1.6~2.5	250	52″	>2.5~4.0	400	1′22″	>4.0~6.3
16~25	125	26″	>2.0~3.2	200	41″	>3.2~5.0	315	1′05″	>5.0~8.0
25~40	100	21″	>2.5~4.0	160	33″	>4.0~6.3	250	52″	>6.3~10.0
40~63	80	16″	>3.2~5.0	125	26″	>5.0~8.0	200	41″	>8.0~12.5
63~100	63	13″	>4.0~6.3	100	20″	>6.3~10.0	160	33″	>10.0~16
100~160	50	10″	>5.0~8.0	80	16″	>8.0~12.5	125	26″	>12.5~20
160~250	40	8″	>6.3~10.0	63	13″	>10.0~16	100	20″	>16.0~25
250~400	31.5	6″	>8.0~12.5	50	10″	>12.5~20	80	16″	>20.0~32

公称圆锥长度 L/mm	圆锥角公差等级								
	$AT7$			$AT8$			$AT9$		
	AT_{α}		AT_{D}	AT_{α}		AT_{D}	AT_{α}		AT_{D}
	μrad	(°)(′)(″)	μm	μrad	(°)(′)(″)	μm	μrad	(°)(′)(″)	μm
6~10	800	2′45″	>5.0~8.0	1 250	4′18″	>8.0~12.5	2 000	1′43″	>12.5~20
10~16	630	2′10″	>6.3~10.0	1 000	3′26″	>10.0~16	1 600	1′22″	>16.0~25
16~25	500	1′43″	>8.0~12.5	800	2′45″	>12.5~20	1 250	1′05″	>20.0~32
25~40	400	1′22″	>10.0~16	630	2′10″	>16.0~25	1 000	52″	>25.0~40
40~63	315	1′05″	>12.5~20	500	1′43″	>20~32	800	41″	>32~50
63~100	250	52″	>16.0~25	400	1′22″	>25~40	630	33″	>40~63
100~160	200	41″	>20~32	315	1′05″	>32~50	500	26″	>50~80
160~250	160	33″	>32~50	250	52″	>40~63	400	20″	>63~100
250~400	125	26″	>40~63	200	41″	>50~80	315	16″	>80~125
400~630	100	20″	>10.0~16	160	33″	>63~100	250	13″	>100~160

注:1 μrad 等于半径为 1 mm、弧长为 1 μm 所对应的圆心角。5 μrad≈1″,300 μrad≈1′。

表中 AT_{D}取值示例如下:

【例 7-1】 L 为 63 mm,选用 $AT7$,查表得 AT_{α}为 315 μrad 或 1′05″,AT_{D}为 20 μm。

【例 7-2】 L 为 50 mm,选用 $AT7$,查表得 AT_{α}为 315 μrad 或 1′05″,$AT_{D}=AT_{\alpha}\times L\times 10^{-3}=315\times 50\times 10^{-3}$ μm=15.75 μm,取 AT_{D}为 15.8 μm。

$AT4$~$AT6$ 用于高精度的圆锥量规和角度样板,$AT7$~$AT9$ 用于工具圆锥、圆锥销、传递大扭矩的摩擦圆锥,$AT10$、$AT11$ 用于圆锥套、锥齿轮等中等精度零件,$AT12$ 用于低精度零件。

圆锥角公差选取后,依功能要求,其极限偏差可按单向或双向(对称或不对称)取值,如图7-8所示。

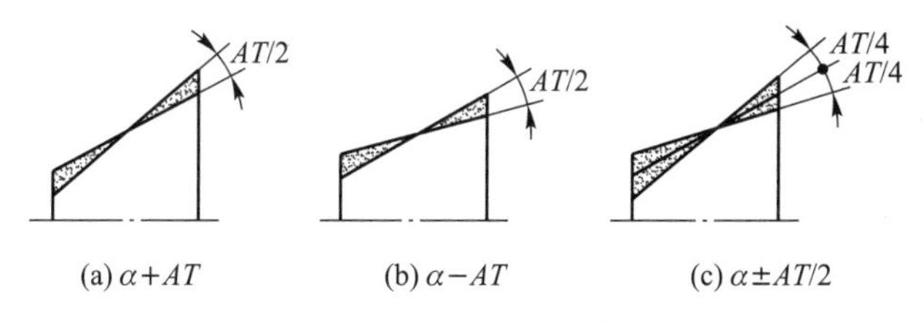

图 7-8 圆锥角极限偏差

(3) 圆锥的形状公差 T_F

圆锥的形状公差包括素线直线度公差和截面圆度公差。

1) 素线直线度公差。指在圆锥的任一轴向截面内,允许实际素线形状的最大变动量,其公差带是在给定截面上,距离为公差值 T_F的两条平行直线间的区域,如图 7-9a 所示。

2) 截面圆度公差。指在垂直于圆锥轴线的任一截面上,允许截面实际形状的最大变动量,其公差带是半径差为公差值 T_F的两同心圆间的区域,如图 7-9b 所示。

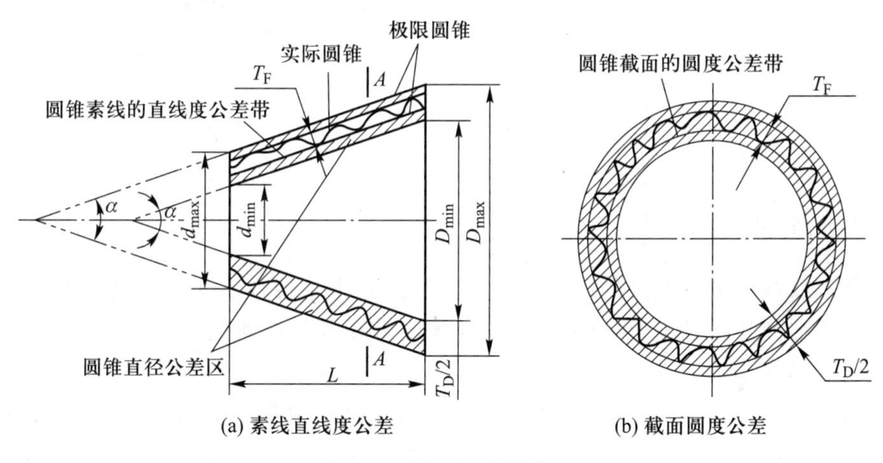

图 7-9 圆锥的形状公差

圆锥的几何公差一般不单独给出,而是由对应的圆锥直径公差带限制。只有为满足某一功能需要,对圆锥的形状公差有更高的要求时,再给出圆锥的形状公差。一般形状公差值小于圆锥直径公差 T_D的一半。

圆锥素线直线度公差和圆锥截面圆度公差的数值推荐按 GB/T 1184—1996 中的规定选取。

(4) 给定截面圆锥直径公差 T_{DS}。

指在垂直于圆锥轴线的给定截面内,圆锥直径的允许变动量。它仅适用于该给定截面的圆锥直径,如图 7-10 所示。其公差数值 T_{DS}是以给定截面圆锥直径 d_x为公称尺寸,按 GB/T 1800.1 规定的标准公差选取。

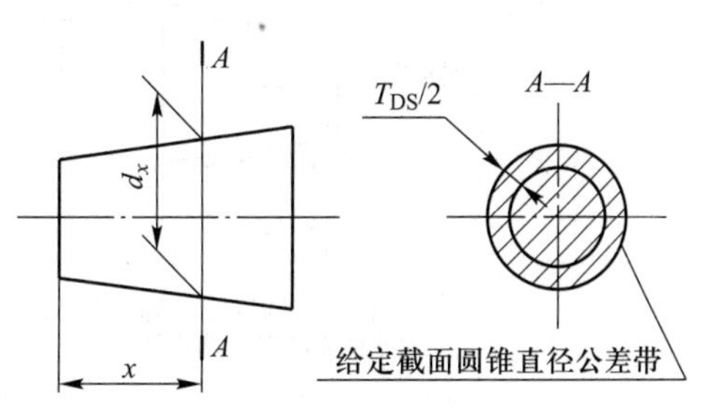

图 7-10 给定截面圆锥直径公差带

2. 圆锥公差的给定方法

对于一个具体的圆锥零件来说,并不是都需要给定上述四项公差，而是根据具体功能要求和工艺特点给出公差项目。因此，国家标准根据实际使用情况，参照国际标准对圆锥公差规定了两种给定方法：

1）给出圆锥的理论正确圆锥角 α（或锥度 C）和圆锥直径公差 T_D。

由于 T_D 确定两个极限圆锥。此时，圆锥角误差和圆锥的形状误差均应在极限圆锥所限定的区域内。

当对圆锥角公差、圆锥的形状误差有更高的要求时，可再给出圆锥角公差 AT、圆锥的形状公差 T_F，此时 AT 和 T_F 仅占 T_D 的一部分。

这种给定方法与包容原则类同，通常适用于有配合要求的内、外圆锥。

2）给出给定截面圆锥直径公差 T_{DS} 和圆锥角公差 AT。

此时，由于是同时给出圆锥给定截面直径公差 T_{DS} 和圆锥角公差 AT，因此 T_{DS} 和 AT 两者独立，应分别满足这两项公差的要求，其公差带不能相互叠加。T_{DS} 和 AT 的关系如图 7-11 所示。

这种给定方法与独立原则类同，通常适用于对给定圆锥截面直径有较高要求的情况。如某些阀类零件中，两个相互接合的圆锥在规定截面上要求接触良好，以保证密封性。

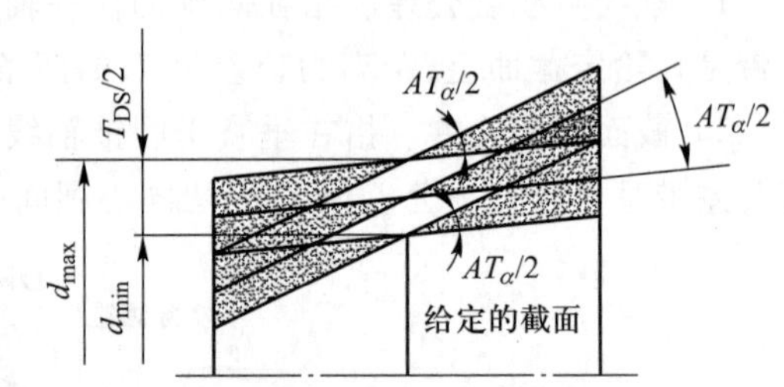

图 7-11 给定截面圆锥直径公差 T_{DS} 和圆锥角公差 AT

7.3.3 圆锥配合标准

圆锥配合是以基本圆锥相同的内、外圆锥直径之间，由于接合不同所形成的相互关系。国家标准规定了两种类型的圆锥配合，即结构型圆锥配合和位移型圆锥配合。

1. 结构型圆锥配合

结构型圆锥配合是指由内、外圆锥本身的结构或基面距来确定装配后的最终轴向相对位置而获得的配合。这种配合方式可以得到间隙配合、过渡配合和过盈配合。

图 7-12a 是由内、外圆锥的结构（外圆锥的轴肩与内圆锥大端端面接触）来确定装配后的最终轴向相对位置，以获得指定的圆锥间隙配合。

图 7-12b 是由内、外圆锥基准平面之间的结构尺寸 a（内圆锥基准平面与外圆锥基准平面之间的距离，即基面距 a）来确定装配后的最终轴向相对位置，以获得指定的圆锥过盈配合。

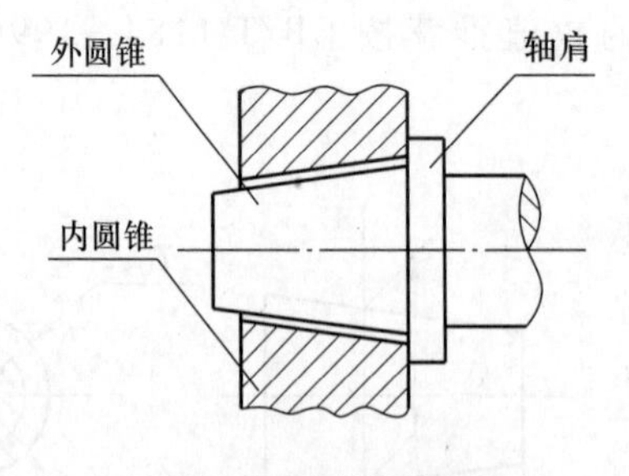

(a) 由内、外圆锥结构确定装配的最终位置而获得的配合

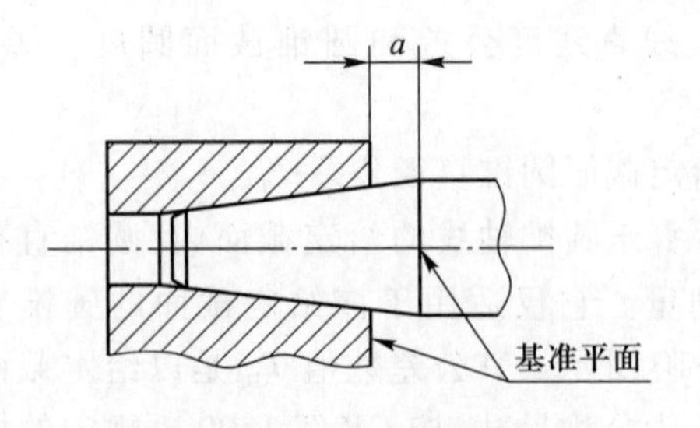

(b) 由内、外圆锥基准平面之间的尺寸确定装配的最终位置而获得的配合

图 7-12 结构型圆锥配合

2. 位移型圆锥配合

位移型圆锥配合是指由内可外圆锥的相对轴向位移或产生轴向位移的装配力(轴向力)的大小来确定最终轴向相对位置而获得的配合。这种方式是通过控制轴向位移 E_a 获得配合,可得到间隙配合和过盈配合。

图 7-13a 是由内、外圆锥装配时的实际初始位置 P_a 起,沿轴向作一定量的相对轴向位移 E_a 达到终止位置 P_f 而获得间隙配合的情况。

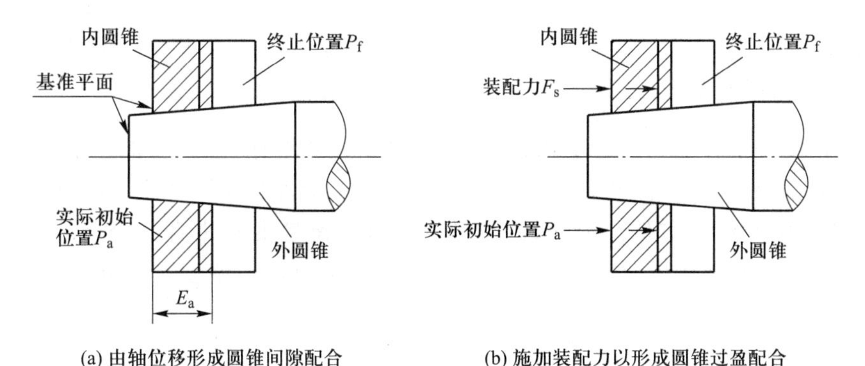

(a) 由轴位移形成圆锥间隙配合　　(b) 施加装配力以形成圆锥过盈配合

图 7-13　位移型圆锥配合

图 7-13b 是由内、外圆锥实际初始位置 P_a 开始,施加一定的装配力 F_s 产生轴向位移达到终止位置 P_f 而获得过盈配合的情况。

对位移型圆锥配合,其配合性质取决于内、外圆锥相对轴向位移 E_a。轴向位移 E_a 的极限值(E_{amax}、E_{amin})和轴向位移公差 T_E,按以下公式计算。

对于间隙配合:

$$E_{amax}=\frac{1}{C}S_{max} \tag{7-8}$$

$$E_{amin}=\frac{1}{C}S_{min} \tag{7-9}$$

$$T_E=E_{amax}-E_{amin}=\frac{1}{C}(S_{max}-S_{min}) \tag{7-10}$$

对于过盈配合:

$$E_{amax}=\frac{1}{C}\delta_{max} \tag{7-11}$$

$$E_{amin}=\frac{1}{C}\delta_{min} \tag{7-12}$$

$$T_E=E_{amax}-E_{amin}=\frac{1}{C}(\delta_{max}-\delta_{min}) \tag{7-13}$$

式中:S_{max}、S_{min}——配合的最大、最小间隙量;

δ_{max}、δ_{min}——配合的最大、最小过盈量;

C——锥度值。

对结构型圆锥配合和位移型圆锥配合,在确定相接合内、外圆锥轴向位置的方式上有各自的特点,因而在进行圆锥配合的计算和给定圆锥公差带时要区别对待,它们的主要不同之处列于表7-4中。

表7-4 结构型圆锥配合和位移型圆锥配合的特点

特征	结构型圆锥配合	位移型圆锥配合
装配的终止位置	固定	不定
配合性质的确定	圆锥直径公差带	轴向位移方向及大小
配合精度	圆锥直径公差带(T_{de}、T_{di})	轴向位移公差(T_E)
圆锥直径公差带	影响配合性质、接触质量	影响初始位置、接触质量
圆锥直径配合公差	$T_{de}+T_{di}$	$T_E C$

结构型圆锥配合推荐优先选用基孔制,即内圆锥直径基本偏差用H,根据不同配合的要求,外圆锥直径基本偏差在a~zc选择。同时要注意给出内、外圆锥直径公差带的基本圆锥直径应一致,其配合按GB/T 1801选取。另外,由于结构型圆锥配合的圆锥直径公差的大小直接影响配合精度,因此推荐内、外圆锥直径公差不低于IT9。如果对接触精度有更高的要求,则可进一步给出圆锥角公差和圆锥的形状公差。

7.3.4 圆锥的公差标注

圆锥的公差标注,应根据圆锥的功能要求和工艺特点选择公差项目。在图样上标注相配内、外圆锥的尺寸和公差时,内、外圆锥必须具有相同的公称圆锥角(或公称锥度),标注直径公差的圆锥直径必须具有相同的公称尺寸。圆锥公差通常可以采用面轮廓度法,如图7-14所示;有配合要求的结构型内、外圆锥,也可采用基本锥度法,如图7-15所示;当无配合要求时,可采用公差锥度法标注,如图7-16所示。

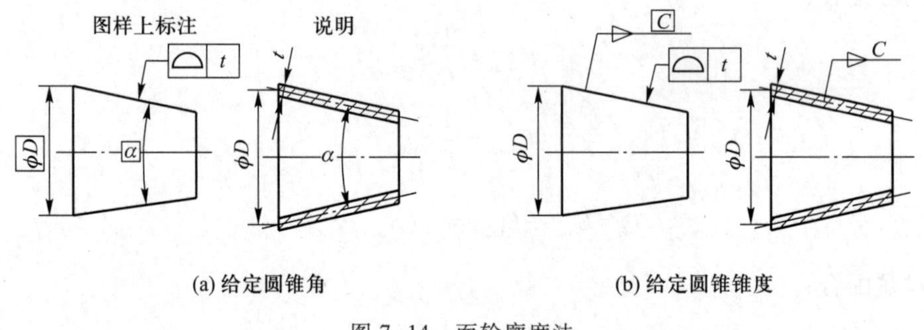

图7-14 面轮廓度法

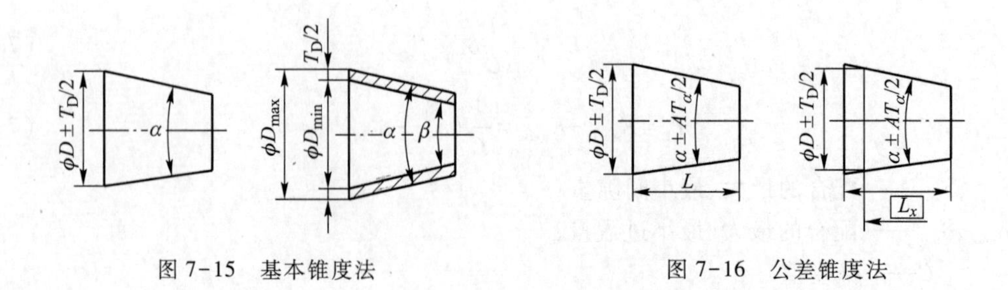

图7-15 基本锥度法

图7-16 公差锥度法

7.4　圆锥的检测

圆锥的测量方法和检测器具有很多种，下面介绍几种常用的测量方法及相应的检测器具。

7.4.1　圆锥量规

圆锥量规用于检验成批生产的内、外圆锥的锥度和基面距偏差，分为圆锥塞规和套规，有莫氏和米制两种，其结构如图 7-17a 所示。由于圆锥配合时一般的锥角公差比直径公差要求高，所以用圆锥量规检验时，首先检验锥度。在圆锥量规上沿母线方向薄薄涂上两三条显示剂（红丹或蓝油），然后轻轻地和工件对研转动，根据着色接触情况判断锥角偏差。对于圆锥塞规，若显示剂均匀地被擦去，说明圆锥角合格。然后，用圆锥量规检验锥面距偏差。当基面处于圆锥量规相距 Z 的两条刻线之间时，即为合格，如图 7-17b 所示。

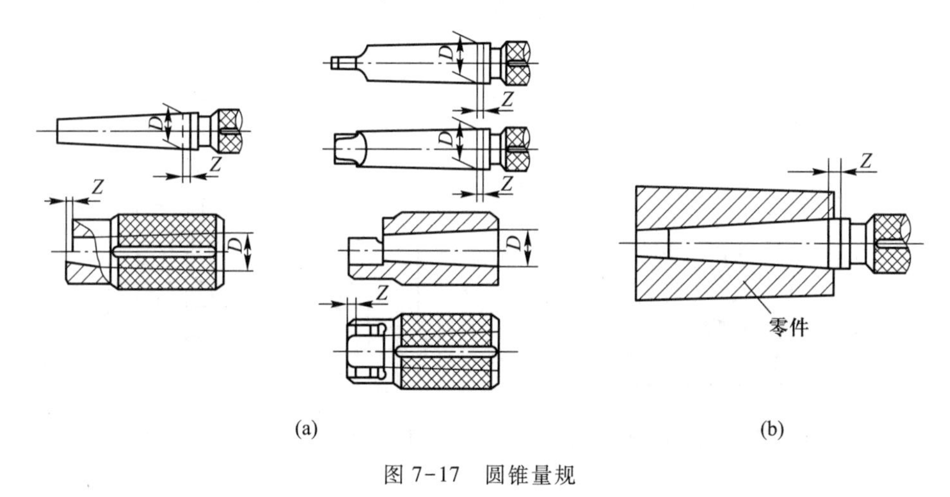

图 7-17　圆锥量规

7.4.2　用通用量仪、量具间接测量

间接测量法是指用球、圆柱、平板或正弦规等量具，测量与被测角度或锥度有一定函数关系的线性尺寸，然后通过函数关系计算出被测角度或锥度值。

1. 用正弦规测量

正弦规是锥度测量常用的器具，分宽型和窄型，即两圆柱中心距离为 100 mm 和 200 mm 两种，适用于测量圆锥角小于 30°的锥度。测量前，首先按公式 $h=L\sin\alpha$ 计算量块组的高度 h（α 为公称圆锥角，L 为正弦规两圆柱的中心距离），然后按图 7-18所示进行测量。如果被测角度有偏差，则 a、b 两点的示值必有 Δh，则锥度偏差 $\Delta C=\Delta h/L$。

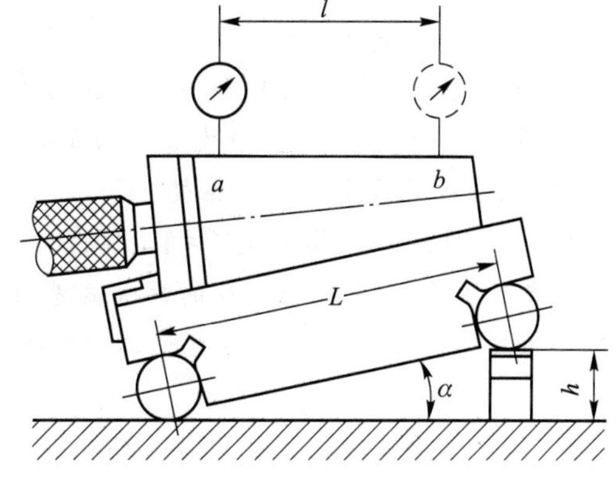

图 7-18　正弦规测外锥体

2. 用球和圆柱测量

（1）内圆锥角的测量

用精密钢球和精密量柱（滚柱）也可以间接测量圆锥角度。图 7-19 所示为用两钢球测量内圆锥角的例子。已知大、小球的直径分别为 D_0 和 d_0，测量时，先将小球放入，测出 H，再将大球放入，测出 h，则内圆锥锥角 α 可按下式求得：

$$\sin\frac{\alpha}{2}=(D_0-d_0)/[2(H-h)+d_0-D_0] \quad (7\text{-}14)$$

（2）外圆锥角的测量

如图 7-20 所示，可用滚柱量块组测量外圆锥角。先将两尺寸相同的滚柱夹在圆锥的小端处测得 m 值，再将这两个滚柱放在尺寸组合相同的量块上测得 M 值，则外圆锥角 α 可按下式算出：

$$\tan\frac{\alpha}{2}=(M-m)/2h \quad (7\text{-}15)$$

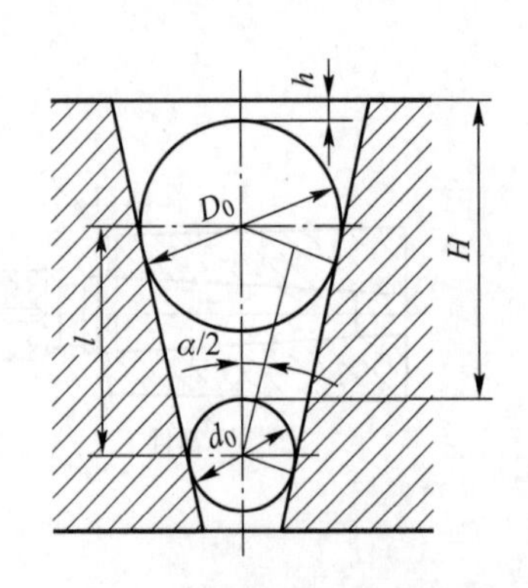

图 7-19 用钢球测量内圆锥角

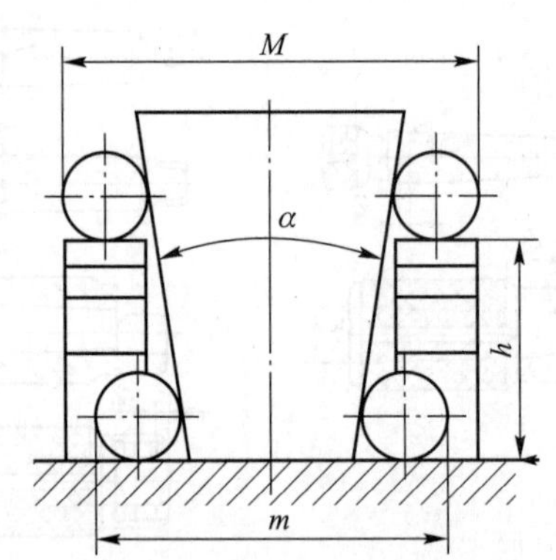

图 7-20 用滚柱测量外圆锥角

实训习题与思考题

1. 圆锥配合与圆柱配合相比有何特点？试举几个具体实例加以说明。

2. 确定圆锥公差的方法有哪几种？有何区别？

3. 结构型圆锥配合与位移型圆锥配合有何区别？各适用于何种场合？

4. 设有一外圆锥，圆锥最大直径为 100 mm，圆锥最小直径为 80 mm，圆锥长度为 100 mm，试求圆锥角、圆锥素线角和圆锥锥度。

5. 有一圆锥配合，其锥度 $C=1:10$，配合长度 $H=100$ mm，内、外圆锥的公差等级均为 $AT8$，试按下列情况确定内、外圆锥直径的极限偏差：1）内、外圆锥直径公差带均按单向分布，设内圆锥直径的下极限偏差 $EI=0$，外圆锥直径的上极限偏差 $es=0$；2）内、外圆锥直径公差带均对称于零线分布。

6. 分析用正弦规检测锥度偏差存在的误差因素。

7. 测量 20°的圆锥角，应如何组合量块尺寸？

第 8 章　螺纹的公差与检测

8.1　概述

螺纹连接在机械制造和仪器制造中应用都十分广泛,它是一种最典型的具有互换性的连接结构。

8.1.1　螺纹的分类和使用要求

螺纹的种类繁多,按用途一般可分为三类:

1. 连接螺纹

这类螺纹的作用是用于连接和紧固零部件,如米制普通螺纹、英制螺纹等。它要求连接可靠和有良好的旋合性。

2. 传动螺纹

这类螺纹的作用是传递精确的位移和传递动力,如机床传动丝杠和螺母、千斤顶的起重螺杆等。其主要要求是传动比恒定,传递动力可靠。

3. 管螺纹

这类螺纹的作用是用于机械设备中对气体或液体的密封,如圆柱管螺纹、圆锥管螺纹等。其主要要求是具有良好的密封性。

根据螺纹的不同使用要求,其牙型有三角形、梯形、矩形、锯齿形等。本章重点介绍使用最多的米制普通螺纹的极限与配合,并对普通螺纹的检测作一简单介绍。

8.1.2　普通螺纹的基本牙型和主要几何参数

按 GB/T 192—2003《普通螺纹 基本牙型》规定,米制普通螺纹的基本牙型如图 8-1 所示(图中粗实线)。普通螺纹的基本牙型是在高为 H 的正三角形(即原始三角形)上截去顶部和底部而形成的。该牙型具有螺纹的基本尺寸,图中小写字母表示外螺纹的基本尺寸,大写字母表示内螺纹的基本尺寸。

米制普通螺纹的主要几何参数有:

1. 大径(D、d)

大径是与外螺纹牙顶或内螺纹牙底相重合的假想圆柱面的直径。即对外螺纹而言,大径为顶径;对内螺纹而言,大径为底径。国家标准规定,普通螺纹大径为螺纹的公称直径($D=d$)。应按 GB/T 193—2003《普通螺纹 直径与螺距系列》或 GB/T 196—2003《普通螺纹 基本尺寸》中的有关标准选取,见表 8-1。

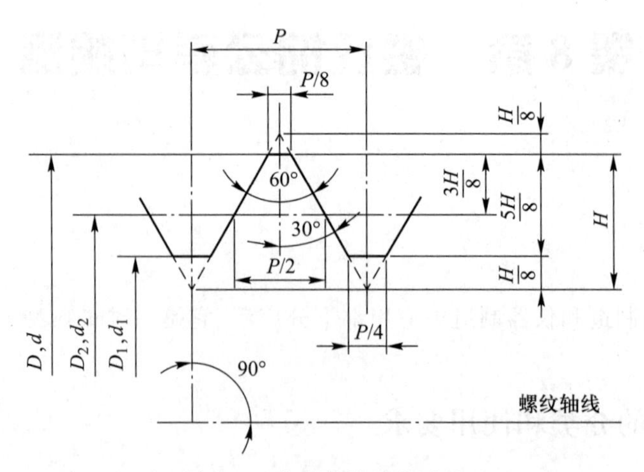

图 8-1 普通螺纹基本牙型

表 8-1 普通螺纹基本尺寸(摘自 GB/T 196—2003) mm

公称直径(大径)D、d	螺距 P	中径 D_2、d_2	小径 D_1、d_1	公称直径(大径)D、d	螺距 P	中径 D_2、d_2	小径 D_1、d_1
4.5	0.75 0.5	4.013 4.175	3.688 3.959	10	1.5 1.25 1 0.75	9.026 9.188 9.350 9.513	8.376 8.647 8.917 9.188
5	0.8 0.5	4.48 4.675	4.134 4.459	11	1.5 1 0.75	10.026 10.350 10.513	9.376 9.917 10.188
6	1 0.75	5.350 5.513	4.917 5.188	12	1.75 1.5 1.25 1	10.863 11.026 11.188 11.350	10.106 10.376 10.647 10.917
7	1 0.75	6.350 6.513	5.917 6.188	14	2 1.5 1.25 1	12.701 13.026 13.188 13.350	11.835 12.376 12.647 12.917
8	1.25 1.0 0.75	7.188 7.350 7.513	6.647 6.917 7.188	15	1.5 1	14.026 14.350	13.376 13.917
9	1.25 1.0 0.75	8.188 8.350 8.513	7.647 7.917 8.188	16	2 1.5 1	14.701 15.026 15.350	13.835 14.376 14.917

续表

公称直径（大径）D、d	螺距 P	中径 D_2、d_2	小径 D_1、d_1	公称直径（大径）D、d	螺距 P	中径 D_2、d_2	小径 D_1、d_1
17	1.5 1	16.026 16.350	15.376 15.917	22	2.5 2 1.5 1	20.376 20.701 21.026 21.350	19.294 19.835 20.376 20.917
18	2.5 2 1.5 1	16.376 16.701 17.026 17.350	15.294 15.835 16.376 16.917	24	3 2 1.5 1	22.051 22.701 23.026 23.350	20.752 21.835 22.376 22.917
20	2.5 2 1.5 1	18.376 18.701 19.026 19.350	17.294 17.835 18.376 18.917	25	2 1.5 1	23.701 24.026 24.350	22.835 23.376 23.917

2. 小径（D_1、d_1）

小径是与外螺纹的牙底或内螺纹的牙顶相重合的假想圆柱面的直径。即对外螺纹而言，小径为底径；对内螺纹而言，小径为顶径（$D_1 = d_1$）。

3. 中径（D_2、d_2）

中径是一个假想圆柱的直径，该圆柱的母线通过螺纹牙型上沟槽和凸起宽度相等的地方，此假想圆柱称为中径圆柱。中径圆柱的轴线即螺纹的轴线，其母线称为“中径线”。中径在螺纹极限与配合中是一个重要的参数。

4. 单一中径

单一中径也是一个假想圆柱直径，该圆柱的母线通过牙型上沟槽宽度等于 1/2 基本螺距的地方。

当螺距无误差时，单一中径和实际中径相等。当螺距有误差时，则两者不相等，如图 8-2 所示。

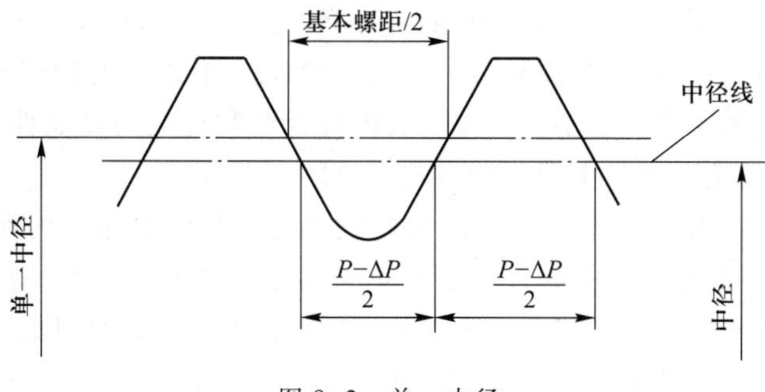

图 8-2　单一中径

5. 螺距 P

螺距是相邻两牙在中径线上对应两点间的轴向距离。

螺距的大小决定了螺纹牙侧的轴向位置,螺距误差直接影响螺纹的旋合性和传动精度。因此,螺距是螺纹公差与配合的主要参数之一。螺距有粗牙和细牙之分,应按 GB/T 196—2003 选取。

6. 导程

导程是指同一螺旋线上的相邻两牙在中径线上对应两点间的轴向距离。对单线螺纹,导程与螺距同值。对多线螺纹,导程等于螺距 P 与螺纹线数 n 的乘积,即导程 $P_h = Pn$。

7. 牙型角 α 和牙型半角 $\alpha/2$

牙型角 α 是螺纹牙型上相邻两牙侧间的夹角。米制普通螺纹的牙型角 $\alpha = 60°$。牙型半角是螺纹牙型上牙侧与螺纹轴线的垂线间的夹角,是牙型角的一半。

在螺纹连接中,牙型半角误差会直接影响螺纹的旋合性和接触性。因此,牙型半角也是螺纹公差与配合中的主要参数之一。

8. 螺纹旋合长度

螺纹的旋合长度是指两个相互配合的螺纹,沿螺纹轴线方向相互旋合部分的长度。

8.2 普通螺纹几何参数误差对螺纹互换性的影响

对普通螺纹接合,其互换性要求是必须保证良好的旋合性和一定的连接强度。影响接合互换性的基本几何参数有螺纹的大径、小径、中径、螺距和牙型半角的误差。其中中径偏差、螺距误差和牙型半角误差是影响接合互换性的主要几何参数误差。

8.2.1 中径偏差对螺纹互换性的影响

螺纹中径偏差是指中径实际尺寸与中径基本尺寸之代数差。螺纹中径偏差对螺纹的旋合性影响较大。若仅考虑中径对互换性的影响,只要外螺纹中径小于内螺纹中径,就能保证内外螺纹的旋合性。但是,若外螺纹中径过小、内螺纹中径过大,则其连接强度受到削弱。因此,为保证螺纹的互换性和连接强度,必须对中径偏差加以限制。

8.2.2 螺距误差对螺纹互换性的影响

螺距误差分局部误差和累积误差两种,前者与旋合长度无关,指单个螺距的实际尺寸与其基本尺寸之最大差值。后者与旋合长度有关,指在规定的旋合长度内螺距误差的累积值。

对连接螺纹而言,螺距误差主要影响螺纹的可旋合性和连接的可靠性;对传动螺纹而言,螺距误差直接影响传动精度和螺牙上载荷分布的均匀性。

为便于讨论,假设内螺纹具有理想牙型,外螺纹中径及牙型半角与内螺纹相同,但外螺纹的螺距略大于内螺纹的,如图 8-3 所示。假定在 n 个螺牙长度上,外螺纹有螺距累积误差 ΔP_{Σ}。显然,这对螺纹将发生干涉而无法旋合。为了使有螺距误差的外螺纹可旋入标准的内螺纹,在实际生产中,可把外螺纹中径减去一个数值 f_p,f_p 称为螺距误差的中径补偿值。

由图中 $\triangle ABD$ 可知:$f_p = \Delta P_{\Sigma} \cot \dfrac{\alpha}{2}$;

对米制普通螺纹，牙型角 $\alpha=60°$，则

$$f_p=1.732\left|\Delta P_{\Sigma}\right| \tag{8-1}$$

同理，当内螺纹螺距有误差时，为了保证旋合性，可把内螺纹的中径加大一个数值 f_p。由上可知，螺距误差可通过相应的中径补偿值 f_p 来加以控制，故国家标准中不专门规定螺距公差。

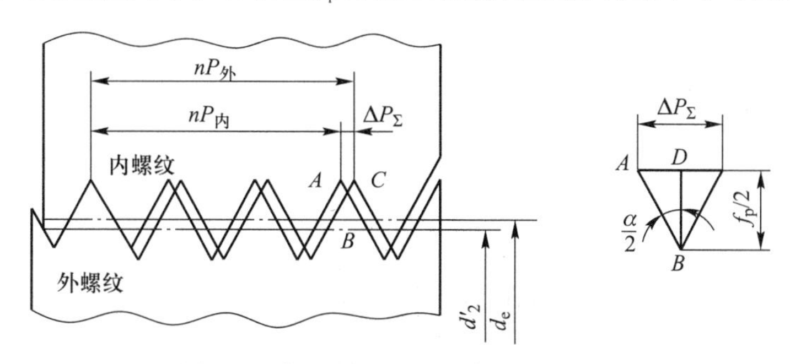

图 8-3 螺距累积误差对旋入性的影响

8.2.3 牙型半角误差对螺纹互换性的影响

螺纹牙型半角误差也会影响螺纹的旋合性与连接强度。

为讨论方便，假设相互接合的内、外螺纹的实际中径和螺距都没有误差，内螺纹具有理想牙型，但外螺纹牙型半角有误差，这样牙侧间将发生干涉而不能旋合。其干涉分两种情况，如图 8-4所示。

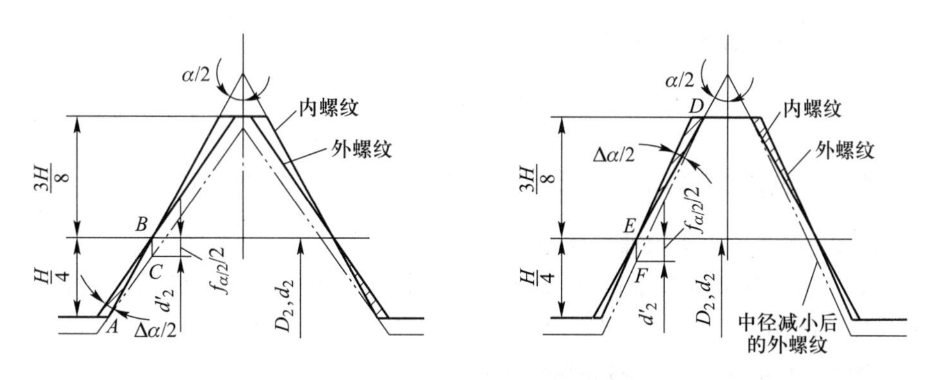

(a) 外螺纹牙型半角大于内螺纹牙型半角　(b) 外螺纹牙型半角小于内螺纹牙型半角

图 8-4 牙型半角误差的影响

(1) 外螺纹牙型半角大于内螺纹牙型半角

设外螺纹左、右牙型半角误差相等，即>0，见图 8-4a。它们将在牙侧根部发生干涉(见图中剖面线部分)。为了使外螺纹能自由旋入，可将外螺纹中径减小一个 f 值，这个 f 值称为牙型半角误差的中径当量(中径补偿值)。

由图 8-4a 中 $\triangle ABC$，按正弦定理：

$$\frac{\frac{1}{2}f_{\frac{\alpha}{2}}}{\sin\Delta\frac{\alpha}{2}}=\frac{AB}{\sin\left[180^{\circ}-\left(\frac{\alpha}{2}+\Delta\frac{\alpha}{2}\right)\right]} \tag{8-2}$$

式中：$AB=\dfrac{\frac{1}{4}H}{\cos\frac{\alpha}{2}}$将其代入得

$$f_{\frac{\alpha}{2}}=\frac{\frac{1}{4}H/\cos\frac{\alpha}{2}}{\frac{1}{2}\sin\left[180^{\circ}-\left(\frac{\alpha}{2}+\Delta\frac{\alpha}{2}\right)\right]}\sin\Delta\frac{\alpha}{2} \tag{8-3}$$

因 $\Delta\dfrac{\alpha}{2}$很小，故 $\sin\Delta\dfrac{\alpha}{2}\approx\Delta\dfrac{\alpha}{2}$。

$$\sin\left[180^{\circ}-\left(\frac{\alpha}{2}+\Delta\frac{\alpha}{2}\right)\right]=\sin\left(\frac{\alpha}{2}+\Delta\frac{\alpha}{2}\right)\approx\sin\frac{\alpha}{2}$$

所以

$$f_{\frac{\alpha}{2}}=\frac{H\Delta\frac{\alpha}{2}}{2\cos\frac{\alpha}{2}\sin\frac{\alpha}{2}}=\frac{H}{\sin\alpha}\Delta\frac{\alpha}{2} \tag{8-4}$$

对普通螺纹，$\alpha=60^{\circ}$，$H=0.866\,P$，则代入上式可得

$$f_{\frac{\alpha}{2}}=0.291P\Delta\frac{\alpha}{2} \tag{8-5}$$

式中：$\Delta\dfrac{\alpha}{2}$的单位是分（′），P 的单位是 mm，$f_{\frac{\alpha}{2}}$的单位是 μm，$1'=0.291\times10^{-3}$ rad。

（2）外螺纹牙型半角小于内螺纹牙型半角

同样考虑左、右牙型半角误差相等，见图 8-4b，在牙顶处发生干涉而无法旋合。为实现旋合，将外螺纹中径减小 $f_{\frac{\alpha}{2}}$。

同理，由图 8-4b 中的△EFD，按正弦定理得

$$f_{\frac{\alpha}{2}}=0.437P\left|\Delta\frac{\alpha}{2}\right| \tag{8-6}$$

实际上，经常是左、右牙型半角误差不相等，甚至一边半角误差为正，一边半角误差为负，故应根据不同的实际情况加以考虑。

以上讨论的是外螺纹牙型半角有误差时的情况，同理，当内螺纹牙型半角有误差时，为保证可旋合性，应把内螺纹的中径加大一个 $f_{\frac{\alpha}{2}}$补偿值。

8.3　螺纹中径合格性判断原则

8.3.1　作用中径的概念

根据上述螺纹的螺距误差、牙型半角误差对互换性的影响的分析，当外螺纹有螺距误差和牙型半角误差时，只能与一个中径较大的内螺纹旋合，误差带来的结果相当于外螺纹的中径增大了。同样，当内螺纹有螺距误差和牙型半角误差时，只能与一个中径较小的外螺纹旋合，即误差带来的结果相当于内螺纹的中径减小了。

对外螺纹而言，这个增大了的假想中径就称为外螺纹的作用中径。对内螺纹而言，这个减小了的假想中径就称为内螺纹的作用中径。

因此，作用中径定义为：在规定的旋合长度内，恰好包容实际螺纹的一个假想的理想螺纹的中径，这个假想螺纹具有基本牙型的螺距、半角以及牙型高度，并且在牙顶和牙底处留有间隙，以保证不与实际螺纹的大、小径发生干涉。外螺纹的作用中径如图 8-5 所示。

对外螺纹，作用中径等于外螺纹的实际中径与螺距误差及牙型半角误差的中径补偿值之和。对内螺纹，作用中径等于内螺纹的实际中径与螺距误差及牙型半角误差的中径补偿值之差。即：

外螺纹　$d_{2作用}=d_{2单一}+(f_p+f_{\frac{\alpha}{2}})$　(8-7)

内螺纹　$D_{2作用}=D_{2单一}-(f_p+f_{\frac{\alpha}{2}})$　(8-8)

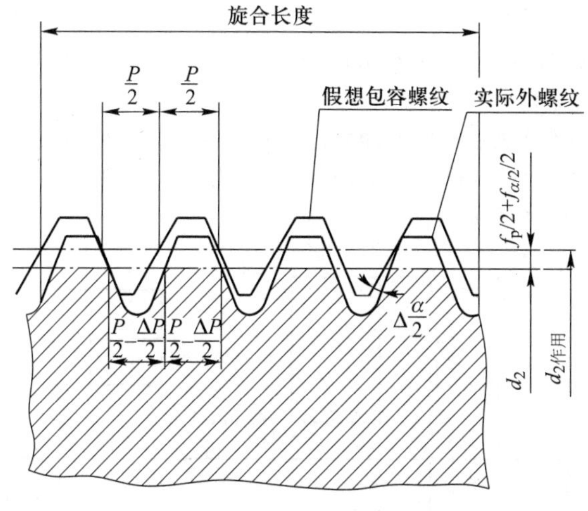

图 8-5　外螺纹的作用中径

8.3.2　螺纹中径合格性判断准则

根据以上分析，螺纹中径是衡量螺纹互换性的主要指标。判断螺纹中径合格性的准则应遵循泰勒原则，即实际螺纹的作用中径不能超出最大实体牙型的中径，而实际螺纹上任何部位的单一中径不能超出最小实体牙型的中径。

对外螺纹，作用中径不大于中径最大实体尺寸，单一中径不小于中径最小实体尺寸；对内螺

纹,作用中径不小于中径最大实体尺寸,单一中径不大于中径最小实体尺寸。即:

外螺纹　$d_{2作用} \leqslant d_{2max}$; $d_{2单一} \geqslant d_{2min}$ (8-9)

内螺纹　$D_{2作用} \geqslant D_{2min}$; $D_{2单一} \leqslant D_{2max}$ (8-10)

图 8-6 为螺纹中径合格性判断示意图。

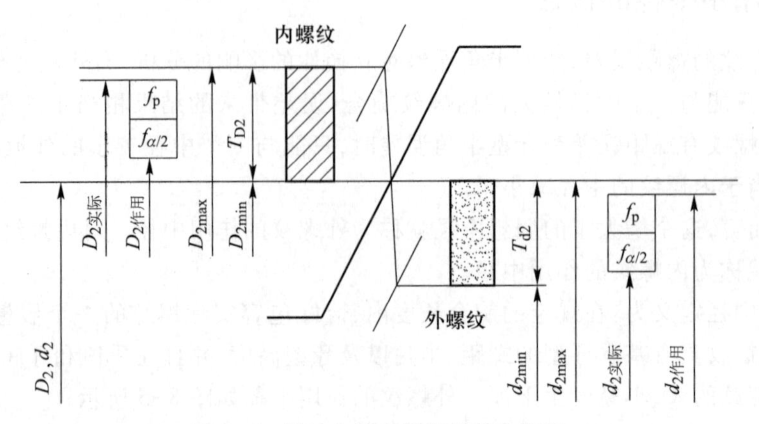

图 8-6　螺纹中径合格性判断示意图

【例 8-1】　有一螺母 M20-6G,加工后测得尺寸:单一中径 $D_{2单一}$ = 18.61 mm,螺距偏差 ΔP_Σ = 40 μm,牙型半角偏差 $\Delta\frac{\alpha_1}{2}=+30'$,$\Delta\frac{\alpha_2}{2}=-50'$。试画出公差带图,并判断该螺母是否合格。

解:根据已知条件,由表 8-1、表 8-4 和表 8-6 查得 D_2 = 18.376 mm,基本偏差 EI = +42 μm,中径公差 T_{D2} = 224 μm,则中径的上极限偏差 $ES=EI+T_{D2}$ = +266 μm。因此,中径的上极限尺寸 $D_{2max}=D_2+ES$ = 18.642 mm,下极限尺寸 $D_{2min}=D_2+EI$ = 18.418 mm。

计算螺距偏差和牙型半角偏差的中径当量,由式(8-2)、式(8-3)得-34.58 μm。

因此,由式(8-8)可计算螺母的作用中径为 18.575 mm,显然 $D_{2作用} \geqslant D_{2min}$; $D_{2单一} < D_{2max}$,所以该螺母合格,满足互换性要求。其公差带图如图 8-7 所示。

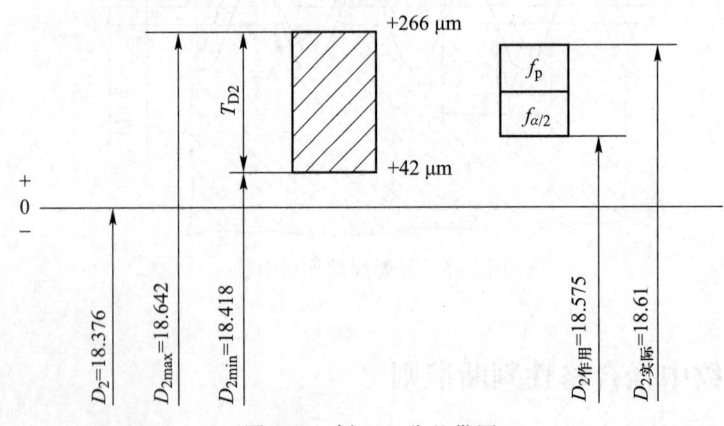

图 8-7　例 8-1 公差带图

8.4　普通螺纹公差与配合

GB/T 197—2003《普通螺纹 公差》标准中规定了螺纹配合的最小间隙为零，以及具有保证间隙的螺纹公差带、旋合长度和精度等级。

8.4.1　螺纹公差带及旋合长度

螺纹公差带由其相对于基本牙型的位置和公差带大小这两个因素决定。

1. 螺纹公差带

螺纹公差带大小由公差值决定，而公差值大小取决于螺纹公称直径、螺距和公差等级。GB/T 197—2018 对内、外螺纹规定了中径和顶径公差等级，如表 8-2 所示。

表 8-2　螺纹的公差等级（摘自 GB/T 197—2018）

螺纹	直径	公差等级	螺纹	直径	公差等级
内螺纹	小径 D_1	4, 5, 6, 7, 8	外螺纹	大径 d_1	4,6,8
	中径 D_2			中径 d_2	3,4,5,6,7,8,9

各公差等级中 3 级最高，9 级最低，其中 6 级为基本级。

考虑到内螺纹加工较困难，因此内螺纹中径公差 T_{D2} 为同级外螺纹中径公差 T_{d2} 的 1.32 倍，甚至比低一个公差等级的外螺纹中径公差还要大。各类公差值见表 8-3、表 8-4。

表 8-3　普通螺纹的基本偏差和公差（摘自 GB/T 197—2018）　　μm

螺距 P/mm	内螺纹的基本偏差 EI		外螺纹的基本偏差 es				内螺纹小径公差 T_{D1} 公差等级					外螺纹大径公差 T_d 公差等级		
	G	H	e	f	g	h	4	5	6	7	8	4	6	8
1	+26	0	-60	-40	-26	0	150	190	236	300	375	112	180	280
1.25	+28	0	-63	-42	-28	0	170	212	265	335	425	132	212	335
1.5	+32	0	-67	-45	-32	0	190	236	300	375	475	150	236	375
1.75	+34	0	-71	-48	-34	0	212	265	335	425	530	170	265	425
2	+38	0	-71	-52	-38	0	236	300	375	475	600	180	280	450
2.5	+42	0	-80	-58	-42	0	280	355	450	560	710	212	335	530
3	+48	0	-85	-63	-48	0	315	400	500	630	800	236	375	600
3.5	+53	0	-90	-70	-53	0	355	450	560	710	900	265	425	670
4	+60	0	-95	-75	-60	0	375	475	600	750	950	300	475	750
4.5	+63	0	-100	-80	-63	0	425	530	670	850	1 060	315	500	800
5	+71	0	-106	-85	-71	0	450	560	710	900	1 120	335	530	850
5.5	+75	0	-112	-90	-75	0	475	600	750	950	1 180	355	560	900
6	+80	0	-118	-95	-80	0	500	630	800	1 000	1 250	375	600	950
8	+100	0	-140	-118	-100	0	630	800	1 000	1 250	1 600	450	710	1 180

表 8-4 螺纹中径公差(摘自 GB/T 197—2018) μm

公称直径 D/mm	螺距 P/mm	内螺纹中径公差 T_{D2}					外螺纹中径公差 T_{d2}						
		公差等级					公差等级						
		4	5	6	7	8	3	4	5	6	7	8	9
5.6~11.2	0.75	85	106	132	170	—	50	63	80	100	125	—	—
	1	95	118	150	190	236	56	71	90	112	140	180	224
	1.25	100	125	160	200	250	60	75	95	118	150	190	236
	1.5	112	140	180	224	280	67	85	106	132	170	212	265
11.2~22.4	1	100	125	160	200	250	60	75	95	118	150	190	236
	1.25	112	140	180	224	280	67	85	106	132	170	212	265
	1.5	118	150	190	236	300	71	90	112	140	180	224	280
	1.75	125	160	200	250	315	75	95	118	150	190	236	300
	2	132	170	212	266	335	80	100	125	160	200	250	315
	2.5	140	180	224	280	355	85	106	132	170	212	265	335
22.4~45	1	106	132	170	212	—	63	80	100	125	160	200	250
	1.5	125	160	200	250	315	75	95	118	150	190	236	300
	2	140	180	224	280	355	85	106	132	170	212	255	335
	3	170	212	265	335	425	100	125	160	200	250	315	400
	3.5	180	224	280	355	450	106	132	170	212	265	335	425
	4	190	236	300	375	475	112	140	180	224	280	355	450
	4.5	200	250	315	400	500	118	150	190	236	300	375	475

2. 基本偏差

螺纹公差带位置是由基本偏差确定的。GB/T 197—2018 规定内螺纹的下极限偏差(EI)和外螺纹的上极限偏差(es)为基本偏差,并对内螺纹规定了 G、H 两种基本偏差,如图 8-8 所示。对外螺纹规定了 e、f、g、h 四种基本偏差,如图 8-9 所示。

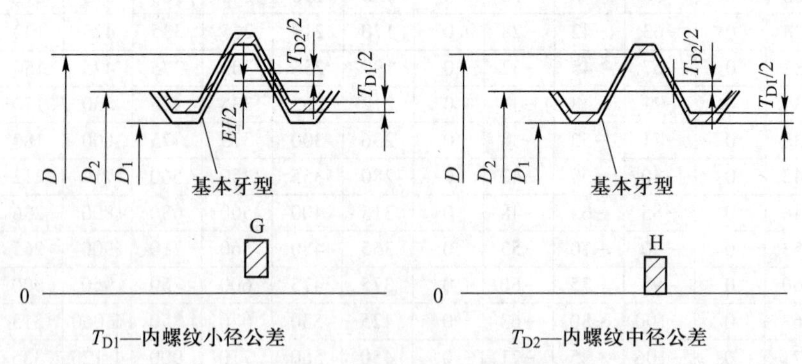

图 8-8 内螺纹的基本偏差

各基本偏差的数值按表 8-5 所列公式计算,其中 H、h 的基本偏差为零,G 基本偏差为正值,e、f、g 的基本偏差为负值。

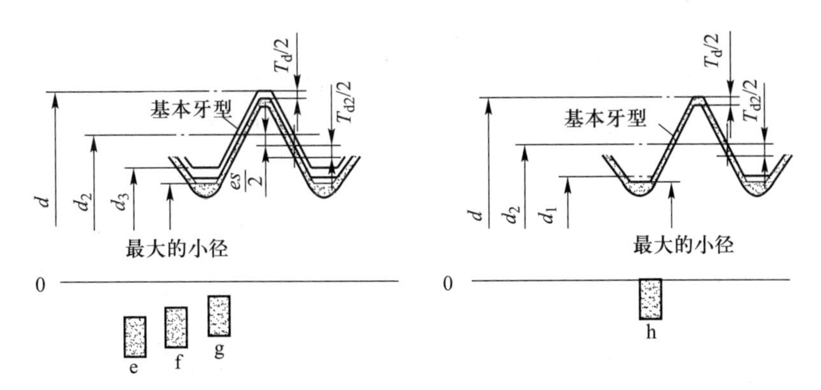

图 8-9 外螺纹的基本偏差

表 8-5 基本偏差计算公式 μm

内螺纹		外螺纹	
基本偏差代号	下极限偏差(EI)	基本偏差代号	上极限偏差(es)
G	+(15+11P)	e f	-(50+11P) -(30+11P)
H	0	g h	-(15+11P) 0

内、外螺纹的基本偏差见表 8-6。

表 8-6 内、外螺纹基本偏差(摘自 GB/T 197—2018) μm

螺距 P/mm	内螺纹基本偏差		外螺纹基本偏差			
	G(EI)	H(EI)	e(es)	f(es)	g(es)	h(es)
0.5	+20	0	-50	-36	-20	0
0.6	+21	0	-53	-36	-21	0
0.7	22	0	-56	-38	-22	0
0.75	+22	0	-56	-38	-22	0
0.8	+24	0	-60	-38	-24	0
1	26	0	-60	-40	-26	0
1.25	+28	0	-63	-42	-28	0
1.5	+32	0	-67	-45	-32	0
1.75	34	0	-71	-48	-34	0
2	+38	0	-71	-52	-38	0
2.5	+42	0	-80	-58	-42	0
3	48	0	-85	-63	-48	0

3. 螺纹的旋合长度

螺纹的旋合长度与螺纹的精度密切相关,其特点如图 8-10 所示。旋合长度增加,螺纹半角误差和螺距误差就可能增加,以同样的中径公差值加工就会更困难。显然,衡量螺纹的精度应包括旋合长度。

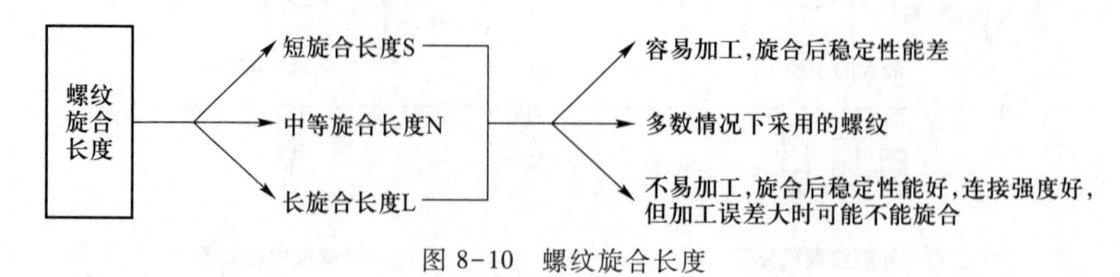

图 8-10 螺纹旋合长度

国家标准中将螺纹的旋合长度分为三组,分别称为短旋合长度(S)、中等旋合长度(N)和长旋合长度(L),一般采用中等旋合长度。表 8-7 所示为螺纹的旋合长度。

表 8-7 螺纹的旋合长度(摘自 GB/T 197—2018)

基本大径 D、d		螺距 P	旋合长度			
			S	N		L
>	≤		≤	>	≤	>
5.6	11.2	0.75	2.4	2.4	7.1	7.1
		1	3	3	9	9
		1.25	4	4	12	12
		1.5	5	5	15	15
11.2	22.4	1	3.8	3.8	11	11
		1.25	4.5	4.5	13	13
		1.5	5.6	5.6	16	16
		1.75	6	6	18	18
		2	8	8	24	24
		2.5	10	10	30	30
22.4	45	1	4	4	12	12
		1.5	6.3	6.3	19	19
		2	8.5	8.5	25	25
		3	12	12	36	36
		3.5	15	15	45	45
		4	18	18	53	53
		4.5	21	21	63	63

8.4.2 螺纹公差带与配合的选用

在生产中,为减少刀具、量具的规格和数量,提高经济效益,国家标准规定了供选用公差带的数量，如表 8-8、表 8-9 所示。除有特殊要求外，不应选择国家标准规定以外的公差带。表中只有一个公差带代号的，表示中径和顶径公差带是相同的；有两个公差带代号的，则前者表示中径公差带，后者表示顶径公差带。

公差带优先选用的顺序为粗字体公差带、一般字体公差带、括号内公差带。带方框的粗字体公差带用于大量生产的紧固件螺纹。如无其他特殊说明，推荐公差带适用于涂镀前螺纹，且为薄涂镀层的螺纹，如电镀螺纹。涂镀后，螺纹实际轮廓上的任何点不应超越按公差位置 H 或 h 所确定的最大实体牙型。

表 8-8 内螺纹的推荐公差带（摘自 GB/T 197—2018）

公差精度	公差带位置 G			公差带位置 H		
	S	N	L	S	N	L
精密	—	—	—	4H	5H	6H
中等	(5G)	**6G**	(7G)	**5H**	**6H**	**7H**
粗糙	—	(7G)	(8G)	—	7H	8H

表 8-9 外螺纹的推荐公差带（摘自 GB/T 197—2018）

公差精度	公差带位置 e			公差带位置 f			公差带位置 g			公差带位置 h		
	S	N	L	S	N	L	S	N	L	S	N	L
精密	—	—	—	—	—	—	—	(4g)	(5g4g)	(3h4h)	**4h**	(5h4h)
中等	—	**6e**	(7e6e)		**6f**	—	(5g6g)	**6g**	(7g6g)	(5h6h)	6h	(7h6h)
粗糙	—	(8e)	(9e8e)	—	—	—		8g	(9g8g)	—	—	—

表中按不同旋合长度给出了精密、中等、粗糙三种精度级别。用于一般机械、仪器和构件的选中等精度；要求配合性质变动较小的选精密级精度；要求不高或制造困难的选粗糙级精度。

内、外螺纹的选用公差带可以任意组合，为保证接触精度，完工后的螺纹连接最好组合成 H/g、H/h 或 G/h 的配合。对直径小于 1.4 mm 的螺纹副应采用 5H/6h 或更精密的配合。一般情况采用最小间隙为零的 H/h 配合；经常拆卸、工作温度高或需涂镀的螺纹，通常采用 H/g 与 G/h 具有保证间隙的配合。

8.4.3 普通螺纹的标记

完整的螺纹标注有螺纹特征代号、尺寸代号、公差带代号及其他必要的说明信息。

螺纹具体的标注方法说明如下：

1）普通螺纹特征代号。其螺纹特征代号用 M 表示。单线螺纹的尺寸代号为“公称直径×螺距”，公称直径和螺距数值的单位为 mm。粗牙普通螺纹省略“螺距”项。

多线螺纹的尺寸代号为“公称直径×Ph 导程×(P 螺距)”，公称直径、导程和螺距数值的单位为 mm。如果要进一步表明螺纹线数，在后面增加括号说明（使用英文进行说明，如双线为 two starts；三线为 three starts；四线为 four starts）。

2）公差带代号。它包含中径公差带代号和顶径公差带代号，中径公差带代号在前，顶径公差带代号在后。各直径的公差带代号由表示公差等级的数值和表示公差带位置的字母(内螺纹用大写字母,外螺纹用小写字母)组成。如果中径公差带代号和顶径公差带代号相同,则只标注一个公差带代号。螺纹尺寸代号与公差带间用“-”分开。

在下列情况下,中等公差精度螺纹不标注其公差带代号。

内螺纹5H 公称直径≤1.4 mm时;

6H 公称直径≥1.6 mm时。

外螺纹6h 公称直径≤1.4 mm时;

6g 公称直径≥1.6 mm时。

3) 装配图标注。装配图上表示内、外螺纹配合时,内螺纹公差带代号在前,外螺纹公差带代号在后,中间用斜线分开。

4) 螺纹旋合长度的标注。对短旋合长度和长旋合长度的螺纹,在公差带代号后分别标注代号“S”和“L”,旋合长度代号与公差带间用“-”分隔。中等旋合长度的螺纹不标注旋合长度代号“N”。

5) 旋向标注。左旋螺纹应在旋合长度代号之后标注“LH”,旋合长度代号与旋向代号用“-”分隔。右旋螺纹不标注旋向。

在图样上标注螺纹应标在螺纹的大径尺寸线上。

8.5 普通螺纹的检测

普通螺纹的检测方法分为单项测量和综合检验两种。

8.5.1 单项测量

螺纹的单项测量是指分别测量螺纹的各项几何参数,主要用于单件、小批生产,尤其是在精密螺纹的生产中(如螺纹量规、螺纹刀具、精密丝杠螺纹等),应用极其广泛。

单项测量方法最常用的有三针测量法和用工具显微镜测量螺纹参数。

1. 三针测量法

三针测量法用于螺纹中径的测量,它是一种间接测量法。如图8-11所示,将三根直径相等的精密量针放在被测螺纹的沟槽中,然后用接触式量仪测出针距M值,通过已知被测螺纹的螺距P、牙型半角$\alpha/2$和量针公称直径d_0等数值计算出被测螺纹的中径d_2。

被测螺纹中径d_2与测量值M之间的关系为

$$d_2=M-d_0\left(1+\frac{1}{sin\frac{\alpha}{2}}\right)+\frac{P}{2}\cot\frac{\alpha}{2} \tag{8-11}$$

式中:d_0——量针公称直径,mm;

P——螺距,mm;

α——螺纹牙型角基本值,(°);

M——检测尺寸,mm;

d_2——螺纹中径,mm。

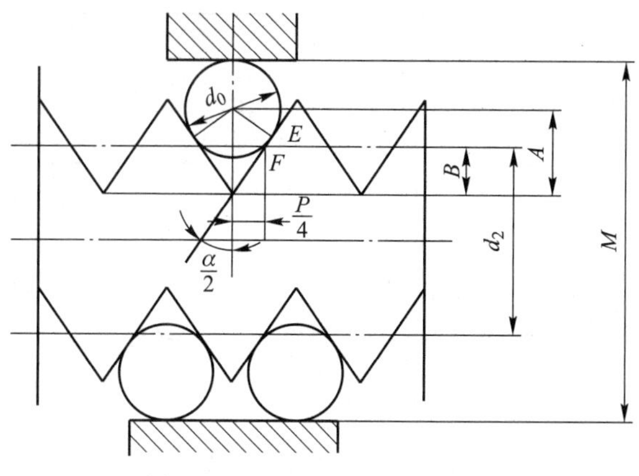

图 8-11 三针测量法测量中径

对米制普通螺纹，$\alpha=60°$，则

$$d_2=M-3d_0+0.866P \tag{8-12}$$

对梯形螺纹，$\alpha=30°$，则

$$d_2=M-4.863d_0+1.866P \tag{8-13}$$

由式(8-11)可知，螺距误差和牙型半角误差都将影响测量结果。而牙型半角误差的影响又与量针公称直径 d_0 有关。为避免牙型半角误差的影响，所用量针直径具有最佳值，$d_{0最佳}=\dfrac{P}{2\cos\dfrac{\alpha}{2}}$。这说明选择合适的量针直径 d_0 可提高测量精度。

三针测量法适用于测量精密螺纹的中径。

2. 用工具显微镜测量螺纹参数

在工具显微镜上，可使用影像法等方法来测量螺纹的螺距、牙型半角和中径等参数。所谓影像法，就是将被测螺纹的牙型轮廓放大成像，按被测螺纹的影像测量其螺距、牙型角和中径。

8.5.2 综合检验

螺纹中径的合格性判断原则是遵循“泰勒原则”。综合检验就是指使用螺纹量规检验被测螺纹某些几何参数误差的综合结果，控制螺纹各参数综合误差形成的实际轮廓，并判断其合格性。

在生产中，螺纹量规按泰勒原则设计，分“通规”和“止规”。螺纹通规控制被测螺纹的作用中径不超出最大实体牙型的中径（d_{2max}或 D_{2min}），同时控制外螺纹小径和内螺纹大径不超出其最大实体尺寸（d_{1max}或 D_{1min}）。螺纹通规应具有完整的牙型，其长度要接近被测螺纹的旋合长度。螺纹止规控制被测螺纹的单一中径不超出最小实体牙型的中径（d_{2min}或 D_{2max}）。螺纹止规牙型采用截短牙型，其螺纹长度也应较小，以消除螺距误差和牙型半角误差的影响。

综合检验适用于成批生产，检验效率高。图 8-12 为用螺纹塞规和光滑极限塞规检验内螺纹的情况。

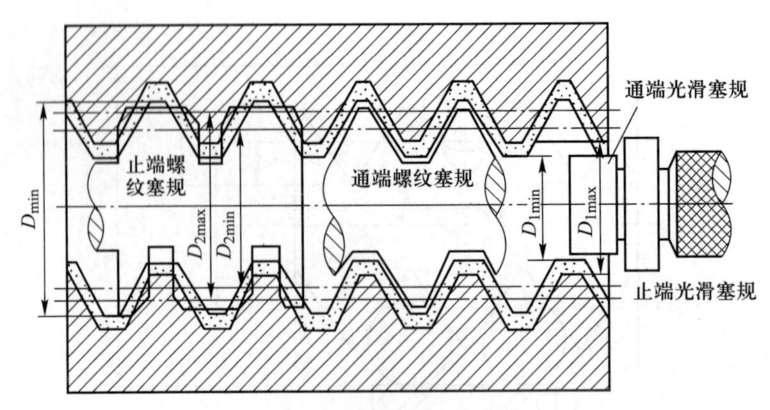

图 8-12 用螺纹塞规和光滑极限塞规检验内螺纹

实训习题与思考题

1. 螺纹中径、单一中径和作用中径三者有何区别和联系？

2. 普通螺纹连接中，内、外螺纹中径公差是如何构成的？如何判断中径的合格性？

3. 对于同级精度的普通螺纹，为何有时当旋合长度不同时，其中径公差带规定得不同？

4. 对普通连接螺纹，国家标准中为什么不单独规定螺距公差与牙型半角公差？

5. 一对螺纹配合代号为 M20×2-6H/5g6g，试查表确定外螺纹中径、大径和内螺纹中径、小径的极限偏差。

6. 某螺栓 M20-6f，加工后测得尺寸：单一中径 $d_{2单-}$ = 18.39 mm，螺距累积偏差 ΔP_{Σ} = 30 μm，牙型半角偏差 $\Delta\alpha_1/2=+30'$，$\Delta\alpha_2/2=-35'$，判断此螺栓是否合格，并画出公差带图。

拓展阅读

螺纹紧固件体积小，但其地位却不容小觑。《纽约时报》曾经发起过一项“人类纪元以来第二个千年的最佳工具”的评选活动，最终螺纹紧固件荣登榜首。螺纹紧固件在工业领域被广泛运用，大到飞船、飞机，小到手机、桌椅，都离不开它的参与，所以它又被称为“工业之米”。

螺纹紧固件作为飞机紧固件之一，将飞机上的众多零件连接起来组成一个整体，承载在零部件直径传递载荷、协调变形，加固并保持飞机结构的稳定性。飞机上的紧连接螺栓，其螺栓光杆段的直径制造精度比通用型的高，直径误差为±0.005 in(±0.012 7 mm)，又被称为高精度螺栓。应用于经常受冲击负荷需要紧密配合的部分。所以螺栓无法镀铬，需要采取一定的防腐措施。

中国作为制造业大国，每年都会生产并出口大量中低端螺栓，但高端螺栓基本都是依赖进口，而且进口螺栓价格是出口价格的 4～10 倍。以英国为例，我国从英国进口的螺栓单价为 20 718美元/t，但出口到英国的中低端螺栓仅为 1 840 美元/t，单价相差 10 倍。这源于中国目前还没有完全掌握高端螺栓的生产技术，所以导致进口价格非常高。高端螺栓生产技术要求目前有四大特点：耐腐蚀、强度高、公差小以及拧紧扭矩一致。国产螺栓目前还有很大问题。首先，加工工艺不行，公差范围太大。高端螺栓的公差要求控制在0.01毫米级。其次，表面处理不到位，同样型号和规格的螺纹紧固件，甚至会出现没法通用替换的情况。

第 9 章　圆柱齿轮的公差与检测

9.1　概述

在机械产品中,齿轮传动通常用来传递运动或动力。相对于带、链、摩擦、液压等传动形式,齿轮传动具有功率范围大、传动效率高、圆周速度高、传动比准确、使用寿命长、结构尺寸小等一系列特点,故在机器和仪器的机械传动形式中所占比重最大,也最为常见。

凡是用齿轮传动的机械产品,其工作性能、承载能力、使用寿命及工作精度等都与齿轮的制造和装配精度有密切关系。齿轮传动是由齿轮副、轴、轴承与箱体等主要零件组成的,由于组成齿轮传动装置的这些主要零件在制造和安装时有误差,因此必然会影响齿轮传动质量。为了保证齿轮传动质量,就要规定相应公差。本章专门介绍圆柱齿轮传动的误差、测量方法和有关的公差标准。

9.1.1　对齿轮传动的使用要求

在各种机械产品中所用的齿轮,对齿轮传动的要求因用途不同而异,但归纳起来主要有以下四项:

1. 传递运动的准确性

要求齿轮在一转范围内,最大转角误差要尽量小,以保证从动件与主动件协调。

2. 传动的平稳性

要求瞬时传动比的变化尽量小,以保证低噪声、低冲击和较小振动。

3. 载荷分布的均匀性

要求齿轮啮合时齿面接触良好,齿面接触不均匀易引起应力集中,齿面局部磨损加剧,易失效,缩短齿轮的使用寿命。

4. 传动侧隙

要求齿轮啮合时非工作齿面间应有一定的间隙。齿侧间隙的作用是补偿齿轮传动受力后的弹性变形、热膨胀及齿轮的加工安装误差,从而防止齿轮传动咬死和烧伤,保证齿轮自由回转并储存润滑油。

齿轮的工作条件不同,对上述四项要求的侧重点也是不同的,如:

1）矿山机械、轧钢机等设备上的低速重载齿轮称为动力齿轮,其特点是传递动力大,模数和齿宽均较大,转速一般较低,所以对第 3、4 项要求较高。

2）高速发动机、减速器、高速机床的变速箱等设备上用的齿轮称为高速齿轮,其特点是传递功率大,圆周速度高,所以对第 2、3、4 项要求较高。

3）测量仪器上用的读数分度齿轮,其特点是传递运动准确性高,负荷不大,转速不高,所以对第 1 项要求较高,且要求侧隙要小。

9.1.2 齿轮加工误差的来源及其特征

在机械制造中，齿轮加工方法按齿廓形成原理可分为仿形法和展成法。

仿形法：如用成形铣刀在铣床上铣齿；

展成法（又称范成法）：如用滚刀在滚齿机上滚齿，其加工误差主要来源于机床—刀具—工件系统的周期性误差，图 9-1 所示为滚切加工齿轮时的情况，其主要加工误差有以下几种。

1. 几何偏心（e_j）

加工时，齿坯基准孔轴线 O_1 与滚齿机工作台旋转轴线 O_2 不重合，发生偏心，其偏心量为 e_j。几何偏心使齿轮在加工过程中齿坯相对于滚刀的距离发生变化，切出的齿一边短而肥、一边瘦而长，如图 9-2 所示。当以齿轮基准孔定位进行测量时，在齿轮一转内产生周期性的齿圈径向跳动误差，同时齿距和齿厚也产生周期性变化。有几何偏心的齿轮装在传动机构中，就会引起以每转为周期的速比变化，产生时快时慢现象。对于齿坯基准孔较大的齿轮，为了消除此偏心带来的加工误差，工艺上有时采用液性塑料可胀心轴安装齿坯。设计上，为了避免由于几何偏心带来的径向误差，齿轮基准孔和轴的配合一般采用过渡配合或过盈量不大的过盈配合。

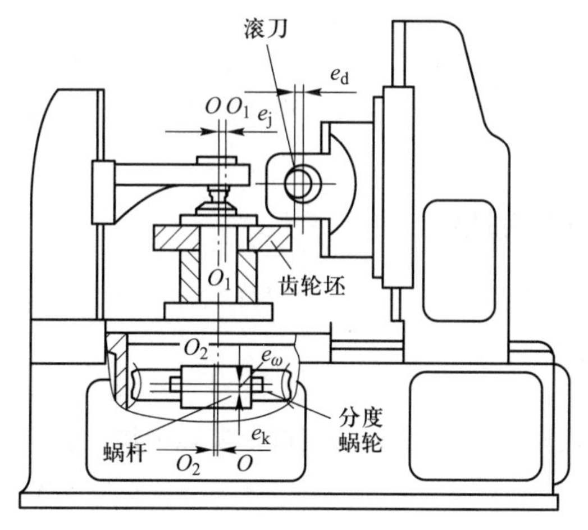

图 9-1　滚切齿轮加工示意图

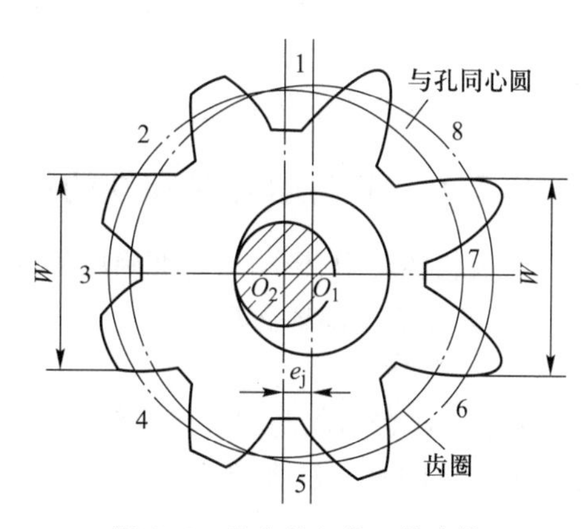

图 9-2　具有几何偏心的齿轮

2. 运动偏心（e_y）

运动偏心是由于滚齿机分度蜗轮加工误差和分度蜗轮轴线 O_2 与工作台旋转轴线 O 有安装偏心 e_k 引起的。运动偏心使齿坯相对于滚刀的转速不均匀，忽快忽慢，破坏了齿坯与刀具之间的正常滚切运动。当角速度由 ω 增加到 $\omega+\Delta\omega$ 时，切齿提前使齿距和公法线都变长；当角速度由 ω 减小到 $\omega-\Delta\omega$ 时，切齿滞后使齿距和公法线都变短，使齿轮产生切向周期性变化的误差。如图 9-3 所示，这时齿廓在径向位置上没有变化。这种偏心一般称为运动偏心，又称为切向偏心。

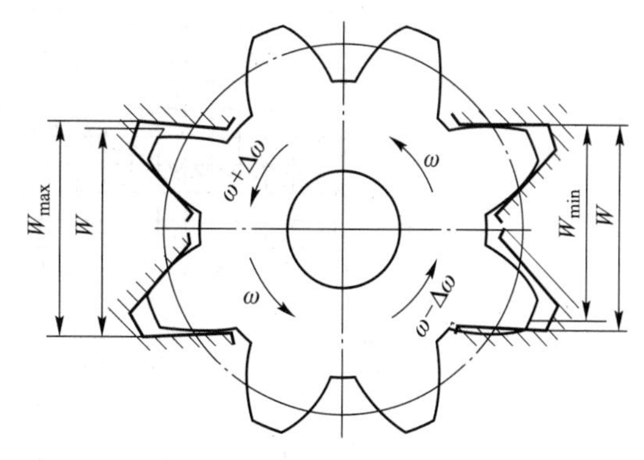

图 9-3　具有运动偏心的齿轮

3. 机床传动链的短周期误差

加工直齿轮时，主要受分度链各传动元件误差的影响，尤其是分度蜗杆的径向跳动和轴向窜动的影响；加工斜齿轮时，除分度链误差影响外，还受差动链误差的影响。

4. 滚刀的加工误差与安装误差

主要是指滚刀的径向跳动、轴向窜动、齿形角误差和安装时刀具的偏心、刀具轴心线的安装倾斜误差等。

由于滚齿过程是滚刀对齿坯周期地连续滚切的结果。因此，加工误差具有周期性是齿轮误差的特点。上述四个方面产生的齿轮加工误差中，前两项是长周期误差，以齿轮一转为周期。后两项是短周期误差，以分度蜗杆一转或齿轮一齿为周期，而且频率较高，在齿轮一转中多次重复出现，所以也叫高频误差。

9.2 齿轮的误差项目及检测

齿轮误差会使齿轮的各设计参数发生变化，影响传动质量。为此，国家出台和实施了国家标准 GB/T 10095.1—2008《圆柱齿轮 精度制 第1部分：轮齿同侧齿面偏差的定义和允许值》和 GB/T 10095.2—2008《圆柱齿轮 精度制 第2部分：径向综合偏差与径向跳动的定义和允许值》，以及指导性技术文件 GB/Z 18620.1～4—2008《圆柱齿轮 检验实施规范》，组成了一个标准和指导性技术文件的体系。

9.2.1 影响运动准确性的误差项目及其测量

在齿轮传动中，影响运动准确性的误差项目共有五项。

1. 切向综合总偏差 F_i'

(1) 定义

F_i'是指被测齿轮与测量齿轮单面啮合时，被测齿轮一转内，齿轮分度圆上实际圆周位移与理论圆周位移的最大差值，如图 9-4 所示。

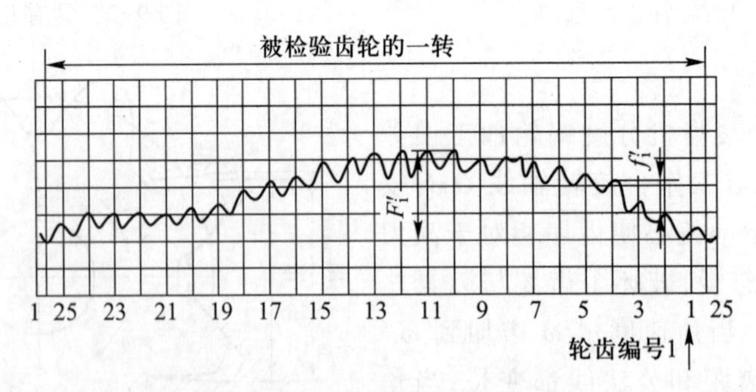

图 9-4 切向综合总偏差 F_i'

F_i'反映齿轮的运动误差，它说明齿轮的运动是不均匀的，在一转过程中其速度忽快忽慢，周期性地变化。

（2）F_i'产生的原因

1）几何偏心；

2）运动偏心；

3）各种短周期误差综合影响。

（3）F_i'的测量

F_i'可以用单面啮合综合测量仪测量，如图 9-5 所示。测量时，理想精确的测量齿轮允许以齿条、蜗杆或测头等代替。让被测齿轮在公称中心距状态下与理想精确的测量齿轮（可以是蜗杆、齿条或专用测头）单面啮合，在啮合过程中，当被测齿轮有误差时，将引起被测齿轮的回转角误差，此时转角的微小角位移误差变为两电信号的相位差，两路电信号输入比相器进行比相后输出，再输入电子记录器，记录出被测齿轮的 F_i'曲线，如图 9-6 所示。图 9-6a 为用长记录纸记录的 F_i'曲线，图 9-6b 为用圆记录纸记录的 F_i'曲线。

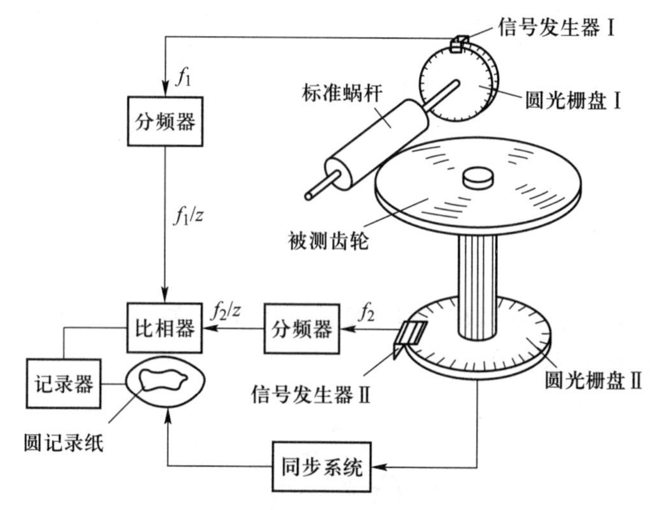

图 9-5　光栅式单面啮合综合测量仪原理图

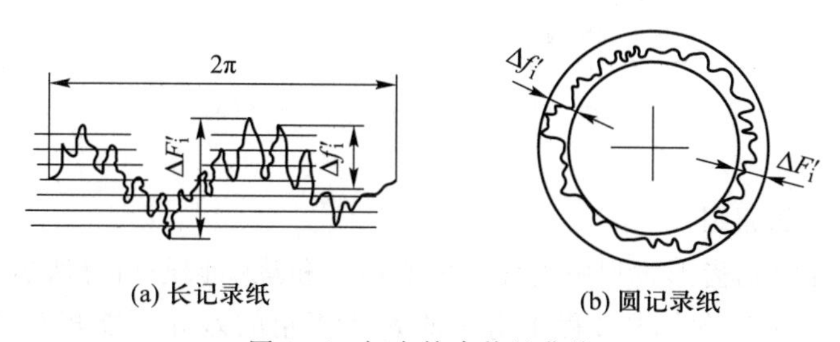

图 9-6　切向综合偏差曲线

单面啮合综合测量的主要优点是：

1）利用单面啮合综合测量仪测量切向综合偏差时，被测齿轮近似于工作状态，测得的 F_i'反映了齿轮各种误差的综合作用，因而 F_i'是评定齿轮传递运动准确性较为完善的指标，反映了齿轮总的使用质量，因而更接近于实际使用情况。

2）F_i'是各单项误差综合的影响，由于各单项误差在综合测量中可能相互抵消，从而避免了把一些合格产品当作废品的可能性。

3）容易实现测量的机械化和自动化，测量效率高。

2. 齿距累积总偏差 F_p

（1）定义

1）齿距累积总偏差 F_p

F_p 是指在齿轮同侧齿面任意弧段（$k=1$ 至 $k=z$）内的最大齿距累积偏差，它表示齿距累积偏差曲线的总幅值，如图 9-7 所示。

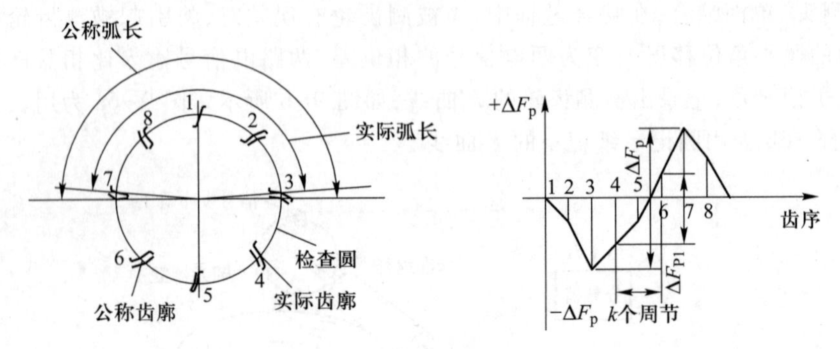

图 9-7 齿距累积总误差

2）齿距累积偏差 F_{pk}

F_{pk}是指任意 k 个齿距的实际弧长与理论弧长的代数差，如图 9-8 所示。理论上它等于这 k 个齿距的各单个齿距偏差的代数和。

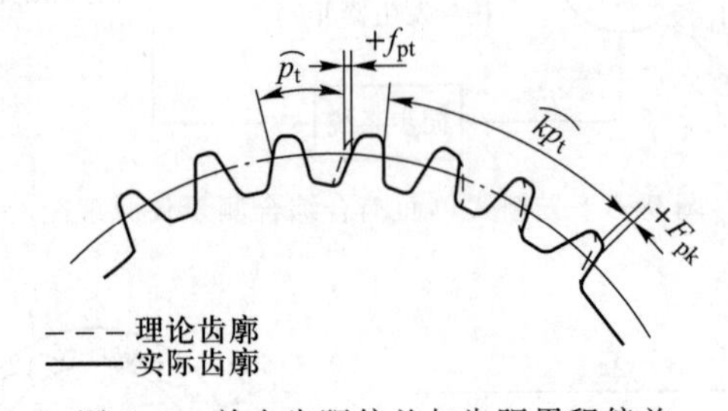

图 9-8 单个齿距偏差与齿距累积偏差

（2）F_p（F_{pk}）产生的原因

F_p（F_{pk}）主要是在滚切齿形过程中由几何偏心（e_j）和运动偏心（e_y）所造成的。e_j 和 e_y 都是近似按正弦规律变化，在误差合成过程中由于两者初相角的差异可能相互叠加，也可能相互抵消。所以 F_p（F_{pk}）能较好地综合反映齿轮误差。但由于测量时是沿所取分度圆圆周上若干点（一般与齿数 z 相等）测量的，测得结果为一折线，故F_p（F_{pk}）只能说明有限点运动误差情况，而不能反映两点之间的传动比变化，所以它近似地反映齿轮运动误差。

F_i'和 F_p（F_{pk}）均能较全面反映齿轮一转的转角误差，为评价齿轮运动精度高低的综合性精度，但两者又有差别，F_p（F_{pk}）不如 F_i'反映全面。

（3）F_p 的测量

测量方法通常有相对测量法和绝对测量法两种，其中以相对测量法应用最广。

1）绝对测量法。如图 9-9 所示，利用一精密分度装置和定位装置准确控制被测齿轮，每次转过一个或 k 个齿距角，测量其实际转角与理想转角之差（以测量圆的弧长计），即可测得齿距累积总偏差（F_p）和单个齿距偏差（f_{pt}）。

2）相对测量法。中等模数的齿轮多采用此法测量。相对测量法常用万能测齿仪和齿距仪进行测量。如图 9-10 所示，以内孔或顶尖孔为定位基准，图中 1 是活动量脚，它与指示表 4 相连接，2 是固定量脚，被测齿轮在重锤 3 的作用下靠在固定量脚 2 上。测量时先按任一齿距调整量脚 1、2 的距离，使量脚 1、2 在分度圆附近与相邻同名齿廓接触，将指示表调整到零，作为测量基准，然后沿整个齿圈依次测出其他实际齿距与作为基准的齿距的差值，称为相对齿距差。之后利用"圆周封闭原则"进行数据处理，求出各个"相对齿距差"与"相对齿距差平均值"的代数差，即得到各个齿距的误差，将它逐个累积，各个累积值之间的最大代数差的绝对值即为齿轮累积总偏差。

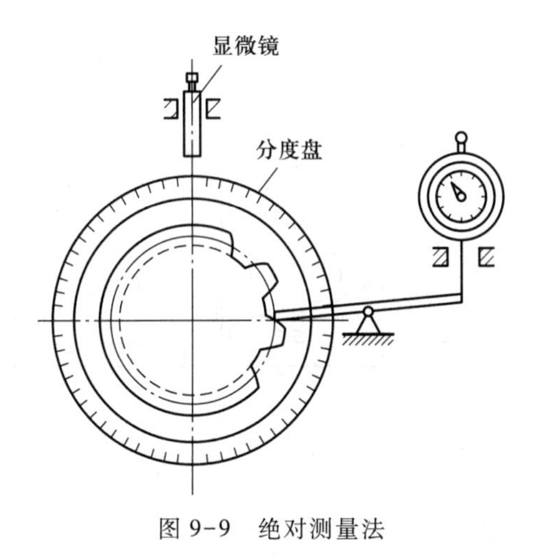

图 9-9　绝对测量法

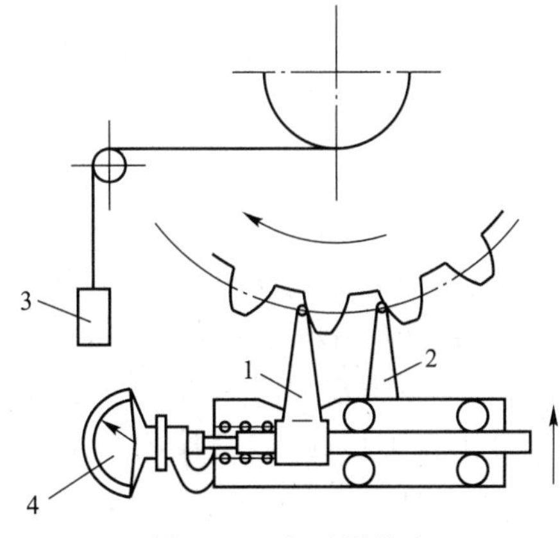

图 9-10　相对测量法

3. 齿圈径向跳动 F_r

（1）定义

F_r 是指在齿轮一转范围内，测头在齿槽内（或轮齿上）与齿高中部双面接触，测头相对于齿轮轴心线的最大变动量，如图 9-11 所示。

（2）F_r 产生的原因

F_r 是由几何偏心 e_j 引起的。而几何偏心可能是加工中产生的，也可能是装配时产生的，如图 9-12a 所示。齿坯孔 O 与心轴中心 O' 之间有间隙，所以孔中心 O 可能与切齿时的回转中心 O' 不重合，而有一个偏心 e_j。在切齿过程中，刀具至回转中心 O' 的距离始终保持不变，因而切出的齿圈就以 O' 为中心均匀分布，当齿轮装配在轴上工作时，是以孔中心 O 为回转中心，由于 e_j 的存在，所以在齿轮转动时，从齿圈到孔中心 O 的距离不等，从而产生齿圈径向跳动误差 ΔF_r。ΔF_r 按正弦规律变化，如图 9-12b 所

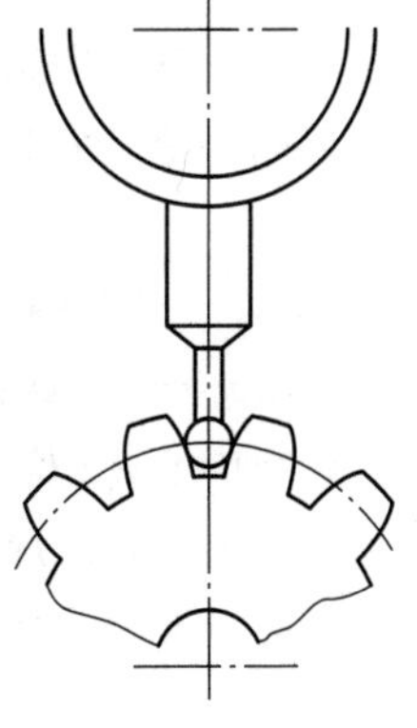

图 9-11　齿圈径向跳动的测量

示。它以齿轮一转为一个周期,属长周期误差。若忽略其他误差的影响,则 $\Delta F_r = 2e_j$。由 e_j 引起的误差是沿着齿轮径向方向产生的,属径向误差。

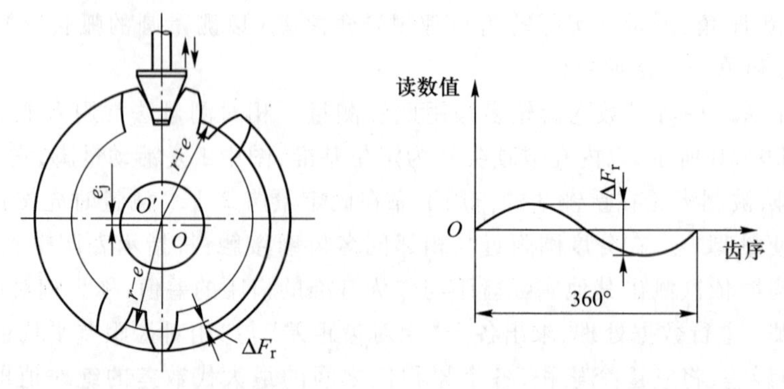

(a) 齿圈径向跳动误差的测量　　(b) 齿圈径向跳动误差变化曲线

图 9-12　几何偏心 e_j 产生 F_r

假如齿轮加工时无误差,但加工好的齿轮安装在轴上时,若齿轮孔与传动轴有间隙,则其影响与加工时产生的 e_j 相同。

(3) F_r 的测量

F_r 可在齿圈径向跳动检查仪、万能测齿仪或普通偏摆检查仪上用小圆棒和百分表测量。普通偏摆检查仪测量方法如图 9-13 所示。把测量头(可采用球形或锥形的)或圆棒放在齿间,对于标准齿轮球测头的直径可取 $d_p = 1.68\ m$(m 为齿轮模数),依次逐齿测量。在齿轮一转中指示表最大读数与最小读数之差就是被测齿轮的 F_r。

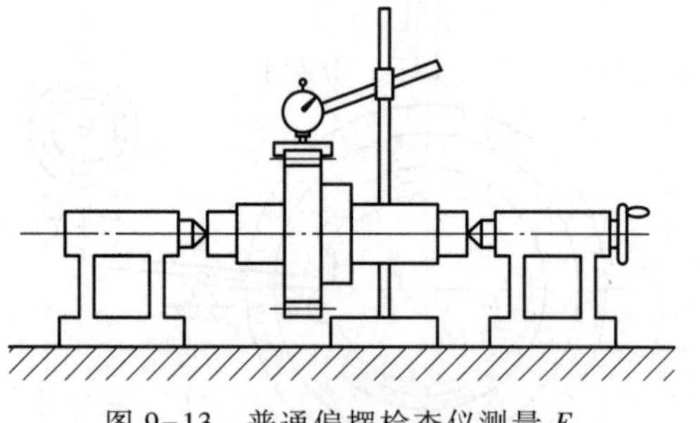

图 9-13　普通偏摆检查仪测量 F_r

4. 径向综合总偏差 F_i''

(1) 定义

F_i''是指被测齿轮与理想精确的测量齿轮双面啮合时,在被测齿轮一转内的双啮中心距的最大值与最小值之差,如图 9-14 所示。

$$F_i'' = E_{amax} - E_{amin} \tag{9-1}$$

式中:E_{amax}——双啮最大中心距;

E_{amin}——双啮最小中心距。

双啮中心距(E_a)是指被测齿轮与精确齿轮紧密啮合时的中心距。

(2) F_i''产生的原因

F_i''主要反映几何偏心,可以代替 F_r 的检查。径向综合公差 F_i''与齿圈径向跳动公差 F_r 的关系是

$$F_i'' = F_r + f_i'' \tag{9-2}$$

式中:f_i''——径向相邻齿综合公差。

(3) F_i''的测量

F_i''用双面啮合仪测量(图 9-14a),被测齿轮安装在固定滑座上,理想精确齿轮(其精度比被测量齿轮高 3~4 级)装在浮动滑座上,在弹簧力作用下与被测齿轮作紧密啮合,旋转被测齿轮,此时由于齿圈偏心、齿形误差、基节偏差等因素引起双啮中心距的变化,使浮动滑座产生位移,此位移量通过自动记录装置画出误差曲线,如图 9-14b 所示。在被测齿轮一转中,双啮中心距最大变动量就是 F_i''。

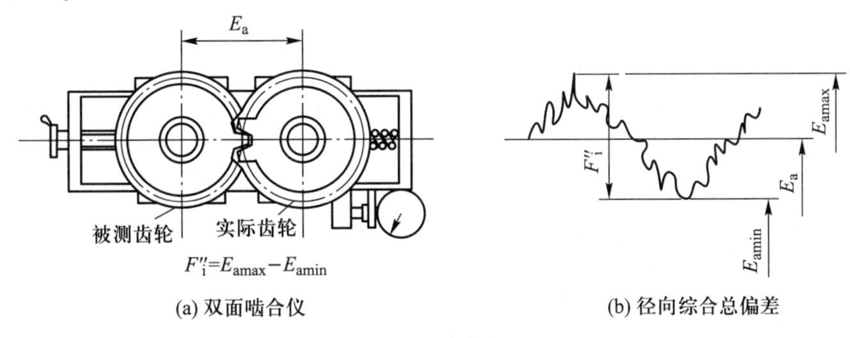

(a) 双面啮合仪　(b) 径向综合总偏差

图 9-14　双面啮合仪测量 F_i''

由此可见,F_i''是评定齿轮传递运动准确性较好的一项综合性指标。用双面啮合仪测量齿轮的 F_i''的优点是操作方便,测量效率高,在成批和大量生产中普遍被采用。但也有缺点,由于测量时被测齿轮齿面是与理想精确齿轮啮合,与工作状态不相符合。

由于 F_i''只能反映齿轮的径向误差,而不能反映切向误差,故 F_i''并不能确切、充分地用来表示齿轮的运动精度。

5. 公法线长度变动偏差 F_W

(1) 定义

F_W 是指在齿轮一周范围内,实际公法线长度最大值与最小值之差(图 9-15),即

$$F_W = W_{k\max} - W_{k\min} \tag{9-3}$$

式中:$W_{k\max}$——实际公法线长度最大值;

$W_{k\min}$——实际公法线长度最小值。

公法线长度(W_k)是指跨 k 个齿的异侧齿形平行切线间的距离。如图 9-16 所示,亦即 k 个齿的异侧齿形平行切线间的距离或在基圆切线上所截取的长度。由渐开线形成原理可知,跨 k 个齿侧公法线的长度为

$$W_k = (k-1)t_j + s_j \tag{9-4}$$

式中:k——跨齿数;

t_j——基圆上的周节(称基节);

s_j——基圆上的齿厚。

(2) F_W 产生的原因

滚齿时,F_W 是由运动偏心 e_y 引起的。e_y 来源于机床分度蜗轮的偏心 $e_{蜗}$(图 9-17)。假设此时齿轮无安装误差,即 $e_j=0$,由于分度蜗轮有偏心,此时分度蜗轮的回转轴线 $O'-O'$与工作台轴线(齿坯中心)$O-O$ 不重合,产生偏心,当蜗杆匀速转动时,蜗轮节点处的线速度为常数(等于蜗

杆的线速度)，但由于分度蜗轮安装偏心，各瞬时节点的回转半径不等。所以分度蜗轮的角速度 ω 按正弦规律变化，从而使齿坯的转速不均匀，忽快忽慢，加工出齿轮的齿在齿圈上就会分布不均匀。

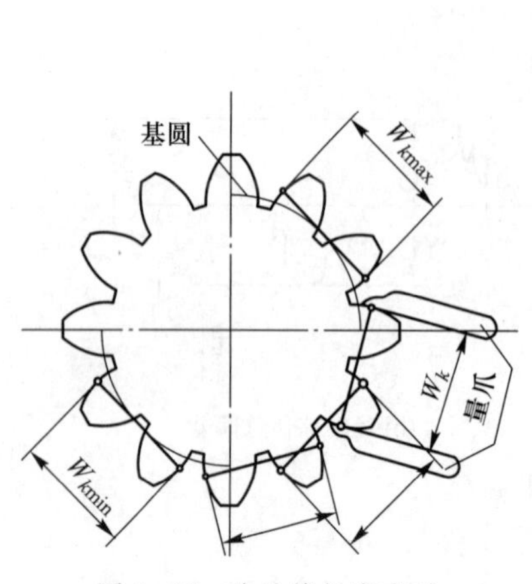

图 9-15　公法线长度变动

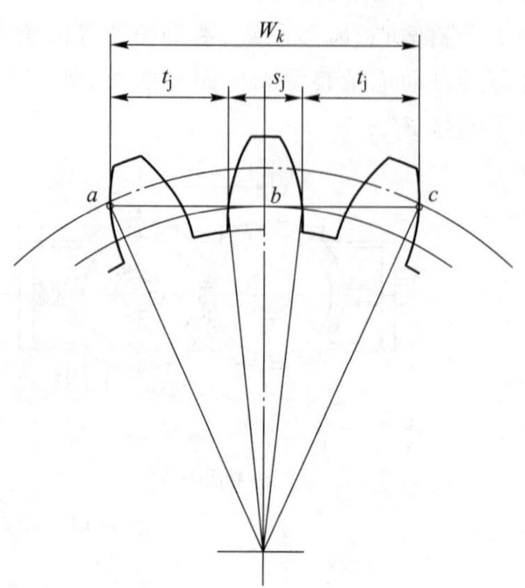

图 9-16　公法线长度

(3) F_W 的测量

F_W 采用公法线千分尺或公法线长度指示卡规测量。由于测量方法比较简单，所以在生产中将公法线长度变动作为齿轮运动精度的评定指标之一。

经过上述分析，可以得出以下几点结论：

1) F_r、$\Delta F_i''$主要是由 e_j 引起的；

2) F_W 是由 e_y 引起的；

3) F_p 是由 e_j 和 e_y 综合引起的；

4) F_i''是由长、短周期误差综合影响的结果。

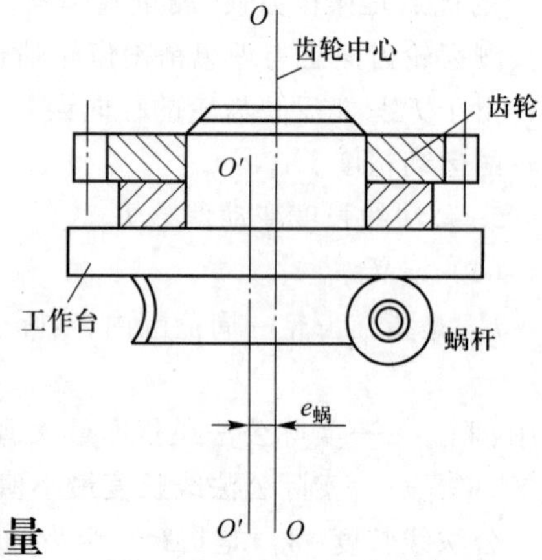

图 9-17　机床工作台分度蜗轮偏心

9.2.2　影响传动平稳性的误差项目及其测量

齿轮在工作时，如果只有长周期误差，其误差曲线如图 9-18a 所示，此时虽然运动不均匀，但齿轮在工作速度不高时，其传动还是比较平稳的。如果只有短周期误差，其误差曲线如图 9-18b 所示，由于它在齿轮一转中多次重复出现，将引起齿轮瞬时传动比的急剧变化，使齿轮传动不平稳。在高速传动中，将发生冲击，产生噪声与振动。所以，对短周期误差必须加以控制。在实际工作中，齿轮运动误差是一条复杂的周期函数，如图 9-18c 所示，此曲线是由长、短周期误差曲线叠加而成。

影响齿轮传动平稳性的误差项目主要有以下五项：

1. 一齿切向综合偏差 f_i'

(1) 定义

f_i'是指被测齿轮与理想精确的测量齿轮(一般高于被测齿轮精度 3~4 级)单面啮合时，在被

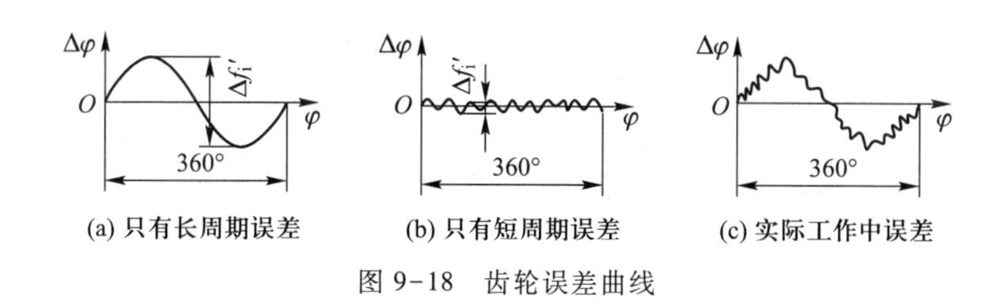

图 9-18 齿轮误差曲线

测齿轮一齿距角内的实际转角与理论转角之差的最大幅度值，以分度圆弧长计值。

（2）f_i'产生的原因

f_i'的产生主要是由于刀具的制造和安装误差、机床传动链的短周期误差（主要是分蜗杆齿侧面的跳动及其蜗杆本身的制造误差）。f_i'反映的是高频误差（短周期误差），将影响齿轮传动的平稳性。

（3）f_i'的测量

f_i'是采用单面啮合仪测量的。它是切向综合误差曲线上（图 9-4）小波纹中幅值最大的那一段所代表的误差，综合反映了齿轮各种短周期误差，因而能充分地表明齿轮工作平稳性的高低，是评定齿轮工作平稳性精度的一项综合性指标。

2. 一齿径向综合偏差 f_i''

（1）定义

f_i''是指被测齿轮与理想精确的测量齿轮双面啮合时，在被测齿轮一齿距角内的双啮中心距的最大变动量。如图 9-19 所示，也就是径向综合误差曲线上小波纹中幅值最大的那一段所代表的误差。

（2）f_i''产生的原因

f_i''产生的原因与f_i'产生的原因基本相同。

（3）f_i''的测量

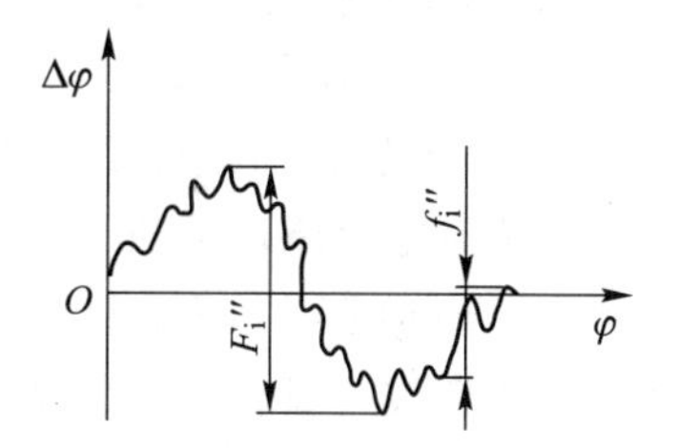

图 9-19 径向相邻齿综合偏差 f_i''

f_i''是采用双面啮合仪测量的。当测量啮合角与加工啮合角相等（$\alpha_{测}=\alpha_{加工}$）时，f_i''只反映刀具制造和安装误差引起的径向误差，而不能反映机床传动链短周期误差引起的周期切向误差。当 $\alpha_{测}\neq\alpha_{加工}$时，则$f_i''$除包含径向误差外，还反映部分周期误差。因此，用$f_i''$评定齿轮传动的平稳性不如用$f_i'$评定完善，但由于双面啮合仪结构简单、操作方便，在成批生产中仍广泛被采用。

3. 齿廓总偏差 F_α、齿廓形状偏差 $f_{f\alpha}$、齿廓倾斜偏差 $f_{H\alpha}$

（1）定义

F_α 是指在计算范围内，包容实际齿廓迹线的两条设计齿廓迹线间的距离，如图 9-20a 所示。

$f_{f\alpha}$是指在计算范围内，包容实际齿廓迹线的两条与平均齿廓迹线完全相同的曲线间的距离，且两条曲线与平均齿廓迹线的距离为常数，如图 9-20b 所示。

$f_{H\alpha}$是指在计算范围的两端与平均齿廓迹线相交的两条设计齿廓迹线间的距离，如图 9-20c 所示。

（2）齿廓偏差产生的原因

1）刀具的制造误差（如刀具齿形误差和齿形角误差）和安装误差（如滚刀在刀杆上的安装

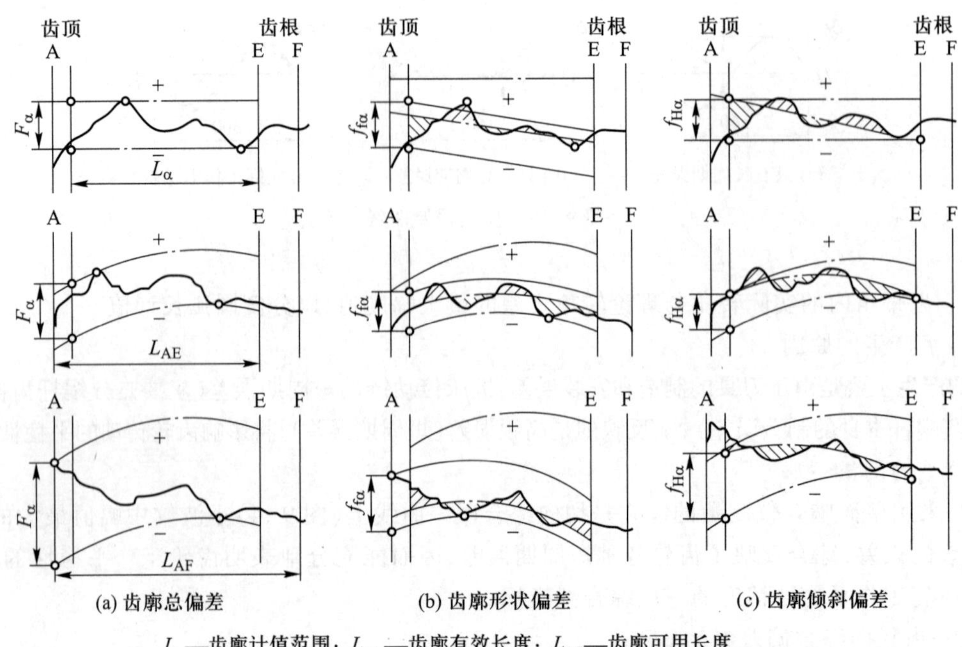

L_α—齿廓计值范围；L_{AE}—齿廓有效长度；L_{AF}—齿廓可用长度

图 9-20 齿廓偏差

偏心及倾斜)；

2）机床传动链误差；

3）刀具的轴向窜动；

4）工艺系统(机床、刀具、夹具和工件组成的系统)的振动。

从齿轮啮合原理可知,当齿轮具有正确的渐开线齿形时,一对齿轮啮合过程中任一瞬间的接触点(啮合点)K必在啮合线上,如图9-21所示。而啮合线就是两基圆的公切线,亦即齿形的公法线。啮合线与齿轮中心线交点即为节点P。齿轮瞬间的传动比与节点所分的中心线两线段成反比,即

$$i=\frac{\omega_1}{\omega_2}=\frac{PO_2}{PO_1} \tag{9-5}$$

所以,具有理论渐开线的齿轮,每一瞬间传动比是个定值。当齿形有偏差时(图9-22),实际接触点a'在啮合线上,此时过点a'所作齿轮公法线必定不相交于P点,而交于另一点,所以破坏了瞬间传动比的关系,从而影响齿轮传动的平稳性。

(3) 齿廓偏差的测量

齿廓偏差的检验也叫齿形检验,通常是在渐开线检查仪上进行的。图9-23所示为单盘式渐开线检查仪原理图。该仪器是用比较法进行齿形偏差测量的,即将产品齿轮的齿形与理论渐开线比较,从而得出齿廓偏差。产品齿轮1与可更换的摩擦基圆盘2装在同一轴上,基圆盘直径要精确等于被测齿轮的理论基圆直径,并与装在滑板4上的直尺3以一定的压力相接触。当转动丝杠5使滑板4移动时,直尺3便与基圆盘2作纯滚动,此时齿轮也同步转动。在滑板4上装有测量杠杆6,它的一端为测量头,与产品齿面接触,其接触点刚好在直尺3与基圆盘2相切的

平面上，它走出的轨迹应为理论渐开线，但由于齿面存在齿形偏差，因此在测量过程中测头就产生了偏移并通过指示表7指示出来，或由记录器画出齿廓偏差曲线，按 F_α 的定义可以从记录曲线上求出 F_α 数值，然后再与给定的允许值进行比较。有时为了进行工艺分析或应用户要求，也可以从曲线上进一步分析出 $f_{f\alpha}$ 和 $f_{H\alpha}$ 的数值。

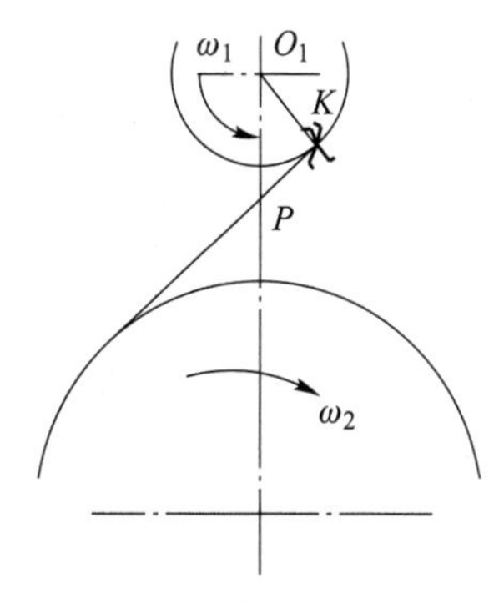

图 9-21　齿轮正确啮合

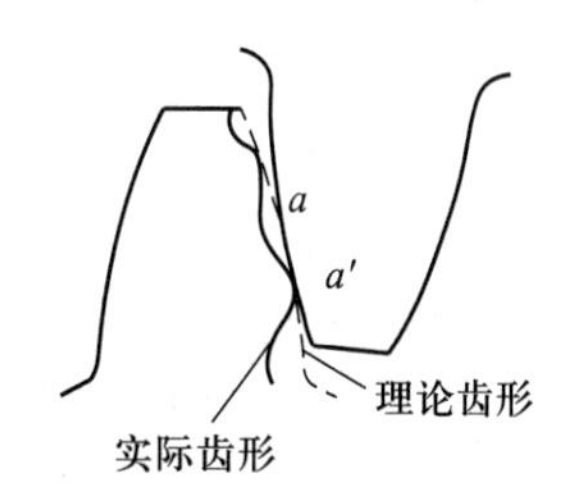

图 9-22　齿形有偏差时啮合情况

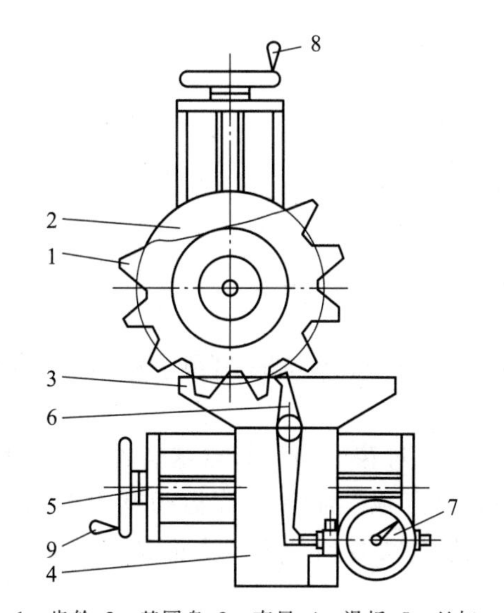

1—齿轮；2—基圆盘；3—直尺；4—滑板；5—丝杠；6—杠杆；7—指示表；8，9—手轮

图 9-23　单盘式渐开线检查仪原理图

4. 基圆齿距 p_b 与基圆齿距偏差 f_{pb}

(1) 定义

齿轮端面基圆齿距等于两相邻同侧齿面端面齿廓间公法线长度，也等于两相邻同侧渐开线齿廓基圆圆弧长度。其计算为：

$$p_{bt}=d_b\frac{\pi}{z} \tag{9-6}$$

法向基节和端面基圆齿距有以下关系：

$$p_{bn}=p_{bt}\cos\beta \tag{9-7}$$

f_{pb}为实际基圆齿距与公称基圆齿距之差。实际基圆齿距是指切于基圆柱的平面与两相邻同侧齿面交线间的距离，如图9-24所示。公称基圆齿距可通过计算或查表求得。

(2) f_{pb}产生的原因

主要是切齿刀具的制造误差，包括刀具本身基节偏差和齿形角误差。

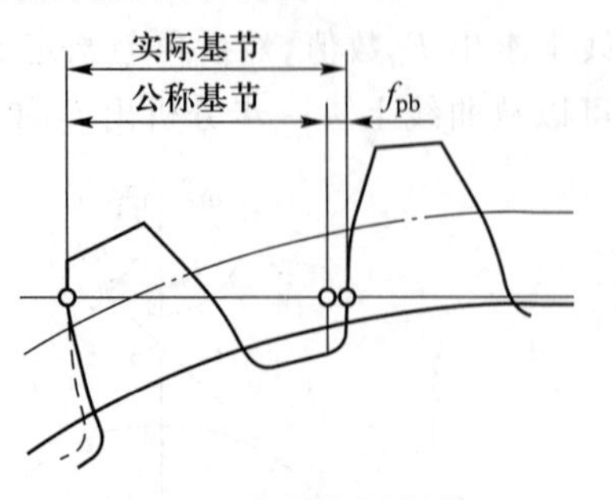

图9-24 基圆齿距偏差f_{pb}

齿轮工作时，要实现正确的啮合传动，主动轮与从动轮的基节必须相等，即

$$t_{j1}=t_{j2} \tag{9-8}$$

式中：t_{j1}——主动轮基节；

t_{j2}——从动轮基节。

但齿轮存在f_{pb}，使$t_{j1}\neq t_{j2}$。基节不等的一对齿轮在啮合过渡的一瞬间发生冲击，如图9-25所示。

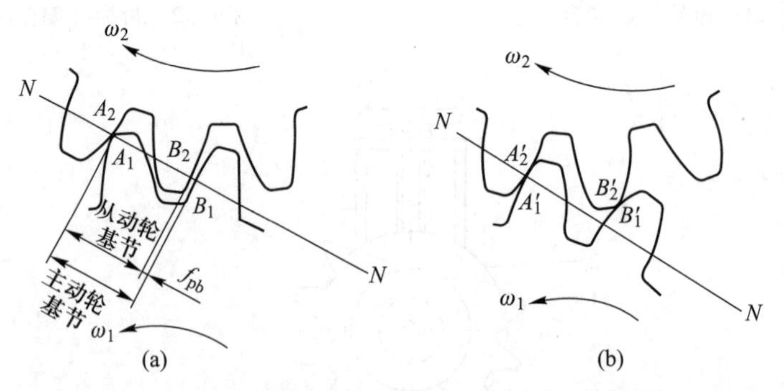

图9-25 基节偏差对齿轮传动工作平稳性的影响

1) $t_{j1}>t_{j2}$时(图9-25a)，第一对齿在A_1、A_2点啮合终止时，第二对齿B_1、B_2尚未进入啮合。此时，A_1的齿顶将沿着A_2的齿根"刮行"(称齿刃啮合)，发生啮合线外的啮合，使从动轮突然降速，第二对齿B_1、B_2进入啮合时，使从动轮又突然加速，从而引起冲击、振动和噪声，使传动不平稳。

2) $t_{j1}<t_{j2}$(图9-5b)，第一对齿A_1'、A_2'的啮合尚未结束，第二对齿B_1'、B_2'就已开始进入啮合，B_2'的齿顶反向撞击B_1'的齿腹，使从动轮突然加速，强迫A_1'和A_2'脱离啮合。B_2'的齿顶在B_1'的齿腹上"刮行"，同样产生顶刃啮合。直到B_1'和B_2'进入正常啮合，恢复正常转速为止。这种情况比前一种情况更坏，除有冲击、振动和噪声外，有时还发生卡住和不能传动的现象。

上述两种情况的冲击，在齿轮一转中多次重复出现，误差的频率等于齿数，称为齿频误差。这是影响传动平稳性的重要原因。

(3) f_{pb}的测量

常用的测量仪器有基节仪、万能测齿仪和万能工具显微镜等。

如图9-26为基节测量仪，测量时，先以一组量块将活动量头2和固定量头3的距离调至被测齿轮的公称基节尺寸，并将指示表对准零位。然后将定位脚4靠在轮齿1上，令两个量爪在基圆切线上与两相邻同侧齿面的交点接触。此时在指示表的读数即为f_{pb}。

5. 单个齿距偏差 f_{pt}

(1) 定义

f_{pt}是指在端平面上,接近齿高中部的一个与齿轮轴线同心的圆上,实际齿距与理论齿距的代数差,如图 9-27 所示。单个齿距偏差是短周期误差,影响齿轮传动的平稳性精度。

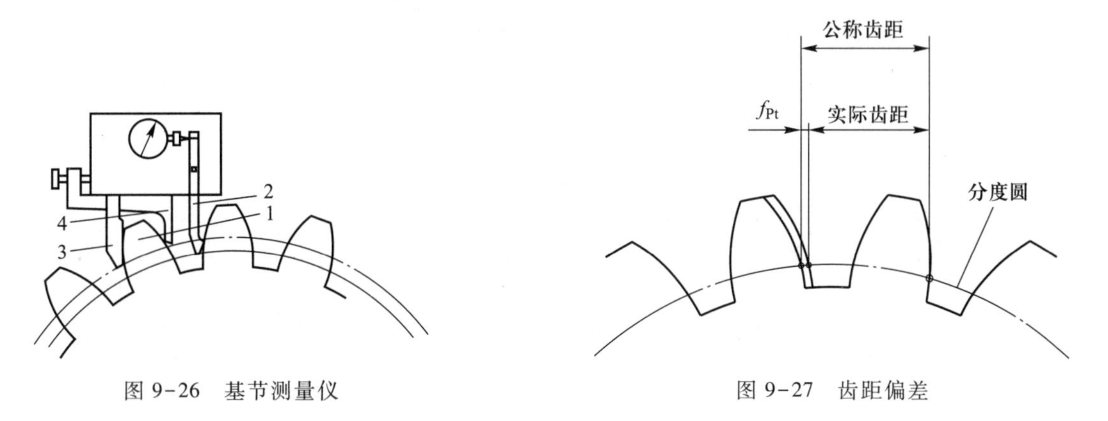

图 9-26 基节测量仪　　图 9-27 齿距偏差

在理论上,齿距 P_t与基节 P_b之间的关系如下:

$$P_b = P_t\cos\alpha \tag{9-9}$$

式中:α 为齿形角。

微分上式得

$$\Delta P_b = \Delta P_t\sin\alpha\Delta\alpha \tag{9-10}$$

解得

$$\Delta P_t = \frac{\Delta P_b + \Delta\alpha P_t\sin\alpha}{\cos\alpha} \tag{9-11}$$

式中:ΔP_t 只体现齿距偏差,ΔP_b 体现基节偏差,$\Delta\alpha$ 体现齿形误差。

因此式(9-10)表明齿距偏差在一定程度上反映了基节偏差和齿形误差的影响。所以可用齿距偏差来评定齿轮工作的平稳性精度。

(2) f_{pt}产生的原因

在滚齿加工中,主要是由分度蜗杆的跳动引起的。在有些切齿工艺(如磨齿)中,可以通过 f_{pt}暴露齿轮机床分度盘的误差对切向相邻齿综合误差 f_i'的影响。

(3) f_{pt}的测量

f_{pt}可采用齿距仪测量,方法可参考前面关于齿距累积总偏差 F_p 的测量中的说明。

9.2.3 影响载荷分布均匀性的误差项目及其测量

从理论上讲,一对齿在啮合过程中,由齿顶到齿根每一瞬间都是沿全齿宽接触的,如果不考虑弹性变形的影响,每一瞬间轮齿都是沿着一条直线进行接触的。但实际上,由于齿轮的制造和安装误差,啮合齿并不是沿全齿宽及全齿高接触。下面介绍螺旋线总偏差 F_β、螺旋线形状偏差 $f_{f\beta}$及螺旋线倾斜偏差 $f_{H\beta}$。

1. 定义

F_β 是指在计值范围内包容实际螺旋线迹线的两条设计螺旋线迹线间的距离，如图 9-28a 所示；计值范围 L_β 指在轮齿两端处各减去 5%的齿宽或减去一个模数长度后得到的两者中的最小值，齿宽两端 $b-L_\beta$ 的范围称为减薄区。

$f_{f\beta}$是指在计值范围内，包容实际螺旋线迹线的，与平均螺旋线迹线完全相同的两条曲线间的距离，且两条曲线与平均螺旋线迹线的距离为常数，如图 9-28b 所示。

$f_{H\beta}$是指在计值范围的两端与平均螺旋线迹线相交的两条设计螺旋线迹线间的距离，如图 9-28c所示。

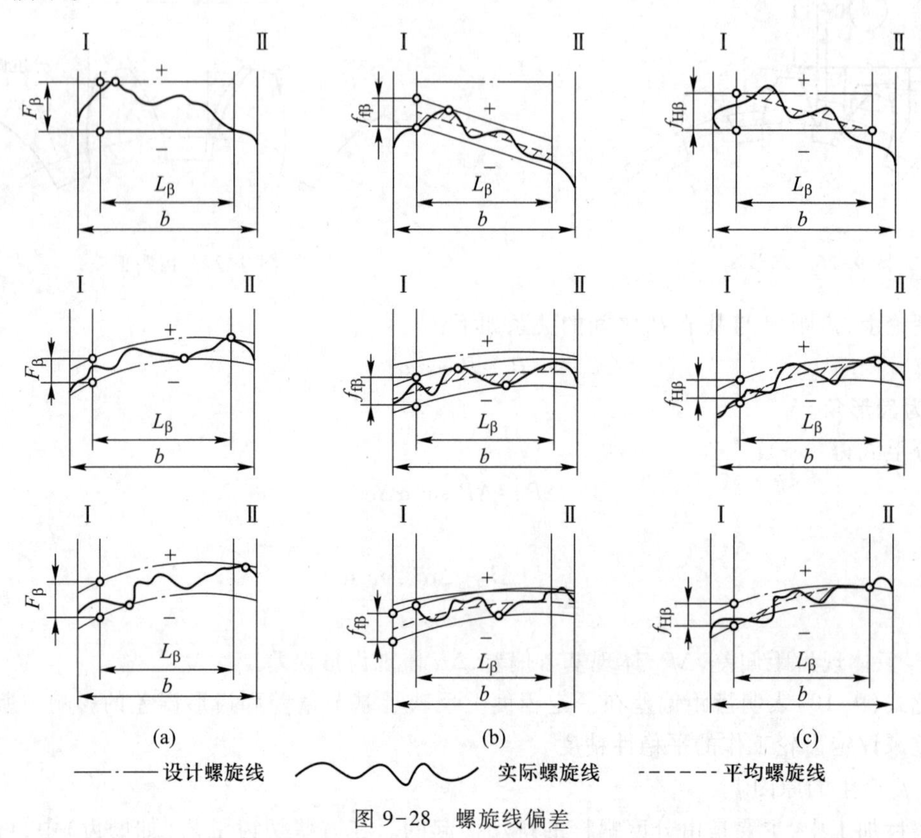

图 9-28　螺旋线偏差

2. F_β 产生的原因

1）机床刀架导轨方向相对于工作台回转中心线有倾斜误差；

2）齿坯安装时内孔与心轴不同轴或齿坯端面跳动量过大；

3）对于斜齿轮，还与机床差动传动链（附加传动）的调整误差有关。

3. F_β 的测量

F_β 的测量比较简单，常用方法有：

1）用齿向检查仪测量；

2）用万能工具显微镜或光学分度头等通用量具进行螺旋线的点测法来测量。

9.2.4　影响侧隙的加工误差及其测量

在齿轮的加工误差中，影响齿轮副侧隙的误差主要是齿厚偏差和公法线平均长度偏差两项。

1. 齿厚偏差 E_{sn}

E_{sn}是指分度圆柱面上齿厚实际值与公称值之差，如图 9-29 所示。对于斜齿轮，指法向齿厚。该评定指标由 GB/Z 18620.2—2008 推荐。齿厚偏差是反映齿轮副侧隙要求的一项单项性指标。

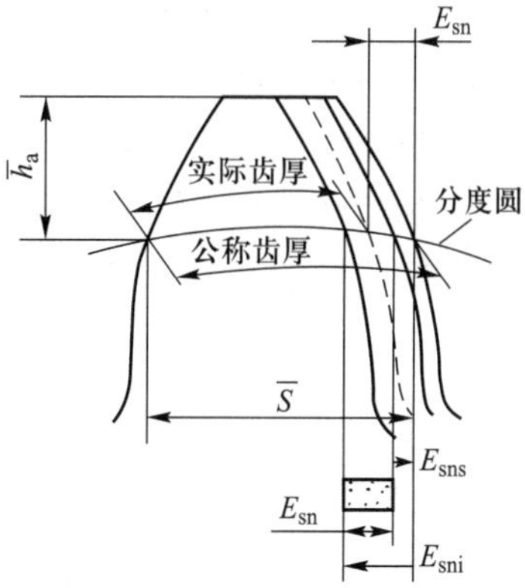

齿轮副的侧隙一般是用减小标准齿厚的方法来获得。为了获得适当的齿轮副侧隙，规定用齿厚的极限偏差来限制实际齿厚偏差，即 $E_{sni}<E_{sn}<E_{sns}$。一般情况下，E_{sns}和 E_{sni}分别为齿厚的上、下极限偏差，且均为负值，$T_{sn}=E_{sns}-E_{sni}$。

图 9-29　齿厚偏差

（1）E_{sn}产生的原因

为了设计所要求的最小侧隙值，多采用将齿轮的齿厚作必要的减小，即相当于基准齿条作必要的径向位移，齿侧间隙只能安装完后才能测得，因为侧隙与中心距和齿厚偏差有关。

（2）E_{sn}的测量

E_{sn}一般是用齿厚游标卡尺（图 9-30a）和光学齿厚卡尺（图 9-30b）测量。测量时应尽量使量爪与齿面在分度圆上接触，因此量仪上与齿顶接触的定位板的位置应根据实际齿顶高误差值来调节。测得分度圆弦齿厚的实际值后，减去其公称值就得到分度圆弦齿厚的实际偏差。分度圆上公称弦齿高（$\bar{h}_a$）与公称弦齿厚（$\bar{S}$）分别为

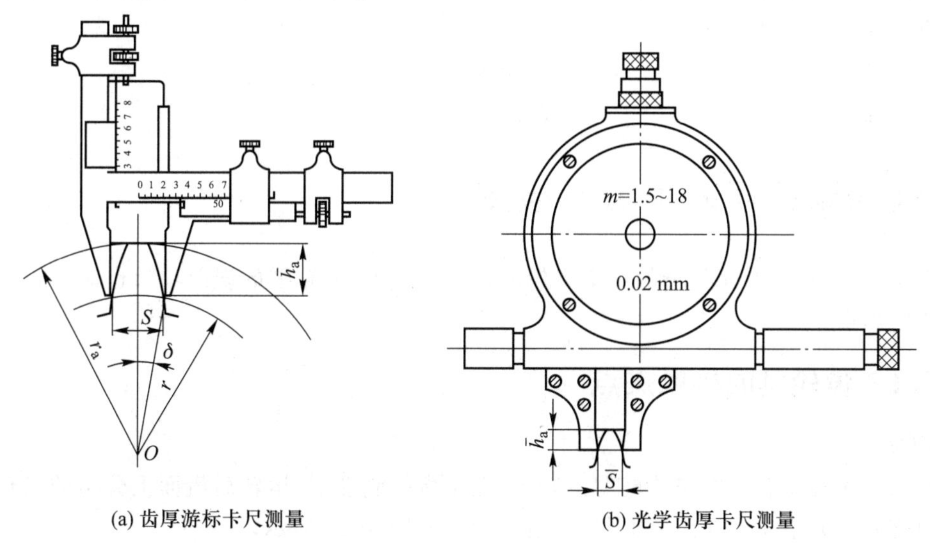

(a) 齿厚游标卡尺测量　　(b) 光学齿厚卡尺测量

图 9-30　齿厚测量

$$\bar{h}_a=m\left[1+\frac{z}{2}\left(1-\cos\frac{\pi}{2z}\right)\right]\pm\Delta R_e \tag{9-12}$$

$$\overline{S}=mz\sin\frac{\pi}{2z} \tag{9-13}$$

式中：ΔR_e——齿顶圆半径的实际偏差，作为计算的修正量；

z——被测齿轮齿数；

m——被测齿轮模数。

2. 公法线平均长度偏差 E_{bn}

E_{bn}是指在齿轮一转内公法线长度平均值 W_{ka}与公称值 W_k 之差，如图 9-31 所示。用公法线平均长度的极限偏差（上极限偏差 E_{bns}和下极限偏差 E_{bni}）来限制，即

$$E_{bn}=E_{bns}-E_{bni} \tag{9-14}$$

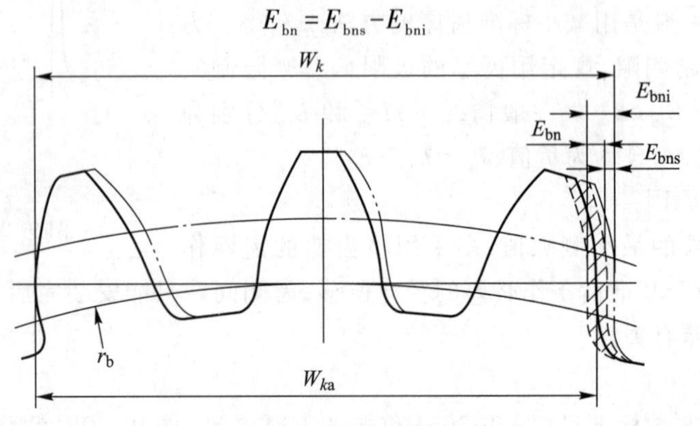

图 9-31 公法线长度偏差

齿轮齿厚的变化必然引起公法线长度的变化。测量公法线长度同样可以控制齿侧间隙。测量公法线长度比测量齿厚方便、精确，因此生产中常用。公法线平均长度极限偏差与齿厚极限偏差之间的换算关系为

$$E_{bns}=E_{sns}\cos\ \alpha_n \tag{9-15}$$

$$E_{bni}=E_{sni}\cos\alpha_n \tag{9-16}$$

9.3 齿轮副的误差项目及检测

齿轮在工作中，除上面分析的单个齿轮的加工误差外，齿轮副的误差项目也对齿轮传动的使用性能产生影响。

9.3.1 齿轮副的接触斑点

1. 定义

齿轮副的接触斑点是指安装好的齿轮副，在轻微的制动下，运转后齿面上分布的接触擦亮痕迹。接触痕迹的大小在展开齿面上用百分比计算，如图 9-32 所示。

沿齿长方向：接触痕迹的长度 b''（扣除超过模数值的断开部分 c）与工作长度 b'之比的百分数，即

$$\frac{b''-c}{b'}\times100\% \tag{9-17}$$

沿齿高方向:接触痕迹的平均高度 h'' 与工作高度 h' 之比的百分数,即

$$\frac{h''}{h'}\times100\% \tag{9-18}$$

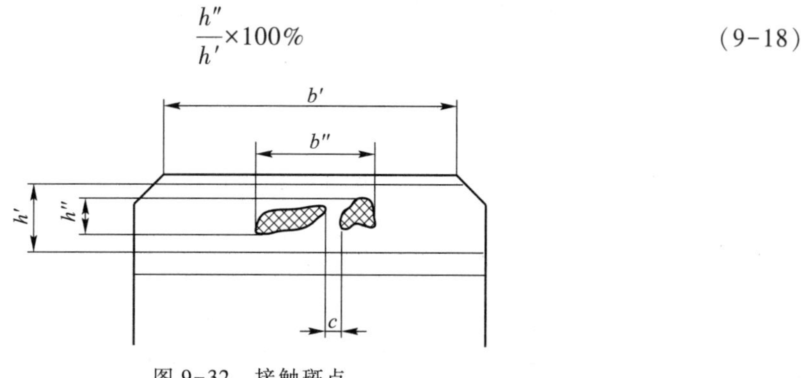

图 9-32 接触斑点

沿齿长方向的接触斑点主要影响齿轮副的承载能力;沿齿高方向的接触斑点主要影响工作平稳性。齿轮副的接触斑点综合反映了齿轮副的加工误差和安装误差,是评定齿轮接触精度的一项综合性指标。对接触斑点的要求应标注在齿轮传动装配图的技术要求中。

2. 接触斑点的检验

接触斑点的检验方法极为简单,从定义即可知如何测量(方法略)。这种检验方法对较大规格的齿轮副更具有现实意义,因为对较大规格齿轮副一般是在安装好的传动中检验。对成批生产的机床、汽车、拖拉机等中小齿轮,允许在啮合机上与精确齿轮啮合检验。目前,国内各生产单位普遍使用这一精度指标。若接触斑点检验合格,则此齿轮副中单个齿轮的承载均匀性的评定指标可不予考核。

9.3.2 齿轮副的偏差

1. 齿轮副的切向综合总偏差 F_i'

齿轮副的切向综合总偏差是指按设计中心距安装好的齿轮副,在啮合转动足够多的转数内,一个齿轮相对于另一个齿轮的实际转角与公称转角之差的总幅度值,以分度圆弧长计值。一对工作齿轮的切向综合总偏差等于两齿轮的切向综合总偏差之和,它是评定齿轮副的传递运动准确性的指标。对于分度传动链用的精密齿轮副,它是重要的评定指标。

2. 齿轮副的一齿切向综合偏差 f_i'

齿轮副的一齿切向综合偏差是指安装好的齿轮副,在啮合转动足够多的转数内,一个齿轮相对于另一个齿轮在一个齿距角内的实际转角与公称转角之差的最大幅度值,以分度圆弧长计值。也就是齿轮副的切向综合总偏差记录曲线上的小波纹的最大幅度值。齿轮副的一齿切向综合偏差是评定齿轮副传递平稳性的直接指标。对于高速传动用齿轮副,它是重要的评定指标,对动载系数、噪声、振动有着重要影响。

齿轮副啮合转动足够多转数的目的,在于使误差在齿轮相对位置变化全周期中充分显示出来。所谓"足够多的转数",通常是以小齿轮为基准,按大齿轮的转数 n_2 计算。其计算公式为

$$n_2=z_1/x \tag{9-19}$$

式中:x 为大、小齿轮齿数 z_2 和 z_1 的最大公因数。

9.3.3 齿轮副侧隙与安装误差

1. 齿轮副的侧隙

齿轮副侧隙是指一对齿轮啮合时,在非工作齿面间留有的间隙。齿轮副侧隙对储存润滑油、补偿齿轮传动受力后的弹性变形和热变形,以及补偿齿轮及其传动装置的加工误差和安装误差都是必要的。但对于需要反转的齿轮传动装置,侧隙又不能太大,否则回程误差及冲击都较大。

齿轮副的侧隙可分为圆周侧隙 j_t 和法向侧隙 j_n 两种。

圆周侧隙 j_t 是指装配好的齿轮副,当其中一个齿轮固定时,另一齿轮圆周的晃动量。圆周侧隙以分度圆上弧长计值,如图 9-33a 所示。

法向侧隙 j_n 是指装配好的齿轮副,当工作齿面接触时,非工作齿面之间的最小距离,如图 9-33b所示。

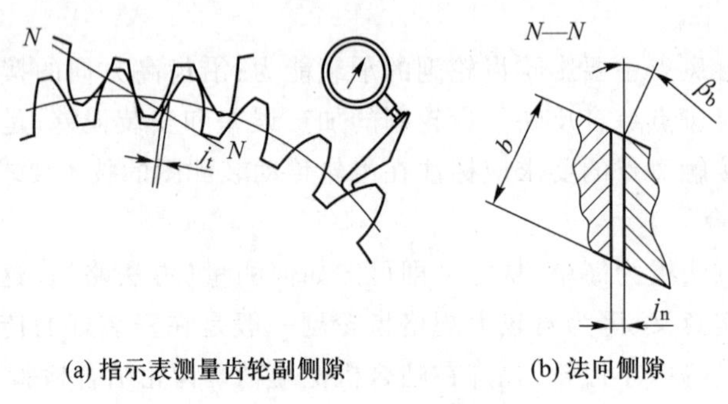

(a) 指示表测量齿轮副侧隙　(b) 法向侧隙

图 9-33 齿轮副侧隙

法向侧隙 j_n 与圆周侧隙 j_t 之间的关系为

$$j_n = j_t \cos \beta_b \cos \alpha \tag{9-20}$$

式中:β_b 为基圆螺旋角。

法向侧隙可以用塞尺测量,也可以用式(9-20)换算得到。

齿侧间隙类似于光滑孔轴接合中的间隙,保证侧隙即最小侧隙与齿轮的精度无关。而侧隙公差或最大侧隙则需要根据具体工作条件和精度要求作出计算。实际侧隙应控制在最大和最小侧隙之间,即

$$j_{tmin} \leqslant j_t \leqslant j_{tmax} \tag{9-21}$$

$$j_{nmin} \leqslant j_n \leqslant j_{nmax} \tag{9-22}$$

2. 齿轮副的安装误差

(1) 齿轮副轴线的平行度误差 Δf_x、Δf_y 与轴线平行度公差 f_x、f_y

Δf_x 是指一对齿轮的轴线在其基准平面上投影的平行度误差。

Δf_y 是指一对齿轮的轴线在垂直于基准平面,并平行于基准轴线的平面上投影的平行度误差,如图 9-34 所示。

基准平面是包含基准轴线并通过由另一轴线与传动中间平面相交的点所形成的平面。两条轴线中的任何一条轴线都可作为基准轴线。

为了保证载荷分布均匀,平行度误差应分别限制在平行度公差 f_x 和 f_y 以内,即

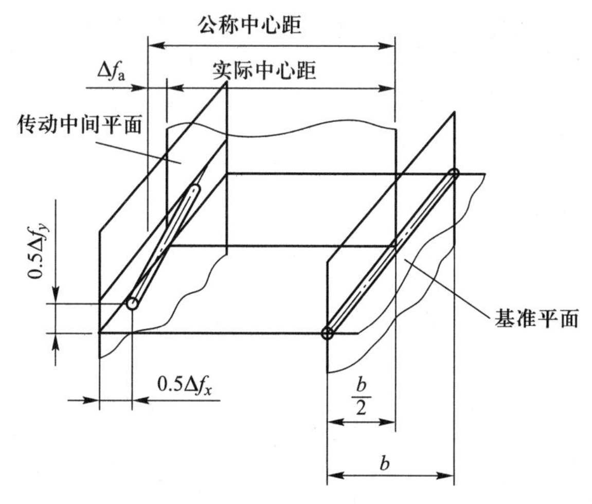

图 9-34 齿轮副的安装误差

$$\Delta f_x \leqslant f_x ; \Delta f_y \leqslant f_y \tag{9-23}$$

(2) 齿轮副的中心距偏差 Δf_a 与极限偏差 $\pm f_a$

Δf_a 是指在齿轮副的传动中间平面内,实际中心距与公称中心距之差(图 9-34),其极限偏差为 $\pm f_a$。

9.4 齿轮的公差等级及选择

我国圆柱齿轮传动公差现行国家标准为 GB/T 10095.1—2008《圆柱齿轮 精度制 第 1 部分:轮齿同侧齿面偏差的定义和允许值》和 GB/T 10095.2—2008《圆柱齿轮 精度制 第 2 部分:径向综合偏差与径向跳动的定义和允许值》,同时还有 GB/Z 18620.1~4—2008 等 4 个指导性技术文件。

以上标准(文件)适用于单个渐开线圆柱齿轮,其法向模数 $m_n \geqslant 0.5 \sim 70$ mm,分度圆直径 $d \geqslant 5 \sim 10\ 000$ mm,齿宽 $b \geqslant 4 \sim 1\ 000$ mm。对于 F_i'' 和 f_i'',其 $m_n \geqslant 0.2 \sim 10$ mm,$d \geqslant 5 \sim 1\ 000$ mm。基本齿廓按 GB/T 1356—2001《通用机械和重型机械用圆柱齿轮 标准基本齿条齿廓》的规定。该标准可用于内、外啮合的直齿、斜齿和人字齿圆柱齿轮。

9.4.1 齿轮公差等级

国家标准对单个齿轮规定了 13 个精度等级(对 F_i'' 和 f_i'' 规定了 4~12 共 9 个精度等级),依次用阿拉伯数字 0,1,2,3,…,12 表示,其中,0 级精度最高,依次递减,12 级精度最低。0~2 级精度的齿轮对制造工艺与检测水平要求极高,目前加工工艺尚未达到,是为将来发展而规定的精度等级;一般将 3~5 级精度视为高精度等级;6~8 级精度视为中等精度等级,使用最多;9~12 级精度视为低精度等级。5 级精度是确定齿轮各项允许值计算式的基础级。常用的轮齿各项偏差的公差值或极限偏差值如表 9-1~表 9-4 所示,可参考使用。

表 9-1　$\pm f_{pt}$、F_p、F_α 偏差允许值(摘自 GB/T 10095.1—2008)　μm

分度圆直径 d/mm	模数 m/mm	单个齿距偏差 $\pm f_{pt}$					齿距累积总偏差 F_p					齿廓总偏差 F_α				
		精度等级					精度等级					精度等级				
		5	6	7	8	9	5	6	7	8	9	5	6	7	8	9
$5\leqslant d\leqslant 20$	$0.5\leqslant m<2$	4.7	6.5	9.5	13	19	11	16	23	32	45	4.6	6.5	9.0	13	18
	$2<m\leqslant 3.5$	5.0	7.5	10	15	21	12	17	23	33	47	6.5	9.5	13	19	26
$20<d\leqslant 50$	$0.5\leqslant m\leqslant 2$	5.0	7.0	10	14	20	14	20	29	41	57	5.0	7.5	10	15	21
	$2<m\leqslant 3.5$	5.5	7.5	11	15	22	15	21	30	42	59	7.0	10	14	20	29
	$3.5<m\leqslant 6$	6.0	8.5	12	17	24	15	22	31	44	62	9.0	12	18	25	35
$50<d\leqslant 125$	$0.5\leqslant m\leqslant 2$	5.5	7.5	11	15	21	18	26	37	52	74	6.0	8.5	12	17	23
	$2<m\leqslant 3.5$	6.0	8.5	12	17	23	19	27	38	53	76	8.0	11	16	22	31
	$3.5<m\leqslant 6$	6.5	9.0	13	18	26	19	28	39	55	78	9.5	13	19	27	38
$125<d\leqslant 280$	$0.5\leqslant m\leqslant 2$	6.0	8.5	12	17	24	24	35	40	69	98	7.0	10	14	20	28
	$2<m\leqslant 3.5$	6.5	9.0	13	18	26	25	35	50	70	100	9.0	13	18	25	36
	$3.5<m\leqslant 6$	7.0	10	14	20	28	25	36	51	72	102	11	15	21	30	42
$280<d\leqslant 560$	$0.5\leqslant m\leqslant 2$	6.5	9.5	13	19	27	32	46	64	91	129	8.5	12	17	23	33
	$2<m\leqslant 3.5$	7.0	10	14	20	29	33	46	65	92	131	10	15	21	29	41
	$3.5<m\leqslant 6$	8.0	11	16	22	31	33	47	66	94	133	12	17	24	34	48

表 9-2　F_β 偏差允许值(摘自 GB/T 10095.1—2008)　μm

分度圆直径 d/mm	齿宽 b/mm	精度等级				
		5	6	7	8	9
$5\leqslant d\leqslant 20$	$4\leqslant b\leqslant 10$	6.0	8.5	12	17	21
	$10<b\leqslant 20$	7.0	9.5	14	19	28
$20<d\leqslant 50$	$4\leqslant b\leqslant 10$	6.5	9.0	13	18	25
	$10<b\leqslant 20$	7.0	10	14	20	29
	$20<b\leqslant 40$	8.0	11	16	23	32
$50<d\leqslant 125$	$4\leqslant b\leqslant 10$	6.5	9.5	13	19	27
	$10<b\leqslant 20$	7.5	11	15	21	29
	$20<b\leqslant 40$	8.5	12	17	24	34
	$40<b\leqslant 80$	10	14	20	28	39
$125<d\leqslant 280$	$4\leqslant b\leqslant 10$	7.0	10	14	20	29
	$10<b\leqslant 20$	8.0	11	16	22	32
	$20<b\leqslant 40$	9.0	13	18	25	36
	$40<b\leqslant 80$	10	15	21	29	11
	$80<b\leqslant 160$	12	17	25	35	49
$280<d\leqslant 560$	$10\leqslant b\leqslant 20$	8.5	12	17	24	34
	$20<b\leqslant 40$	9.5	13	19	27	38
	$40<b\leqslant 80$	11	15	22	31	44
	$80<b\leqslant 160$	13	18	26	36	52
	$160<b\leqslant 250$	15	21	30	43	60

表 9-3 f_i'、F_r 偏差允许值(摘自 GB/T 10095.1—2008、GB/T 10095.2—2008) μm

分度圆直径 d/mm	模数 m 或法向模数 m_n/mm	一齿切向综合偏差 f_i'/K					径向跳动公差 F_r				
		精度等级					精度等级				
		5	6	7	8	9	5	6	7	8	9
$5\leq d\leq20$	≥0.5~2	14	19	27	38	54	9.0	13	18	25	36
	>2~3.5	16	23	32	45	64	9.5	13	19	27	38
$20<d\leq50$	≥0.5~2	14	20	29	41	58	11	16	23	32	46
	>2~3.5	17	24	34	48	68	12	17	24	34	47
	>3.5~6	19	27	38	54	77	12	17	25	35	49
$50<d\leq125$	≥0.5~2	16	22	31	44	62	15	21	29	42	52
	>2~3.5	18	25	36	51	72	15	21	30	43	61
	>3.5~6	20	29	40	57	81	16	22	31	44	62
$125<d\leq280$	≥0.5~2	17	24	34	49	69	20	28	39	55	78
	>2~3.5	20	28	39	56	79	20	28	40	56	80
	>3.5~6	22	31	44	62	88	20	29	41	58	82
$280<d\leq560$	≥0.5~2	19	27	39	54	77	26	36	51	73	103
	>2~3.5	22	31	44	62	87	26	37	52	74	105
	>3.5~6	24	34	48	68	96	27	38	53	75	106

注：① 将 f_i'/K 乘以 K 即得到 f_i'。当重合度 $\varepsilon_\gamma<4$ 时，系数 $K=0.2\left(\dfrac{\varepsilon_\gamma+4}{\varepsilon_\gamma}\right)$；当 $\varepsilon_\gamma\geq4$ 时，$K=0.4$。

② $F_i'=F_p+f_i'$。

③ 一齿切向综合偏差 f_i'/K 对应模数 m，径向跳动公差 F_r 对应法向模数 m_n。

表 9-4 F_i''、f_i'' 偏差允许值(摘自 GB/T 10095.2—2008) μm

分度圆直径 d/mm	法向模数 m_n/mm	径向综合总公差 F_i''					一齿径向综合公差 f_i''				
		精度等级					精度等级				
		5	6	7	8	9	5	6	7	8	9
$5\leq d\leq20$	$0.2\leq m_n\leq0.5$	11	15	21	30	42	2.0	2.5	3.5	5.0	7.0
	$0.5<m_n\leq0.8$	12	16	23	33	46	2.5	4.0	5.5	7.5	11
	$0.8<m_n\leq1.0$	12	18	25	35	50	3.5	5.0	7.0	10	14
	$1.0<m_n\leq1.5$	14	19	27	38	54	4.5	6.5	9.0	13	18
$20<d\leq50$	$0.2\leq m_n\leq0.5$	13	19	26	37	52	2.0	2.5	3.5	5.0	7.0
	$0.5<m_n\leq0.8$	14	20	28	40	56	2.5	4.0	5.5	7.5	11
	$0.8<m_n\leq1.0$	15	21	30	42	60	3.5	5.0	7.0	10	14
	$1.0<m_n\leq1.5$	16	23	32	45	64	4.5	6.5	9.0	13	18
	$1.5<m_n\leq2.5$	18	26	37	52	73	6.5	9.5	13	19	26

续表

分度圆直径 d/mm	法向模数 m_n/mm	径向综合总公差 F_i''					一齿径向综合公差 f_i''				
		精度等级					精度等级				
		5	6	7	8	9	5	6	7	8	9
$50<d\leqslant125$	$1.0\leqslant m_n\leqslant1.5$	19	27	39	55	77	4.5	6.5	9.0	13	18
	$1.5<m_n\leqslant2.5$	22	31	43	61	86	6.5	9.5	13	19	26
	$2.5<m_n\leqslant4.0$	25	36	51	72	102	10	14	20	29	41
	$4.0<m_n\leqslant6.0$	31	44	62	88	124	15	22	31	44	62
	$6.0<m_n\leqslant10$	40	57	80	114	161	24	34	48	67	95
$125<d\leqslant280$	$1.0\leqslant m_n\leqslant1.5$	24	34	48	68	97	4.5	6.5	9.0	13	18
	$1.5<m_n\leqslant2.5$	26	37	53	75	106	6.5	9.5	13	19	26
	$2.5<m_n\leqslant4.0$	30	43	61	86	121	10	15	21	29	41
	$4.0<m_n\leqslant6.0$	36	51	72	102	144	15	22	31	44	62
	$6.0<m_n\leqslant10$	45	64	90	127	180	24	34	48	67	95
$280<d\leqslant560$	$1.0\leqslant m_n\leqslant1.5$	30	43	61	86	122	4.5	6.5	9.0	13	18
	$1.5<m_n\leqslant2.5$	33	46	65	92	131	6.5	9.5	13	19	27
	$2.5<m_n\leqslant4.0$	37	52	73	104	146	10	15	21	29	41
	$4.0<m_n\leqslant6.0$	42	60	84	119	169	15	22	31	44	62
	$6.0<m_n\leqslant10$	51	73	103	145	205	24	34	48	68	96

9.4.2 齿轮公差等级的选择

齿轮的精度等级应根据使用要求、工作条件、技术要求等具体情况来选择。其选择原则是在满足使用要求的前提下,应尽量选用精度较低的等级。这主要是既要考虑满足使用要求,又要考虑经济性,确定齿轮精度等级的方法有计算法和类比法两种。由于影响齿轮传动精度的因素多且复杂,按计算法得出的齿轮精度仍需要进行修正,故计算法很少采用。多数场合采用类比法选择齿轮精度等级。类比法是根据以往产品设计、性能试验以及使用过程中所积累的经验,与较可靠的技术资料进行对比,从而确定齿轮的精度等级。表 9-5 为常见机械传动采用的齿轮精度等级,表 9-6 为典型齿轮精度等级的适用范围。

表 9-5 常见机械传动采用的齿轮精度等级

齿轮用途	精度等级	齿轮用途	精度等级	齿轮用途	精度等级
测量齿轮	2~5	内燃机车	5~8	拖拉机、轧钢机	6~10
汽轮机减速器	3~6	轻型汽车	6~9	起重机	6~9
金属切削机床	3~8	载重汽车	6~9	矿山绞车	8~10
航空发动机	4~7	一般减速器	6~9	农业机械	8~11

表 9-6 典型齿轮精度等级的适用范围

精度等级	应用范围及工作条件	圆周速度/(m/s)	
		直齿	斜齿
3 级	极精密分度机构的齿轮;在极高速度下工作,且要求平稳、无噪声的齿轮;特别精密机构中的齿轮;检测 5~6 级齿轮用的测量齿轮	>40	>75
4 级	很高精密分度机构中的齿轮;在很高速度下工作,且要求平稳、无噪声的齿轮;特别精密机构中的齿轮;检测 7 级齿轮用的测量齿轮	>30	>50
5 级	精密分度机构中的齿轮;在高速下工作,且要求平稳、无噪声的齿轮;精密机构中的齿轮;检测 8、9 级齿轮用的测量齿轮	>20	>35
6 级	要求高效率且无噪声的高速下平稳工作的齿轮传动或分度机构的齿轮;特别重要的航空、汽车齿轮;读数装置中的精密传动齿轮	≤20	≤35
7 级	金属切削机床进给机构用齿轮;具有较高速度的减速器齿轮;航空、汽车及读数装置用齿轮	≤15	≤25
8 级	一般机械制造用齿轮,不包括在分度链中的机床传动齿轮;飞机、汽车制造业中的不重要齿轮;起重机构用齿轮;农业机械中的重要齿轮;一般减速器齿轮	≤10	≤15
9 级	用于粗糙工作的较低精度齿轮	≤4	≤6

9.4.3 齿坯精度和齿轮表面粗糙度的选择

齿坯的内孔、外圆和端面通常作为齿轮的加工、测量和装配基准,它们的精度对齿轮的加工、测量和安装精度有很大的影响,所以必须规定其公差。齿坯精度包括齿轮内孔、顶圆、端面等定位基准面和安装基准面的尺寸偏差和形位误差,以及表面粗糙度要求。齿坯精度直接影响齿轮的加工精度和测量精度,并影响齿轮副的接触状况和运行质量,所以必须加以控制。

齿轮各主要表面粗糙度也将影响加工方法、使用性能和经济性,其要求如表 9-7 和表 9-8 所示。齿轮孔或轴颈的尺寸公差和形状公差,以及齿顶圆直径公差如表 9-9 所示。基准面径向和端面跳动公差如表 9-10 所示。

表 9-7 齿面表面粗糙度 Ra 的推荐极限值 μm

精度等级	Ra		
	$m<6$	$6\leqslant m\leqslant 25$	$m>25$
3		0.16	
4		0.32	
5	0.5	0.63	0.8
6	0.8	1.0	1.25
7	1.25	1.6	2.0
8	2.0	2.5	3.2
9	3.2	4.0	5.0
10	5.0	6.3	8.0

表 9-8 齿轮各基准面表面粗糙度 *Ra* 的推荐值 μm

<table>
<tr><td>精度等级</td><td>5</td><td>6</td><td>7</td><td>8</td><td>9</td></tr>
<tr><td>齿面加工方法</td><td>精磨</td><td>磨或珩齿</td><td>剃或精插、精铣</td><td>滚齿或插齿</td><td>滚齿或铣齿</td></tr>
<tr><td>齿轮基准孔</td><td>0.32~0.63</td><td>1.25</td><td colspan="2">1.25~2.5</td><td>3.2~5</td></tr>
<tr><td>齿轮轴基准轴颈</td><td>0.32</td><td>0.63</td><td>1.25</td><td colspan="2">1.25~2.5</td></tr>
<tr><td>齿轮基准端面</td><td>1.25~2.5</td><td colspan="2">2.5~5</td><td colspan="2">3.2~5</td></tr>
<tr><td>齿顶圆</td><td>1.25~2.5</td><td colspan="4">3.2~5</td></tr>
</table>

表 9-9 齿坯尺寸公差 μm

<table>
<tr><td colspan="2">齿轮精度等级</td><td>1</td><td>2</td><td>3</td><td>4</td><td>5</td><td>6</td><td>7</td><td>8</td><td>9</td><td>10</td><td>11</td><td>12</td></tr>
<tr><td rowspan="2">孔</td><td>尺寸公差</td><td>IT4</td><td>IT4</td><td>IT4</td><td rowspan="2">IT4</td><td rowspan="2">IT5</td><td rowspan="2">IT6</td><td colspan="2" rowspan="2">IT7</td><td colspan="2" rowspan="2">IT8</td><td colspan="2" rowspan="2">IT8</td></tr>
<tr><td>形状公差</td><td>IT1</td><td>IT2</td><td>IT3</td></tr>
<tr><td rowspan="2">轴</td><td>尺寸公差</td><td>IT4</td><td>IT4</td><td>IT4</td><td rowspan="2">IT4</td><td colspan="2" rowspan="2">IT5</td><td colspan="2" rowspan="2">IT6</td><td colspan="2" rowspan="2">IT7</td><td colspan="2" rowspan="2">IT8</td></tr>
<tr><td>形状公差</td><td>IT1</td><td>IT2</td><td>IT3</td></tr>
<tr><td colspan="2">齿顶圆直径公差</td><td colspan="2">IT6</td><td colspan="3">IT7</td><td colspan="3">IT8</td><td colspan="2">IT9</td><td colspan="2">IT11</td></tr>
</table>

表 9-10 基准面径向和端面圆跳动公差 μm

分度圆直径/mm		精度等级				
大于	到	1 和 2	3 和 4	5 和 6	7 和 8	9 到 12
—	125	2.8	7	11	18	28
125	400	3.6	9	14	22	36
400	800	5.0	12	20	32	50

9.4.4 图样标注

国家标准规定，在技术文件需叙述齿轮精度要求时，应注明 GB/T 10095.1—2008 或 GB/T 10095.2—2008。关于齿轮精度等级标注建议如下：

1）若齿轮的检验项目同为某一精度等级，则可标注精度等级和标准号。例如，齿轮检验项目同为 8 级，则标注为 8 GB/T 10095.1—2008 或 8 GB/T 10095.2—2008。

2）若齿轮检验项目的精度等级不同，如齿廓总偏差 F_α 为 7 级，而齿距累积总偏差 F_p 和螺旋线总偏差 F_β 均为 8 级时，则标注为 7(F_α)，8(F_p，F_β)GB/T 10095.1—2008。

实训习题与思考题

1. 对齿轮传动有哪些使用要求？
2. 齿轮加工误差产生的原因有哪些？

3. 为什么要对齿坯提出精度要求？齿坯精度包括哪些？

4. 齿轮传动中的侧隙有什么作用？用什么指标来控制侧隙？

5. 齿轮副精度评定指标有哪些？

6. 齿轮各项误差如何测量？

7. 有一单级圆柱齿轮减速箱，已知一齿轮的 $m=3$ mm，$z=50$，$\alpha=20°$，齿宽 $b=25$ mm，齿轮基准孔直径 $d=45$ mm，中心距 $a=120$ mm，传动功率为 7.5 kW，转速 $n=750$ r/min。传动中齿轮温度为 $t_1=75$ ℃，箱体温度 $t_2=50$ ℃，设钢齿轮线胀系数 $\alpha_1=11.5\times10^{-6}$/℃，铸铁箱体的线胀系数 $\alpha_2=10.5\times10^{-6}$/℃。采用喷油润滑，该齿轮的生产类型为小批生产。试确定齿轮的精度等级、有关侧隙的指标、齿坯公差和表面粗糙度。

8. 已知直齿圆柱齿轮副，模数 $m_n=5$ mm，齿形角 $\alpha=20°$，齿数 $z_1=20$，$z_2=100$，内孔 $d_1=25$ mm，$d_2=80$ mm，图样标注为 6 GB/T 10095.1—2008 和 6 GB/T 10095.2—2008。试确定：1）两齿轮 f_{pt}、F_p、F_α、F_β、F''_i、f''_i、F_r 的允许值；2）两齿轮内孔和齿顶圆的尺寸公差、齿顶圆的径向圆跳动公差以及端面跳动公差。

拓展阅读:王立鼎院士的齿轮人生

王立鼎院士长期从事精密机械和微纳机械方面的研究。在精密齿轮工艺和测试技术方面，近年研制成功 1 级精度基准标准齿轮，居国际领先地位，其科研成果已推广到若干单位。1990 年，他组织百名科技人员设计研制出中国第一台光盘伺服槽及预制格式刻划机，达到国际先进水平。1992 年，他组建中国第一个微机械工程研究室，是中国微纳米技术的开拓者之一。他主持的科研项目先后获得科技奖励 20 余次，包括国家科技进步二等奖 2 项、国家科技进步三等奖 1 项、全国科学大会奖 1 项。出版学术专著 2 部，发表学术论文 200 余篇。2019 年，在中国仪器仪表学会 40 周年年会庆典上，获“当代我国仪器仪表与测量控制领域杰出科学家”荣誉称号。

王立鼎在大学时代学习成绩优异，在毕业设计时被送到中国科学院长春光学精密机械研究所，以科研题目作毕业论文，这在当时还是一种全新的尝试。他在老师的指导下，作了题为《利用放射性同位素研究齿轮磨损》的论文，并获得优秀。

这是王立鼎第一次接触齿轮研究。齿轮、齿轮又齿轮，这之后他的人生就没有离开过齿轮。毕业时，他也因为这篇论文被分配到中国科学院长春光学精密机械研究所，开始了他的科研工作。

刚工作不久，王立鼎就接到了一项艰巨的任务。这是一项军工项目，需要研究导弹的弹道轨迹并用光学仪器跟踪敌方飞行物。当时需要 6 级到 5 级精度的齿轮，他在数日的刻苦攻关后圆满完成了此项任务。同时，他又对自己提出更高要求，产生了研制标准齿轮的想法。

标准齿轮是齿轮参数量值传递的实体基准，用于批量生产齿轮的检测、校准齿轮量仪的示值误差。标准齿轮的精度需要比被检测齿轮的精确度还要高两个等级。

经过反复尝试，王立鼎通过创立“正弦消减法”提高齿轮磨床的分度精度，建立图表法分析磨齿工艺误差，使分度误差从 50 弧秒减小到 13 弧秒。

毕业仅仅四年，还是助理研究员的王立鼎就研制出了 4 级精度标准齿轮，达到当时国内先进水平。也正因如此,1965年,他获得了时任中国科学院院长郭沫若亲自签发的中国科学院优秀科研成果奖。

由于王立鼎在精密齿轮领域崭露头角,同年又有一项更加艰巨的任务找到了他。彼时,国家正在开发一项精密雷达项目,需要更高精度的超精密齿轮,所要求的精度在国内还未曾出现,在国际上也只有位于瑞士的MAAG(马格)公司能够制作,王立鼎立下誓言:"只要国家需要,不管要求多高,我们都要做出来。"

做齿轮需要机床,在只有国产机床的条件下,王立鼎因陋就简,用了一年时间进行改装。1966年,他通过采用"易位法"磨齿工艺研制成功国内首个超精密齿轮,满足了国家最精密雷达的制作需求。

刚刚三十岁出头的王立鼎成为国内公认的超精密齿轮专家,"齿轮王"的美名也不胫而走。

1978年,新中国第一次举办科学奖励大会,王立鼎在十年前研制出的高精度小模数标准齿轮因达到世界先进水平而获全国科学大会奖。

虽然多次获奖,但王立鼎在追求卓越的征程上并没有止步,为继续提高机床分度精度,他毅然对分度机构做出了彻底性的改革,将国际上机械结构最高精度的测量装置——端齿分度机构用于自己改装的齿轮机床上,使机床分度精度提高到1.7弧秒,这一精度是国内外齿轮机床从未达到过的精度,改装后的国产机床成为磨齿母机,分度精度可达1级。

在此基础上,王立鼎组织研制出2级精度中模数标准齿轮,也作为中国计量科学研究院的国家级齿轮实体标准,用作我国齿轮量仪生产工厂的量仪校对基准。

要想再提高齿轮制造精度,碰到的首要问题就是齿轮的齿形加工与测试技术。要想解决机床渐开线齿形的加工精度,就必须设法提高机床上渐开线凸轮的精度,为此,王立鼎在20世纪80年代组织"渐开线的误差形成规律和最佳成形方案的研究",在这一基础理论的指导下,设计了渐开线凸轮加工装置和测量装置。

由王立鼎自行研制的装置完全符合阿贝原理,测量装置精度居世界前列,由该装置加工的渐开线凸轮具有国际最高水平。"我们用的设备不是洋设备,用的方法不是洋方法,党和国家的培养,让我用原创方法做出世界第一。"王立鼎自豪地说。从那时起,由此装置磨制的高精度渐开线样板,作为我国齿轮渐开线量值传递与溯源的实体基准,沿用至今。

研究超精密齿轮是一项清苦工作。由于7级、6级精度齿轮只能基本满足市场需求,并且超精密齿轮制作难度极高,无法实现量产,也无法产生巨大经济效益。

王立鼎团队是我国唯一一家超精密齿轮的研究队伍。"科研要为祖国解决突出的重大需求问题,中国需要超精密齿轮,哪怕只需要一个,我们也要能自己做出来。"多年来,为了在齿轮技术上不被国外"卡脖子",王立鼎屡次谢绝其他具有更高经济收益领域的邀约,始终深耕于超精密齿轮研究,并想方设法一再提高齿轮的加工精度。

"知之愈明,则行之愈笃;行之愈笃,则知之益明"。2002年,王立鼎在大连理工大学重建高精度齿轮研究室。年过七旬的他要讲授基础理论,同时还要教授学生操作设备,他经常强调"操作和理论并举才能实现最高效能"。经过几年的发展,齿轮研究室培养了一批掌握超精密齿轮加工工艺、测试技术的学生。"又是科学工作者,又是高技能人才。"这是王立鼎对于大国工匠的定义。

2017年,王立鼎带领团队成功研制出1级精度基准标准齿轮,中国计量测试学会、中国机械工业联合会与中国机械工程学会分别组织国内权威专家对其研究成果进行鉴定。鉴定结果认为,王立鼎团队研究的1级精度基准齿轮齿廓偏差测量技术居国际领先水平,齿距偏差测量技术达到国际先进水平;研制的精化磨齿母机、超精密磨齿工艺,以及研制的1级精度基准级标准齿轮,其综合技术具有国际前列水平,精度指标国际领先。该项技术具有全部自主知识产权,填补了国内外1级精度齿轮制造工艺技术与测量方法的空白。

参考文献

[1] 中国标准出版社第三编辑室. 六项基础互换性标准汇编：上册[M]. 北京：中国标准出版社,2005.

[2] 中国标准出版社第三编辑室. 六项基础互换性标准汇编：中册[M]. 北京：中国标准出版社,2005.

[3] 中国标准出版社第三编辑室. 六项基础互换性标准汇编：下册[M]. 北京：中国标准出版社,2005.

[4] 王伯平. 互换性与测量技术基础[M]. 北京：机械工业出版社,2016.

[5] 彭全,何聪,寇晓培. 互换性与测量技术基础[M]. 成都：西南交通大学出版社,2019.

[6] 赵秀荣,鲁昌国. 互换性与测量技术[M]. 北京：北京理工大学出版社,2018.

[7] 高丽,于涛,杨俊茹. 互换性与测量技术基础[M]. 北京：北京理工大学出版社,2018.

[8] 管建峰,钟相伟. 互换性与技术测量[M]. 北京：北京理工大学出版社,2017.

[9] 杨化书. 互换性与技术测量[M]. 北京：北京理工大学出版社,2016.

[10] 万书亭. 互换性与技术测量[M]. 2 版. 北京：电子工业出版社,2012.

[11] 毛平淮. 互换性与测量技术基础[M]. 北京：机械工业出版社,2016.

[12] 王长春,任秀华,李建春,等. 互换想与测量技术基础(3D 版)[M]. 北京：机械工业出版社,2018.

[13] 楼应侯,孔树礼,卢桂萍. 互换性与技术测量[M]. 武汉：华中科技大学出版社,2012.

[14] 杨沿平. 机械精度设计与检测技术基础[M]. 2 版. 北京：机械工业出版社,2013.

[15] 刘笃喜. 机械精度设计与检测[M]. 西安：西北工业大学出版社,2012.

[16] 孔晓玲. 公差与测量技术[M]. 北京：北京大学出版社,2009.

[17] 廖念钊,古莹菴,莫雨松,等. 互换性与技术测量 [M]]. 6 版. 北京：中国质检出版社,2012.

[18] 薛岩. 互换性与测量技术知识问答[M]. 北京：化学工业出版社,2012.